洛阳地质史话

石　毅　　陈卫平　　钱建立　　于　伟
秦传钧　　刘耀文　　付法凯　　汪江河　等著

黄河水利出版社
·郑州·

图书在版编目(CIP)数据

洛阳地质史话/石毅等著 . —郑州：黄河水利出版
社,2015.11
ISBN 978 – 7 – 5509 – 1290 – 8

Ⅰ.①洛⋯　Ⅱ.①石⋯　Ⅲ.①地质学史 – 洛阳市
Ⅳ.①P5 – 092

中国版本图书馆 CIP 数据核字(2015)第 282426 号

出　版　社:黄河水利出版社
　　　　　地址:河南省郑州市顺河路黄委会综合楼 14 层　　邮政编码:450003
发行单位:黄河水利出版社
　　　　　发行部电话:0371-66026940、66020550、66028024、66022620(传真)
　　　　　E-mail:hhslcbs@126.com
承印单位:河南省瑞光印务股份有限公司
开本:890 mm×1 240 mm　1/16
印张:16.75
字数:470 千字　　　　　　　　　　　　　印数:1—1 000
版次:2015 年 12 月第 1 版　　　　　　　印次:2015 年 12 月第 1 次印刷
定价:66.00 元

《洛阳地质史话》

序

看着眼前摆放的散发着淡淡墨香的《洛阳地质史话》书稿，我的一个心结打开了，一块石头落地了，数十年的夙愿实现了。

二十多年前，由于工作调整，我离开地勘单位，进入地矿行政管理部门从事矿政管理工作。在工作之中，对于全市基层矿管部门和矿业界人员了解地质知识之不便的印象尤为深刻，便积极着手编制完成了"洛阳市矿产分布及评价"和"洛阳市矿产资源开发规划"，以期填补这方面的一些空白，未曾想获得了省政府颁发的"实用社会科学优秀奖"。此后，意欲编制《洛阳地质史话》的念头油然而生，一个心结一直萦绕在脑际，停留在心头。它未随时间的迁移而变化，写作的冲动难耐依旧，且更为坚定。

我深知完成这个夙愿实属不易，既要有系统的地质科学知识，还要涉及人类学、历史学、考古学等众多社会科学知识，也要有深厚的文字功底及静心写作的时间。在心有余而力不足的苦闷之际，我想起了一个我内心世界十分崇敬的人——石毅老师。回忆当年，在繁重的野外地质工作中，他一人身兼省地调一队科研分队的分队长、支部书记、技术负责三个职务，业余生活中他赋诗、弄文、填词，何等洒脱！只有这样的全才才能担此大任。然日常工作一直缠身，直等到他的《洛阳市非金属矿产资源》一书脱稿之后。只是距我最初的冲动已走过了18年，石老师已经77岁高龄。在我再三恳请之下，他最终决定动笔出山。他老骥伏枥，靠着一支铅笔，一摞稿纸，一笔一画，一字一句，笔耕不辍，又是三年有余，终于完成了40多万字的这部大作。壮之、赞之、崇之、敬之！

喜读大作，使我又回到了当年的地质生涯。编者以丰富的洛阳地质资料和亲身实践，沿着地质发展演化史的这条轨迹，阐述的是深奥的地质学原理和基础地质学尤其岩石地层和古生物学知识，只是本书定位于科普专著，面对的是地质矿业部门的广大职工和喜爱地质科学、渴望了解地质知识的广大读者。根据受众的特点，既不能像教科书一样引经据典，照本宣科，使人感到冗长乏味，也避免像专业论著一样堆满数据符号，深奥难懂，而要深入浅出，始终将科学性、特色性、通俗性、趣味性的特点贯穿其中，在宣讲系统的地质科学的基础上，引导读者对地质知识的了解和运用。

读此大作，又使我产生出很多联想。《洛阳地质史话》以洛阳为题，从历史文化上讲，洛阳是中国历史上建都最早、朝代最多、历时最长、跨度最大的城市。从地质专业上看，洛阳同样极具代表性。洛阳位处中国两个一级大地构造单元的结合部，洛阳的栾川县又恰处在这两大构造单元的分界线上，这里有着得天独厚的世界级钼矿田，因此也一直为国内外地质界重视，并被我的母校——中国地质大学研究生部定为教育实践基地，我们老校长赵鹏大院士及其他三位院士曾多次亲临栾川考察指导。我曾十分冒昧地在老校长面前说："把洛阳尤其栾川的地质情况搞明白了，那么全国的地质演化史和成矿规律性，也就大部分搞明白了。"老校长对我的轻狂直言并没有否定，足见洛阳在中国地质领域的代表性。本书在最后一章还从地质学的视角探索分析了古都的形成及洛阳五大都城变迁等问题，使之成为将洛阳的地质史和古都的文明史相联结的点睛之处。

最后强调一点，《洛阳地质史话》写洛阳不是管中窥豹，只谈洛阳。一滴水能折射出太阳的光芒。愿石老师和我的心血在今后的岁月长河里流淌，愿有意的后人在读了这本书以后有所感悟、有所启发、有所受益。

陈卫平

2015 年 4 月 10 日

前　言

　　对于我们这些老地质的专业人员来说,在地质观察研究的基础上编写一份地质报告,完成一篇地质论文,乃至出版一部地质专著,实可谓轻车熟路,大都不在话下。但要改写地质科普,完成一部科普专著,却使人望而却步,不敢接受。本书编者也只是因使命所系,不得不边干边学,盘桓而进。历4年有余,《洛阳地质史话》这部科普专著总算告成并将与读者见面了。在这里编者们费了多少辛苦,作了好多难自不必说,但令人鼓舞的是,我们这个团队总算在地质科学普及方面,历临一次大胆尝试,闯出了一条写科普文章的路子,还创新了宣扬地质学的格式,因而也必然在地质界尤其在社会学界引起反响。为此,这里也需将本书的形成和我们的构思过程及完成情况加以扼要的说明。

　　早在1994年秋天,曾在洛阳市计委矿管办任职的陈卫平同志,因有感于乡镇一级矿管部门和矿业界人员困惑于地质知识之不便,曾萌发了希望地质科技界人士以通俗文字宣传洛阳地质矿产知识的构想。及至后来他荣任洛阳市政协副主席、主管地质矿产的市国土资源局副局长后,因能从高一个层次、开阔的视野观察地质矿业全局,使之更坚定了他原来的构想,倍感编这本书的意义重大:一则需要系统的地质科学知识武装业内人员,助推洛阳市矿业经济发展;二是从科学知识这个层面宣传洛阳,为古都增辉,提高洛阳人的科学素质;三是推动地质学和人类学两个学科的结合,扩大其探索领域,也是在此基础上,形成了《洛阳地质史话》这部科普专著的命题,并在他和钱建立同志的组织策划下,由洛阳市国土资源局筹措资金、河南省地质矿产勘查开发局第一地质调查队(河南省地质矿产勘查开发局第一地质矿产调查院)担纲,组成了以石毅为主的编写团队,先后在付法凯、赵春和、汪江河、康宏伟、刘耀文等八分队(院)领导同志的接力组织和参与下,于2009年10月提交了编写大纲,2010年陆续开展了编写工作。

　　编写工作要考虑的第一个问题是本书纳入的内容、要点和写给什么人看的问题。通过查阅文献、资料和回首往事,令我们高兴的是,由于党和国家的重视,我国的科普工作已经得到很大的发展,其中的地质科普工作发展较快。由国家少年儿童出版社出版的《中国儿童百科全书》专门设计了宇宙天体和地学知识分册。由中华人民共和国国土资源部主管、中国地质博物馆和中国地质学会科普委员会主办的《地球》杂志,从1981年7月创刊到现在已出版了219期。该杂志系统宣讲了地质科学知识,受众面大,影响深远。尤其在现中、小学的课本中就写入了地质学家李四光、第四纪冰川、太阳和地球、沧海桑田和地壳的板块构造运动等内容,乃至中央电视台每天的天气预报都要讲地质灾害……这一切都标志着地质科学普及的初级阶段已打造了基础,现需进行的是地质知识的系统化并引导读者加以应用。因此,《洛阳地质史话》的内容应该是以地史为纲,以地层古生物和岩石学为目,以洛阳(古洛阳)及其所处的豫西区域地质为背景,联系国内外与之相关的问题,为地质矿业部门的广大职工、喜爱地质科学和渴望了解一些地质科学知识的广大读者,全面系统地介绍有关的地质知识和引导他们对地质知识的应用这些方面。

　　内容和受众确定之后,紧接着是用什么方式表达这些内容,又怎样将其最大限度地传给读者?从解读本书的命题开始,我们已认识到本书不仅要运用好地史学、地层学、岩石学、地质构造学等基础地质科学知识,还要涉及宇宙地质学、行星地质学、旅游地质学、观赏石地质学等边缘地质科学,而且也要深入到人类学、考古学、哲学等社会科学领域,具有很强的综合性,加之这些学科的大部分内容深奥乃至生涩难懂,不能像教科书一样照本宣科,也不能像写专业文章那样开门见山,而要根据受众的特点,换一种表达方式,最大限度地将这些知识传给读者,对此我们制定了科学性、特色性、通俗性、趣味性的"四性"编写要求,并始终如一地贯穿于本书的编写过程,对此在本书后面的

"后记"中都作了详细的阐述,读者不妨一阅。

需强调的是,洛阳大地构造位处华北陆块(原称华北地台)的南部边缘,洛阳地质的发展演化不仅受华北陆块的控制,同时也受华北陆块和扬子陆块之间的秦岭造山带(原称秦岭地槽)的制约,所以形成的洛阳地质既保持了我国华北地区的普遍性特征,又具有陆块边缘受南部两大地质构造单元干扰的一些特殊性,因此本书设计的章节较多,内容丰富,篇幅较大,为能充分表达出这些内容,并取得较好的导读效果,我们严谨把握了逻辑思维的原则,依据命题和引言的内容,由浅入深地按地质学延伸的三大领域、探秘宇宙空间、冥古宙—太古宙、元古宙、古生代、中生代、新生代和第四纪人文时期分为 8 章,每章又按地层时代的先后和与地史有关的重点问题分为 31 节,并做到了章节紧扣、前后呼应,辅以相关的图件和景观照片,又为文本增加了感应和渲染效果。

本书的引言部分一开始就表达了"洛阳追梦"的殷切愿望,引出了为古都增加科学品位、为国家弘扬地学文化、提高人民的文化科学素质的编书宗旨,并明确提出将洛阳的地质史和古都的文明史结合起来的构想。后面的章节都是参照"地史学"教程,按《普通地质学》的讲授方式,对命题和引言部分的呼应。这里具特殊性的是第一章"地质学延伸的三大领域",这是编者着意运用已往普及地质知识的成果,先从地质灾害、地质旅游和观赏石作为正文的三个切入点宣讲,以便拉近本书和读者之间的距离,扩大本书的受众面,显示本书"接地气、聚人气"的优势。从第二章"探秘宇宙空间"开始,到第七章"新生代(界)",这是《洛阳地质史话》一书"史"的核心部分。与其他地史教科书所不同者,一是参照人类史的"史前"含义,在第二章"探密宇宙空间"交代了恒星太阳星系孕育地球的原理和宇宙天体知识;二是在第七章新生代(界)第四纪(系)一节之后,专门写了第四纪人类文明史的第八章,重点阐述了黄河,次生黄土,黄土文化,古都的形成及新构造运动诱发的洪水等自然灾害导致的洛阳五大都城变迁问题,前后呼应,亦为引言部分地质史和古都文明史相结合构想的"点睛之处"。

历经三年有余,编者于 2013 年 5 月底提交了送审稿(原稿为 7 章 27 节 40 余万字),于 2013 年12 月 18 日,由洛阳市国土资源局邀请洛阳市社科联专家会同省、市地矿系统地质专家对本书进行了评审,评委们在肯定本书的价值和取得成果的同时,也建设性地提出了很宝贵的意见(见评审意见)。之后由主编对书稿进行了认真修改,补进了地质旅游、观赏石和第四纪人类文明史的内容,将原来的 7 章 27 节扩大为现在的 8 章 31 节,与此同时,为增强本书的实用价值,补进了洛阳地层和洛阳观赏石产出地层层位对照表,洛阳太古宙、元古宙、新生代地层对比表,并进行了诗词、文字、图片的全面勘误来飨予读者。

编者自受命开始,一直受到陈卫平等洛阳市国土资源局及地矿一院领导的重视。局方代表钱建立同志、院方代表付法凯同志等上下协调、密切配合,在项目形成和起步、工作进程中起了关键作用,刘耀文同志在本书成书和送审、出版阶段做了重要的工作,洛阳市社科院知名学者徐金星研究员等为本书的编写抱以极大的热情和高度的评价,提出了很中肯的建议,省地矿局勘查处副处长燕建设、市国土资源局总工程师赵振军都给予编者莫大的支持。现任洛阳市人大副主任的陈卫平同志在百忙中还抽暇为本书作序,字里行间挥洒着灼热的情感,给本书的出版抱以极大的热情。本书的文字部分由赵丽、徐田笑、周洁打印,照片和图片全部由姚小东制作,在此一并致谢。

最后要特别提出的是,由于编者业务水平有限,文字修辞学业"先天不足",写这类科普文体又是初探,谬误之处在所难免,诚望读者不吝施教。

编　者

2014 年 9 月 1 日

目　录

引　言

洛阳追梦

洛阳定位费磋磨,诸家媒体常探索。
历史名城十三代,新兴古都厂矿多。
珠玑品牌尽情数,王气犹存壮山河。
生态城市融山水,宜居之地赖仁和。
重塑河山当不懈,教科文苑相结合。
今作洛都地质史,也为古都增一格。

这几行诗说的是近来洛阳新闻媒体开展的关于洛阳发展的城市定位、品牌洛阳大讨论的事。实际上,洛阳的历史文化名城称号早已为国务院批准,而以洛阳拖拉机厂为首,国家"一五"期间建成的十大厂矿,半个世纪以来各县区新兴的各类矿山,新发展的诸多高新产业,以及当前洛阳市"三产"比例中工业所占的比值等,均已确立了洛阳新兴工业城市的地位。尤应提出的是,21世纪初由北京大学城市与环境学系提供的发展洛阳旅游业规划和近十年洛阳城市改造与旅游开发成果,又在唱响洛阳历史文化名城和新兴工业城市的基调上,增加了旅游强市、发展旅游经济这一新的音符！于是,关于洛阳旅游名片的打造也是如火如荼地兴盛起来。除了老牌的龙门、关林、白马寺三大景点,又加入了小浪底、白云山、鸡冠洞等一批新的山水风光景点。号称"洛阳三绝"的牡丹、水席、唐三彩也越做越红火,丝路起点、千年帝都、周公铸鼎辅政、杜康酒文化、中国最佳园林城市等城市名片也纷纷树起……毋庸置疑,洛阳的这些城市品牌皆如闪闪发光的珠玑一样无与伦比,是一代代洛阳人智慧和奋斗的结晶,但从城市定位,即以什么样一个新洛阳奉献世人,传给子孙,我们魂系梦想的观点就莫过于"生态宜居"了。

回溯我国自周秦以来历代帝都自西向东逐步迁移的历史,无不是都城对山水因素的依赖,山水提供了人类休养生息的各种条件,此谓生态和谐,即人与自然的和谐,是保持城市生命力的外部条件;而宜居的含义,则是人类社会的和谐,包括着政治的、经济的、社会的,以及人们的文化科学素养等诸多因素的和谐,这是保持城市生命力的内部因素。因此,环境优美、小康生活、安居乐业是人类对生活梦寐以求的目标,也是我们洛阳人梦寐以求的目标。

然而,洛阳虽有历史的辉煌,但毕竟已是"废都"一处。虽然山河依旧,但生态恶化、干旱缺水等问题已不断构成对人类的威胁。因此,重振古都的辉煌,打造一个生态宜居的新洛阳,除了抓好城市和与之相依的山水景观环境治理,重塑物质文明的生态环境外,最重要的是提升洛阳人的精神文化素质,包括思想、文化、教育、科学、艺术和非物质文化遗产等精神文明方面的东西也必须抓起来。但这是一项长期性的系统工程,它的成效,将大大提升洛阳的地位,使洛阳真正成为像历史上的"天子脚下,礼仪之邦"和人与自然和谐,人类社会和谐的生态宜居城市。

也正是因为这个目的,在洛阳市国土资源局领导的倡导下,在河南省地质矿产勘查开发局第一地质矿产调查院领导和同事们的支持与帮助下,我们以加强洛阳精神文明建设为目标,以普及地质科学知识为题材,专门从洛阳的山水地质历史等知识层面来宣传洛阳,以提升古都洛阳的科学品位,并贯穿于我们对打造洛阳生态宜居城市的思考,希望与关心这个问题的同仁达成共识。这个话题还得从国家领导人的一次谈话说起……

2007年10月,时任国务院总理的温家宝同志专程探望已96岁高龄的我国著名科学家、教育家钱学森院士时,钱老提出了"教育要把科学技术和文学艺术结合起来"的这一包括地学文化等文化领域中的科普教育问题。同时他还强调说:"处理好科学和艺术的关系,就能够创新,中国人就一定能赛过外国人!"地学文化同普通文化一样,也由科学、文化、艺术和教育四大部分组成,它担负着认识和揭示人类与地球和谐、共荣和发展的一种特殊使命,或者说是人类在经历完成这一特殊使命中凝聚的物质文明和精神文明的综合。组成地学文化中的科学成分是地质学及其分科,这是人类认识和探索地球形成、运行规律、圈层结构、物质组成、构造运动与发展演化的学说;地学文化中的文化、艺术成分是人类在与地球斗争或和谐相处历程中创造的精神财富,这里凸显着探索自然的乐趣,洋溢着战天斗地的豪情和富有科幻色彩的浪漫;地学文化中的教育部分,则是以地质科学为素材,分科教会学生有关地球的知识,重点是识别地球赋予人类的各种矿产资源及开发利用这些资源的知识和技术。

分析地学文化的这些领域,尤其地学教育部分,深感有两个大的方面是被忽视了:一是已往地质教科书中对待地质资源方面,只讲了索取利用的一面,忽视了给予即保护资源的另一面。正是因为这方面的忽视,造成了人类社会发展中因对各类资源的一味开采索取,不加保护,从而导致了目前大部分资源日渐枯竭,生态失衡,环境恶化,所以也不断引起地球和大自然对人类的报复!这是这些年来从不断发生的地质灾害血的教训中得到的认识。二是地质教育方面专业课程分科日细,内容愈加丰富,并发展了很多边缘学科。这自然应加赞赏,但包括所有院校乃至综合大学,几乎没有地学文化、地质科普这类课程。

正是这一现状,造成了地质战线上人才结构的极不平衡和发展中的畸形——地学文化的哑铃状态:一头是以完成地质勘查、地质科研为主的地质科学队伍;另一头是完成地质教学、培养地质科技人才的师生员工;而中间的地学文化、地质文艺部分,似乎还没有一个社会群体,即使个别部门有之,他们实际上还是前两个群体的附属。这一弱势的存在,不仅造成了地质部门生活的单调、沉闷,更重要的是因为没有面向社会,造成地质部门在社会上的闭塞、神秘、孤立,失去了20世纪50年代青年人向往"深山探宝"的激情,也失去了"肖继业式人物"的崇拜偶像。更重要的是因为向人民大众普及地质知识不够,使一些人不能善待地球,与之和谐相处,并因其人为因素诱发了各类地质或自然灾害,乃至一些人在自然灾害面前迷失方向,在社会上一度猖獗的"末日论"邪说的袭来时,又何等可笑!……

面对这样的现象,作为地质科学工作者,应该责无旁贷地宣传地球知识,提供科普文章,帮助人民增添地质科学知识,使之从容应对并战胜各种地质灾害。与之巧合的是,也就在钱老谈话之前的2005年,时任洛阳市政协副主席、洛阳市国土资源局主管地质矿产的副局长陈卫平同志,敏锐地提出了从洛阳地质、地貌入手,以白话的形式完成一部为古都增辉,深化人们对洛阳的认识,并提名为"洛阳地质史话"的知识丛书,争取在省、市的地质论坛上新创一个栏目的倡议。此议在作者中酝酿时间很久,皆因怵头而难敲定,谁知陈公此志益坚,并自嘲似地强调地质史话或许也与洛阳上下五千年的文明史、十三朝古都兴废史有些联系。乍听起来似为"牵强附会",人类的历史怎么同地球的历史相提并论?但细品起来倒别有滋味,也使作者想起了一位哲人说的那段话:"如果把地球演化的46亿年比做一天的话,那么人类上下五千年的文明史只不过是短暂的0.1秒。"一语点破,使人茅塞顿开,地球历史的末端不就是人类的历史嘛!

需要说明的是,《洛阳地质史话》中的"洛阳地质"——指的是大洛阳(涵盖三门峡、郑州、平顶山市中的一部分)的区域地质,包括大地构造位置、地层、构造、岩浆岩、矿产、古生物、古地理、古气候、古构造等多项内容,具有很强的综合性。"史"——地球史中的各地质时代,洛阳地质方面的诸多内容都要分地质时代加以阐述。这里要说的是,以文字的出现为标志,将没有文字记载的人类历史称为人类史的"史前"时期。此处也可仿照,将没有形成地壳岩石的地球形成之前的天文时期称为地球史的"史前"时期，此即本书第二章"探秘宇宙空间"中阐述的宇宙、太阳系和地球部分所涉及的有关内容。为表达"史"的完整性和系统性，以下分别按太古—冥古宙、元古宙、古生代、中生代、新生代及第四纪人文时期的顺序编排，连同第一章"地球科学延伸的三大领域"，全书共 8 章 31 节。其中每一章节都结合洛阳的地质矿产背景有一个全面系统的阐述，使人读后对洛阳地史有一个全面、清晰、完整的了解。"话"——原指的是平话、白话、话本，就是以特有的语言和表达方式，像给初学地质课的学子讲《普通地质学》一样，将地质专业的内容概略性地传授给他们，以达到普及地质知识的效果。这里要强调的是，地球的历史是以各地质时代形成的岩石地层、特征矿物和地层中的古生物化石遗迹为依据，通过地质理论分析来表达的。所以，地层是地质学的基础，地质科学的实践性、哲理性也在于此。只是地球历史的时间单位不像人类历史那样以"年"来计，而是以百万年（Ma）和亿万年（Ga）为单位来表达的。

这就是《洛阳地质史话》这部书将要表述的全部内容和基本要求。对我们从事地质科学的同志来说，按洛阳地史上保留的各种地质遗迹和有关资料，依据地质年代编写一部书并非难事，但要把洛阳地质中一些地质现象和天体地质（涉及地球成因的宇宙知识）联系起来，把洛阳地史中新生代和洛阳上下五千年人类文明史贯通起来却是难点！原因是这些领域都是地质学的边缘，作者知识局限，相关方面的研究程度不高，占有的资料很少，但这恰是其他自然科学、社会科学界研究古都洛阳时最感兴趣、最需了解的一个层面，对此我们在编写本书的过程中，已经得到不少科技界朋友的提示和支持。从另一方面说，这也是我们地质界和其他学界知识交流、互补的极好机会和难得的机遇。

前面谈过，面对地球的年龄，洛阳上下五千年的历史，好比 1 天中的 0.1 秒；面对地球上 1.49 亿 km² 的大陆面积，即使是"大洛阳"的面积，也只是人体上的一个雀斑。如果能把洛阳这个地区的发展演化史准确、全面、系统地呈献出来，那也是地球大陆上一处像国家地质公园一样的闪光点！而要把人类上下五千年中所发生的地质事件（如新构造运动及其导致的地质灾害），山川地貌变化、黄土、黄河及黄土中文化层的形成，尤其作为科学文化中心的古都京畿之地，我们洛阳人的祖先在地质学、采矿学、矿产品利用方面的贡献也呈献给读者，势必引起更广泛的关注和支持，所以我们也必须不遗余力地把本书编写好，并早日奉献给读者。

人类的五千年文明史对地球史来说不足一瞬，但那是人类认识地球的认识史，也是人类正确思想的发展史。地球自脱离了天体之后成活了 46 亿年，但谁能认识它呢，只有人类。地球早期没有生命，距今 35 亿年时才有了原始的低级生命，演化到距今 260 万年才有了以南方古猿为代表的原始人类，并在经历了 200 多万年的能人、直立人、智人阶段的旧石器文化之后，到距今 1 万年才进入新石器时代的第四纪全新世，由于火的发现和利用，结束了茹毛饮血的原始生活，标志人类进入了智人后期的新人阶段，并在与地球这一大自然交往中创造了物质文明和精神文明，谱写了人类的文明史，同时也逐渐认识了地球。比如地质学中有一个"以今论古"的法则，那就是利用我们今天看到的地质现象，去推算地质历史上发生的如火山、地震、海啸、风暴、泥石流等相似的地质事件，由此产生了地质理论，学会了地质推断，从对海滩上的波浪、湖沼中的砂泥、火山岩堆积的山丘、地下水溶蚀的岩洞等地质现象的观察中去寻找那些存在于岩石中的地史遗迹，破解大自然之谜。与之同时，也给我们留下了宝贵的地质史料和文献——早在 5 000 年前新石器时代的仰韶文化早期，我们洛阳人的祖先已经学会了烧制陶器；到了黄帝时代，就认识了地磁，发明了指南车；后在战国时代，学会了铸铜、冶铁、炼丹技术，并由观测月亮的圆缺为周期，发明了中国的纪年历法，也是这个时期成书的《山海经》《禹贡》《管子》中，有了对矿物中的铁、铜、金、银、玉及一些岩石的记载；距今 2000 多年的西汉时已经以煤代薪，东汉时已认识了地震，有了张衡的候风地动仪，并在都城洛阳南门外筑起世界上第一个地震台；到了宋代，沈括的《梦溪笔谈》中已记录了古生物化石……上述这些，处处都是古都文化的闪光点，也是贵若珠玑的洛阳品牌！

更使读者有兴味的问题是茫茫华夏，广袤大地，古代的十三个王朝，何以偏选洛阳建都呢？持

"风水学"说的人有说法,持漕运观、经济观者也都有自己的观点,我们是自然科学工作者,回答是决定于洛阳独特的山川地貌。洛阳地理位置雄居天下之中的中州地带,周边"西接崤函,南望少室,东连虎牢,北倚魏堤"(《洛都赋》),四山环绕;四山之间北有黄河、南有汝河,中部洛、伊、涧、瀍,六水竞流,山与水的结合构成了洛阳完美的山川地貌。古人崇尚风水,多以"物华天宝、人杰地灵"来赞美洛阳,将洛阳的山水称为"龙脉"、"王气",故有"河山拱戴,形势甲于天下"《读史方舆纪要》和"伊阙乃帝室之宅,河洛乃王者之里"(《洛都赋》)之说。

产生于近代文明的地质科学,也对洛阳的山水作了新的诠释:洛阳周边的四山环绕,包括西面的崤函山,东面的少室山(属嵩山),南边的熊耳山、外方山、伏牛山和北部的邙岭(崤山余脉),它们除了作为古都的军事防御屏障外,主要是为都城提供林木、矿产资源、供水水源地和涵养、净化生态环境的气象调节带。源于诸山区的洛阳六大水系,它们昼夜不停地在山间流淌,不知疲倦地将源头和两岸的岩石(包括矿物)风化物由高而低地搬运,填平了一处处沟谷、洼地,淤积为适于农耕种养的肥田沃土,为都城提供了充足的粮食。还有更为重要的是,在古代水路是主要交通要道,水可通舟楫,水路好比现在的铁路和公路,黄河、洛河、伊河(包括隋代开挖的隋唐大运河)都是当时主要交通干线,通过水路向洛阳运来大量的粮秣和生活、生产物资。水尤可灌田园、育生灵,水更是塑造风景名胜供人们休闲游乐的重要条件。山与水的和谐是供人类休养生息、繁衍后代、树根立本的基本条件,也是在这种和谐中,人类的群体不断发展壮大,成为形成民族,选择都城建立国家的基本条件。因此说洛阳何以为历史上十三个封建王朝建都之地,主要是得天独厚的山水资源和山与水的和谐,这是国内其他古都不可比拟的。

这里要指出的是,洛阳的山山水水,包括其间由河水串联的大小盆地,它们同地球表面任何一个国家和地区的山水一样,都是在不同地质时期、不同形式的地壳构造运动、岩浆活动和风化剥蚀—沉积的各种地质作用中形成的,而且在形成后还不断进行着沧海桑田的变化,这种变化直到现在也未休止。洛阳的山山水水,不仅孕育了古都的历史文明,留下了厚重的历史典籍,也促进和保障了现代工业与旅游名城的发展。因此,我们在发掘古都的历史文化遗产、打造生态宜居城市和宣传洛阳时,要特别着重对洛阳山水地质的研究,花大力气弘扬洛阳的山水文化。对此,我们将以区内各地质时代留下的各种地质遗迹为依据,联系国内外相关话题,充分运用已占有的各种资料和地质理论知识,按地史发展进程,在各个章节中分别阐述洛阳各大山系的岩石地层、形成时代、构造特征、发展演化,并结合探讨山间水系与其的依存关系,以及包括沿洛河、伊河等水系分布的串珠状盆地的成因和山川地貌、黄土、黄河文化层及新构造运动导致的地震、洪水和古都的变迁等一系列地质方面的内容,在保持本书科学性、系统性的前提下,着意从地质科学的层面上,增加洛阳的有关地质知识,提升古都的科学品位,并为发展旅游业、开展城市地质和城市建设提供资料。

需要特别提出的是,本书名为《洛阳地质史话》,但涉及的是洛阳周边河南乃至国内外与洛阳地史有联系的区域,主体是一部以洛阳山水地质为依据的洛阳区域地质发展史、认识史,包括了区域地质、大地构造、地层、古生物、岩石、矿床、古地理的诸多内容,还跨进了宇宙天体地质、环境地质及社会科学中的人文历史等多学科领域,其中还多处包括了作者对洛阳一些基础地质方面相关问题的独到见解,因此可以说本部书是以区域地质为基础、以地层学为抓手的地质知识大荟萃,也是将地质学与社会科学、地矿文学相结合的一种尝试。

《洛阳地质史话》的编辑出版,意味着洛阳市在深化科普教育中又扩大了一个领域。我们相信,洛阳人在《洛阳地质史话》普及的地质知识启发下,会更加热爱古都的山山水水,增强保护自然和与地球和谐相处的意识,提升以洛阳山水为依托的各个地质公园和旅游景区的科学品位,增强洛阳人的科学文化素养,为古都增辉。但我们也深知,在河洛文苑和科坛上,弘扬山水文化,推动科普创作的任务还非常艰巨,我们都是老地质的科普新兵,一切还将从头学起。这也如深山探宝,既然在山下发现了山上滚落下来的矿体转石,那就要勇敢地攀登上去!

第一章　地质学延伸的三大领域

杂咏三首

一、自然灾害

悉数天灾说"人祸"，又遭地灾何其多？

防灾抗灾当不懈，科学武装降群魔！

二、地质旅游

游山玩水意若何？说山道水话题多。

科学时代有奇趣，地质旅游有新说。

三、观赏石

小小奇石乾坤大，高山大海都装下。

谁能识得其中趣？玩石族中有专家。

　　随着近代生产力的高度发展，科学实验的水平日益提高，各门科学都在向纵深发展，研究探索的领域都在不断扩大，尤其不同学科交汇处互相渗透，形成很多边缘科学。我们的地质学也和其他学科一样产生了很多边缘学科，其中包括应对各种自然灾害、保护人类生存环境的环境地质学；解说山水地质景观成因，保护各种地质遗迹，助推旅游业发展的旅游地质学；介绍各类观赏石（奇石）的岩性特征、形成机制、产出情况、分布规律及资源开发的观赏石地质学等。以上这些与地质学结缘所涉及的三大领域，都拥有或吸引着广大的人群，并因其涉及的知识很接"地气"，所以都是普及地学知识的重要领域。而尤为重要的是，无论是环境地质、旅游地质，还是观赏石天地的开拓，都需要汲取或互为印证《洛阳地质史话》这本书中的一些专业知识。因此，特将这三个方面所涉及的地质知识编排在第一章，权作系统阐述《洛阳地质史话》专业知识的"切入点"，或者说是一台大戏开幕前的一个"垫场"。

　　下面就按上述三首小诗的顺序，分三节来说道一下。

第一节　自然灾害对地学的呼唤

忧国患议论自然灾害　解民惑普及地学知识。

　　有人会问，你们这部书要讲的是洛阳地质史话，怎么扯上了自然灾害呢？答曰原因有三：一是这个灾害的事太大，且大部分属于地质灾害或与地质灾害相关联，作为地质科学工作者，当是责无旁贷地要给群众宣传解释，引导人们正确应对并要防灾抗灾。二是这类自然灾害恰恰是正在演绎着的地球历史上的地质作用。观察研究这种地质作用，可以加深对地质学中一些地质现象的成因理解和进一步探讨相关的地质作用，这就是地质学原理中"以今论古"的法则，对涉足地质学领域、初学地质知识的人大有裨益。三是本书名谓"地质史话"的这一命题太专业，涉及的地球知识面太广，专业术语太多且难懂，这样编写意在借助大家接触较多、认识较深的自然灾害，尤其地质灾害的现象，作为本书的第一个切入点，借此初步阐述一些与本书主题有关的内容，由浅入深地普及地质科学知识,以此引起大家学习地质科学的兴趣。

一、极端天气及其导致的水、旱等自然灾害

生长在洛阳等我国北方地区的人,因为经历的老天不下雨,六粮不收,人畜饿死的灾荒太多,所以在天气干旱少雨、盼雨雨又下不来时倍加焦灼,灾荒的景象也像幽灵一样会时时缠绕,尤其五十岁以上的人,谁都记得1960年前后天灾人祸、农村喝大锅清水汤的那个滋味。所以对天不下雨、气候干旱就很敏感。联想我国南方或过去常闹水灾的地方,人们也会像我们北方人担忧天旱一样,一见暴风骤雨、洪水汹涌时也会一样不安宁! 也正是人们心理上残留的这些东西难以清除,所以一听新闻媒体报道这里大旱,那里水淹,此处暴雨,彼处冰雪……都非常关心牵挂,尤其面对这些灾害常听说的极端天气,如厄尔尼诺、全球变暖的原因分析时,都会无形地拨动人们心中那根弦。为了帮助人们提高科学知识,消除这余悸未消的反常心态,下边欲从什么叫极端天气,产生这类天气的原因及其发展趋势,结合一些实例加以说明,进而探讨其防治问题。

1. 极端天气与温室效应

极端天气是指天气(气候)的状态严重偏离其平均状态,在统计意义上属于不易发生的情况:如不该发生干旱的地方更干旱了,该下雪的地方见不着雪,不该下雪的地方却冰天雪地,要不然天气就像发了疯似的——强降雨、大洪水、暴风雪、大冰雹、高温热浪、持久干旱、持久低温或连续降雨、连续洪涝等形成各种自然灾害,并且此起彼伏,在各地发泄。科学上对极端天气下的定义是"在极端气候下突发的自然灾害事件达到了50年一遇,或100年一遇"。

人们不仅要问,为什么会出现这种极端天气? 主要因素为"温室效应"。我们知道,地球表层正常的气温是由太阳的短波热辐射到达地面的速率和地球表面吸热后以长波辐射到地壳外空间的速率相平衡而决定的,这也就是后文介绍地球大气圈时,其下部对流层的情况。大气能使太阳辐射的短波毫无消耗地到达地面,但组成地球、大气中的二氧化碳、氧化亚氮(N_2O)、甲烷(CH_4)、臭氧(O_3)等气体,可以吸收地面排放的热辐射,使大气层和地球表面的温度变得热起来,这种现象就叫温室效应,也像我们常见的花房暖室一样叫"花房效应"。

在正常情况下,由于地球表面大气层中水蒸气的保护,虽然二氧化碳等气体吸收了地球的辐射热,但也使地球不至于像没有大气层的月球等星球那样变得昼热夜冷温差极大,但当二氧化碳等吸热气体在空气中超过极限达到过量时,就会导致地球表面的温度不断升高(科学家预测,大气中的二氧化碳每增加1倍,全球平均气温将增加$1.5 \sim 4.5 \, ℃$),导致全球变暖,两极冰雪消融,海平面升高,大气环流也随之改变。这是极端天气出现、自然灾害频发的主要原因。

为什么地球上会产生温室效应并导致极端天气出现? 原因很多,就近代来说,主要有三:一是现代工业发展,过多燃烧煤炭、石油和天然气等能源矿产,大量排放尾气,从而使空气中二氧化碳、氧化亚氮等有害气体不断增加;二是随人口的增加,城市的扩大,大量砍伐林木使植被面积减少,降低了植物类对二氧化碳的吸收;三是随人类生活水平的提高,机动车辆和取暖、制冷设施也加大了有害气体的排放量,这也大大加剧了温室效应。温室效应导致了地球上的气候变暖,气候变暖出现了极端天气、诱发了自然灾害。追溯起来,那些以牺牲环境为代价,追求一时的经济效益而无休止地燃烧能源,过量向大气排放二氧化碳等有害气体而污染环境者,也是自觉不自觉地成了制造温室效应,导致极端天气的元凶!

2. 气候变暖与极端天气

据世界气象组织统计,世界气温总体上是变暖的趋势。全球气温最高的几个年份,都出现在1997年以后的15年中,与之相应的是,极端天气和由其诱发的各种自然灾害这15年中也越来越突出。似乎地球像得了"打摆子病",冷热变化无常而又不断地恶性发作——人们不会忘记2008年1月湖南郴州、广东韶关并波及江西、广西、贵州等江南几个省,2 287万人受灾的那场暴风雪和

冻雨,茂林修竹的江南低纬度地区蒙受了百年不遇的灾难;此后不久,受大西洋信风滋润的美国东北部,2010年2月也经过了两天的暴风雪,一些居民居住的小楼底层被大雪掩埋;之后,暴风雪还袭击了我国的新疆北部、内蒙古和北欧一些国家与地区,雪灾阻碍了法国人浪漫的旅游生活,连巴黎的铁塔也被关闭了,而这样的天气在其后的几年里,我国和世界各地的一些地区还时有发作。

干旱和风沙是极端天气带来的另一类大灾害,2010年初至2012年连续三年或更长时间发生在中国西南的大面积干旱,使那个四季如春的云南和"天无三日晴"的贵州变得干燥多风,植被退化,基岩裸露,石漠化的面积达11万km²,甚至滇池也在急剧缩小,漓江也在搁浅。吃水难困扰着各族人民(照片Ⅰ-1)。在我国北方,由风沙天气带来的沙尘暴几乎每年春天都要袭来几次。其间2010年3月20日来自内蒙古干旱地区的沙尘暴波及内地延伸达数千公里,前锋抵达东部和南方地区,甚至扬尘天气还影响到日本和台湾。沙尘暴的形成,使人联想到我国的黄土高原和西北的腾格里、巴丹吉林沙漠和戈壁滩。同样,美国每年春天3~4月从大西洋墨西哥湾登陆的龙卷风从20世纪30年代开始,几乎每年都要登陆几次,美国几乎一半以上州、市深受其害。本来就干旱少雨的美国中西部,再加上龙卷风的肆虐,使当地群众苦不堪言,纷纷迁避他乡。

照片Ⅰ-1　云南连续四年大旱的取水长龙
——原是四季如春雨水丰沛的我国西南,在连续3年冬春连旱中出现了这样的景象。
(引自《地球》杂志2012年第1~2期)

按正常的年份,北半球高纬度区的夏天是凉爽宜人的,但2010年7月,因俄罗斯130年未遇的高温和干旱导致的森林大火,在两个多月的时间里发生3万多起,火灾导致50多人死亡,3 500人无家可归,农林作物毁坏严重,火灾又使全区的气温升高,就连寒冷的西伯利亚都达到了37 ℃,莫斯科则遭受到气温高达44 ℃的热浪侵袭,闷热的空气令人窒息。然而仅仅过去了两年,2012年则是俄罗斯70年未遇的寒冷冬天,来自西伯利亚反气旋的寒流,使莫斯科的气温降到-30 ℃,同样这次极冷的寒冬又横扫了乌克兰、波兰及波罗的海沿岸国家。奇怪的是,与其比邻的法国、德国等东欧国家,因受大西洋一股暖流影响,则在20 ℃的温暖中度过了圣诞节,气候异常造成了"冷暖两重天"的欧洲景象。

几乎就在俄罗斯的森林大火熊熊燃烧之际,几千公里之外的巴基斯坦从2010年7月下旬开始,因喜马拉雅山和冈底斯山下的印度河水泛滥,开始遭遇"历史上最严重"的洪灾,全国近1 800人在洪水中死亡,2 000多万人受灾,相当于一个河南省或孟加拉国那么大的16万km²的土地被淹没在积水中。同样与巴基斯坦相邻的印度和孟加拉国,也深受这次洪水之害。之后的2011年秋天,泰国湄公河和昭彼耶河河水大涨,使曼谷重演了洪水淹城的灾难,几个月水也不曾退去。老挝、柬埔寨、越南也在这次洪水中遭受到巨大损失。

3．极端天气之灾仍有加重之势

如上所述,极端天气所带来的自然灾害,已给全球带来了越来越大的损失。据联合国 2010 年的一份统计,自然灾害给全球带来的损失,40 年前为 5 257 亿美元,如今已增加了 2 倍,达 15 800 亿美元,其中水灾在过去 30 年里增加了 160%,热带气旋风灾更加频繁,增加了 262%,与气候变化有关的极端天气每年发生的次数增加了 3 倍,波及的国家和地区不断扩大,突发性大大增多,大有日益加重之势,而且更加逼近我们。

谁都不会忘记 2012 年 7 月 21 日侵袭北京及其周边地区的那场暴雨。"桑拿天"是雨前的先兆,接着是一直持续近 16 小时的倾盆大雨——此为北京地区自 1951 年以来监测到的最大降雨。北京城区平均降雨量 215 mm,降雨量最大的房山区河北镇达 460 mm。这场暴雨导致北京城积水成河、内涝成灾,全市积水道路 13 处、积水路段长达 900 m,平均水深 4 m,最深达 6 m。大雨中路面塌方,桥梁损坏,交通几乎陷于瘫痪,数百辆汽车淹没水中,连地铁也遭水患,9 条地铁进水,几处出现塌陷险情。居民区则是楼房漏雨,平房水进屋,地面成湖泊,地下室倒灌,居民深受其害。据北京市发布的灾情报告,灾害导致 79 人丧生,损失近百亿元(照片Ⅰ-2)。

照片Ⅰ-2 2012 年"7·21"京、津、冀雨患的见证
——原是车水马龙的北京广渠门立交桥好似泄洪的闸门!

(引自《地球》杂志 2012 年第 8 期)

除了北京市区的暴雨之灾外,这场暴雨还波及到河北省的保定、廊坊等 9 个设区市的 59 个县及天津市,损失仅次于北京市。据全国报告,在 7 月 21 日的前后,新疆、云南、四川、宁夏、山西的一些地区也都出现了有气象记录以来的最强暴雨袭击,太原、武汉、南京等大城市还出现因暴雨而造成的城市内涝。这次暴雨之灾也使当地的人们看到了什么叫滑坡、泥石流等地质灾害,从云锁雾幛的低气压的"桑拿天"中理解"大雨之前蛇出洞"的谚语,从雨前通过的龙卷风灾中体会到什么叫"山雨欲来风满楼"。

夏秋两季的闷热、暴雨之灾刚过,一场席卷北半球的寒流又带给我国北方一个早来的冬天,还不到立冬的 10 月底,我国的东北就遭到寒潮袭击,使那里沉甸甸的晚秋作物遭受重大损失,接着是寒潮暴雪袭击华北大地,新疆、内蒙古一些地区气温也骤降 10~20 ℃,干旱少雨的乌鲁木齐下了第一场雪。冬至刚过,新疆阿尔泰、伊犁河谷一带的气温已降到 -40 ℃以下,新疆、内蒙古、东北的大部分不仅气温在 -30 ℃之下,而且冰雪交加,就连地处中原的洛阳地区,也深感寒冬的威胁,原是"头九二九不出手"的季节,却变成"三九四九凌上走"的时光,有几天最高气温才达到 0 ℃,人们普遍感受到 2012 年北方的冬天比哪一年都冷,反常的天气使以前那些气象谚语多不应验,甚至气象台预报的天气也不准确。尤其天气的冷热变化难以捉摸,反常的天气现象时时出现,这年夏季的台风一个月内就 6 次登陆,甚至越过长江到达大陆腹地。但是到了 2013 年的新年伊始,大范围的雾霾天气又突袭我国中东部地区而且多日不散,北京、天津、郑州、石家庄、唐山、邯郸、保定等大城市,常常处在"四面霾伏十面雾"的困扰中,致使公众的健康及交通、电网安全等受到严重影响,从而更加深了人们对极端天气所造成的多种自然灾害危害性的认识,并不断提高防灾抗灾的自觉性。

二、近年来频发的地震、火山之灾

与全球性极端天气导致的水、旱类自然灾害相伴,带给人类的另一种自然灾害是近年来全球各地频发的地震和火山活动。

1.恐怖性的地震之灾

2012年的8月11日,伊朗西部的阿哈尔、大不里士接连发生了两次6级以上强震,死伤2000多人,地面破坏严重。无独有偶,紧随其后,我国新疆喀什也发生了6.2级的强震!令人注意的是,这东、西两地似相呼应的震颤,都发生在位处北纬38°~39°、横贯欧亚大陆的地震多发带上。是什么力量启动了这锁住大地的机关? 这自然使人联想到为什么这些年来世界性的大地震会这么多,特别是那2010年恐怖性的地震之灾!

2010年1月3日,大洋洲所罗门群岛发生7.1级地震,震后还不到10天,1月12日大西洋加勒比海沿岸的海地发生7级地震,美丽的太子港一夜间变成了废墟;随后2月26、27日两日内,太平洋西岸日本琉球和太平洋东岸的智利,分别发生了7级和8.8级大地震;3月4日、3月14日台湾高雄、印度雅加达等先后发生6.4级地震;4月4日、4月14日墨西哥湾和我国青海玉树又分别发生6.9级和7.1级大地震。似乎是地球的狂怒,这一年世界上几乎成对出现的7级以上强震竟发生了7次! 5级以上地震达18次! 每次也都余震不断,这些地震主要发生在1~4月的上半年(见图I-1)。

图 I -1　2010 年 1~4 月全球 18 起 5 级以上地震分布图
——地震给人民生命财产带来了巨大的损失,其中 1 月 12 日海地地震、
2 月 27 日智利地震、4 月 14 日中国玉树地震损失惨重!

(引自《中国国土资源报》)

惊恐未定,人们都盼着上半年接踵而来的灾难会因下半年的相对平静而得以平息,谁知地球狂怒难遏,到了2011年3月9日,中国和缅甸接壤地一带又发生了7.3级地震,紧随其后,3月21日至4月11日不到20天内,日本东海岸接连发生了9级、7.1级和7级三次强烈地震,由地震引起的大海啸使日本福岛核电站遭到严重破坏,大海啸还造成海岸村落荡然无存和核泄漏。人们不会忘记那狂怒的海水形成的"水墙"咆哮着自海上推向陆地后,把小轿车都送上房顶的"恶作剧"……然而这仅是目击的一瞬,而海啸破坏的范围远比我们看到的这一瞬大得多,例如2004年12月26日发生在印度尼西亚的海啸,波及范围包括印度尼西亚、斯里兰卡、缅甸、马尔代夫等十几个国家和地区,海浪还越过印度洋直达非洲东海岸的马达加斯加。这次海啸使印度洋中平均海拔只有 1 m 的岛国马尔代夫的 48 个有人居住的岛屿被海浪吞没。包括地震、海啸后的瘟疫,这次灾难是近 200 年来最惨烈的一次,死亡人数超过唐山大地震,强度和波及破坏的范围,超过日本东海岸及此前的菲律宾、墨西哥等任何一次由地震引起的大海啸。

　　2. 难以消失的地震记忆

　　人们还记得 1976 年 7 月的唐山大地震,24.2 万人在地震中丧生,一个工业化的矿城受到毁灭性的破坏。作者当时在河北南部一个铁矿区工作,地震的前一天,可能是地震带上的断裂复活,由动能转化的热能以热蒸气形态释放,天气闷热难耐,谁知夜晚地震就发生了,当时是天地都在摇晃,人群在惊叫中慌乱地向空旷处奔逃躲避,怎奈惊魂未定,寝食未安,又是连绵倾盆大雨。据目击灾区的人说,雨中的救援十分艰难,而雨后发生的瘟疫,又使灾区幸存者雪上加霜。

　　1976 年 11 月作者又赶上了唐山大地震的余震——天津汉沽地震。这是一个星期天的下午,地震发生时整个门窗都在轰轰作响,外面高楼都在 5°～10° 的摇晃,仅仅十几秒内一些楼房的墙体,在晃动中像定向爆破一样坍塌了下来,不过这仅仅发生在一条几十米宽的破裂带上,其边缘的楼层仅仅是晃动几下而安然无恙。然而地震带给人们的惊恐,远比它破坏的建筑物要大得多,震后的几个月内很多市民依然住在寒冷的街头防震棚中不敢回家上楼居住。

　　人们更不会忘记 2008 年 5 月 12 日四川汶山 8 级大地震发生时的天摇地动、顷刻间一座美丽的县城变成废墟的惨象;深深记得国家领导人第一时间赶往灾区,站在摇晃着的废墟上和坐在抗震棚的湿地上同灾区人民共患难的情景;还能回忆地震时地面形变、公路坍塌、桥梁扭断、山石崩落,泥石流奔袭而来,河水断流形成并在暴雨中暴涨的堰塞湖,眼看着将要降临下游成都平原、更大灾难将要降临的惊心动魄时刻(照片Ⅰ-3)。

照片Ⅰ-3　2008 年 5 月 12 日汶川地震留下的废墟
—— 美丽的汶川县城顷刻间变成一片废墟,流淌着的岷江水永远洗不掉灾难的记忆。

(引自《地球》杂志 2012 年第 5 期)

3. 火山活动往往是同地震伴生的另一种自然灾害

火山活动代表地下岩浆在内压力下喷或涌出地表形成各种火山物和火山地貌的地质过程。火山爆发前先是地面颤动(火山地震)、地热出现异常,接着是山崩地裂的声响,随之火山气体、火山灰、碎石块及撕裂了的熔岩碎片冲向天空。散落的火山灰、火山渣污染和覆盖了大片地区。接着是吐着火舌的熔岩像一群受惊的野马,在火山口下的斜坡处横冲直闯,狂奔直下,吞噬着地面的一切生灵。当然这仅是火山活动的一种形式,或谓火山喷溢活动的一个阶段的描述。熔岩涌出后的火山活动虽已进入间歇期或火山休眠期,但火山口处仍喷射着水蒸气、甲烷、二氧化碳和硫化氢等气体而经久不息,接着是气温骤降,大雨倾盆,并诱发各种地质灾害。

人们可能还记得 2010 年 4 月,沉睡了 187 年的冰岛艾雅法拉火山一个月内两次爆发的情况:与熔岩同时爆发的冰泥流还带来巨大洪水,灼热的火山灰烫死了大量农畜,腾起的烟柱使冰岛上空笼罩一片黑云,使太阳失去了光芒。升腾于 10 000 m 高空的火山灰弥漫了欧洲大地,使英伦三岛的飞机场被迫停飞。其后 2011 年智利南部两处火山爆发时则是随着巨响,腾空升起了高达 10 km 由气体、火山灰组成的灰色烟柱,而后成为蘑菇云,降落后使智利中部很多城市的街道、建筑物上面铺上厚厚的一层火山灰。

在我国境内分布的火山早就停止喷发而成为死火山了,那些地区留下的只是火山的喷出物——熔岩流、火山弹、火山灰和火山喷发后形成的火山地貌、火山温泉。我国台湾、海南岛、黑龙江五大连池、长白山天池、云南腾冲都有这类景观,喜欢旅游的朋友可以充分享受。同任何事物都具二重性一样,火山地质景观是火山活动给人类办的一点好事。地质学家告诉我们,地质史上形成的矿产有很多也是与火山活动有关的。

三、灾害对科学的呼唤

综上所述,无论是来自天上因极端天气导致的干旱、洪水、低温和雾霾,还是来自地下因地震、火山而导致的暴雨、霾雨、瘟疫,以及由其引起的山崩、海啸、地裂、滑塌、泥石流、堰塞湖等次生地质灾害,都给人类的生命和生存环境带来巨大的威胁与灾难。面对自然界的这些无情和残酷,我国党和政府始终如一地保持了直面灾害、积极行动、科学应对、对人民负责任的态度。地震频发、洪水肆虐虽是不可抗拒的,但党和国家领导人每次总是在第一时间亲临一线现场,与那里的受灾同胞同甘共苦,号召带领全国各级干部、各族人民、各行各业展开抗灾、救灾的全民行动,那些激动人心的场景永远留在我们心中。大灾之后为了根除这些灾患,政府又从法律、法规方面出台一系列措施,并在宣传舆论导向上加强了这方面的工作。经几十年的不懈努力,已在节能减排、保护环境、植树造林、绿化祖国、大兴水利、防风治沙等多方面取得了巨大成就,并以给人民造就"生态空间山清水秀,给自然留下更多修复空间,给农业留下更多良田,给子孙后代留下天蓝、地绿、水净的美好家园"的美丽愿想写入中共十八大的政治报告中,这充分表达出中华民族战天斗地、防灾抗灾的决心和长远奋斗目标。

然而也正在此时,一股从西方世界袭来并在我国不断蔓延的"末日论"之风,也闹得纷纷扬扬。他们借古玛雅人(公元前 500 年前后在中美洲墨西哥湾一带建立的奴隶制国家,公元 909 年后消失)依照玛雅历推算的第五个太阳纪的最后一天——2012 年 12 月 21 日为世界的末日,并牵强附会地把这些年科幻小说或科技界议论的"外星人入侵"、"小行星撞击地球"、"太阳、宇宙大爆炸"、"地球磁极颠倒"、"超级火山爆发"、"环境崩溃"等奇谈怪论作为世界末日的依据。借助一些新闻媒体的错误导向,不法商人的投机敛财,一些宗教势力的推波助澜,颇能迷惑一些群众,尤其一些文化科学素养很低的人。一时间社会上出现很多稀奇古怪的现象:在西方盛行的"最后的狂欢"、"末日主题大餐"活动中,数万元的入场券竟被抢购一空,就在我们洛阳也出现了抢购蜡烛、食盐等生活必需品的情况,在浙江、山西、新疆的一些教徒中还出现了制造、订购"诺亚方舟",以寻找避难所的可笑行为。

为什么科学、文化发达的西方世界还会出现这些荒诞无稽的怪事？为什么这些怪事又会在我国愚弄、蒙蔽这么多群众？原因固然很多，其中相当重要的是我们没有根据自然灾害的性质、表现形式、危害性和成因做好科普工作，没有认识到在抗灾、救灾工作中用科学知识武装群众的重大意义。因此，我们在本章一开头就指向极端天气造成的水、旱等自然灾害，意在让大家在全面感受自然灾害的残酷中，认识"温室效应"的危害，进一步体会到国家节能减排、保护环境、植树造林、绿化祖国政策的重要性。从全球气候变暖的总趋势中，去认识地球在宇宙空间运动的知识。另从地震、火山的论述中，了解到什么叫次生地质灾害，加强对地质灾害的重视程度，科学应对这些灾害，并从现在发生的地震、火山活动中，进一步去体会地质学中"以今论古"的法则。

第二节　地球科学与地质旅游

旅游恋得山和水，解读写成诗与文

　　游山玩水，本是人们"一闲对百忙"的消遣形式，而被称做"山客"的地质人，自然是行业赋予的享受。随着人民生活水平的不断提高，生活和工作节奏的不断加快，尤其城市扩大，城镇化提速，人类生活和工作的空间不断缩小，加上生活内容和生活方式的简单、枯燥，所以回归自然、拥抱山水，享受青山绿水、风和日丽、鸟语花香的山野情趣，已成为人们梦寐以求的愿景。从而促使近年来以自然山水类景观为依托的山水观光游、休闲度假游等空前火爆，各地开发的这类旅游项目和新设的旅游点、旅游区也越来越多。但令作者关注的是，大部分的山水景区旅游，导游者多是以山谈山，以水论水，些须加上一些文化符号，但也多是着眼于山水的外在美方面发挥，缺少的是科学方面的内在因素，因此也难将这些外在的美加以深化，久而久之，很多景点也渐渐在人们的心目中失去光彩。也正因为此促进了以地质旅游为基础的旅游地质学的形成和发展，进而产生了以兼有保护地质遗迹和山水旅游两种功能的各类地质公园（如嵩山国家地质公园，黛眉山—小浪底国家地质公园等）的开发，不仅保护了地质遗迹，提升了景区品牌，促进了旅游业的发展，也促使游客在享受大自然外在美的同时，增长了地质科学知识，认识了山水景观的内在美，增进了对山水旅游的享受。

　　令人兴奋的是，随着人民物质文化生活的日益丰富，国家和地方提供的集游、购、娱功能为一体的旅游景点不断增多，加之各地、各景区交通服务业发展和时尚的居家自驾游日益兴盛，洛阳也同全国一样，山水游的发展已是势若春笋出土，方兴未艾，参加人数也将日益增多。所以，我们也将以此为契机，权当洛阳山水游客的导游者，结合洛阳山水发展演化的历史，对这些山水的成因、组成岩石、分布特点及发展演化的历史加以介绍，以宣示旅游地质学的价值和魅力，并以此作为后文《洛阳地质史话》的另一切入点，来更形象地印证那保留的多种地质遗迹。

　　一、山水文化与地质旅游

　　1. 山水文化与"山水地质"

　　山水文化指的是人们在与山水接触中，随着主观（即人）和客观（山水）两方面的相互渗透、相互影响，在人们思想中产生的由感性到理性的认识，这是一笔博大精深，内容非常丰富的精神财富。但由于主观方面的信仰、研究领域不同，观察的角度和着眼点有别，对山水文化探讨的内容也各有侧重：有从美学方面认识山水的，包括了山的雄、奇、险、秀、幽的外在美，也包括了山与水的和谐，山与人文景观结合，以及山水、人文融为一体的意境美；有从文学方面欣赏山水的，包括以山水景观为题材的诗、词、歌、赋及散文、游记等。几千年来这方面的作品不断充盈着我国的文学宝库，也一直吸引着千千万万读者。高一个层次，从意识形态方面对山水的欣赏则更具深意，如儒家的"仁者乐山,智者乐水";道家的"上善若水","山不矜高","水善下而为百谷王";佛家的"山不转水转","山中无甲子";还有俗家的"追求功名者望峰息心,经纶事物者窥谷忘利",更有一代伟人毛泽东从政治、哲学、文学的深度发表的诗词,又赋予了山水文化更高的含义。他的诗词都是时代的号角,催人奋进,由此也大大提高了山水文化的价值(图Ⅰ-2)。

图Ⅰ-2　毛主席诗词画

(梅春辉收藏)

　　翻开中国的历史,从古人的结庐林泉,与山水为伴,潜心研究某一学科领域的问题,或排除干扰,调动思维,悟出一种人生的哲理,到今人的回归自然、拥抱山水,各类依托山水的旅游休闲度假景区、不同级别的地质公园、各类自然风景保护区一批又一批的兴建,或是节假日各山水景区的旅游空前爆满等行为,无不显示出山水文化的无限魅力。但是随着社会的不断进步,人们的文化水平和综合科学素质的不断提高,人们在游山玩水时,已不再仅仅注重观察那些山石外在形象的"像什么",听腻了导游小姐由"像什么"编造的传说和神话故事,而是在探寻这眼前的山都是什么石头组成的?形成于什么时代?为什么山与水会这样结合?……发出一连串的问号,于是一种称之为"山水地质"或谓"风景地质"、"名胜地质"的术语一个个地出现了。

　　山水地质即山水的地质组成,它是从地质学的角度将山水旅游纳入本学科中,内容仅仅是限于对一些地质景观的地质解释,或者说是组成山水景点的地质说明书。这种对山水地质的认识形成于20世纪90年代,即我国的旅游业还处在开发早期,国家要求各行各业为旅游业服务,当时已有不少地质部门为一些山水旅游线路编写过导游材料或一些地质公园的说明。因为仅仅是地质部门和旅游部门的初步结合,地质专业人员对旅游业务还不甚理解,加之一些导游小姐缺乏地质知识,她们在向游客讲解地质内容时未免结结巴巴词不达意。这种现象今天还常见于一些景区,由此也启示我们,加强地质科普工作,以通俗的语言来描绘地貌,讲解山水,将生动形象的地质科普知识提供给各个景区又何等重要。

　　2."地质旅游"与旅游地质

　　前文所述的山水地质部分,已包含了地质旅游的一些含义。由河南省国土资源厅主管,中国地质学会旅游地学与地质公园研究分会会刊——"资源导刊杂志社"出版的《地质旅游》月刊,就是从地质学角度,借助山水风光摄影艺术,将照片和文字相结合,向广大读者介绍我国各地多姿多彩的山水景观和各类地质公园,包括各景区、景点承载的人文史迹及其涉及的地域民族文化、社会风情,很有特色,深受广大读者喜爱。尤其本刊引用的彩色照片,多为摄影名家和摄影爱好者的优秀作品,其艺术魅力使之将读者拉近,优秀的作品又反映出自然的真实,而似散文、如游记一样的文字,又好似导游小姐在各处景观面前向游客的娓娓讲解,使读者有如身临其境之感。

应该肯定地说,《地质旅游》杂志的问世,是河南省地质学会的一个创举,其在推动河南省旅游业发展,促进各地各类地质公园开发建设和宣扬地质科普工作方面,都发挥了积极作用,但也坦率地说,它在弘扬地质旅游方面,也仅仅是将人们带到一个充满地质知识的景区,粗线条地解说了景区的地质内容。应强调的是,每一个地质公园中的每一处地质遗迹,每一处人文景观的载体,都蕴含着有趣的地质科学知识,所以说地质旅游的本身,也是地质科学知识的综合,有着很深的探索性和广泛的实践性,地质旅游仅仅是带有地质专业知识或以地质专业知识为内容的一种高层次的旅游活动,但并不是旅游地质,因为二者的含义是不同的。

旅游地质一词源自"旅游地学"。由陈安泽、卢云亭两位教授等合著,1991 年北京大学出版社出版的《旅游地学概论》指出:"旅游地学是地球科学与旅游学相结合而产生的一门边缘学科,主要包括旅游地质学和旅游地理学两个部分。其中的旅游地质学是'借助地质科学的有关理论、方法、技术和成果',研究各类有关景点的分布、类型、特征、成因和变化。通过对景区和景点基础地质、岩溶地质及环境地质等综合性普查评价,有针对性地组织地学旅游活动,合理选择地质旅游路线和配套设施,最大限度地展现景区和景点的美学、文化与科学价值,融科学性、趣味性于一体,具独特研究对象和方法的新兴交叉科学"。由此可见,旅游地质学既包括了地质旅游的功能,也包括了开发、评价和管好地质旅游景区,帮助申报地质公园的多项任务。因此,一切与山水风光有关系的旅游景区,一切与地质有关的旅游活动,都应该应用好这门学科的知识,包括新提交的专业型区域地质报告,也应将有价值的地质景观提升到资源的高度,像介绍区域矿产一样在报告中加以介绍。

综上所述,随着国内外旅游地质研究不断深化、旅游业快速发展的形势使我们认识到,旅游地质学是一门"接地气"、"寓人气"的新兴学科,很有发展前途:一是在山水旅游中能充分利用地质学知识来解答游客最感兴趣的有关山水地貌景观是怎样形成的相关知识,并能按其景观类型和分布规律,去指导开发其他地区的同一类型景观,很有实用价值;二是能够将地质学的理论运用于以自然为依托的人文景观(如石窟石雕艺术、名山古刹等),从地质科学方面解释这些景区文化的厚重深刻的特异价值,并对人文资源的保护提供科学方法,很有发展前途;三是该学科能够吸收其他学科包括地理学、地貌学、文学、社会学、哲学等其他学科的知识并用于景点的评价、开发、管理等各个方面,助力地方以旅游业为龙头带动其他产业的发展,很有推广价值。因此,旅游地质学也是促进当代旅游业发展不可忽视的动力源泉。

二、旅游地质资源及其分类

1. 旅游地质资源

旅游地质资源指的是承载人类旅游的各类载体。按照国家旅游局 1998 年编制的《中国旅游地质资源图说明书》的划分,主要是"具有旅游价值的各种地质遗迹"和"与地质直接有关的人类活动遗址"这两大类。

(1)具有旅游价值的各种地质遗迹,指的是在地史演化中,在不同地质时期留下来并保存在岩石和地层系统中的不同物质、形迹,包括不同时代、不同成因、不同种类、不同产出形态、不同结构的岩石,组成岩石的矿物,由矿物集合体组成的矿床,保留在地层中的古生物化石和各种地质构造遗迹等。这些遗迹往往呈现在我们的视野中,却很像旧时洛阳一带的乡下农民不以为然地来往于龙门石窟的伊水河畔一样"不识庐山真面目",需要专家们的启示。到过嵩山地质公园听过地质讲解的人,无不从那里保存的嵩阳运动、中岳运动、少林运动三大古老的地壳运动遗迹(即三处地层不整合面——见第三章)而领会到地质知识的奥妙,这里保存的众多地质遗迹也体现了嵩山作为世界级国家地质公园的宝贵价值,当然这也是学会用了地质语言的导游小姐讲解的效果。由于这些地质遗迹——特别是一些难以保存的地质遗迹本身具有重要的科学价值而不具复制和再生性,所以原本就列入了国家的保护对象,其中那些具备旅游功能者也就更加宝贵。也正因为此,融旅游观赏与保护地质遗迹于一体的地质公园在开发中还会得到政府的专用基金。

（2）与地质有关的人类活动遗迹,指的是以自然景观为依托的人文景观,包括了石窟、石刻艺术、关隘、要塞、古城堡、山寨、山寺、道观及名胜古迹等。体现了旅游开发中自然科学和社会科学的结合,注意到两大资源的互补,尤其凸显了人文资源形成的特色之处,不仅提高了单一景型的旅游价值,也大大丰富了旅游资源的成分,给旅游者以多方面的旅游享受。洛阳的龙门石窟等景区就是这类景观的代表,体现的是自然造化与人类文明的共融,人们在欣赏北魏、隋唐不同风格雕刻艺术的同时,也享受了龙门的自然风光。

到过伊川和嵩县交界姜公庙旅游的人都知道,这本是九皋山下、伊河之滨的一处长满酸枣刺的荒山坡,但独具匠心的设计者却按道家"九重霄"的理念,由下而上一重一重建庙设神,这且不说,还以石级台阶将这些庙宇连起来,石级两侧开有很窄的梯田,田中栽植花草、翠柏和柿子树,而大量的是用野酸枣嫁接的大红枣树。还有更巧妙的是将半山腰距离不远的一处山泉（此处盖有龙王阁）用一龙头造型将山泉注入所谓"龙池"的蓄水池中,然后通过管路和扬水泵泵上高处,好一一浇灌（滴灌）石阶两旁的花草果木。也许是"神权"的作用,那些柿树、枣树虽都果实累累,而游人不但不去采摘,反而同龙口接来的"圣水"一样被一些游客作为纪念品购回。而此处优美旅游环境的吸引力,又使很多游客不知疲倦地攀上庙后的九皋顶峰。向北眺望,广阔的洛阳盆地中洛水、伊水像两条蛟龙在河洛大地上嬉戏漫游;向南观看,一泓平静如镜的陆浑水库,水面游艇穿越,岸边垂柳成行,恰似一派"江南水乡"风光,怎不令人心旷神怡。

2. 旅游地质资源分类

旅游地质资源在旅游资源分类中多属于自然旅游资源,也包含着相当一部分以自然为依托的人文资源,因此其在旅游资源的总量中占有绝大部分,在指导地方发展旅游产业中具有重要意义。自然资源又称山水风光资源,是旅游活动的第一环境,形成于地球圈层的特定位置,与区域地质、地貌、气候、水文、土壤、生物等综合地质地理环境有着密切关系,并在漫长的地球历史演化中不断产生自身的变化和保存着这种变化的形迹。正因为此,陈安泽、卢云亭等按地球的圈层结构和地球位处的宇宙空间,将自然旅游资源划分为 5 大类、15 类、66 个景观类型。这一分类方案基本上已成为各地进行旅游地质资源分类的基础（见图 I -3）。

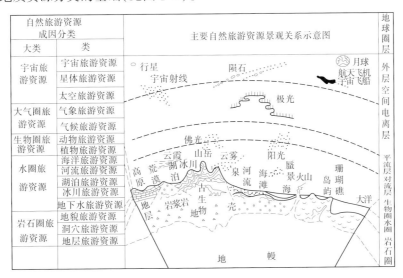

图 I -3　自然旅游资源分类

（载《旅游地质学概论》,陈安泽、卢云亭等.1991.北京大学出版社）

　　应该说明的是,按照这一分类方案,并非泛泛地按地质内容去选择景区,而是遴选那些对游客具吸引力,能激发人们旅游欲望,具有明显天赋,最能产生情感效应的地区和地段。显然,选择自然旅游景区包含着很高的艺术,就像一个导演选择演员一样。还须指出的是,在早期的旅游地质资源分类中,并不包括以自然景观为依据的人文景观,但二者体现的是自然科学和社会科学的结合,自然景观和人文景观旅游效果互补、相得益彰的作用,所以后来第六届旅游地质年会将这一景型作一大类列入旅游地质资源,从而大大扩大了旅游地质的研究领域,也大大提升了这类景型的旅游价值。

三、洛阳的旅游地质资源

1. 洛阳山水的天赋特征

　　天赋即自然赐予的特性。洛阳南部的万安山,本是中岳嵩山延入市区的余脉,高不过千米,但相当陡峭,它像一道城墙一样构成了古都南面的第一道屏障。有趣的是,在东段偃师和登封之间、偃师和伊川之间有两个险要的隘口,它就是古时号称汉魏洛阳故城南大门的两个雄关,东面的叫辕辕关,西边的叫大谷关。它们和洛阳西面新安的汉涵谷关,东部巩义市的黑石关,北部孟津境内的小平津关等,都是汉魏古洛阳城四周的城防要塞。万安山西延到龙门伊河之处,山势豁然闪开一个缺口,让南来的伊水顺畅通过,面对北邙,奔腾而下,似二龙戏水一样与西来的洛水汇合于邙岭山下,形成富饶的伊洛盆地。这就是隋大业四年(公元608年)隋炀帝东巡,按照"背靠邙山,面向伊阙,洛水贯都"的理念营建了隋唐洛阳城。伊阙本是山脉的一处豁口,因为成为国家首都的"南大门",似帝王住所前面高大的宫阙,所以有了"龙门"之称,并由此承接了大唐东都的兴盛和北魏时已开凿的龙门石窟的扩展,并一直传承到今天的洛阳城区。

　　由以上所谈的洛阳两大古城的山水环境,可以看出什么叫"天赋",对此在风水阴阳家那里会有很多发挥,这暂且不说;且说在地质、地理学家眼下,洛阳山水的天赋特征,主要是其所处的地壳位置,即地质学者常说的特殊的大地构造部位。洛阳位处华北陆块和秦岭造山带的接合部,北部华北陆块是由地壳形成早期的古陆核(见后)演变的由古老结晶地层组成了基底,上为中元古代以后的火山、沉积盖层组成的一个相对比较稳定的地区,所以也叫陆板块。秦岭造山带是在原为大洋地壳的基础上,由洋底扩张板块运动,不断和北面的华北陆板块产生碰撞(见后)、挤压作用产生形变的一个相对活动地带。洛阳因处在这样一个活动的大陆边缘,所以地层发育齐全,不仅拥有北方各省的地层系统,而且兼有部分南方地层特征;地质建造类型多,中元古界熊耳群的陆相火山岩建造,蓟县系汝阳群三角洲相砂岩建造占有重要地位,寒武—奥陶系碳酸盐建造、北方型石炭—二叠系铝煤建造也分布广泛。尤其中生代的花岗岩活动,不仅留下了几处大的花岗岩体,而且形成了金、钼、银、铅等一批有价值的矿产,还有新生代的大地构造运动又将洛阳所在的地壳抬升起来,包括三门峡、平顶山地区的豫西地带,占去了全河南省基岩分布区的半壁江山,其所承载的各类山水型自然景观也都被其烘托出来。加之洛阳自夏商以来,几千年都是帝王脚下、京畿之地,经济发达,人口众多,文化积淀深厚,形成了很多以自然为依托的人文景观,其天赋特性无与伦比,从而也形成了丰富的旅游地质资源,为打造洛阳旅游名城夯实了基础。

2. 洛阳市旅游地质资源分类

　　依据作者等2001年4月提交并经评审的《河南省洛阳市旅游地质综合评价报告》,曾将洛阳市的这项资源划分为"山岳地貌、岩溶奇洞、水域风光、水文水利、以大自然为依托的人文景观、古生物、古人类文化层、地质矿产和观赏石8个大类,35个亚类,包括230多处景点"(见表Ⅰ-1)。

　　表Ⅰ-1所示的旅游地质资源可以归纳为三种组合或三大类:第一类属自然风光,包括山岳地貌、岩溶洞穴、水域风光、泉与水利工程4大类,纯属地文、水文景观,主要分布在洛阳周边的诸大山系和山前丘陵地带。我国北方常年干旱缺水,分布在山前丘陵地区的水域风光、泉与水利工程除显示其本身的奇特外,多与寺庙等人文景观相伴,因此在旅游观光中显示了巨大的吸引力。第二类为以自然为依托的人文景观,亦可谓人文景观渲染的自然风光,是自然景观和人文景观的有机结合。这类景观主要分布在以洛阳市区为中心,北辖邙岭、黄河,南达九皋、陆浑,东起巩义,西至崤涵即洛、伊、涧河下游及整个瀍河流域。以沿陇海线北邙岭、南龙门的两条东西景观带为主,受古都几千年丰厚文化底蕴的影响,均有很高的旅游欣赏价值。第三类属专业性很强的地质遗产和遗迹类,包括古生物、古人类文化层、古人采矿遗址,具有特殊意义。洛阳由于地层发育齐全,地层中保留了有生命出现以来的很多门类的古生物化石和矿产,其中的汝阳、栾川恐龙化石和义马中生代古植物群等,在国内外知名度很高,在科学研究方面和收藏家那里,都很有价值,而古人类文化层和古人采矿遗址,则是研究古都发展史的重要参考资料,也是旅游地质开发的新领域,只是该方面的工作还有大片空白,尚待填补。

表 I -1　洛阳市旅游地质资源分类表

类别	亚类	数量	类别	亚类	数量
I 山岳地貌类景观	花岗岩类山岳地貌	10	V 以自然为依据的人文景观	石窟、石刻	10
	变质岩类山岳地貌	4		关隘、要塞	9
	火山岩类山岳地貌	6		古城遗址	8
	砂岩类山岳地貌	11		山寨	7
	石灰岩类地貌景观	6		山寺、道观	15
	黄土丘陵地貌景观	4		名胜古迹	14
	合计	(41)		合计	(63)
II 岩溶奇洞	地下石灰岩溶洞	6	VI 古生物、古人类文化层	古生物化石	11
	淋滤钙华沉积	4		古人类文化层	17
	奇洞	4		合计	(28)
	合计	(14)	VII 地质矿产	重要地质构造	6
III 水域风光	风景河段	8		典型地层剖面	9
	峡谷漂流河段	4		典型矿产产地	8
	瀑布	2		古人采、冶遗址	9
	人工水域	6		合计	(32)
	合计	(20)	VIII 观赏石	黄河石	2
IV 泉、水利工程	名泉	9		灵青石	1
	温泉	6		汝河石	1
	矿泉	7		洛河石	2
	水利工程	6		伊河石	1
	合计	(28)		合计	(7)

　　概而言之,包括人文类资源在内,洛阳的旅游资源不仅各类景点多,而且景型十分丰富,除海洋、沙漠、极地这些特殊地理条件下的景观外,在国家旅游资源分类表中约有 40 余个景型在洛阳都有代表,这种得天独厚的条件,又为前面所讲的天赋特色增添了夺目的光辉。

3. 洛阳地质旅游业发展前景展望

　　由前面的论述我们认识到,属于自然资源的山水风光,实际上多是旅游地质资源,而对山水风光类自然资源的重视程度,不仅是选择和发展人文资源的重要因素,也是发展地质旅游、深化对自然景观的认识，提升其科技含量的首要前提，近些年来，洛阳旅游业已由人文景观向自然景观方面逐步扩大，进而又依托自然景观发展了人文景观，不断增加各景点的科技含量。实践证明，充分利用山水资源，走天、地、人和谐共融的发展道路是做好洛阳市旅游业的关键。

据 1999 年 9 月出版的《洛阳市志·旅游志》统计，全市当时纳入的旅游资源涵盖 6 类 71 种基本景型，主要旅游景点 108 处，其中人文资源 81 处，自然资源 22 处，人文类与自然结合类 5 处。由于当时过多依赖龙门、关林、白马寺这类名牌人文资源，很少发挥自然资源的优势，加之交通等配套设施跟不上，在此前和此时的一段相当长的时间内，洛阳旅游业发展迟缓，乃至一度形成了为郑州市旅游网线涵盖的尴尬局面。

2000 年由北京大学城市与环境学系、洛阳市旅游发展委员会提交的《洛阳市旅游规划说明书》将洛阳市的旅游资源分为人文类 49 个景型，172 处景点；自然类（地文、水文、气候生物等）28 个景型，50 处景点，其中地文、水文占 34 处。这次规划加大了旅游强市的力度，增加了旅游业的经济投入，加速了以洛阳市区为中心向周边山区旅游发展速度和山区一些旅游景点的开发，对促进洛阳市旅游业发展起到了关键作用。其所不足的是对洛阳山水景观的开发未做相应的专项研究工作。为此，洛阳市地质矿产局旋即组织开展洛阳市旅游地质资源综合评价工作，按旅游地质学的理念，结合现场实地考察，对洛阳的各类旅游资源进行了大排查和重新分类（见表 I-1）。这次综合评价强调了自然资源的地位，划分出 63 处占全部旅游地质景点 1/3 还要强的以自然为依托的人文景点，宣扬了地质公园，提出了简称为"一带、两翼、六线、八区"的旅游景观区划，编制了"洛阳市旅游资源分布图"，并对今后旅游资源的开发与保护提出了意见（详见杜景敏、石毅等《河南省洛阳市旅游地质资源评价报告》，2001.4）。

从此之后，随着全国旅游业的发展，在洛阳市旅游发展委员会的领导下，经由地质科学助推的洛阳市旅游业已得到了新一轮的发展，山水类自然景观的旅游价值得到了普遍重视，地质公园类景点纷纷申报成功，原以洛阳城区为中心的人文类景点，不断向边缘山区辐射，而分布在境内的山水类资源，则在发展旅游，吸引游客方面发挥着更大作用。例如栾川兴建的高山滑雪场，孟津的黄河湿地游，伊川、洛宁、宜阳、洛阳的人工湖，还有嵩县大手笔引巨资开发的木札岭—白云山—龙池嫚综合旅游休闲度假区和陆浑湿地保护区等，都彰显出洛阳市旅游地质资源快速发展的步伐。相信其在普及地质学、帮助人们认识洛阳地质发展史方面也会起着先导和启示作用。

第三节　蕴含地球科学的观赏石

缩景艺术包罗天地万象，人文矿种原是资源之一。

观赏石又名奇石、石玩。由于它的形态，所显示的图纹能呈现出自然界的各种图像，人称其为"缩景艺术"，又因其具备了矿产资源的各种属性，由石毅等编写、2013 年由黄河水利出版社出版的《洛阳市非金属矿产资源》一书将其同砚石、印章石、宝玉石一样同列为"人文矿种"，并已得到多方面的认可。随着社会的不断发展，人民物质和文化生活的日益提高，观赏石已从文人雅士的案头、达官贵族的厅园走入"寻常百姓家"，已发展为庞大的社会群体，并形成了商品交换的市场。近几十年来，一些观赏石品种，犹如在河沟中发现的由流水搬运和自然塌落的矿石（转石），它也像地质人员追索找矿一样，从转石那里追索到自然出露地方，于是利用采矿的技术手段采出毛料，利用现代科技手段代替水流等自然磨砺加工工艺的观赏石加工，同矿产品、宝玉石类加工一样，形成了观赏石加工产业，致使一些物美价廉的观赏石产品大量拥入市场，从而也助推了观赏石的发展，它同天然的观赏石一样，形成了广阔的观赏石天地。

由于观赏石本身属于一类矿产资源，所以观赏石天地也无疑归属地质学领域。令我们高兴的是,2013 年洛阳市已被国家观赏石学会授予"观赏石之都"的荣誉称号,洛阳的赏石人群逐年俱增,各县形成的奇石产业不断扩大,业内人士具有相当地质知识并渴望提高,因此也是普及地质科学的主要平台。借此我们将同讲解地质灾害、宣讲地质旅游一样,作为本书的又一切入点来讲解地质知识,并像地质标本一样,利用相应的观赏石照片,来帮助大家认识不同地质时代产出的地层岩石性质和特征。下面我们讲三个问题。

一、观赏石中蕴含的地质科学

观赏石的本质就是岩石,只是岩石的外观罕见而奇特,观之能启人心扉、与之沟通,产生联想和共鸣的那种石头,所以形成了石文化。我国石文化的特点是有其博大精深的文、史、哲国学功底,赏石的过程是从观察石品的外观形象,分析其表现的主题内涵,有感而发赏石—爱石—问石—吟石的层层情趣,提升石品表达的神韵和意境,完成"石不能言最可人"的人石之合一,这是我国传统的赏石方式。近十余年来,我国虽也吸收了西方的美学和自然科学的一些赏石理念,但我国石文化的主题仍是国学占了主要成分。如果我们从地质学角度去研究观赏石,还可从地质学的方法和理念展示一个丰富多彩、奇幻莫测、千变万化的自然界,一个巨大的科学空间。这里蕴含着一些奇石石种与地球的形成,地壳物质的组成和变化,以及各种岩石、矿物的产生等各种信息,下面举观赏石的 4 大石种加以说明。

1. 景观石

景观石又称造型石,主要形成于地表或洞穴,系由太阳、水、生物、大气(风)及宇宙天体物质的联合作用下,岩石经物理、化学风化所产生的崩解、磨砺、溶蚀,再经蒸发、搬运、沉淀、结晶等多种方式所形成的一种具雕塑艺术感并以特殊形态表现意境美的观赏石类。这种联合作用的主导因素是太阳的光和热,阳光穿透的大气、水、冰、生物及"天外来客"对地表岩石破坏和改造的结果,此即地质学中所称的外力作用、风化原理。景观石可谓是在地球外力作用下太阳和其"弟子"们共同完成的工艺品。

属于景观石类的观赏石石种很多,传统的石种以太湖石、英石、灵璧石、昆石这古代"四大名石"为代表。因其形成于水下的溶蚀作用,故又称水石。形成条件除含 CO_2 等酸性气体的水外,主要决定于不同地质时代形成的碳酸盐岩类易溶岩石——石灰岩、白云岩的化学纯度和岩石的结构构造。如太湖石(江苏)为石炭纪黄龙灰岩;英石(广东)为晚泥盆—早石炭世石灰岩;灵璧石(安徽)为晚元古代白云质灰岩;而昆石(江苏)则是被硅质交代和充填淋滤的寒武纪碳酸盐岩,只因它们分布在不同的自然环境下,形成了不同的体态和造型。与这种溶蚀作用类似的情况是地下水在碳酸盐岩地层中形成的溶洞和地层的裂隙中形成的由碳酸氢钙组成的石笋、石钟乳和由方解石、文石类组成的葡萄石、肉石等景观石。

大漠风砺石顾名思义是干旱沙漠环境下,由风挟带砂砾的吹扬磨砺作用加工成的类太湖石造型的另一类景观石,新疆、内蒙古、甘肃、宁夏的沙漠区皆有产之。以新疆哈密南部中天山所产者最有名。该区处在晚古生代地层的构造——火山变质带中,岩石组合复杂并经硅化、大理岩化和局部的矽卡岩(见后)化,因岩层软硬差别较大而又经强烈褶皱,后经风砂磨砺所呈现的是一种浮雕式的美。与之相伴的往往是由蛋白石、红碧玉和玛瑙石组成的被称为"沙漠漆"的砾块富集带,在内蒙古还形成了有名的"玛瑙湖"。

除了风的磨砺作用外,水流挟带的砂砾的磨砺作用,高山区强烈的物理风化,山风、冰霜的磨砺、分解作用也都有选择性地形成一些不同岩石的景观石。如红河上游贵州境内的盘江水石,广西大化所产颇具雕塑家摩尔风格的摩尔石,湖南安化的资江冰碛石,以及河南汝阳、伊川等地的云梦石,新安的灵胭石等。后者为产于寒武纪石灰岩、白云岩地层的风化壳中,经受太阳、雨水、山风等风化溶蚀—磨砺作用下生成的另一类置景石(照片 I-4)。

照片 I-4　由置景石(造型石)组成的十二生肖石

石种:洛阳黄河石　藏石:韩长如

(原载:郭继明《中华奇石赏析》上册)

2. 图纹石

这是岩石中以色彩和纹饰所表达出各种图像的另一类观赏石,亦称图案石。在观赏石天地中这是一个数量极大、石友们接触最多、最受广大群众欢迎的一类石种,内容包括山水风光、花草鱼虫、飞禽走兽、人物形象、日月星辰、文字符号、器皿什物,等等,可谓无奇不有,非常丰富。一块石头能表达的可能是一幅画、一帧字、一首诗、一个故事,或一篇箴言、哲理似的一部抽象艺术作品。这是大自然之笔的杰作,不仅极富观赏性,又能调动赏石者的思维联想活动而产生物我一体的情感。因此,很多赏石者会把一方得意的图纹石作为自己的精神和物质财富而相伴终身。

在地质学家那里听讲解图纹石的形成是很有兴味的,原来作为图纹石两大要素的颜色决定于地壳中的铁、铜、锰、铬、镍等着色元素,并依其不同颜色的氧化物将砾岩、砂岩、页岩等碎屑岩染成红、紫、绿等不同颜色的岩层;也可以离子状态加入到化学沉积、胶体沉积的岩石中,生成柔和润泽的着色岩石;还可以呈分子、离子状态加入到结晶岩石的晶格中,形成绚丽多彩、闪闪发光的矿物晶体,并由这类矿物晶体形成了火成岩、变质岩和沉积岩。

作为图纹石另一要素的图纹,可谓其生长线。一层层不同颜色沉积物所形成的韵纹犹如树木的年轮,记录的就是岩石由老到新的生长过程,而图纹的组合、形态、变化又指示了它形成的环境。例如粗细变化的韵律纹,记录的是震荡的地壳运动;不同方向、不同形态的交错层纹,记录的是不同类别的流动水体的运动方向;而以岩石氧化层面组成的纹理,往往代表着沉积时的间断。还有一些形态很复杂的图纹石,如黄河石中的人物、花鸟、日月星辰等,都可能是沉积、成岩或成岩后风化过程中染色矿物液态注入晕染的结果,成因相当复杂。主要的代表石种有黄河石(砂岩类)、千层石(页岩类)、红丝石(石灰岩)、红碧玉(硅质岩)、三峡石(白云岩、白云质灰岩)等。

变质岩类形成的图纹石最复杂,品种最丰富,色彩反差最大也最艳丽,但因变质岩的类别不同,图纹的特征也明显不同。区域变质带中形成的图纹石一般色调深、石质硬、纹理复杂,尤其古老变质岩中由混合岩化长石、石英质白色脉体或浅色矿物形成的图纹石最有价值。主要代表性石种有泰山曲纹石、太行雪浪石、嵩山画石、秦岭石等,形成图纹的主要物质是白色的长英质脉体,美的体现除了脉体的形态外,还有石质的结构和色调的反差等。接触变质岩类岩石形成的图纹石,是由岩浆中的着色元素在与围岩接触交代(物质置换)或烘烤氧化作用中,着色元素交代置换或氧化形成的图纹石,这类石种多呈现出绚丽的色彩和美丽的图形,例如山东的临朐彩石,广东的青花石、九龙壁,江苏的溧阳石,洛阳的伊源玉,以及属于印章石类的寿山石、鸡血石、青田石、巴林石等。

火山岩包括侵入岩形成的图纹石图纹形态、色泽取自岩石的形成条件和岩性结构构造,特点是图形、色彩都非常鲜明,主要反映岩石中结晶矿物的颜色。以该类石种中的柳州石(广西)、三江彩卵石(广西)、洛阳的荷花石、梅花玉、白菫石、竹叶石为代表。其中最具特色,而最昂贵、最受人青睐的是变质岩、火山岩中形成的宝玉石、玛瑙、彩石类等质地润泽、柔韧、易雕、色彩动人、产地稀少的图纹石(照片Ⅰ-5)。

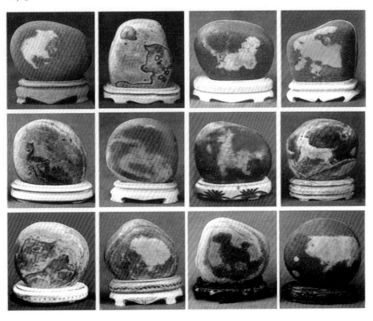

照片Ⅰ-5　由图纹石组成的十二生肖

石种:洛阳黄河石　藏石:周建立、陈建国

(原载:郭继明《中华奇石赏析》上册)

3. 矿物晶体

矿物晶体指的是组成矿物分子结构的原子和离子有规律地在三维空间成周期性重复排列所形成的固体几何形态。地壳中绝大部分的固体矿物都是晶体,地质工作者就是依据其结晶形态、晶体外观特征及其旋光性,运用特定的工艺和工具设备来鉴定矿物及由矿物组成的各类岩石,并以此处理地质工作中一些基础地质问题和发现新的矿产地,对矿物晶体的研究本是地质科学的一大领域。

观赏石天地中矿物的观赏性,主要表现在三个方面:

(1)绚丽的色泽。这是颜色与色泽的结合,越是化学成分纯而无杂质的矿物晶体,其晶面反射和光线穿透的能力越强,能够给人以纯洁晶莹之感(比如水晶、绿柱石等);越是晶体结构复杂、晶面较多的矿物晶体,呈现的色泽越美丽动人(如称为钻石的金刚石、刚玉等)。

(2)形态特异性。不同矿物具不同形态的分子结构,一种矿物就是一种形态或不同形态的晶体,显示其独具的边角、统一的个性,粉身碎骨而不改其性,被交代污染而不变其形,加上其所具备的多样性、对称性、协调性以及夺目的光泽,不仅给人以美的享受,也给人以立身处世道德情操方面的启迪。

(3)类别多样性。依据晶体形态和对称情况,矿物晶体可分为低、中、高3个晶族,7大晶系,32种对称型,但也因受矿种本身及外部结晶环境条件的制约,形成的晶体则有单晶、双晶、连晶、晶簇或几种矿物晶体聚在一起的共生组合,如放射状的菊花石,聚晶状的洛阳牡丹石,燕尾状、玫瑰花状的石膏,钟乳状、葡萄状的方解石、孔雀石、绿松石,晶簇状的辉锑矿、电气石、水晶等,极富观赏性和收藏性(照片Ⅰ-6)。

正因为矿物晶体具备着上述那些科学性、观赏性和收藏性及其稀缺性,所以它也像我国人民心中的宝玉石和金银财富一样成为一种重要财富。因此,在科学和资本意识先进的西方发达国家,早

照片 I-6　珍贵的金(狗头金)、银矿物晶体

(原载:郭继明《中华奇石赏析》上册)

在 19 世纪就兴起了对矿物晶体的收藏热,并开始从我国廉价收购,在西方国家高价出售的矿物晶体交易,据说美国的这类公司就多达几千个。

4. 古生物化石

古生物一词指的是地质历史时期(一般指全新世以前)曾经生活在地球上的生物,包括古植物和古动物,也包括生命形成早期动植物未分的单细胞低等生物,以及由于各种自然作用,一部分古生物死亡后的遗体和其生前的活动形迹没于地层中,后经石化作用被保存下来成为古生物化石或一部分还延续到现在被称为"活化石"的那些物种。依据古生物化石的形态、肢体结构构造,按其进化规律进行种属划分和命名,确定其所在的地层时代,并结合其产地和产出的地层岩石特征,研究其生活环境和生态习性、活动范围、活动规律的学科称古生物学。该学科的研究对阐明生物界的发展史、产出化石的地层时代,分析当时的古地理环境和地壳构造运动,发现有关的矿产地,以及解释天体宇宙活动对地球的作用等都具重要意义。正因为此,古生物学被称为解读地球历史密码的主要方法,也是地质科学中的重要学科。

占有观赏石天地四大领域之一的古生物化石除了它重要的鉴别地层时代的科学意义外,其所具备的观赏和收藏性主要表现为以下三个方面:一是它的珍稀性、不可再造性。一件反映物种演化前的形态或地球上已经绝灭的化石是十分珍贵的,例如原始的鸟类、爬行类,原始的鱼类(如沟鳞鱼、鳍甲鱼、头甲鱼),原始树木(古鳞木、古芦木或科达),以及笔石、菊石、三叶虫、腕足类、恐龙、三趾马等化石,不仅具有重要的科学价值、观赏价值,其经济价值也自然不菲。二是生物化石体现的是一种生态美和把玩美。比如头足纲的角石、菊石,部分腕足类、珊瑚化石的外壳上都长有生长纹,记录了它们像树木年轮那样的生长史,有些花纹则十分美丽、奇特。一些节肢动物类的三叶虫、腕足类的石燕、瓣腮类中的蛤、蚌等,都会使人体会到什么叫对称美、协调美。而一方用单体珊瑚、角石类制成的印章石或佩件饰品,又常作为随身之伴或爱情的信物。三是人们通过对化石的研究,会认识到什么叫由低级到高级、由简单到复杂、由渐变到突变这一重要的哲学原理,认识到什么叫唯物主义的进化论。

正因为古生物化石所含的上述这么大的科学价值和具备的观赏性、收藏性,也具备很高的经济价值。所以,西方的赏石界也像我国人们器重景观石、图纹石一样重视古生物化石和矿物晶体的收藏,但东、西方世界在赏石文化方面有巨大反差。因此,为了沟通中西赏石文化交流,开拓我国赏石领域,我们还必须重视发展古生物化石和矿物晶体方面的石文化,为把我国赏石业推向世界而努力(照片 I-7)。

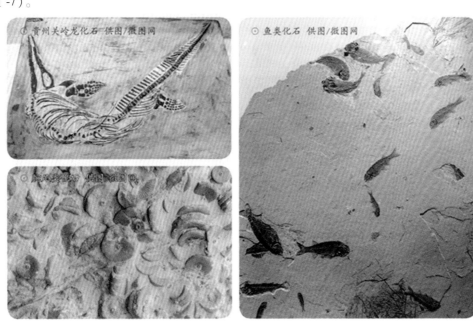

照片 I-7　贵州关岭卧龙岗三叠纪(永宁镇组)地层中的恐龙、鱼和腕足类化石

(原载:《资源导刊·地质旅游》总第 216 期)

二、观赏石是洛阳的文化符号

有人说"奇石是发现的艺术",观赏奇石是美的享受,"石不能言最可人"。没有一定高度的文化艺术修养,不仅不会发现,即使发现了也不一定会享受到美的滋味,更没有"可人"之感,所以赏石者要达到一定的文化艺术境界。洛阳是华夏文化的发祥地,十三个王朝在这里建都,上下五千年的历史已有深厚的文化积淀,其中的石文化也正是洛阳一记鲜明的城市符号。

1.古都孕育和形成的奇石文化

发达的文化奠基于繁荣的经济,千余年来洛阳都处于天子脚下、京畿之地,爱美和能为的统一,使赏石藏石成为一种时尚和财富积累。据宫大中《洛都美术史迹》(1991 版)载,洛阳出土的新石器文物中,已有不少玉类(软玉、硬玉)、石类工具,因打磨得相当光滑,推断不一定用于工具,可能为力量、智慧和美的象征,除此之外,像传说中的"女娲补天"、"精卫填海"、"后羿射日",以及夏禹的儿子以"启母石"命名的故事,都与石头有关。这说明早在氏族社会时期洛阳人已开始萌生了美的享受和对石的器重及尊崇。在出土的夏商文物中,除了大量玉、石类饰品外,还有色彩艳丽的绿松石矿物制品,其中有相当一部分不是来自河南,而是来自外地被权贵或富豪占有的交换物。说明在奴隶社会时期宝玉石和奇石的玩赏和收藏已相当普遍并成为财富的另类。史载周武王伐纣时曾得"宝石万四千,佩玉亿有万八"就是一例。

春秋战国之后随天下财富在封建主方面的大量集中,宝玉石和天下奇石的身价也随之倍增,例如广为传播的"完璧归赵"这个故事,一块和氏璧就价值连城。但这个时期的奇石多限于装饰皇家宫廷、点缀园林,如秦始皇的阿房宫,西汉的未央宫,梁孝王的兔园,汉武帝方圆 400 里的上林苑,以及魏文帝曹丕"取白石英及紫石英、五色大石于太行山"来装饰宫殿。到了魏晋时期,一些官宦、商贾、富豪也上行下效成为时尚,开始用奇石异木来装点豪宅,修建园林,据《三辅皇图》载:"茂陵富户袁广汉……于北邙山下筑园,东西四里,南北五里,激流注其中,构石为山,高十余丈,连绵数里"。唐宰相李德裕与牛僧儒斗富,专门搜集天下名石在洛阳龙门山南建平泉山庄,庄内"曲径通幽,奇石林立左右"。

隋唐时期,收藏奇石也逐渐形成风潮,一些文人雅士的参加,扩大了赏石队伍,形成了赏石主流。被喻为民间第一奇石收藏家的诗圣杜甫取名谓"小祝融"(南岳衡山五峰之首)的藏石为之一例。还有唐代中期宰相李勉收藏有名为"罗浮山"、"海门山"的奇石,标志此时已由园林赏石发展到了生活中的把玩咏石,赏石进入更高级的感情交流。唐代著名诗人刘禹锡、白居易、陆龟蒙、皮日休、杜牧等,不仅爱好奇石,而且留下了许多脍炙人口的咏石诗句和名篇,使我国的奇石文化大放光彩。

到了宋、元、明、清时代,赏石藏石逐渐由高峰进入鼎盛,宋徽宗曾昭示天下,广收全国奇石建"寿山艮岳",由此演绎出了《水浒传》中"花石纲"、"生表纲"的故事。由于皇帝爱石,下面王公贵族、豪绅商贾也上行下效,蜂拥蝶起,赏石藏石成为时尚,当时的名人如米芾、苏轼、司马光、欧阳修、王安石等大批文坛、政界名流不仅参加了赏石、咏石活动,而且也将其推向了评石、论石高峰,形成了有关奇石的很多论著,如宋·杜绾的《云林石谱》、明·林有麟的《素园石谱》、清·宋牧仲的《怪石论》和高步的《观石录》等,其中最早的《云林石谱》中就记有产于洛阳的平泉石(平泉山庄)、洛河石、白马寺石、汝州石和后为李时珍作为药用的"饭石"(麦饭石)。其中描述的洛河石"石质青白,五色斑斓,可作琉璃"——这正是后被我们称之为"丑石"的蛋白石类洛河石或河洛玉。

由上面关于古都洛阳先人以审美开始,逐渐孕育和形成、发展了洛阳石文化的史迹看出,奇石文化不仅是洛阳人文史中一个醒目的标记,而且也不愧为中原文化中一株灿烂夺目的美丽奇葩!

2.古都奇石文化的继承和发展

因受洛阳深厚人文历史的熏陶,新中国成立后洛阳又最早振兴了与人文历史相关的奇石文化。洛阳人喜爱书法艺术,雕刻图章的金石艺人善结石友。早在20世纪的50年代,洛阳老城的金石家李德纯先生就与石结缘,开始寻石藏石。到了改革开放初期,他已在自己藏石的基础上,以洛河丑石为主,在本宅创"小石林"石屋,以石为媒,广结石友,成为新时代洛阳市赏石的带头人。之后又有"天石斋"主陈清文和牛耀岑等石友加入并创办洛阳奇石协会,赏石人群逐年扩大。为呼应国内外兴起的奇石收藏和贸易热潮,由洛阳的另一处赏石人群——洛阳盆景园林协会发起,于1991年4月在市西苑公园举办了第一届藏石展,并由此拉开了洛阳石展活动的序幕。1994年在政府的协调下,在各民间协会的基础上,成立洛阳奇石研究会,1995年成立洛阳观赏石学会,同时由李玉朝为主编、牛耀岑为副主编,创刊《奇石文化研究》杂志,并于同年举办了首届洛阳市国际赏石艺术节。

20世纪90年代末,洛阳在巩固历史文化名城、新兴工业城市的基础上,大力发展旅游业的城市定位和实施旅游强市发展战略,又为洛阳奇石发展提供了良好的契机,而恰逢其时的小浪底水库兴建,黄河大坝的施工,赏石界异军突起的洛阳黄河石将洛阳的赏石活动推向极盛时代。像赶集市一样的采石农民拥向黄河滩,附近的民间石馆纷纷建立,新安县政府还积极引导,发放小额贷款赞助农民采石致富,并在石寺下孤灯奇石一条街的基础上,形成了国内外有名气的黄河石交易市场——新安奇石山庄。与此同时,为全面总结洛阳市赏石发展成果,构筑对外交流平台,由郭继明主编的《中华奇石赏析》(2000年,新华出版社)也适时问世,这无疑是洛阳石文化发展史上的重要标记。

2002年,在政府协调下,洛阳石界的民间两大组织——洛阳奇石研究会和洛阳观赏石学会合并为洛阳市赏石协会。除在洛阳筹建奇石市场外,还深入各县建立基层石协组织。协会于2004年协助市政府筹建"第十届国际爱石协会中国洛阳赏石展",这次展出共有17个国家和地区参展,盛况空前,从而大大促进了洛阳市的赏石活动,并由洛阳市中心不断向边缘县乡辐射。由于赏石人群中工人和农民成分不断加入,不但发现了更多的奇石类资源,而且使用了以现代切削抛磨工艺代替自然加工的奇石加工业,各地先后发展起了集开采—加工—销售为一体的观赏石产业,全市石协活动十分踊跃,奇石馆、奇石街、奇石村纷纷出现,各种参展活动十分频繁,从业和石友人数以 10 万计,多处形成奇石交易市场,有着极好的群众基础,备受国内外观赏石界赞颂。

2011 年中国观赏石协会和洛阳市政府联手举办了首届中国洛阳国际赏石文化艺术节暨交易会。这次石展共有来自省内外 50 余个城市组团参加,国土资源部原副部长、地质学家、中国观赏石协会会长寿嘉华女士莅会,代表中国观赏石协会向洛阳市颁发"中国观赏石之城"、"中国赏石文化之都"的荣誉牌匾,并在讲话中以"南看柳州、北看洛阳"来概括中国的赏石文化,给洛阳市的石文化以高度的赞誉,这次盛会在国内外产生了极大的影响,大大提高了洛阳观赏石的知名度。

三、观赏石也是洛阳地质的特种"标本"

地质科学非常重视一性的实物资料。地质工作者在完成野外的地质观察后,为了进行室内进一步研究或巩固观察后的记忆,要求采集一些岩石、化石或矿石带回室内作进一步观察研究,我们称其为地质标本,并将其放在工作室的标本架上或部门专设的标本陈列室中随时备用。赏石族收藏和展示的观赏石,很像地质工作者手边的地质标本,只是所起的作用和表达的内容不同罢了。

前已所述,洛阳因具备了有利的大地构造位置,不同地质时代地层岩石出露比较齐全,各种地质建造都相当发育,因此拥有十分丰富的观赏石资源,加之古都洛阳历史悠久,石文化积淀深厚和洛阳人勇于探索、善于发现,现在发现和陈列出的各类观赏石,仅景观石和图纹石等石种至少在 30 种以上,加上每一石种中包括的相似种和类别,无疑都是相当大的种群。因此,在我们地质工作者面前,它们也就像洛阳的区域地质标本一样,成为印证宏观地质的实物资料。我们研究观赏石如能按其分布的地域性、自然磨砺的差异性和产出的地层层位来加以识别,一定会收到一目了然的清晰效果,其可以概括为下面三点。

1. 分布的地域性、特殊性

自古以来,人们捡回或收藏的以图纹石为主的观赏石都源自河谷,其浑圆而又爽目的抛光性,是水和砂砾的工艺。于是按水系将洛阳的赏石划分为黄河石、洛河石、汝河石、涧河石、伊河石等石种。如发现的黄河石类都是以石英砂岩为主的沉积岩;而洛河石、伊河石、汝河石(包括梅花玉、荷花石、竹叶石、黄蜡玉、白堇石等)皆为火山岩类,其中也夹杂着少量的砂岩和片麻岩类图纹石;涧河流域推出的石种,除了石英砂岩类的黄河石外,还有一种被称为灵胭石的石灰岩、白云岩类置景石,与之伴生的是地下溶洞和裂隙中的石灰华、方解石矿物集合体和地表土层中类似雅丹石的罝石,这类石种在汝阳、伊川、宜阳等地的石灰岩分布区也相当引人注意,另在伊河河段上游的栾川境内,因为地质条件复杂,所涌现的观赏石则是一个十分复杂的种群。

说到这里,人们不仅会问,为什么黄河河段的石种会这样单一? 为什么洛、伊、汝三河的石种有很多相似之处? 而为什么涧河、伊河上游河段的石种又比较复杂? 在地质学家面前这是一个很简单的问题,因为这些河流包括它们的支流,好比地质人员地质测量时走过的路线,沿水系形成的观赏石如同地质人员所采的标本,按行话说就是为区域地质背景所决定,这既是观赏石分布的地域性,也显示出一些石种的特殊性。以黄河石为例,为什么我们谈黄河石时要用"洛阳黄河石"一词,原来以前所用的"黄河石"专指兰州—宁夏河段的黄河石,其石质主要是变质岩类,与河南段从北面中条山来的石种很相似,而洛阳黄河段所产的黄河石,主要是分布在新安、渑池、济源一带,地质上称黛眉—王屋隆起的中—晚元古代石英砂岩类提供的石种。这套地层不仅形成的地质年代老(14 亿~8 亿年),地层厚度大而完整(总厚 1 326 m),变质浅,而且内部龟裂、波痕、交错层等沉积形象保留完好,可以说,在黄河流经的地区,唯独洛阳一处,所以洛阳黄河石就具备了粗犷豪放、浑厚凝重、具有北国汉子一样的雄壮美及黄土地老乡敦实憨厚的奇石风格,也是洛阳奇石的一绝。

2. 自然磨砺的差异性

提起洛阳的观赏石,谁都会首先提到牡丹石、国画石还有伊源玉、竹叶石,但你不管是翻阅历史留下的石谱类文献,还是近代早期出版的奇石著作,都难得一见这类石种,为什么?原来当时所采的奇石多是采自河流中、下游的河漫滩处,经流水长距离搬运,被河砂水流几经冲刷磨砺、自然加工后的石种。像牡丹石、国画石等这些源于深山、距水较远的石种,即使靠近一些沟谷支流中有坍落了的石块,溪水也很难将它们搬运到一些大河的下游,自然它们的磨砺程度也会表现出极大的差异性。何况有些奇石如伊源玉、钟乳石本身就藏于地表之下,竹叶石原是火山岩中矿化不好的重晶石矿脉,而那些由钙质、黏土质形成的结核状的雅丹石又经不起水流的磨砺和搬运,所以在距离较远的河床中很难发现。

以上这种现象至少说明了两个问题:一是仅靠水系的自然磨砺,在水系分布区的远源区采集的观赏石,不能反映地区观赏石的全貌,也是一种旧的发现方式,现代化的发现也必须与时俱进,除了充分利用地质科学理论和地质资料开辟石源外,还要利用现代加工设备、仿自然磨砺的加工技术,以开发更多的观赏石资源;二是我们北方干旱缺雨,水流的搬运磨砺作用难以充分发挥,一些本是非常好的石种因长期暴露山头、坍落崖下或弃置谷旁,自然经受长期风化、破裂失色,加之处于交通闭塞、人迹罕至的穷山恶水、贫瘠之地,有谁会发现它们?所以必须像地质人员勘察地质矿产资源一样,对一些好的石种进行专项地质调查,同时带动发现其他石种。与之同时,不断改进运输和加工磨砺工艺,加工一些有品牌、上档次的石品,这也是当前各地发展赏石产业的必经之路和必须考虑的问题。

3. 产出具有层位、部位

可以这样说,除了天外来客的陨石、月岩之类的观赏石外,任何采之地面的观赏石种,它们都包括在沉积岩(含生物化石)、火成岩、变质岩这三大类岩石之中。它们的生成也可以按其生成时代归纳在区域地质的地质年代地层表中,包括赋予地层中、有地层层位或侵入地层占据地层空间、按同位素年龄划分的火山岩、侵入岩类的石种。可以说,凡是采自地层或岩浆岩中的各类观赏石,都可以在地层层序表中找到它们的位置。正是依据这一原理,我们拟编了洛阳地层、构造岩浆岩和主要观赏石类对照表(表Ⅰ-2),以供石友们参考。

洛阳市所发现的所有观赏石种或类别,都可以在表Ⅰ-2上找到产出的层位或部位,也就是说,它们与所在的地层或岩浆岩的分布存在着对应关系。因此,洛阳市的观赏石爱好者,可以根据表Ⅰ-2,在地质工程师的帮助下,按洛阳市区域地质图确定其分布范围,按水系穿越情况,选择合理勘查路线,逆水而上直达源头进行石源勘察。这种勘察包括采集观赏石,发现新石种,同时也是观赏山水风光,享受跋山涉水的快乐,可谓科学而别有情趣的捡石旅游活动,这是其一;其二也是本书最可借鉴的是表Ⅰ-2上所载的石种,都可以说是洛阳地质发展史的见证。所以,本书编者也将观赏石作为普及地质科学的切入点,借洛阳市石友们对各类石种的了解和厚爱,来普及地质知识,仅作为后面《洛阳地质史话》的实物性特种标本加以佐证,借此也将刊出相关石品的彩色照片,相信这也一定会引起读者的兴趣。

表Ⅰ-2　洛阳市地层、构造、岩浆岩与主要观赏石类对照表

地质年龄(Ma)	地质时代			地层系统		构造岩浆旋回	岩浆岩系列		备考
	宙	代	纪	地层与岩石	观赏石类		岩性、岩石	观赏石类	
2.6	显生宙	新生代	第四纪	全新统砂、砾、耕植土、更新统马兰、离石、午城黄土	钟乳石、肉石、泉华、雅丹石、古人类石器、陶器	新构造期			冰碛石、石器文物
23.3			新近纪	上部玄武岩、寿王坟红粘土、下部洛阳组	蚌、蚬及三趾马等哺乳动物化石	喜马拉雅期	大安玄武岩—层状橄榄玄武岩	石胆(吴起石)、浮石岩造型石	内陆湖相地层
65			古近纪	陈宅沟、高峪沟组、蟒川、潭头组、石台街组	丽蚌、石膏晶体	华北期			内陆湖相地层
			～～四川运动(96~52Ma)～～				二长花岗岩类、爆发角砾岩、九店组火山岩	各类矿物晶体、大理石类板画石、火山弹、矽卡岩类彩石	
137		中生代	白垩纪	红色砂页岩(汝阳)秋扒组(栾川)九店组(嵩县)	恐龙、恐龙蛋及瓣腮类化石	四川旋回			沉积岩为内陆湖相，侵入岩以复式多期活动为主，火山岩仅见于四川期
205			～～燕山运动(175~135Ma)～～ 侏罗纪	上统马凹组、中统义马组	恐龙足印、古银杏植物化石	燕山旋回	二长岩类、花岗岩类	矿物晶体、矽卡岩类彩石	
250			～～印支运动(230~250Ma)～～ 三叠纪	上统延长群、中统二马营组和尚沟组、下统孙家沟组、刘家沟组	砂岩型图纹石、硅化木、假化石(树形)	印支旋回	正长斑岩岩墙(栾川)		沉积岩为陆相萎缩盆地型
277		古生代	晚古生代 二叠纪 上统	石千峰组、上石盒子组	植物化石-羊翅、楔叶、蕨、轮叶	煤系地层发现火山灰			沼泽—沙漠相
			二叠纪 下统	下石盒子组、山西组					
354			石炭纪 上统	太原统	植物化石、腕足类、雅丹石	华里西旋回 南部有花岗岩活动(区外)			沉积地层为海陆交互相
			石炭纪 中统	本溪统					
			石炭纪 下统		蚌、角石、螺、海百合、三叶				
410			～～加里东运动(455~320 Ma) 北方沉积间断～～ 泥盆纪						
438			志留纪				南部秦岭-大别构造带、二郎坪群变火山岩系、花岗岩(区外)	珊瑚化石、大理石板画类观赏石	马家沟组下部为砂、页岩
		早古生代	奥陶纪 上统		珠角石、灵胭石、螺	加里东旋回			
			奥陶纪 中统	马家沟组					
490			奥陶纪 下统	(未出露)					
			寒武系 上统	炒米店统	云梦石、豆石三叶虫、腕足类钟乳石		海相碳酸盐岩—石灰岩、白云岩		
			寒武系 中统	张夏统					
543			寒武系 下统	馒头统					
			～～少林运动～～						
800	隐生宙	元古宙	晚元古代 震旦纪	北部罗圈组、南部陶湾群	千层石、阳起石	少林旋回	碱性侵入岩、碱性火山岩、辉长岩	待补	叠层石产于洛峪群顶部
1000			青白口纪	北部洛峪群、南部栾川群	叠层石、伊源玉、黄蜡石				
			蓟县纪	北部汝阳群、大谷石	叠层石、板画石	底部火山岩夹层			大谷石为产于汉大谷关等地的石英岩砾石(景观石)
1400		中元古代	～～熊耳运动～～	南部官道口群					
			长城纪	北部熊耳群、洛阳石、伊河石、汝河石		熊耳旋回	辉绿岩、辉绿玢岩、闪长岩、石英闪长岩	小牡丹石(菊花石)	小牡丹石产于宜阳张午
1800				南部宽坪群	待补		变基性海相火山岩		
			～～中岳运动(1800~1000Ma)～～						
2200		早元古代		嵩山群石英岩片岩	国画石、银屏石	中岳旋回	石榴花岗岩		银屏石为白云母片岩类板石
			～～嵩阳运动(2500~2300Ma)～～ 登封群、太华群上亚群						
2500		太古宙	晚太古代	(未见底)		嵩阳旋回	超铁镁质岩变火山岩	洛阳牡丹石	

注：以上涉及的时代地层、构造、岩浆岩及古生物、矿产等内容在本书后面章节均有详述。

第二章　探秘宇宙空间

太空天际游

这是梦幻里的一次远足：
我们乘宇宙飞船，告别地球，遨游天际。
飞船以"天文单位"[*1]的时速疾驶——
太阳的大小行星、卫星、彗星……一个个向身后抛去。
第一站穿越太阳系，先在海王星上小憩。

飞船又以"光年"[*2]的时速，驶入银河系。
这是一个更加辽阔的天际——
饼状的空间内，拥有亿万颗太阳系样的恒星，
恒星组成了星团、星云和星系——
一时间，大熊座、仙女座、猎户座……尽收眼底。

游银河系如"更上一层楼"，
银河外还有河外星云和那么多天体！
宇宙的空间真是奇幻而又神秘。
探索地球的起源，饶有兴味！
我们的飞船又要起飞……

　＊1. 天文单位：太阳到地球的距离（14 960 万 km）。
　＊2. 光年：光在真空中一年内行走的距离（约 94 627 亿 km）。

　　以上这几句带有浪漫性的散文诗所勾画的是从太阳系到银河系以及比银河系还要大的宇宙天体领域。就是在这样一个时间和空间相统一并不断运动着的天体环境系统中，形成了庞大的星系、星云、星团和恒星，孕育了恒星太阳、太阳系和我们人类居住的地球。因此，我们探索地球的历史首先要弄清地球的起源，而要弄清地球起源，就得从形成地球的物质，地球形成过程中的物质演化和太阳、太阳系的关系着眼，自然要涉及宇宙方面的知识，还要涉及很多学科，这是一个大课题，这里只能说个梗概。此外，我们在观察地球上的一些地质现象、解释这些现象的成因时，也离不开运用宇宙天体方面的知识。所以，作为地质学入门的《普通地质学》一开篇就是从天体地质学的领域开始，将我们这些初学地质的学子，一下引入奇幻奥妙、充满探索趣味的地质学殿堂。我们这部《洛阳地质史话》既是以"史"的先后为序的书，自然也要从地球史的源头谈起，因而它也与人类史一样有它的"史前"时期，所以自然要涉及宇宙、宇宙间的天体，特别是地球所在的太阳系有关的天体知识，比如对古老地层——如冥古宙、太古宙时地壳成分的探讨，对地史上几个地质时期古生物灭绝的因素、古地磁、古气候变异的探讨，以及对一些天外来客——小行星、彗星及陨石类的探讨等，因此我们也得从谈天说地开始，逐步将你从那个浩瀚无垠、变化奇幻的天体世界引渡到漫漫的地质史

海中去。

第一节　不断探索认识的宇宙空间

宇宙奥秘需破解，天体空间常探索。

　　给儿童们讲故事，我常为他们那种"打破砂锅问到底"的天真和执着感触至深，这是因为我们从事科技工作，特别需要这种"追尾精神"和思维方法。我们这部书的第一章第一节讲到，因为人们不能善待地球，破坏了生态平衡，所以引起了地球对人类的报复，以及人类面对报复包括遇到火山、地震、流星雨、宇宙尘等突发性地质事件时的惊恐、不知所措，防止再陷"地球末日"的误圈。再者，因为本书欲探讨的是以洛阳地质为题材的地球历史，所以要回溯其源头，探讨地球成因及解释我们接触到的一些地质现象，这就离不开有关宇宙天体的知识，其中最主要的是学习掌握地球、月亮、太阳、太阳系、银河系等宇宙空间的天体知识。还有随着科学现代化，尤其航天事业的发展，人们也一次又一次地对宇宙这一神秘、美丽而又充满奇幻妙想的空间进行艰苦卓绝的科学探索，也很有必要向广大群众普及这方面的知识。为此，我们在这一章里拟从宇宙空间说起，然后由大到小，逐步探讨银河系、太阳系和我们居住的地球。

　　既然是探秘宇宙空间，首先要弄清"宇宙"这二字的概念，对此，古书《淮南子》的注释是"往古来今为之宙，四方上下为之宇"。这就是说，宙是时间，宇是空间，合起来是时间和空间的统一，代表了哲学上说的物质的客观属性，一切存在的物质都是时间和空间的统一体。宇宙的这一物质世界处在永远的运动着、发展着，永不会消亡，因此人类对宇宙的探索也永远不会终止。因而，就人们的视觉感知而言，宇宙是我们站在地球上所看到的地球以外星际间的斗转星移的物质世界。当然这是今天对宇宙天体的认识，只是这个认识是经过了长期的不断探索才取得的，回顾以往对宇宙的探索和认识，大体可以划分为三个阶段。

　　一、肉眼观察的宇宙——宇宙假说的创立

　　古往今来，人们对太阳、月亮和星辰天象充满着奇幻妙想，形成了很多美丽的神话和传说，只是那时对宇宙的认识，主要靠肉眼观察，观察的对象主要是太阳、月亮和距离地球最近的星球。翻开中国的历史，就是在以洛阳为中心的这个古老大地上，早在公元9～84年《周髀》成书之前，就有"天圆如张盖，地方如棋局"的"天圆地方说"。据唐代魏徵《隋书·卷十九，天文上，天体》载："盖天之说，即周髀是也。其本庖羲氏立周天历度，其所传则周公受于殷商，周人志文，故曰周髀，髀，股也。股者，表也"。东汉蔡邕也说周髀就是古代的"盖天说"。这就是说，早在公元前11～14世纪的殷商时代，我国已有"天圆地方"的宇宙概念。这一概念在晋虞喜的《安天说》中被解释为"天似覆盆，盖以斗枢为中，中高而四边下，日月旁行绕之"或"天象盖笠，地法覆盘"等见解，不断丰富着早期对宇宙的认识。类似盖天说的还有"穹天说"，见于晋虞耸的《穹天论》，他把天形象地比做一个半球形，并认识到气体（元气）的存在，认为天体"浮于元气之中"，而不固定在天上。显然它比天圆地方的"盖天说"进了一层，但也都没摆脱地球为宇宙中心的"地心说"。与"盖天说"稍后出现的另一种新的宇宙学说称"浑天说"。浑天者，球天也，不是像前面的几种假说把天比做半个球体，而是完整的球体。这种思想在公元前的春秋战国时已有萌芽，西汉（公元前140～前87年）为落下闳最早提出，而后为东汉张衡（公元78～139年）所发展，据《经典集林》卷二十七载："浑天如鸡子，天体圆如弹丸，地如鸡中黄，孤居于内，天大而地小。天表里有水，天之包地，犹壳之裹黄。天地各乘气而立，载水而浮"。还说道"天一半在地上，一半在地下，其南北两极固定在天地的两端，天和日月星辰都循偏斜方向旋转……"，据此原理张衡制成了测量天象的浑天仪。除此而外，东汉蔡邕

（公元 133～192 年）还解读了汉代的另一种宇宙观——"宣夜说"。上述这些假说的创立都说明洛阳那时已是我国也是世界上观察天文、研究宇宙的中心，直到现在，在洛阳东南登封市境内还保留着距今 700 年的郜城观星台遗址（照片 Ⅱ-1）。

照片 Ⅱ-1　距今 700 年的登封郜城观星台
——早在公元三千年前，我们先人就有观测天象的传说。依据观测的
成果，形成了我国早期的"盖天说"、"穹天说"等宇宙学说。
郜城观星台是我国现保存最好的一处古老天文台。
（《资源导刊·地质旅游》2011 年第 1 期）

　　西方国家对宇宙的探索，比我国差不多晚了 400 年，起始于古希腊的德诺克里特（公元前 460～前 379 年）、亚里士多德（公元前 384～前 322 年）创立的"地心说"。这一学说认为地球位于宇宙的中心，静止不动，日月行星都绕地心旋转。后来托勒密（公元 90～168 年）集地心说之大成，发展了地心说，他认为地球周围由月亮、太阳和金、木、水、火、土五大行星及上部的恒星组成了 9 个天层，号为"九重天"，其中的最高层是宇宙以外的"神灵世界"，神灵驱动着各天层内的星球沿各自的圈道旋转。由于这一学说带有很浓的迷信色彩，它后来被宗教利用了几百年。

　　到了 14～16 世纪，在欧洲（主要是意大利）被称为文艺复兴时代，新的资本主义文化向旧的封建文化提出了挑战，文化思想潮流指向被遗忘的古希腊、古罗马的古典文化。在这个时期，文化艺术与科学技术得到了蓬勃发展，在宇宙学说方面，波兰人哥白尼（公元 1473～1543 年）提出了"日心说"之后，为他的继承者布鲁诺（公元 1548～1600 年）所发展，并进一步为意大利的伽利略（公元 1564～1642 年）等所证实。与此同时，伽利略在荷兰眼镜工人的"放大窥管器"启发下，于 1609 年制成了世界上第一台望远镜，由此也将人类对宇宙的探索推向了第二阶段。

　　二、望远镜下的宇宙——银河系的发现

　　在望远镜未发明之前，人们主要是依据"视差"（观测者在不同观测点看到同一天体的方向之差,它可用二观测点之间的距离在同一天体处的张角来表示)的原理,运用几何、三角等数学方法,测算星球的形态、大小和星球间的距离,特别是它们与地球之间的距离。很明显,受肉眼视觉的限制,观察和计算的范围有限,因此诸如"盖天"、"天穹"、"宣夜"、"地心"类的有关宇宙的假说存在了很久,并受到宗教界尊崇,不仅发展得缓慢,有的还误入歧途！到后来虽然发展为正确的"日心说",但它的创立者哥白尼、布鲁诺却都遭到教皇残酷的迫害,但这一切到了望远镜的应用都成了历史。

1673 年,一些天文学家借助望远镜,利用视差法测量了比月亮更远的星球距离,将研究的空间延入整个太阳系,并以地球与火星的视差为单位,计算了太阳系的大小。自那时起,人们开始利用望远镜,并在不断提高观测精度的基础上对太阳系里各大星球的视差进行计算,确定了太阳离地球的平均距离近似为 14 950 万 km,这个平均距离叫做一个"天文单位"。从此以后,太阳系里各个星球到太阳的距离都按天文单位来表示,如金星离太阳的距离为 0.72 个天文单位,土星到太阳的距离为 9.54 个天文单位等。随后又发现了距太阳、地球更远的天王星、海王星和现被列为矮行星的冥王星,从而一次次地扩大了太阳系的范围。

但这仅是太阳系的扩大,并不是宇宙探索的终点。人们早就发现,在太阳系之外,还有很多恒星,尤其那个灰蒙蒙似星如云、被人们称为"天河"的白色星云带中就发现有明亮不同、疏密不等、依稀呈现闪闪发光的现象,只是早期的望远镜看不清晰,这个谜延长了近百年。到了 1868 年牛顿发明了比前者先进,不须加长镜筒的反射型望远镜,使探测的视域扩大到可探测太阳系之外的那些恒星,人们开始计算恒星之间的距离。到 1900 年大约有 70 颗恒星用视差法测出了距离,如德国天文学家白塞尔发现的离太阳最近的天鹅座 61 恒星离我们大约 100 万亿 km,是太阳系宽度的 9 000 倍,相比之下,太阳系只是空间中的一个小点,于是宇宙中有了"光年"的距离单位。即按光的速度每秒行进 299 776 km,计算一年里光走的路程是 9 462 700 000 000 km(接近 10 万亿 km)作为 1 个光年。依此计算天鹅座 61 离我们大约 11 光年,半人马座 α 星距我们 4.4 光年,后者是离地球最近的恒星。

望远镜对人类的贡献,不仅仅是它放大、增加光线的远程效应,即能观察到更远的距离,还在于由其分解出来的彩色光谱。科学家依据光谱中被某种元素吸收后所呈现的有规律性暗线,发现了那些发光星球的物质组成(如太阳中的氢和氦),进而从光辐射和照相术中发现了红外线、紫外线和由其产生的射电效应,形成了射电天文学。当时一位叫雷伯的天文爱好者,在 1937 年,通过天线将收集到的电波送到接收机上再行放大,制成射电望远镜,使之测量太空中的距离再度得以扩大,从而被发现的星球数目也越来越多。到 1950 年为止,人们通过肉眼观察记录下的 6 000 多颗恒星,在各式各样望远镜使用之后,全部测出了它们的距离。与此同时,人们也很快弄清楚了早期凭肉眼所观察到的范围仅仅是宇宙中的一个小小的角落,而肉眼下的那个灰蒙蒙的"天河",在望远镜下被分解为无数个像太阳一样的恒星系,它们的形象犹如沙盘上的"砂粒",在银河系中的太阳系也不过是其中很小的一粒而已。

三、探测宇宙的航天时代和中国航天梦的践行

随着人类社会经济的发展、科学的进步,探测宇宙空间的工作正在一步又一步的深入。但随着工作的进展,人们也越来越认识到这项工作已不是单纯的太空科学研究,也不是数理学、天文学、天体地质学乃至哲学方面的需要,而是一项长远战略意义的系统工程。人们已经看到全球的人口不断增长,用不了几十年,地球上的人口已趋百亿,人类将很快面临人口增长失控、资源危机、生态环境恶化、食物来源短缺等各种威胁,所以人类必然寻找新的家园,探索的范围不仅伸向地球的极地等大陆的各个角落,而且也从陆地延伸到海洋、天空和太空的其他星球。所以早在 1958 年,世界两强——美国和苏联在争夺太空的同时,首先开始对距地球最近的月球展开了争夺(照片 Ⅱ-2)。

照片Ⅱ-2　由天文望远镜观察到的宇宙星象

——16世纪欧洲人发明了望远镜,扩大了人们观察天象的视野,推动了天文学的发展。

400年后的今天,人类已进入航天时代。

(《中国儿童百科全书》第一册)(照片组合:姚小东)

1957年,苏联发射了世界上第一颗人造卫星。

1958年始,美、苏都开始发射月球探测器,在1958～1976年的18年间,仅美国就向月球发射了7个系列的54个探测器,苏联发送了4个系列64个探测器,形成了空前剧烈的太空科学竞赛。

1965年,苏联发射"上升"2号载人飞船,航天员列昂诺夫在飞行中离开飞船,成为太空行走第一人。

1969年7月20日,美国航天员阿姆斯特朗乘坐"阿波罗"11号载人飞船在月球表面着陆,成为登月第一人。

1971年,苏联发射了能使宇航员在太空停留、生活和从事太空观察研究的空间站,从而将人类探测宇宙的工作推向了新的阶段。

1981年美国研制出集火箭、卫星、飞机技术于一身的"哥伦比亚"号航天飞机,并开始搭载各国宇航员太空飞行(至今已先后飞行27次);并从1984年起,提出了建立国际空间站的计划,这个计划得到了全世界20多个国家的支持和参与。

暂且不谈世界性的探索宇宙空间活动已进入鼎盛时代,而要说的是我们中国也正在追赶着这快速发展的步伐。自21世纪初以来,我国先后有5次12名航天员代表一个个英雄群体,不断践行着我们中华民族的航天梦,与此同时,又于2007年发射了嫦娥1号探测器,开始了以月球为目标的探测活动。这标志着我国的航天事业正在高速度的赶超世界水平。让我们的大脑中永远留下那一个个激动人心的时刻,永远记住我们共和国征战太空的英雄吧!

2003年10月15～16日,我国神舟5号载人飞船首次将宇航员杨利伟送入太空后又返回地球。

2005年10月12～16日,我国成功进行了第二次载人航天飞行,中国航天员费俊龙、聂海胜乘坐神舟6号载人飞船在太空运行76圈,历时4天19小时33分,安全返回着陆点。

2008年9月25～28日,神舟7号载人飞船将航天员翟志刚、刘伯明、景海鹏送入太空运行45圈68小时,航天员翟志刚还首次在太空行走,为后来我国建立空间站做出了贡献。

2012年我国神舟9号飞船又将景海鹏、刘旺、刘洋(女)3名航天员送入太空,在太空运行13天,先后完成了飞船与太空舱的手动对接和一些生活及科学实验工作后,6月29日凌晨安全返回地面。这是我国建立空间站的开始,也是首次将女航天员送入太空。

2013 年 6 月 11 日,我国神舟 10 号飞船将聂海胜、张晓光、王亚萍(女)3 名宇航员送入太空,并于 13 日实现于 2011 年发射的太空一号目标飞行器自动交会对接及完成太空的规定任务后,安全返回地面。

以上是我国的航天活动,下面再说说我国的探月工程。

2007 年我国发射了嫦娥一号绕月卫星,开始了对月球的探测。

2010 年,我国发射了作为探月"先导星"的嫦娥 2 号,这次的成功发射已为嫦娥 3 号探测器的发射成功作了准备。

2013 年 12 月 12 日,我国长征 3 号乙运载火箭,携带着月球车将嫦娥 3 号探测器顺利送入轨道运行。12 月 13 日经近月制动,又顺利进入环月轨道。12 月 14 日在椭圆轨道的近月点平稳着陆,并放出月球车开始工作。至此,我国探测月球的二期规划已经圆满完成,势将进入无人采样返回地面和载人登月的三、四期工程。

由以上 5 次载人航天飞行和 3 次对月球的探测活动说明,十几年来我国的航天事业得到了飞速发展,已成为继美、苏(俄)两个星空科技大国之后的星空科技大国。人们期待着在我国天宫一号飞行器的基础上,早日建成我国的宇宙空间站,让五星红旗永远在太空飘扬。我们也希望我国的登月飞行能早日取回月球的样品,让我国的宇航员早日踏上月球和逐步实施对其他星球的探测工程。

四、宇宙——各类天体的大家庭

随着人类直接参与的太空活动的发展,除了直接肉眼观测的宇宙天象和航天器、空间站上用望远镜对其他星球观测外,人类还可以发射一些探测器近距离对一些星球表面进行观测。这些小家伙就像侦察兵一样,能将星球的地貌形态绘成照片,或利用探测雷达探测星球的物质组成和内部结构等并将相关信息反馈给人类,使我们不断加深对宇宙的认识。依据这些观测研究成果,我们可以更形象、更准确地概括一下宇宙的概念:宇宙即我们俗称的"天地"或"地球及其以外的星际空间"。它的主要组成按由大而小的排列包括星系(星系团、星系群)、星团、星云、恒星,还有较小的行星、矮行星、卫星、彗星、小行星、流星、陨石、宇宙尘等,堪称其为各类天体荟萃的大家庭(照片Ⅱ-3)。

照片Ⅱ-3　宇宙的组成
——宇宙是浩瀚天际中所有星体的总称,主要成分包括星系、
恒星和星团、星云,以及较小的行星、卫星、彗星、流星等。

(《中国儿童百科全书》第一册)

星系是由千百亿颗像太阳这样的恒星和弥漫在其间的气体、尘埃构成的天体系统,是构成宇宙的基本单位(如银河系)。现在认识到的宇宙中有 1000 亿 ~11 万亿个像银河系一样的星系。以其形状和数量,星系又分为星系团和星系群两类:超过 100 个星系的天体系统称星系团,其中包括银河系的本超星系团;不足100个星系的称星系群。它们都是独立的,其间有以亿光年计的宇宙"空间"。

　　太空中观察的银河像一块铁饼,侧面看似一透镜,其中央突起的部分叫银核,直径13 000 ~ 16 000光年,厚2 000光年,银核外缘部分叫银盘,直径82 000光年,银盘边缘包围着球形的银晕。银河系中所有的天体,都绕着银核飞快地旋转,这种运动叫银河的自转,银河系在自转的同时,也沿着一条复杂的轨道在太空运行。夜色中,我们肉眼看到的那个白带,就是银饼体中无数恒星或由恒星组成的星团在天空夜幕上的投影,因为它的形状像湍流的河水,人们都叫它"天河"。经常观察夜空时会发现,这"天河"的形状是有变化的,我们洛阳人就有"天河调角,捞饭豆角;天河东西,该穿冬衣"的谚语,意思是说,当天河出现分岔时,秋天就到了,而天河变为东西走向时,则标志冬天来临。这个天象谚语十分准确,不妨你也去体验一下(照片Ⅱ-4)。

照片Ⅱ-4　从不同角度观察到银河系的轮廓——银河系由上千亿颗恒星组成
——地球和太阳都处在银河系中,其质量为太阳的1.4×10^{11}倍。
侧视的银河系像条河,俯视的银河系像反旋的台风。

(《中国儿童百科全书》第1册)

　　星团是比星系团、星系群小一级的组成银河系的基本单位,依其形状分为球状星团和疏散星团两类,都由十几颗、几千颗乃至几万颗恒星组成。星团是组成银河系的基本单位,银河系中大约有150多个球状星团及1 000多个疏散星团,其中包括以千亿计的类似太阳的恒星。

　　星云是宇宙中一些气体和尘埃集结而成的云雾状天体,在银河系内的称河内星云,银河外的称河外星云。星云不仅形状多姿多态,而又不断变换色彩。根据星云的形状、亮度和组成,星云又可分为弥漫状星云、行星状星云和超新星遗迹等。弥漫状星云形状不规则,没有明显的边界,犹如飘忽的云朵,形状比行星状星云大得多;行星状星云像飘忽在空中的烟圈,由烟圈中包围的恒星向外抛射出星云状物质;超新星是太空中原来很亮,不久就变暗消失光芒的星体,我国宋代时人称这类超新星为"客星",它们是恒星爆炸后留下的遗迹,所以"来也匆匆,去也匆匆"。星云里没有恒星,但星云和恒星可以互为转化,星云同星系一样是宇宙的主要组成部分。

概括上文,人们对宇宙即"天体"的认识是在科学的不断发展中,由近及远、由粗到细、由假说到科学探测的多个阶段并逐步完成的。就目前的认识,尽管人们还弄不清宇宙的边缘有多大,宇宙中的各类大小星体有多少,但可粗略认定,宇宙是由大小等级不同的星体组成的天体系统,上文都已概略地作了阐述。由于恒星(例如太阳和它的行星)是组成宇宙天体的基本单位,下文我们接着以太阳为例对所谓的恒星加以探讨。

第二节 太阳和太阳系的星际世界

太阳当是"大家主",星球好比"小儿孙"。

前面一节我们谈了浩瀚宇宙中的天体世界,它提示给我们的是,那是一个无限大不知边际而又不断运动着的空间,宣示着人们对它的探索永无止境。现在正进行着的人类利用火箭、飞船所探测到的也仅是距地球最近的几个星球,这不过是太空中的一个小小角落,而目前人类可以着陆的星球,只是离地球最近的月球,这仅仅是人类探索宇宙的起步,所以我们对宇宙的认识还很肤浅。按照由近及远的认识原则,我们下面的话题将转入太阳、太阳系和我们居住的地球。

一、太阳和太阳的物质组成

我们通常说太阳是一颗恒星,这里的"恒"指的是恒定不动的意思,但这是古人的概念,实际上它们并非恒定不动,而是每时每刻都在不停地运转甚至是高速地运转着。晴朗夜空中映入我们肉眼嵌入天穹的点点繁星大都是恒星,它们都是由等离子物质组成且自身能发光的天体。太阳只是无数恒星中的一颗,因为它距我们最近,看上去要比其他那些恒星大得多。肉眼所看到的那些远距离的星体看上去都是白色的,但实际上它们却闪烁着蓝、红、黄、白等不同的光芒。因为恒星发出的光是内部燃烧着的气体元素,这些颜色与其组成的物质的化学成分有关,不同化学成分的气体,会发出不同颜色的光。依据其发出的不同颜色的光,运用光谱知识可以测出它的化学成分。在恒星的中央,有一个能产生高能高热的核,它好似恒星的"心脏",这里每时每刻都在进行着核反应,是恒星的热源和光源,它把这些光和热提供给了她的子孙——围着它旋转的行星和行星的卫星,使之有了昼夜的区分和温差变化。

依据发出的光还可以辨别不同恒星的年龄。发出白光和蓝色光的恒星又热又亮,表面温度高达数百乃至上千摄氏度,这是恒星的青壮年期,称主序星阶段;发出黄光和红光的星,这是它的中年期,称巨星或红巨星阶段;只有星云而不发光是恒星的老年期,称白矮星阶段。主序星阶段是恒星一生中最长的阶段,在这个阶段,因为其内部储存着充足的燃料——氢,进行着由氢蜕变为氦的核反应,不断提供充足的能量,使之显示着旺盛的青春活力。氢消耗完后燃烧氦,这时它的体积急剧增大,温度降低,亮度减小,标志着它已由青壮年进入中年的红巨星阶段。红巨星燃烧完自身的氦后,核心会收缩成一个致密的天体,外层则形成行星状星云,星云随之也逐渐消散,只留下一个裸露的核心,这个核心就是白矮星,这是恒星的暮年。太阳是无数恒星中的一颗,太阳的历史也遵循着以上的规律演化,这里大家自然会关心太阳的寿命,不要急下面就提到了。

1. 太阳的物质组成

望远镜的发现,将人类对宇宙天体的观察一步一步推向新的更高的阶段,但它对人类的贡献并不仅仅是伸长、放大和增强光线的能力,而且还可以了解到发光物体的化学成分,组成太阳的物质就是从阳光中发现的。1666年牛顿利用三棱镜,将太阳的光束分解成红、橙、黄、绿、青、蓝、紫七种颜色,发现了每一种颜色向下一种颜色逐渐过渡的光谱,认识到阳光是由许多特定辐射(即现在认识到的波长不同的光波)所组成的混合物。1814年德国的天文学家夫琅和费在牛顿"光谱"的基础上,利用新的测试方法,发现太阳光谱中夹杂着很多"暗线",按照这些暗线显示的位置,总共记录到700多条。人们将这些暗线称做"夫琅和费线"。而后来的科学家发现,太阳的光谱中夫琅和费线竟有30 000条之多。

到了18世纪的50年代,不少科学家曾不经意地想到,夫琅和费线大概代表了太阳的各种元素,即暗线表示某些元素对相应波长的吸收,亮线则表示各种元素光的特征性发射,到了1859年,德国的化学家本生和克希霍夫利用这一原理制成了分光镜,应用分光镜使人们对太阳光和星光,包括其他方面光的研究又推向一个新的阶段。1862年瑞典天文学家昂格斯特洛姆根据太阳光谱中有氢元素的特征谱线首先认出太阳的主要成分是氢。1868年法国天文学家让桑发现了太阳的另一种主要元素氦。后来的研究成果计算出,氢在太阳成分中占了约75%的比例,氦的比例约25%,其他占很小比例的是碳、氮、氧和金属。从此使人了解到太阳和地球几乎为同样的元素组成,但含量比例有所差别,这一发现为太阳系的形成提供了有力的支撑。

2. 太阳的圈层结构

"万物生长靠太阳",因为太阳核部中氢不断衰变为氦的核反应,使之成为一个灼热的大火球,它是地球上光和热的供给源。太阳直径1 391 980 km,为地球直径的109倍,体积为地球的130万倍,质量为1.99×10^{33} g,为地球的83万倍,但太阳只是比水稍重一些,平均密度为1.409 g/cm³。我们肉眼看到的那个红红的大火球只是表层的太阳,被称做光球层。天文学家以光球层为界,将太阳分为内部圈层和外部圈层两部分,各由不同的圈层物质组成(照片Ⅱ-5):

(1)内部圈层

内部圈层组织由内向外包括日核、辐射层和对流层三部分。

日核是太阳中心的核反应区,在这里正进行着由氢变氦的放射性衰变,每秒钟有质量为6亿t的氢聚变为5.96亿t的氦,释放出相当于400万t氢的衰变能量。根据目前对太阳内部氢含量的估计,太阳还处在青壮年期,至少还有50亿年的正常寿命。日核的半径约占太阳半径的1/4,约173 997.5 km,这里集中了太阳总质量的一半,但却能释放出占太阳99%的能量。

辐射层位于日核外围,是介于日核和对流层之间的圈层,厚度较大,占了太阳半径的一半,厚约347 995 km。辐射层的功能是作为"二传手"将日核区放射出的各种能量传向对流层。

对流层是位于太阳外部组织光球层之下的一个圈层,厚约15万km。由于该层内的氢不断电离,增加气体比热,破坏了流体静力学平衡,引起气体的上升和下降,形成对流,故称对流层,日核中的热能经辐射层后,由这里传导给太阳外部的大气层。

(2)外部圈层

太阳的外部圈层组织又称太阳大气层,由内向外分别由光球层、色球层和日冕三部分组成。

光球层是太阳大气组织的下层,厚度300～500 km,平均温度6 000 ℃。太阳的热和光由下面的辐射层、对流层传入后,由这里向外发出光芒。光球层中常见的一种现象是被称为"太阳黑子"的那些黑色斑点,其形成的原因是当光经过光球层时,这里活动着的气体经常会产生一些旋涡,因为这些旋涡中心的温度低,看上去像个黑点。这些黑点时多时少,时消时生,一般12年周期性地出现一次。另一种现象是因光球层上的气体对流,光球层表面常见一种米粒状斑点,人们称其为光斑。光斑同黑子一样也是时多时少、时生时灭,都是光球层上特有的现象。

色球层是太阳大气的中间组织,位于光球层之上,大约延伸到太阳之外几千千米的高度,温度从几千摄氏度上升到几万摄氏度,成分主要由氢、氦、钙等离子组成。一般情况下,人们看不清色球

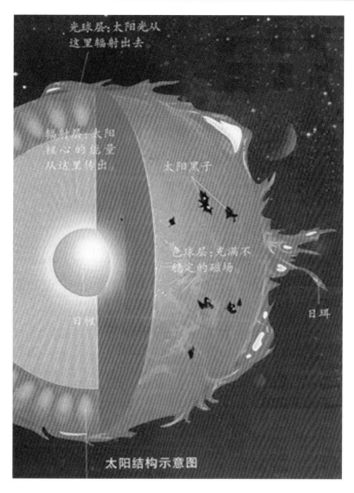

照片Ⅱ-5　太阳的结构

——太阳是处在太阳系中心的巨大恒星,它由不同性质的圈层组成。

太阳系是个大家族,它由围着太阳旋转的行星、彗星、流星及行星的卫星组成。

（《中国儿童百科全书》第一册）

层,以为太阳发出的只是白色样的单色光,但当日全食时,都可看到这个暗红色的气层,还可以看到它上面跳动着的鲜红的火舌,这些火舌的形状就像黏附在太阳边缘的耳环,所以被称为"日珥"。太阳的表面有时还会出现一些白色闪亮的区域,这就是耀斑。耀斑是太阳色球层中最剧烈的类似"火山口"样的活动区。耀斑爆发的时间虽不长,但却能释放出巨大的相当于地球上上百万座火山爆发的能量。太阳耀斑多发生于黑子群处,与耀斑相似的现象还有太阳低层大气爆炸形成的"闪焰"现象,但这瞬间的闪亮,几分钟后就消失了。

日冕是太阳大气层最外、最厚、最稀薄的一层。主要由高度电离的原子和自由电子组成,温度高达 $10^5 R$（列氏度,$1\ R = 1.25\ ℃$）以上。日冕的范围、形状同太阳活动有关,太阳活动极盛期呈圆形,伸出高度达几个太阳半径以远,日冕仅仅在两极处缩短、赤道区突出。由于太阳不断向外抛射这种粒子流紫外线,所以在太阳之外,常常形成太阳风,并时时吹向星际空间。这是近年来由人造卫星发现并传来的大量信息。

二、漫话太阳系

所说的太阳系指的是以太阳为中心,由太阳引力所制约、以围绕太阳旋转的八大行星为主的不同星际物质组成的一个天体系统,包括行星、矮行星、小行星、卫星、彗星、流星、宇宙尘,以及人类太空活动留下的各种形迹性物质。以距太阳最远的海王星的边缘为界(原称的冥王星已被降级为矮行星),计算太阳系的直径为120亿km。整个太阳系就是在这个特定的空间中以250 km/s的速度绕银河系的银心公转,并以2.06 km/s的速度沿自己的自转轴自转(照片Ⅱ-6)。在这个天体系统中,由于包括我们地球的八大行星占了主要地位,所以我们先从八大行星说起。

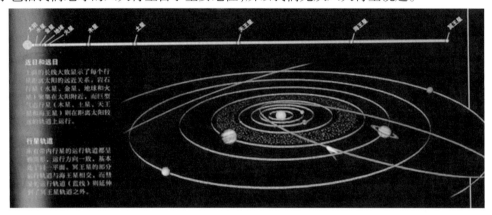

照片Ⅱ-6　太阳系运行图

——上面的长线大致显示了每个行星距太阳的远、近关系,个小的固体类行星(水星、金星、地球和火星)离太阳近;个大的气态类行星(木星、土星、天王星、海王星)离太阳远。

(引自《宝石圣典》)

1. 太阳系的八大行星

在太阳系这个庞大的家族中,八大行星各自带着自己的卫星围绕太阳公转,同时又绕自己的旋转轴自转。按照它们和太阳的距离,由近及远依次是水星、金星、地球、火星、土星、天王星和海王星。原称的冥王星因为自身的轨道不固定,引力小,不能清除自身轨道上相邻天体抛出的物质,已被降为矮行星(侏儒行星)。它们都是不发光的星球,而借太阳照明,故因其自转而有昼夜之分,因公转有四季之变,但也因距太阳的远近,其温差和受光程度有很大的差别。因为这些行星和我们居住的地球同为"同胞兄弟",又是人类探索宇宙空间的起点(包括月球)。为研究地球、认识地球,并为读者了解当代航天技术和探测宇宙空间提供有关知识,我们着意以地球为标准,概略性研究对比八大行星,进而认识地球,特依《地质辞典》(1983年版)中"行星地质学"等有关资料,综合为"太阳系和太阳系八大行星主要轨道要素和主要物理特征对比表"(表Ⅱ-1)如下,并结合表中内容,补充说明以下几点。

(1)依八大行星的个头(体积)而论,木星的个头最大,相当1 312.5个地球、23 437.5个水星那么大,其次是土星,相当763个地球、13 625个水星。最小的行星是水星,它只是地球体积的5.6%,其次是火星,它也只是地球体积的15%。有趣的是这些个头小的星球都集中在距太阳较近的距离内,它们的体积密度都比较大(3.91～5.52 g/cm³),而且都是较重的固体,没有卫星或卫星数少,又因各类特征和地球相似,亦称其为"类地行星"。相反,木星以外距太阳较远的4个个头比较大的行星,它们都是体积密度较小的气态或气液态星球,最重的海王星不过2.27 g/cm³,而最小的土星仅0.69 g/cm³,好似一个在水上能漂起来的球体!这后边的几个星球似乎保留了原始太阳系的物质,因为它们的物理性质和化学成分都与太阳有很多相似之处。和前面类地行星的另一不同之处,是这些星球的卫星很多,个头较大,而且还都是与类地行星一样的固体!为什么同属太阳系,同为太阳的家族,而形体、质量、数量有此悬殊?这一谜团将在下面的论述中进一步探讨。

(2)科学分析太阳系的物质组成为"星云假说"提供了依据。原来这里的所有星球都和太阳一样有着相同的元素组成。但由于太阳是个形体大而又散发着高温强光的球体,它的光和热驱散了周围星球上较轻而且游离的如氢、氦、氮、甲烷和氨类的轻元素,留下了较重的铁、镍、镁、铝等较重的金属,并在其自身的旋转中产生物质分异,重者下沉,轻者上浮,逐渐形成具有引力和地磁的铁镍核心、铁镁质地幔和硅铝质地壳的圈层结构,并因其内部放射性元素的核聚变而形成岩浆,产生由火山喷出—侵入的岩浆活动,以此形式的物质对流促进表面壳层的形成和加厚,造就地球表面特殊的地形和地貌,火山喷出的气体又改变着大气的成分、表面温度和大气压。以金星为例,它是火山最多的星球,由于火山活动频繁,又距太阳较近,金星表面白天的温度高达450 ℃以上。所有类地行星都经历过自身由气液状态演变为固体的过程,因此它们都有类似的元素成分和核、幔、壳的圈层结构。而远离太阳的那些大个行星,因为还保留着同太阳一样的气态成分和不明显的圈层结构,以及类似太阳系的卫星系统,从而也为太阳系形成的"星云假说"(见后)的成立提供了依据。

(3)太阳系八大行星的"生态环境"讨论是个有趣的问题。水星距太阳最近,在太阳强烈的光辐射条件下,白天的温度达450 ℃,夜晚却降到 - 160 ℃以下。这么大的温差变化不说,而且缺氧、缺水,因此没有生命,加上距太阳太近,常受狂飙似的太阳风的侵袭,连发射的探测器都难靠近它,其表面形态还是个谜,其生态环境也可想而知了。前已谈到金星是个多火山的星球,据说现在还在喷发的活火山有1 000多座,加上没有水的调节,所以温度高达450 ℃。由于火山活动频繁,金星厚厚的大气层中充满了二氧化碳,使之具有比地球高达90倍的大气压,所以向金星发射的探测器很难着陆和保存,生态环境也难谈起。火星距地球最近,而且与地球有很多相似之处,因此火星的研究程度较高,编有火星表面的多种图件。不过火星是个干燥、寒冷、火山休眠、河湖干涸、风沙肆虐、一片死寂的星球。而木星等其他远离太阳的星球,因为本身是由氢、氦、氮等气态、气液态物质组成,内部又不具放热的核反应,也都是冰冷的星球。经过这样的一番比较,不言而喻,自然唯有地球才是生命的摇篮了。

表Ⅱ-1　太阳和太阳系八大行星轨道要素和主要物理特征对比表

星球	距日平均距离		运转周期		运转速度(km/s)		平均半径		体积	平均密度	
	10^6 km	天文单位	公转	自转	公转	自转(赤道)	km	与地球比	与地球比	g/cm^3	与地球比
太阳	—	—	2亿年(银河系)	25天(赤道)	250.0	2.06	695 990	109.24	1 303 150.0	1.41	0.256
水星	57.9	0.39	88天	59天	47.9	0.003	2 433	0.38	0.056	5.43	0.984
金星	108.2	0.72	224.7天	224天8时(逆转)	35.0	0.002	6 053	0.95	0.857	5.26	0.953
地球	149.6	1.00	365.25天	23时56分	29.8	0.465	6 371	1.00	1.000	5.52	1.000
火星	227.9	1.52	1.88年	24时7分	24.1	0.240	3 380	0.53	0.149	3.91	0.708
木星	778.3	5.20	11.86年	9时50分	13.1	12.66	69 758	10.95	1 312.5	1.34	0.243
土星	1 427.0	9.54	29.46年	10时14分	9.6	10.30	58 219	9.14	763.0	0.69	0.125
天王星	2 869.6	19.18	84.0年	10时49分	6.8	3.89	23 470	3.68	49.99	1.60	0.290
海王星	4 496.6	30.06	164.8年	15时48分	5.4	2.52	22 716	3.57	45.32	2.27	0.411

续表Ⅱ-1

星球	平均质量		表面温度（℃）		卫星数量	圈层化学成分	主要特征	备考
	10^{27}g	与地球比	白昼	黑夜				
太阳	1 991 000	333 166	1 250 000 ℃（外层日区）			分内、外层，主要成分为75%的氢、25%的氦和微量 C、N、O	内圈层氢衰变为氦，释放热能，由外层传给太阳系	见前文
水星	0.318	0.053	450	−160		核部铁、镍，富铁硅外壳，大气为氦、氩	无水，大气层稀薄，光反射强，引力小	成分类似地球
金星	4.883	0.817	−44 ℃ ~ 450 ~ 470 ℃			壳、幔、核成分同地球，大气以 CO_2 为主，氧少，无生命	火山多而活动频繁，表面温度高，压力大，地形复杂	俗名"启明星长庚星"
地球	5.975	1.000	昼夜平均22 ℃		1（月亮）	内部铁镍核心，表部硅铝外壳，外部水圈、气圈、生物圈	唯一有人类星球	见第三节地球
火星	0.642	0.108	−23 ℃以下最低 −123 ℃		2	结构、成分类似地球，铁高于镍，大气稀薄类似金星	表面岩石氧化故谓"火星"，干、冷、死寂，多风砂	因离地球近，研究程度较其他星球高
木星	1 910.0	319.61	平均 −150 ℃		50（固体）	主要成分为氢和氦，次为氖、氨、甲烷属气态星球	气压大（约1亿个）大气层形"木星环"、"大红斑"、"小白卵"	太阳系中最大行星，和火星轨道间有小行星群
土星	568.4	95.11	−176 ℃		>30（固体）	成分与木星相似，为氢、氦成分组成的气、液态星球	赤道上空有一多色光环—土星环，固体卫星较多	土卫六有浓密大气层，类46亿年前地球
天王星	86.82	14.53	阴冷		5（固体）	由水、甲烷、氨和少量氢、氦冻结而成	同土星一样，也有几个光环，横躺旋转	光照不足，阴暗、寒冷
海王星	102.7	17.18	−150 ~ −170 ℃		2（固体）	与天王星相似，有固体核，属气体星球	有光环，但很暗淡，风速为地球飓风20倍	海王一大小似金星、逆转

注：天文单位指地球距太阳的距离，1个天文单位为 14 960 万 km，与地球比即地球数值的倍数。

（4）年、月、日的变化取决于星球的公转和自转周期。依人类在地球上感知的年、月、日、时来对比其他星球也是充满奇趣的。水星绕太阳公转的速度比其他任何星球都快，但它转个身很笨，要59 天，相比之下，金星比它还要笨，金星转个身得要 224 天加 8 小时！更特殊的是金星和其他星球不一样，是由西向东转，如果你站在金星上，太阳才真是从西方升起的。火星上的一年是地球的将近两年（1.88 年）时间，而火星上的一天仅比地球长 11 分。最有趣的是木星，这个庞然大物，它的体积相当 11 个地球，但它转身灵活，只需 9 小时 50 分，比太阳系中的其他任何星球都快，也是这个原因，它把自身较重的金属固体物都甩了出去，形成较多的固体卫星，外部的大气层形成"木星带"，自身的热量也急剧散失。与木星性质相近、个体仅次于木星的土星，以及天王星、海王星，也有着与木星类似的高速自转和形成固体卫星的能力，其中土星和天王星也有与木星带一样由固体冰组成的"光环"。奇怪的是天王星的自转轴几乎是 0°，似乎它是在"就地打滚"似的旋转着。

2. 八大行星之外的星际世界

在太阳这个庞大的家族中，除了八大行星，还包括冥王星、卡戎星、齐娜星、谷神星 4 个矮行星，编号和望远镜探测到的数千颗小行星，90 多颗卫星，已观测过约 1 500 多颗彗星及 700 多颗已知的流星群,还有散布在星际空间的固体碎块、尘埃、冰团,以及近半个世纪以来人类投放太空的人造卫星、宇宙飞船、各类探测器和太空垃圾等。对此一些已出版的科普读物、影视光盘等都有不少报道,这里仅择与本书内容有关的小行星、卫星和流星(陨星)加以简述。

(1)小行星

小行星多是一些类似球形、椭圆形、不规则形的小天体,它们也是太阳系的成员,同八大行星一样,一方面围着太阳公转,另一方面按自身的旋转轴自转。与大行星相比,小行星的体积很小,其中直径在 1 km 以上,已编号、已命名的有 2 200 多颗,雷达已探测到的有 5 万多颗。尽管数量这么多,但质量很小,据天文学家估计,所有小行星的质量总和也不过是地球的1/2 500。大多数小行星是一些表面粗糙、结构疏松的石块。但小行星大小悬殊,大的小行星的直径达几百千米,小的直径也不过 1 km。它们往往挤在一起,形成小行星带。

现发现的小行星带,主要集中于火星与木星的轨道之间,目前人类累计观测到的有 6 000 多颗,而且还在不断发现。在小行星带中它们和行星一样各有自己的轨道,仅有小股越过小行星带"结伙"跨入木星和火星轨道运行,形成小行星群。其中跨火星的小行星群因距地球近,受外部星体影响,会有不守"规矩"的个别小星体飞向地球,这在地球历史中过去是几十万年才有一次,概率很小。只是地球有大气层的保护,飞向地球的小行星在与空气摩擦时,体积和能量都会减小,或者它们会在摩擦中爆炸,爆炸的碎块成为流星雨、陨石雨坠落地面,这种现象是常见的(见后)。目前人类已经掌握了半数以上小行星的运行轨道,面对它们对地球不可抗拒的撞击威胁,相信随科学技术的发展,人类总是能够按它们的运行规律做出相应的自我防护措施。

(2)卫星

卫星是绕着行星按一定轨道运转的星体。它们和行星一样本身不发光,只是能反射出太阳的光。太阳系中除水星和金星没有卫星外,其余几个大行星都有自己的卫星。其中月亮是地球唯一的卫星(见后),其他行星中火星有 2 颗,木星有近 50 颗,土星有 30 多颗,天王星有 5 颗,海王星有 2 颗。近几年随航天事业的发展,包括新发现的在内,据说已有近百颗新的卫星,乃至已降低为矮行星的冥王星也有自己的卫星,目前仍在不断发现中。

木星是卫星最多的星球,木星的个头大,它的卫星个头也大,其中最大的一颗木卫 3 的体积比水星还要大,这是伽利略最早用望远镜发现的,它和木卫 1、木卫 2、木卫 4 统称伽利略卫星。有趣的是木卫 1、木卫 2 的平均密度分别为 3.55、3.11 g/cm^3,是比木星(密度 1.34 g/cm^3)还要重的卫星,而且上面还在进行着火山活动,木卫 1 上至少有 6 座活火山。木星中的卫星同其他行星的卫星一样,都是正向运转,但唯独木卫 8、木卫 9、木卫 11、木卫 12 是向相反方向运转的。

土星同木星一样,也是卫星最多的星体,土卫 6 是太阳系中的第二大卫星,体积也比水星大。它的表面分布着海岸线和蜿蜒的河道,这些河道还有支流,只是河中流的不是水而是甲烷的液体。在太阳系中只有地球和土卫 6 有浓密的大气,大气中富含氮、甲烷和有机化合物,还有一氧化碳和二氧化碳的痕迹,与 46 亿年前的地球极为相似。所以一些科学家设想,46 亿年后土卫 6 经过这段长时间的发展演化,完全会变得像今日的地球一样成为人类新的家园。

(3)卫星中的月球

月球是地球唯一的卫星,也是太空中距离地球最近的星球。除了借助望远镜、人造卫星对月表的观测外,作为人类探索宇宙空间的第一站,自 1958 年以来,世界上共进行了 129 次专项探月活动,包括发送各类探测器的绕月探测,探测器在月面着陆实测并带回月岩样品,尤其 1967 年美国"阿波罗"11 号首次在月面登陆、航天员阿姆斯特朗成为登上月宫的第一人。通过上述活动,因不断占有月球的丰富资料和信息,所以对月球的研究认识程度也最高。

月球距地球的平均距离为 384 401 km,直径 3 476 km,为地球直径的1/4,体积为 2 119 × 10^7 km^3,等于地球体积的1/50,月球表面积为 38 × 10^6 km^2,和亚洲的面积相近。月球物质的平均密度为 3.841 g/cm³，为地球物质平均密度 5.52 g/cm³ 的 0.6 倍，月球的质量为 7.35×10^{22} kg，为地球质量的 1/81.30。月球本身不会发光，它发射的光是太阳照射后反射的光，月球的表面温度变化很大，白天太阳的照射部分高达 150 ℃，而夜间会降到 -180 ℃，月亮的白天和黑夜都是 27.32 日那样漫长。又因月亮上面没有大气层保护，它的表面被太空飞来的陨石撞击得弹痕累累，处处都是撞击的坑洼和散落的石块。

同地球的结构一样，月球也由月核、月幔和月壳三个圈层组成。月壳厚 60~65 km，最上部有 1 000~2 000 m 的月壤和岩石碎块。月壳的成分上面主要是玄武岩，系火山喷发的产物，由其形成了月海、月陆、月坑的月表形态，并有复杂的月岩褶皱和断裂构造；下部是富长石质岩石。月壳之下为月幔，厚度约 1 323 km，成分相当地球上的基性岩和超基性岩。最下部是月核，厚 350 km，成分相当地球的软流圈，由铁、镍硫化物组成。由于月球的组成和地球相似，月球也有引力，表面有微弱的磁场，也有相当地球 1/6 的重力加速度，所以研究月球对了解地球有很大意义。

进而言之，对月球的观察研究涉及地球的成因，地球的原始物质特性，地球的气象变化、异常天气，以及人类未来所需能源的供给等诸多方面问题。月球漫长的白昼有着充足的太阳能，月球上的氦超过 100 万 t，可以代替石油、煤和天然气，利用月球能源可以彻底解决地球上能源矿产不足的问题。而更为重要的是月球是人类探索太空、摆脱地球引力的第一门槛，而开展的航天登月工程又是检验和带动各项高科技研究成果、推进现代工业更新换代，发展多种学科、提升国家科学管理水平的重要举措。所以，苏联、美国等西方发达国家都把探月工程作为长远战略工程来抓。我国作为世界上的人口和经济大国，自 20 世纪的 90 年代开始，也已急起直追着手我国的探月工程，从 2007 年发射"嫦娥 1 号"探测器开始，仅仅 7 年就实现了"嫦娥 3 号"的成功发射和在月球上软着陆，并第一次将玉兔号月球车送上月球工作（照片Ⅱ-7），从而展示了我国的科技能力，并为我国宇航员的登月活动作了准备。

照片Ⅱ-7　我国嫦娥 3 号发送的玉兔号月球车

（引自《地球》杂志总第 213 期）

（4）流星和陨石

晴朗的夜空，人们经常看到一道白光划过天际，而后很快消失，这种亮光称为流星，是彗星和小行星撞击时落下的碎块，这些碎块也称为陨星。它们平时紧聚在一起，以椭圆形的轨道绕着太阳公转，漫游于太阳系的星际空间，但由于其体积和质量都很小，当受到过往的行星和卫星的吸引时，容易飞向引力大的星球。同样，当地球掠过陨星群时，受地球引力作用，一部分体积小、质量轻的近地陨星，也会光顾地球，在经过地球大气层时，与空气摩擦燃烧爆炸，最后成为陨石残块，形成陨石雨，坠落地球表面(照片Ⅱ-8)。地球上落入的陨石,在中国、希腊、古罗马的文献中都有记载。

照片Ⅱ-8　陨石坑及陨石
——陨石有石陨石、铁陨石和石铁陨石之分,其中以石陨石最常见,占 92% 。墨西哥
希克苏鲁伯陨石坑直径 180 km,推测落入的陨石直径约 10 km,形成于 6 500 万年前。
(引自《地球》杂志 2013 年第 3 期) (照片组合:姚小东)

实际上每年都有 200 块左右的陨石掉入地球,大的陨石达 1 000 kg 以上,小的几千克、几克,形成陨石雨。提起陨石雨,人们自然会想到 1976 年降落在吉林的陨石雨、2011 年青海湟中县的陨石雨,更会联系到 2013 年 2 月 15 日凌晨发生在俄罗斯和哈萨克斯坦交界处的陨石雨,惊骇那像数颗原子弹一样空中爆炸的威力,仅震碎的玻璃就伤及千人以上,因此说这不能不算作一种大的自然灾害,尽管它产生的概率很低。所以,早在 1945 年人们就用雷达预测陨石雨,现在的航天技术也对它不断加以探索。但它们来得过于神速,使人们猝不及防,目前的科学技术水平还难避免。然而,陨石这些天外来客,也给人们送来了太空的物质信息,携带着揭秘宇宙的密码。陨石本身不仅是比黄金还要昂贵的奇石,而且陨石击地形成的撞击构造,又是特种金属、宝石类非金属、油气藏等矿床的找矿靶区,这在国外不乏先例。

除此之外,随着航天事业的不断发展,人类抛向太空的物质——废弃的人造卫星、航天器械、火箭残骸,航天员的生活废弃物,它们都将成为太空垃圾。这些物质既污染了洁净的太空,又给航天事业带来新的威胁,就像人类生活在地球上地球被污染的历史一样,人类进入太空之后,太空也不会干净。所以,人类生存与环境之间的和谐是个大问题,对此,容我们在后面进一步探讨。

三、太阳系生成的假说

关于太阳系生成的假说是前述宇宙学说的组成部分,我国先人提出的关于宇宙形成的“盖天说”、“穹天说”、“浑天说”,实际上也是属于人类早期对太阳系日月星辰的认识,也与这类假说有关联。西方世界有关太阳系的假说最早是在 1543 年波兰人哥白尼的日心说基础上发展起来的。

1755 年德国哲学家康德提出了星云假说,认为形成太阳系的物质微粒,都是由太阳系空间中的原始星云在万有引力作用下收缩凝聚所致,中心部分形成太阳,外围部分形成了行星。康德的这一思想,在 1796 年得到了法国数学家兼天文学家拉普拉斯的证实,他进一步提出原始星云是灼热无比的气态物质,因冷却而凝缩,旋转速度随之加快,使星云的形态变为赤道部分突出、两极缩短的扁平体。当旋转时的离心力超过引力时,逐次分裂抛出一部分物质,在恒星周围的引力场中形成环状物,这些环状物进一步形成行星,行星也以同样的方式形成了它们的卫星。由于康德和拉普拉斯的观点相近,后人称之谓“康德—拉普拉斯假说”。又因这一学说与宇宙中广泛分布的星云团对应及星云团中孕育着超新星的现象吻合,又被称为"星云假说"而传承至今。

康德—拉普拉斯学说的不足之处是它无法解释太阳和行星之间动量距的分配,于是在1906年美国地质学家张伯伦、天文学家穆尔顿提出了"星子假说"。他们认为太阳是太阳系中最早形成的星球,之后另一个恒星在太阳附近经过,二者相互吸引,产生极大的潮汐作用,这些由潮汐带出的物质即星子,它们在围绕太阳旋转时,大星子吸收小星子形成行星,小星子形成行星的卫星。与星子说相近的另一种学说是英国天文学家金斯1916年提出的"气体潮生说",这一学说不但解释了行星的成因,也提出月亮是地球表层太平洋被吸引出的那个块体演变的。对于这个问题后面的章节中还要论述。

应提出的是,上述这些假说,都仍然处在争议中,通常地学界是这样将它们定性的:如果说康德—拉普拉斯假说属渐变论的话,那么张伯伦、金斯假说自然是灾变(灾变即突变)之说。但是天文学家计算表明,一个天体和太阳相撞,不可能将气态状的太阳物质"撞出来",这些气体弥散了之后也不会凝聚,于是又产生了"俘获说":说的是太阳在星际空间运行时,遇到了星云物质,太阳靠自己的引力将其据为己有,后来在引力作用下,这些物质又在"星云说"中的凝聚作用驱动下,像滚雪球一样形成了行星和卫星。现在最为流行的一种说法是1971年布朗提出的"超新星爆炸说"。说的是大约46亿年前太阳星云可能受到邻近超新星爆炸产生的冲击波而崩溃,云团旋转速度加快,崩溃了的物质凝聚成了圆盘(称为"原型星盘"),并不断向圆盘中心靠拢,随之中心的温度不断升高,密度增大,当二者达到极限时,主要成分氢不断衰变为氦,释放出巨大的光热能量,形成了太阳。未向圆盘中心靠拢的星云物质和尘埃,互相黏结,也在引力的作用下,由星子形成行星。除此之外,还有"新星云说"、"原始火球说"等。

总结上述"诸子百家"的学说,不论是渐变的星云说,还是突变的潮汐说、星子说和"超新星爆炸说"等,都各有长短。从科学研究角度讲,也只有让他们争论下去,最后由人类的太空观察实践来检验,这也符合"实践是检验真理的唯一标准"这一名言。

以上在谈太阳系的起源问题之后,要回答的另一个问题是太阳会不会死亡?前面讲了太阳有它的青年期、壮年期和老年期,这决定于它内部氢、氦物质的储存量。据科学测算,太阳自诞生至今的50亿年来,它仍有75%的氢储,继续释放着青壮年的能量,保持着青春的活力,即使氢燃烧耗尽,它还有25%的氦,因此不必担心太阳很快会进入老年期,按现在太阳储存的氢、氦计算,太阳至少还有50亿年的寿命。50亿年和人类的历史、人类的寿命相比,想是不必重演"杞人忧天"的故事了。

第三节　地球——人类生存的家园

前数星系话宇宙,现剖圈层说地球。

在本章内容的分配中,我们花费了一定的篇幅介绍了宇宙、太阳和太阳系的星际空间,其目的有三:一是探讨一下地球所处的外部环境,加深对地球的形成、发展演化及地球形成后对外部因素导致自然灾害的认识,澄清那些所谓"地球末日"的天体威胁论;二是通过地球和八大行星的物质组成、物理性质、环境条件的比较,认识为什么地球是唯一有人类生存的星球,唤起人们要倍加关爱和保护我们人类的家园;三是通过对一些星球的物质组成、结构构造、物理性质的了解,从比较中为我们提供研究地球、认识地球物质运动即各种地质作用产生、演化的机制。但仅此还不够,因为地球是人类生存的唯一家园,所以我们还要从以下两个方面对地球作进一步了解和探索。

一、地球上为什么有生命?

地球是太阳系八大行星中的一颗行星,关于地球的有关属性已在前文作过简要阐述,这里不再重复。同其他行星一样，地球也是不发光的固体，在太阳的引力场中，地球能有规律地按固定的轨道围绕太阳公转，和围绕旋转轴作360°一周的自转。这且不必说，引人发问的是为什么其他行星中没有生命、没有人类，唯独地球上有生命，是人类生存的唯一家园？对此前面介绍各大行星时已曾涉及，这里需再全面归纳比较一下，可从以下三个方面回答这个问题。

其一，也是最为重要的是地球上有水，有含氧的大气和适宜的温度（昼夜变化平均 2 ~ 22 ℃），具备了生物赖以生存的基本条件。因此，地球上在岩石圈外形成了水圈、大气圈，进而形成了生物圈，这是其他行星所不能比拟的。比如水星昼夜温差大，大气稀薄，没有水，更没有生命。金星虽然也有稀薄的大气，但主要是二氧化碳（占 95% ~ 97%），生命需要的氧小于 0.1%，气温又在 -44 ~ 500 ℃ 变化，也不可能有生命。火星虽和地球的内部结构、外部地貌相似，也有大气、卫星，自转的周期也和地球相似，但火星的大气成分与金星相近，加上火星表面温度昼夜都在 -30 ℃ 以下至最低 -123 ℃，干冷多风沙，也已证明是一个死寂的星球世界。至于其他由氢、氦等气液成分组成的木星、土星、天王星、海王星类行星，由于本身的物理、化学性质，更不能与存在生命相联系。但需提出的是，这些星球的卫星是固体，其中土卫6不仅在太阳系中排行第二，而且有很厚的类似地球形成初期时的大气层，科学家推断那里可能存在着原始生命，也可能是未来人类的第二家园。

其二是地球与太阳之间隔着水星、金星，距离远近适中，因此它不会像水星、金星那样受到太阳的灼热辐射和太阳灾害（如日冕、太阳风等）的侵袭，也不会像远离太阳的天王星、海王星那样成为黑暗和冰冷的世界。再者地球公转一周为365.25天，自转一周23时56分，不像木星、土星那样公转一周分别需 11.86 年和 29.46 年，自转一周才 9 ~ 10 小时，更不像海王星那样公转一周就得 164.8 年！相比之下，地球上昼夜分配相等，大部分地区一年四季分明，温差变化不大，适于人类休养生息，而其他星球不但没有人类和生命，即使有人登陆，谁能忍受那漫长的四季变化和冷热剧变的昼夜温差，更不用说那里恶劣的自然条件！

其三，地球同水星、金星和火星4个类地行星一样都是固体，都可承载起人类的各类建筑物，只是其他3个星球上还没有人类登陆。至于木星、土星等其他4个星球因为只是个气团，也就没有可登的陆地，更谈不上承载任何建筑物。还有地球有足够的质量和重金属组成的地核，因此地球就有巨大的吸引力，这种吸引力又大于地球自转的离心力，所以地球能牢牢地吸引住它上面的各类物质和设施，使它们不致抛向太空。而更重要的是地球是由包括金属、非金属等100多种化学元素组成的物质，伴随地球的发展演化，形成了各类矿物，由矿物形成了各类岩石和矿产，并在太阳、空气、水、生物的作用下，风化、分解，形成土壤，并在水的滋润下生长了植物，提供了动物生存的氧气、食物，促其进化为高级生物——人类，并为其生存和发展提供了各类资源，这也是其他任何一个星球不可比拟的。

因此，就现在关于太阳系、包括宇宙空间方面研究的成果，地球是最适合生命和人类生存的星球，所以也是人类居住的唯一星球，所谓的"外星人"，只能是文学家的浪漫，不可想象在太阳系之外的任何生命会比陨石一样能以光的速度而不熔化地进入地球！因此，我们对地球的认识不能停止，对地球以外的星际空间仍要探索，通过研究认识地球，并将地球与其他星球相互比较，更加珍惜地球为我们提供的生存和发展条件，保护地球的生态环境。下面我们运用解剖学的方法，再来认识一下地球的圈层结构。

二、地球的圈层

地球原是太阳系中的物质在原始星云状态下经不断旋转运动形成的球体。因地球有较大的密度和质量，受重力分异作用，也形成了像太阳、水星、金星、火星和月球那样，具有内部重、外部轻的圈层结构。这些圈层包括地核、地幔、地壳和地球独有的水圈、生物圈及异于其他星球的大气圈，前者称为内部圈层，后者称为外部圈层。同解剖学对医学的贡献那样，解剖地球的圈层结构，不仅仅是从结构上进一步对地球的认识,而且能够从本质上深化对地球科学的理解。因为地球是在不停的旋转运动中延续着它的生命,由老到新,不同地质时期发生的每一种地质作用——构造运动、岩浆活动、变质作用、火山与地震、风化与侵蚀、搬运与沉积,以及各类成矿作用等,无一不与地球的圈层结构,不同圈层的物理性质、化学成分,以及圈层间的物质对流和相互作用有关。对此后文的每一章节(以地史为序)都要涉及,因此这也是我们这部《史话》探讨的基本内容。

　　为此我们先从地核说起,依次剖析其他圈层(照片Ⅱ-9)。

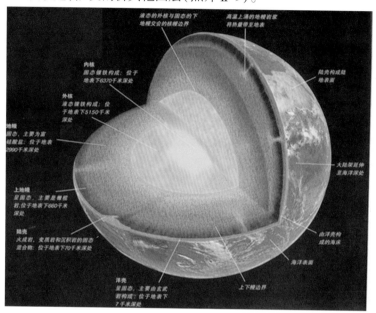

照片Ⅱ-9　地球及其圈层结构
——地球的6大圈层——地核、地幔、地壳、水圈、大气圈、生物圈。

(引自《宝石圣典》)

1. 地核

　　地核是指地面以下2 900 km处被称为"古登堡面"以下至地心的那一部分,"古登堡"是发现这个面的那个地球物理学家的名字。这个面指的是下面要讲的地幔与地核的分界面,因为地震的横波不穿过地核,是靠地震测探提供的。地核又可分为内核(G层)、外核(E层)两部分,中间有515 km的过渡层(F层)。内核是地核的中心部分,其深度为自地面以下5 155 km到约6 371 km的地心部分,占了地核直径的1/3,推测内核为固体的铁镍物质,称"铁镍核心",也有人认为除铁镍外还包含有气体氰(CN)和金、铂等重金属,因此其密度较大,为10~15.5 g/cm³,可以说地球上的"大金库"存在于地核中,我们在地壳表层发现的金矿都来源于此;外核部分为地核的外层或上层之间,其深度为地面以下2 998~4 640 km,其成分为铁、硅、镍组成的熔融体,接近液体状态,密度为9~11 g/cm³。过渡层(4 640~5 155 km)的物质组成介于E、G层之间,在这里的地震横波受到强烈反射,据推测,地核区的压力为1.5万~3.7万大气压,温度2 860~6 000 ℃,质量和体积分别为地球的31.5%和16%。此外,有关地磁的形成问题,也与地核的物质成分和运动形式有关,这个问题后面还要介绍。

2. 地幔

　　地幔又称中间层或过渡层,指莫霍面以下至2 900 km以上的圈层。莫霍面也是依地震波速不同确定的不同物质分界面,同前述的古登堡面一样,也是以发现者奥地利地震学家莫霍洛维奇这个人的名字命名的一个面,简称莫霍面、莫氏面,是地壳和上地幔的分界面。莫霍面的深度各地不同,大洋区浅,一般5~15 km,大陆区深,一般30~40 km,我国青藏高原及天山地区最深,为60~80

km。地幔体积占地球总体积的 83%，质量占地球质量的 68.1%。依地震波速的不同，以 1 000 km 为界，分为上、下地幔两部分：下地幔称硫化物、氧化物圈，物质成分除硅酸盐外，主要是金属氧化物与硫化物，铁、镍向下逐渐增加，平均密度 5.7 g/cm³，压力为 150 万大气压，温度 1 850 ~ 4 400 ℃，物质状态属非晶质固态，化学作用向深部逐渐减弱；上地幔是 1 000 km 以上至莫霍面以浅的地带。又称榴辉岩圈，物质成分除硅、氧外，铁镁质成分显著增加，由类似橄榄岩的超铁镁质岩或称为超基性岩组成，平均密度 3.8 g/cm³，压力 21 万大气压，温度 400 ~ 3 000 ℃，物质状态为具较大塑性的固态结晶质。

在上地幔的上部深度 60 ~ 250 km 的范围内，存在一个不连续的低速带。推测是因放射性元素大量集中、衰变，产生使物质超过熔点的热异常区，区内局部物质呈熔融状态，这就是大家常说的"岩浆房（库）"，也叫"软流圈"。由于地球在不停的转动，产生由两极指向赤道的离极力和由地心指向边缘的离心力。受以上两种力及岩浆中气体的作用，地幔和软流圈的物质产生对流，并在上部压力小的地方释放，形成岩浆上侵或火山喷发的岩浆活动，一部分来自地幔的超铁镁质岩浆上侵形成橄榄岩类侵入岩，或以苦橄岩、玄武岩浆喷出地表形成火山岩——这就是我们通常所说的"蛇绿岩建造"或"蛇绿岩套"。在地球历史的早期即地壳形成的初期，这类建造特别发育，所以在地球各部位的太古宙古老地层中还保留着这些原始岩浆活动的遗迹。晚期的构造运动和岩浆活动，主要发育在特定的构造带中，与此同时，岩浆和气液也将地幔区的金、铂等重金属硫化物、氧化物，通过特定的构造带，带到地壳浅部和地表，形成岩浆岩和有经济价值的贵金属、金属和非金属矿床。

3. 地壳

地壳是地球内圈层最上面的部分，又叫岩石圈。它由各种岩石组成，也分为上、下两部分：上地壳主要由沉积岩、花岗岩类组成，称"硅铝层"。硅铝质地壳的厚度各地不同，山区厚达 40 km，平原区约 10 余 km，海洋区变薄，大洋底缺失；下地壳主要由玄武岩和辉长岩类组成，称"硅镁层"，硅镁质地壳在硅铝质地壳下部连续分布，厚薄也不等，大陆区厚达 30 km，深海盆地区厚 5 ~ 8 km。硅铝层和硅镁层之间是个地震波速不连续的面，称"康腊面"，也是以发现者的名字命名的；康腊面的幅度随地区变化。地壳的体积为地球体积的 1%，质量仅为地球总质量的 0.4%。

别看地壳在地球的整体体积和质量比例中只是这一点点，但它是地球生成后经过漫长的时间才逐渐完成的。很显然，地球物质的分异作用——轻者上浮，重者下沉相当缓慢，即使是地壳形成之后，其本身也是"分久必合、合久必分"的不断运动和变化着，一些地壳的碎块好像木头漂在水面上一样，在上地幔的软流层上，按特定的运动方式，作有规律的运动，这种运动形式地质学上由"大陆漂移"的发现深化为"板块构造运动"，并在大地构造学领域形成了板块构造学说。认为地球自晚太古代开始，就产生了洋陆转换的板块构造运动，而且这一机制下产生的大陆，在地史中一直是在"分久必合、合久必分"的演化中。其产生机制是受板块构造机制决定，在不同板块之间的脆弱接缝处，或是完整板块破裂后的拉开处都为下部地幔物质的向上对流开启了天窗，在这里形成来自地幔的玄武质火山活动；或以两个板块相互对接、碰撞，重者插入轻者下方后在深部重熔、同化，产生新的岩浆侵入浅部或喷出地表，形成构造岩浆成矿带。这就是我们今天看到的那些火山、地震活动为什么老在一些国家和地区——如夏威夷、关岛、阿留申、日本、琉球、台湾、菲律宾、印度尼西亚、新西兰、智利、秘鲁、海地、意大利、冰岛及我国大西南等地出现，就是因为这些地方是中、新生代地壳板块与板块之间的接合带，多是受板块破裂和板块之间的碰撞与俯冲产生的构造岩浆活动。这种因板块运动发生的构造岩浆活动在中生代以前的不同地球历史时期中可能还要剧烈！只是受后期板块构造叠加改造，保存下来的遗迹很少了。

4. 水圈

水圈是地壳之外连续包围地球表层由水体形成的闭合圈。主要分布在海洋中（占总体积的 97.2%），其余分布在陆地上，包括湖泊、河流、冰、雪、冰川及渗入岩石、土壤中的地下水。据日本最近的一项研究成果,地下 1 400 m 处还有水分,打破了原认为的 1 250 m 深度水圈极限。水圈和岩石圈及上面的大气圈互相渗透,不断转化,多无明显的固定界限。据有关研究成果,原始水圈是从大气中分化出来的,后来水量逐渐增加才形成了现代水圈。以海洋水为标准,水圈的化学成分主要是氢和氧(占 96.6%),其次是 1.93% 的氯化钠。水是生命的依托,也是孕育生命的摇篮,地球上也是因有了水圈之后才有了形成生命的生物圈。

5. 生物圈

生物圈是地球表面有生命生存和繁衍活动的圈层,分布的范围,在陆地上深不过百余米,在海洋中深达 10.8 km,在高空也不过 7 ~ 8 km,上限不超过臭氧层。一般认为地球上的生物在距今 25 亿 ~ 20 亿年的早元古代才出现,但最近在非洲和澳大利亚分别发现了太古宙距今达 35 亿年的细菌和蓝藻化石丝状体。这些原始的生命在亿年为单位的漫长演化过程中,经过从原核到真核、从单细胞到多细胞、从简单到复杂、由低级到高级、由海洋到陆地的多阶段演化,逐步占领了海洋、陆地及低层大气的各个角落,不仅形成了生物圈,而且同时参与了对水圈、岩石圈和大气圈的改造,生物在地壳表面岩石的风化、沉积,包括成土、成矿中都发挥了重要作用,特别是生物中的高级生命——人类的出现。人类的活动,加快了生物圈对岩石圈、水圈、气圈的改造作用,但是,也是由于人类的生存活动加剧了对水源、水质、大气的污染和林木植被的破坏,从而导致了地球生态环境的不断恶化,自然人类也必然受到它的报复或惩罚!

6. 大气圈

大气圈是包围地球外面的一层由多种气体组成的空气混合体,其组成比例为:氮 78.09%,氧 20.95%,氩 0.93%,二氧化碳 0.03%,氖 0.001 8%,此外还有水汽和尘埃等。一般认为,现在的大气组合是由二氧化碳、一氧化碳、甲烷和氨为主的原始大气转变而来,大气与生物圈、水圈和地壳之间的相互作用在这种成分转变中起了决定作用,也是有了这种成分转变才有了生物的繁衍生息,这是其他行星,包括有大气层的行星如水星、金星、火星、木星等所不能比拟的。大气层的总质量的 1/4 集中在地面到 100 km 的高度,其中又有一半集中在 10 km 以内的高度,其密度和压力随高度的增加而趋于稀薄和降低,并逐渐向星际过渡,上界不明显,大致为 1 000 km。根据大气层中温度和高度的垂直变化,大气层又可划分为对流层、平流层、中层、热层和外大气层的几个分层(见图 Ⅱ-1)。

(1)对流层。此为大气层最底部的气层。它与地表联系密切,厚度随纬度、地形、季节变化,各地厚度不一,两极处厚 9 km,赤道处厚 17 km,中纬度处厚 10.5 km。对流层的气温主要来自太阳的地面热辐射,越高越冷,平均每高 100 m 温度降低 0.6 ℃,称大气降温率。由于其靠近地面,受地球引力影响,其气体密度也最大,约占大气总质量的 79.5%,并集中了大气中绝大部分水蒸气。对流层空气密度受高度的变化很明显,离地面越高,密度越小,变为低气压,大致在 5 500 m 处,气压降低一半,所以在海拔超过 3 000 m 以上的高山区,人们会明显感到空气稀薄的难受。另由于地面各处受太阳的辐射能、X 射线和紫外线的不同影响,造成了大气气温、密度、压力等的差异,形成大气层的上下对流,此即气象学中常提的大气环流,从而地面上才会有风、雨、阴、晴等天气过程。

(2)平流层、臭氧层。从对流层顶至离地面 50 ~ 60 km 高空的大气层称平流层,其特点是这里的大气作横向运动。与对流层相反,赤道区平流层的厚度小于两极。平流层中气温随高度增加则由冷变暖到 0 ℃ 以上,到 50 km 达最大值,说明气温不再受地面热辐射的影响。其原因是在 20 ~ 35 km 处有一个臭氧(O_3—氧的同位素异形体)集中的臭氧层。太阳辐射的紫外线绝大部分被臭氧层吸收,使这里的空气气温升高变成高温带,成为地表生物的保护层,有了它的保护,下部对流层能够进行正常的天气活动。但是随着工业化的发展,人类物质生活的提高,平流层中二氧化碳、一氧化碳等气体的过量排放引起的温室效应,则会导致臭氧层厚度减小,乃至出现空洞!这是近几年来地球表面气候出现异常、灾害性天气不断肆虐的主要原因。

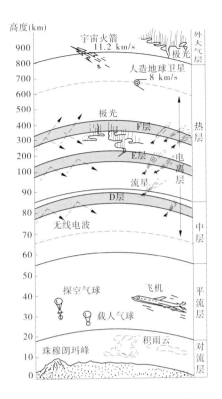

图 Ⅱ-1　地球大气圈剖面图（示意）

——地球的大气圈厚 1 000 km，下部平流层中 20～35 km 处为臭氧层，
它的功能是吸收太阳的紫外线形成高温带，对地球上生命起着保护层作用。

（引自《地质辞典》第（一）分册上）

（3）中层、热层、电离层。中层为平流层顶以上 80～90 km 处的大气层，这里空气极其稀薄，温度随高度而降低，可达 -90 ℃。热层是中层顶到高约 800 km 的大气层，由于太阳紫外线辐射被热层空气大量吸收，使之不断加热，在高空 100 km 以上剧增，白天温度高达 1 700 ℃，但昼夜温差变化大，夜里降到 400 ℃。中层、热层之间 85～600 km 高空的这个空间为不同高度的 D、E、F 电离层。这里空气稀薄，太阳的热辐射使之温度大增。因受太阳紫外线和宇宙射线的作用，稀薄的大气分子吸收能量被分解为正离子和自由电子。电离层具有接收地面无线电波经折射后又远距离送回地面的功能，可以帮助人们完成远程无线电短波通信。除此之外，它也具有从地面监测太阳灾害的功能，因为当太阳出现日冕，辐射的气流伸向这个区间时，无线电波也会临时中断，从而也为地面提供太阳灾害的信息。

厚达 1 000 km 的地球大气层，也是地球阻挡星际物质入侵的保护层。在正常情况下，具有一定质量的恒星、大行星，包括它们的卫星和一些大行星之间的小行星，受引力制衡作用，都沿自己的轨道运转，"井水不犯河水"，但也有不守规矩的近地小行星和漫游在星际间的固体物，当它们运行到地球轨道附近时，受地球引力作用会飞向地球，只是因地球有大气层的保护，摩擦生热，这些物质将被燃烧熔化，或爆炸形成前面说的陨石雨落入地面，不会影响地球的正常运转。在载人飞船带回月岩和其他星球样品之前，陨石是人们了解宇宙的唯一天外标本，据估算，每年到达地球附近质量大于 100 kg 的陨星体多达 1 500 颗，但到达地面后质量残留只不过 10 kg 左右，全球大陆上每年发现的陨石不过 4～5 块。另外，就人造卫星的计数器指出，每天大致有 3 000 t 的流星物质进入大气，其中有 5/6 的成分构成微流星，它们经过大气层后，大部分变成了绕着地球的一片稀薄的微粒云，仅有一部分残留尘埃落入地球。这种情况在前面谈及吉林、青海，尤其 2013 年 2 月 15 日俄罗斯、哈萨克斯坦边界的陨石雨灾害时已谈过了。此外降落在地球上、保存在地层中的宇宙尘也是地球史中记述天体活动的遗迹和鉴定对比地层的一种标志。

　　以上是对地球各个圈层的介绍,通过这个介绍,我们对地球会有一个较深入的认识,至于它们又是怎么形成的,我们将在下一章"冥古宙—太古宙"部分作进一步探讨。

　　最后附带说明一下地磁问题。在西方,希腊人发现磁体是具有天然磁性的氧化铁,在中国,我们的先人利用磁体制造了指南车,以后又改制为指南针,先是传给阿拉伯人,然后又传给了欧洲人。因为磁针的两端永远指向南北,顺着它的指向,人们发现了地球的北极和南极(不过它的端点并不在地球自转轴附近,而有间距,称磁偏角)。为什么磁针老是指向南北? 地球为什么有磁场? 地球的磁极会不会改变? 这是科学家们一直都在研究的问题。1831 年,英国科学家法拉第发现了电磁感应,他推测地球的磁性可能来自地核区熔融的铁镍物质,因地球自转它们以缓慢涡流形式反向流动,产生电磁感应,使地球呈现磁性,南北形成磁极。值得探讨的是,地球的磁场强度一直在经历着由强到弱的变化,另外,太阳的黑子、耀斑、日冕也会对它产生干扰,这就意味着地球的磁场会周期性地发生减弱—倒转—加强—减弱的规律性变化,这是由岩石中残留的古地磁信息测出来的。不过人们不必担心,因为这种变化相当缓慢,不会形成磁极颠倒的突发事件。事实上,在过去的 400 万年内,地球的磁极已倒转过 9 次,但人类依然诞生,并不断繁衍下来了。因此,以前甚嚣尘上的那种支撑"末日论"的"磁极颠倒"之说,也是不必介意的。

第三章　冥古宙—太古宙(宇)

(>2 500 Ma)

一

漫漫地史说从头,继冥古、太古宙……
气尘一团,聚变一火球,
球体物质强对流,泛火山、凝壳颅。

二

射气凝就阴云收,雨长久,汇洪流,
水育生命,太古是源头,
原始生态真残酷,单细胞,难保留。

三

古老岩层看微陆,嵩箕先,太华后?
二重结构,基底坚而厚。
找金推出"绿岩秀",纵为石,也风流。

　　这段史话我们先从地质旅游谈起。新世纪伊始,我国旅游业又进入一个新的阶段,红红火火的山水游,实现了人们天人合一、回归自然、拥抱自然的追求和情愫。一批又一批自然山水景观和人文景观相结合、不同级别的旅游地质公园,成了各地旅游业的闪光点。其中包括洛阳地区一部分的嵩山和黄河小浪底—黛眉山这两处世界地质公园,可谓大自然对古都洛阳的恩施,由其点缀洛阳东西两地,皆与古都相映生辉。后者暂且不谈,且说这嵩山地质公园,首先映入眼帘的是雄踞中州,拔地而起,太室、少室两山对峙,奇峰叠翠,幽谷飞瀑,更有那遍山古寺,翠柏红墙,人文和自然景观交融。尤值秋冬季节,白云雾凇笼罩,更显雄浑苍茫之气势(照片Ⅲ-1)。

　　这巍巍嵩山的无数幽奥奇景,常使多少游客眷恋忘归,美学家产生激情,更能激起多少诗人的灵感,古往今来留下了多少赞美嵩山的诗篇,连踏遍群山,评价过多少地质公园的地质学家、原中国地质科学院副院长、联合国教科文组织国家地质公园评审委员会副主任赵逊先生游嵩山后也由感而发,赋诗一首,现抄录于下:

游嵩山有感

幽奥嵩山拔地起,四岳拱卫更神奇。
峻极卅亿诉地史※,三皇万载演废立。
汉武封柏成佳话,唐皇颁诏留史籍。
服众何须少林棍,构造地貌世无匹。

※:峻极峰位于中岳庙后山,海拔1 440 m,山麓出露的登封群古老变质岩年龄30亿年。

照片Ⅲ-1 嵩山冬韵（世界地质公园）
——白云、雾凇笼罩下的嵩山，苍茫雄浑，气势磅礴，一派中原山水特色。
（《资源导刊·地质旅游》2009年第4期，总第82期）（原载《地质勘查导报》）

赵公的这首诗不是写景，也不是述情，而是巧妙地阐述嵩山幽、深、奇、奥的地理、地质环境知识，概括了嵩山主要的人文史迹，将自然科学知识和人文历史知识有机地融合起来，颇具旅游地质学家的风格，很能感染游客们探索科学知识的激情。也许是嵩山游客受这类诗词和地质导游的启示，有关嵩山的一些地质问题也一一被提出来了，诸如——嵩山是怎样形成的？嵩山为什么称为中岳？嵩山地层上的"五世同堂"是什么意思？嵩山的"三大构造运动遗迹"又怎么识别？等等，这是游客们从地球科学方面提出的问题。不仅如此，伴随着导游们解说嵩山的地质景点，一些地质上的专业名词术语也会一一地摆在游客们的面前——如"太古宙登封群"、"元古宙嵩山群"及"华北陆块"、"结晶基底"……还有"片麻岩"、"片岩"、"闪长岩"、"花岗岩"等。对于游客来说，如果你没有一点地质学知识，又是初游嵩山的人，很可能会感到生涩难懂，或一知半解！不过请耐心，后面的文字将为您逐一解答这些疑团。遵照地层岩石是地史的真实记录这一原则，下面我们先从地层和地质年龄谈起。

第一节 地层与地质年龄

地球历史问见证，地质学家说地层。

一、地层——地球历史的见证

在人们平素的概念中，搞地质的人是钻山的，所以地质队员也多以"山友"、"山客"二字自喻。因为山大都是由岩石即各种石头组成的，况且这些不同的石头在山上又往往是有层次的粗粗细细反复，重重叠叠出露，那就是地质学中说的"地层"。地层有老有新，没有被后期褶曲或断层破坏的地层皆排列有序，恰似一部天然巨著摆放在天地之间（照片Ⅲ-2），也像一条巨型的天然"磁带"，翔实地记录着自地球生成以来的所有的地质事件——构造运动、岩浆活动、生物演化、变质或成矿作用,以及反映这些地质事件的各种地质信息等。地质工作者就是在终生的钻山勘查、一页一页翻阅解译这本天然巨著,或逐条破解这条磁带中记录的地质信息中,形成了属于行业的"石头语言",编写出丰富多彩堪称为"石头文章"的地质报告、地质论文和地质文献等专业作品。我们的读者肯定要追问:地质人员是怎样读这本"巨著",又是怎样去破译那些地质信息呢? 答曰:"抓住表象、察之物质、表里对照、推求机制,感可解也。"

照片Ⅲ-2　观赏石藏品——地球生命的旋律
——石中反映的是沉积岩层中特有的韵律性层理,它记录的是
上下震荡性的地壳运动和运动中沉积物分配的特征。
(《资源导刊·地质旅游》2014年第2期贾松海藏品)

　　表象又称地质现象,例如砂岩地层中常见的龟裂(泥裂)、波痕和交错层等。砂岩就是固结了的砂子类沉积岩,按照颗粒直径大小可分为粗粒、中粒、细粒和粉砂岩等,按组成砂岩的成分可以分为石英砂岩、长石砂岩、火山岩屑砂岩等。依砂岩的成分可判断砂子的来源,依砂子的粒度可分析其搬运的远近,依其颜色、胶结物结合成分、粒度等因素可判断当时的气候。砂岩中的龟裂和波痕,专业术语称沉积岩的层面构造(图Ⅲ-1):龟裂代表枯水时,沉积物露出水面,沉积停止淤泥层发生了收缩性干裂;波痕代表水很浅而又动荡不定,水流掀动了水下的沉积物;而交错层代表着携带沉积物的水流,在不断改变流动方向时留下的沉积层理。依据砂岩成分、波痕、交错层等可以判别该类砂岩形成的环境:比如黛眉山一带的厚层石英砂岩中,随处可见到大型波痕、龟裂和交错层,代表着河口三角洲处受海潮时海浪涌动,潮起海进,潮落海退,沉积物经过天然重选形成的石英砂岩。而另一类如小浪底水库坝区分布的那种紫红色砂岩、页岩互层,虽然内部的交错层理非常发育,但很少见到波痕、龟裂这类层面构造,代表的是干燥气候下的陆相沉积。

　　为了帮助读者了解地层和识别沉积地层中的层面构造,我们按先简后繁的原则,先讲述了元古宙时期解疑地层中地质信息的例子。下面谈的是太古宙变质岩中一处以物质形式表现的另一种例子。数年前一些地质工作者在澳大利亚西北部的皮尔巴地块的瓦拉乌纳群(群指地方性的地层单位,见后)上部的沉积岩中,发现了丝状的微体古生物化石。此事惊动了国内外的地质界。瓦拉乌纳群下部为一套以铁镁质成分为主的古老基性火山岩,二者同被古老花岗岩侵入体所包括,其上为变质的碎屑岩不整合。经同位素年龄测定,含微化石的沉积岩的年龄为距今35亿年,侵入其中的古老花岗岩为29亿~31亿年,所含丝状微体化石属原核生物——早期的生命,这个含化石的地层也成为迄今为止经测定的世界上较老的一处沉积岩年龄。显然,一个年龄数据给生命的发展、地壳的演化和生物形成的环境都增加了新的含义,而古老的沉积岩地层和其中微体化石的发现,不仅成为判别地球早期地层年龄的主要标记,也代表了地球早期发展演化的重要阶段。

　　由以上的例子可以看出,地层不仅是地球历史的见证,也记录着地史演化的各类信息。从另一方面来说,正是地层中保存着丰富的地质信息,给了破解信息、熟悉"大山语言"、写出"石头文章"

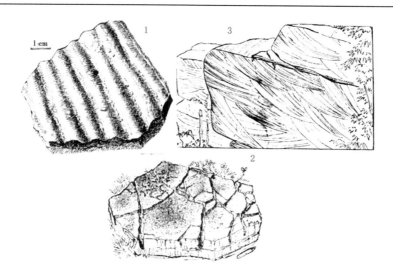

图Ⅲ-1　沉积岩类的主要特征——波痕、龟裂、交错层

（1.波痕;2.龟裂;3.交错层）

（李尚宽《素描地质学》）

的地质科学工作者以莫大的情趣和吸引力,也使之成为研究地球历史的最基本、最重要的依据。

二、地质年龄是怎样确定的

生与死是自然界万物演变发展的自然法则,所以也就产生出了年龄的概念。人有老少,物有新旧,史有先后,都以年龄大小来表示。自然界里没有受过变动的岩石,一般是老的在下,新的在上,其中在隐生宙的后期和显生宙很多地层中还保留着死亡后的生物化石,那些生物化石和埋葬它们的地层大部分是同龄的。英国的航海家 C·莱伊尔第一次按达尔文的生物进化论把生物化石的年龄和地层的新老结合起来,给地层赋予了生成时的年龄,从而由生物地层形成了地质学,进而又产生了地史上"隐生宙"、"显生宙"的时代概念。

隐生宙是前寒武纪的同义语,指的是地层中生物化石很少或个体很小,肉眼难辨,只有借助显微镜、放大镜,在镜下才能看到。这个时期延长了近40亿年之久,原因是地球早期生存条件极其恶劣,生生死死,死死生生,生物的进化非常缓慢,直到距今5.43亿年的寒武纪初,生物才得到爆发式的发展,肉眼即可识别的一些较高级而又相当丰富的有角质肢体或带壳类的生物化石保留在寒武纪以后的地层中,故称寒武纪之后的这一时段为显生宙。显然,由隐生宙到显生宙的漫长地史中,生物的演化经历了一个非常复杂的过程,对此后文我们将从内因和外因两个方面进一步阐述。

对于没有接触过地质学,尤其在谈及地质年代这一话题时,过去多以"公元前"、"公元后","三皇、五帝、夏、商、周"类术语研究人类文明史的朋友,一开始可能对地质年代的术语感到又新鲜又难记,实际上这是自然科学中不同学科与社会科学之间计量单位的不同之处。比如人类的历史是以年和世纪为单位表示的,而地球发展历史的表示则以百万年(Ma)、万万年(亿年)、10亿年(Ga)为单位,只是将人类历史的"年"放大了。对此前面我们也曾引用过一位哲人说过的"如果把地球的年龄比做一天的话,那么人类的历史不过相当0.1秒"的那个形象比喻。这也如同长度计量单位中地球上的距离用厘米、米、千米为单位来表示;太阳系中行星、太阳之间距离以"天文单位"(即地球与太阳之间的距离,一个天文单位为 1.496×10^8 km)来表示;宇宙间星际的距离以"光年"(即光在一年中走的距离,一光年约等于 94 605 亿 km)为单位来表示一样。

显然,以生物化石为标志形成的生物年龄最适合显生宙,而对隐生宙的地层又是怎样表示的?这就是前面谈到的稳定同位素测年法,即利用地层中所含的放射性矿物的放射性元素衰变的规律和量变值来测定地质体或矿物、岩石、地层的形成时间和演化的方法,这种方法又称同位素年龄或

"绝对年龄"。在当前来说,这还是研究隐生宙地层及岩石、矿物等方面确定其新老的主要手段。目前使用的方法主要有钾—氩法、铀—铅法、铷—锶等时,以及铅—铅法、C¹⁴法,等等。

需要说明的是,由同位素衰变所产生的新元素在强烈的构造—岩浆热变质环境内,很可能会失去一些电子,即量值误差,致使测出的年龄值一般偏低。另外有些偏低的年龄值,代表的是后期叠加的构造热事件的年龄,所以为了获得较准确的年龄值,除了严格按规范和操作方法进行采样与样品制作外,常常是多种方法并用,并尽可能得到与围岩的相关关系和古生物化石的佐证,后者当然只限于可能有生命遗迹的地层。

三、从"太古代"到"冥古宙"

太古代、太古宙、冥古宙都属于隐生宙的时间单位,统称早前寒武纪,它们都代表着地球上最老地层的地质年代。这里的不同名称代表着不同的认识阶段,也标志着对前寒武纪地质研究程度的不断升级。随着地球科学的发展、地质勘查工作的深入及稳定同位素测年方法技术设备的不断提高,地层时代的划分越来越精细,其所提供的各种科学数据也越来越接近实际,这可以从"太古代"一词的由来谈起。

"太古代"一词,最早由美国地质学家丹纳(J·D·Dana)于1872年所创用,大致代表北美的前寒武纪,对应的地层称太古界。这是一套变质很深,构造非常复杂,并有多期岩浆和变质溶液叠加的岩石,由于不含或所含古生物化石稀少而难找,同位素年龄数据有限而且变化大(相当数量的年龄值为变质矿物年龄),因而地层划分相对粗略。但这是地质界发现最早的古老地层的"样本",各国地质学者"依样画葫芦",也在各地划分出很多"太古界"来。因此,在早先一些老的地质成果中,凡为变质程度较高的片麻岩、变粒岩、混合岩一类的岩石,几乎都划为太古界,形成的时间自然是太古代。这类地层在国外主要分布在澳大利亚、非洲、北美、南美东北部、俄罗斯西伯利亚和东欧波罗的海沿岸等地。在中国主要分布在辽西、冀东、山东、山西、内蒙古西部、河南中西部和西北部、陕西东部等地,因为这类地层都由重结晶的岩石组成,所以又被称为结晶基底。由于受早期研究程度所限,太古代的下限都不清楚;上限我国和国外也存在着20亿和24亿~26亿年前的差别。这个"太古代"(太古界)的概念,一直沿用了百余年。

应该指出的是,涉及太古代地质的研究程度,不仅体现的是地质学的发展水平,而且也是综合国力和国家综合科学技术水平高低的标志。应肯定的是,不断开展的大比例尺区域地质调查,相应发展的地质基础理论,以及越来越多的同位素测试资料,尤其在古生物研究方面最古老原核生物化石的发现,已使原来跨度较大、划分粗略的"太古代"有了进一步详细划分的依据和参数。于是1977年联合国国际地层机构前寒武纪地层委员会第四次委员会在肯定38亿年作为太古宙下限的前提下,将其上限定为25亿年,并将原称的"太古代"更名为"太古宙",与其对应的地层称"太古宇"。这是迄今为止官方公布的隐生宙中具有文献依据的地质时代和对应的地层系统。

这里提请注意的是,太古宙下限的38亿年年龄并不是46亿年地球生成时的年龄,二者相差还有8亿年!那么这个地球脱离天体即初始的地球是个什么样子?这个时代又该怎样表示呢?

前面我们提到了在澳大利亚瓦拉乌纳群中发现了距今35亿年这一世界上最老的沉积岩地层和所保存的原核生物化石。从生物进化的观点,这种丝状微体只是一种原核细胞。这类细胞中含有核酸,能进行光合作用和无性繁殖,所以能不断增加其数量和分布范围。从生物学方面讲,由简单的有机物元素进化到已发现的这类简单生命,需要漫长的时间;另从地球圈层演化方面分析,丝状微化石产于沉积岩中,说明当时已有了水体,才能形成沉积岩石。这就是说,距今35亿年前的地球已经形成了水圈、含氧的气圈和有了沉积岩的岩石圈,它们的发展演化,都应在距今35亿年至距今38亿年之间。这进一步说明,此时的地球已脱离了天体进入地球时代,并经过了8亿~11亿年才初步形成原始圈层结构。这是地球具里程碑意义的质变!因此,国际地层委员会将38亿年作为太古宙的下限，那么 38 亿年上溯到地球形成时的 46 亿年这个时段又该怎么叫法呢？

对此，1972 年普雷斯顿·克罗德(Preston Cloud)提出以"冥古宙"一词来代表这个时期。按中文的含义，"冥"代表昏暗不明之意，或者说那个时代有很多问题很懵懂，一时说不清楚，但这是一个非常重要的地质时期，因为地球的地壳，原始的气圈、水圈、生物圈，以及最早的沉积岩和含轻元素的硅铝质岩石都是在这个时期逐渐得以演化或开始形成，因此我们不能人为地割断地史和物质世界演化的内在联系。本章后文将要阐述的地壳与气圈、水圈、生物圈三大壳外圈层的起源问题，实际上也主要是对冥古宙、或由太古宙追溯到冥古宙的这段地史时期即对初始地球历史的探讨。

四、太古宙、冥古宙研究的意义

在地质界，属于冥古宙的这段前地质时期，因为留下的遗迹太少，只能借助古老地层、岩石的复原，并吸收行星地质学等天体研究成果来进行理论研究，推断地球及地壳、气圈、水圈、生物圈，是在什么因素下从无到有的形成过程，因而极富哲学意义。另之，将以地球和月岩的研究成果作依据，按比较法去认识其他行星和天体，这也是人类走向太空、进一步研究星球地质的第一步。就地质学本身来说，只是由于地史年代距今久远，时间跨度又大，加之历经多次构造运动和深度变质，形变复杂，原岩保留的不多而又面目全非，生物化石稀少又难保存，同位素年龄出入又较大等因素的困扰，研究地壳形成早期即早前寒武纪地质的难度很大。但这个时期形成的地层或与这类地层有关的地体中产有丰富而又很有经济价值的矿产资源，而晚前寒武纪的很多地质问题与之又具密切联系，因此对这个时段的地质研究也是最吸引人的。

大量的地质工作证明，早前寒武纪国外和国内都形成了一些类型特殊、规模巨大的矿床。这类矿床主要赋存在地壳早期由地幔喷出的基性—超基性火山岩系中，这类火山岩被称为"绿岩系"。它们依稀保留在古老的地体中，形成"绿岩地体"，其中含有金、银、铬、镍、钴、铂、铜、锌和铁及金刚石等一些金属、贵金属和非金属等矿产。世界上的一些大型金矿大部分与绿岩系有关，例如加拿大苏比利尔金矿、西澳大利亚卡尔古丽金矿、非洲津巴布韦武巴奇奎金矿、南非的兰得金矿及我国的小秦岭金矿、山东招远金矿等，它们大都产于太古宙的绿岩地体或被后期花岗岩侵入的含有绿岩物质的古老岩系中，其中金矿中伴有银、铜、锌等金属矿产。有趣的是，这些金矿床大多位于含铁建造中，或与含铁的古老岩系相伴，形成一些百亿吨级的大型铁矿床。如西澳大利亚的哈默斯利铁矿、美国和加拿大交界的苏比利尔湖铁矿、巴西的亚马孙河上游的米纳斯铁矿、俄罗斯的库鲁斯克铁矿、乌克兰的克里沃罗格铁矿、中国辽宁鞍山的弓长岭铁矿和河北遵化—迁安铁矿等。这些矿床的规模和找矿潜力是任何其他类型矿床都不可比拟的。

需强调说明的是，早前寒武纪早期变质地层和相关矿产、矿床的研究，是地质学中一个非常宽广的领域。近代分科越来越详细的地质科学中的岩石学、地层学、构造地质学、地层古生物学、矿床学都在这个研究领域中产生，又都在研究这个领域时与数学、物理学、化学、天文学、地理学、地貌学、生物学等接轨，形成新生的宇宙地质学、行星地质学、月球地质学，以及地球物理学、地球化学、同位素地质学、生态地质学等。这里有着地质学最基础、最本质的学科，也有地质学的边缘学科和尖端学科。以解决国家建设和人民物质文化生活中所需的矿产资源为总目标，认真学习，充分运用，努力发展地质学中的基础性、综合性、尖端性学科，全面推动我国冥古宙、太古宙地质研究，不断提供新的地质成果，既是国家赋予地质界的光荣任务，也是广大地质科技人员的殷切愿望。

综上所述，我们仅仅是从概念、时限、研究方法和研究意义上，概略地介绍了早前寒武纪即地球形成后进入冥古—太古宙这个阶段应有的知识，包括其涉及的地质理论，边缘地质学科和对其研究重要性的认识。一些详细的问题将在后面地球各个圈层的形成中加以探讨。需强调的是，对原始地球的研究除了地质找矿勘探外，还包括地质基础理论和一个唯物史观的认识论问题，因为这个时期的地球正在生动地演绎着岩石圈、大气圈、水圈、生物圈从无到有的一个物质运动的哲学常识。

因而这也是地质学中充满奇趣的领域,自然也是使读者感兴味的问题。

第二节 原始地球的地壳和大气圈

泛泛火海铸地壳,茫茫烟云凝大气。

原始地球是什么样子? 这是读者感兴趣、地质学家伤脑筋的问题。后者的原因是地球上这个时段留下的实物资料很少,后期强烈而又反复的构造岩浆活动、变质作用又使之面目全非,因此只好借助众说纷纭的科学假说和哲学思维来阐述,难免不尽人意。但既然是宣讲科学,作者也是倾其所学,并以自己的认识与读者交流。只是这方面的内容太多,现拟分两个小节来探讨,本节先谈地壳和大气圈,下节再谈水圈和生物圈。

一、原始的地壳

1.地球可能存在着"液体"阶段

距今 46 亿年到 38 亿年为地球的形成初期,地史上称"冥古宙"阶段。按照"星云假说"和星云假说基础上发展的"星子吸积假说"推断,原始的太阳星云,在旋转中产生的积聚、吸引、碰撞、挤压运动,势必产生一种能量;另外地球体内如氢等放射性物质衰变,还将产生第二种能量,而且初始地球蕴含的放射性元素要比现在多得多;此外,当地球在旋转、凝聚过程中有了足够的质量时,它的引力也就能吸引大量陨石类星子,并在与之撞击中使自己的体积增大,同时还将产生第三种能量——吸积能。有了以上三种能量聚集——当然这些能量都非常、非常大,足可让地球初期的物质熔融,因此推断早期地球的物质可能是一种"液体"状态。地球在这种液态阶段,按照现在地震波对地球内部物质的分析成果相比较,推测原始地球的"液态"物质也是由铁镁硅酸盐和铁镍硫化物两种不互溶的液体组成。铁镁硅酸盐类的液体因为较轻浮到顶层,而含铁镍硫化物的液体较重则向地核集中,这是地球原始的圈层结构,也是早期的重力分异。据科学家推断,这些能量的每次释放,都相当 1 000 多次百万吨级的核爆炸能量的总和,因此也能使地球这种"液体"状态继续保持,继续促进原始地球物质的分异作用。

2.地球的"泛火山"阶段

如上所述,地球原始的圈层主要由灼热的硅酸铁、镁成分的地幔和铁镍成分的地核两大部分组成,那时还没有硅铝层地壳。持续的重力分异和热的上下对流,促使液态的岩浆产生剧烈而又此起彼伏的火山活动。推测那时的地壳,就像害了"皮肤溃疡"的病人一样,薄而不稳定的表层硬壳上到处是液体状态的岩浆,它们由火山口向外溢流到低的地方,形成"岩浆湖",并由岩浆湖汇聚为"岩浆海",在"湖"、"海"之下的固体部分同时还伴随着铁镁、超铁镁质岩浆的侵入。这个阶段被称为地球的"泛火山期",所产生的这一类岩石就是上一节所说的"绿岩系"或被称为的"绿岩"地层(照片Ⅲ-3)。这类岩石多由古老的以基性—超基性岩类的火山岩和由浊流即未进行粒度分选的沉积岩、火山碎屑岩组成。它们分布在太古宙古老地块中并多被后期侵入的花岗岩和花岗片麻岩(经变质的花岗岩)所包围。这是地球上最古老的岩石,并由其组成地球上最古老的地层,前述澳大利亚的瓦拉乌纳群就是一例。类似的还有加拿大的魁北克、南非津巴布韦等地都发现有这类古老的地层,推测它们的形成当在冥古宙的后期或太古宙早期。前面谈过,地球上很多的金、银、铁、铬、镍、铜矿床都与古老的绿岩带有关,这些元素因自身比重大,原来存在于地核中,后来以火山喷发—岩浆侵入形式的壳幔物质对流,被运到地表后形成绿岩地壳。应说明的是,在那个阶段,这些元素的这种机遇要比现在多得多,所以形成了一些世界级的特大型矿床。

照片Ⅲ-3 火热的地壳

——火山活动是地球幔壳物质对流的一种形式,原始地壳处处都涌溢着灼热的熔岩。

(引自《地球》杂志 2012 年第 4 期)(照片组合:姚小东)

3. 原始地壳的形成和发展

由"泛火山"期产生的熔融岩浆,当它们喷出地表后,藏匿于熔融体内部的气体开始释放升腾,在低空凝结为雨,但那时的雨特别大,而且连阴起来就是几百万年,足以使喷出的岩浆冷凝为原始的地壳。不过这原始的地壳又薄又脆弱,成分与现在的地壳不同,氧化硅和氧化镁的含量高,钾、钠、铝的含量低,属于没有分异的原始地幔岩浆,形成类似现在的大洋地壳性质。典型代表为南非津巴布韦巴伯顿变质绿岩系的下部地层,其标志性的岩石由橄榄石、普通辉石的树枝状骸晶组成,或谓鬣齿结构(像鬣狗牙齿一样)的岩石,地质界称这类岩石为"科马提岩",它是在 1 660 ℃的高温下、在海底涌溢的基性岩浆形成的岩石。由于这类岩石越积越多,逐渐成为一些地区原始陆地的核心。但因后期多次构造运动和岩浆同化叠加作用,这类原始地壳的物质在世界范围内能保留下来的也不多见。

这里要进一步说明的是,来自地幔的岩浆,并不是一成不变的。随着原始地壳的不断加厚,地下的岩浆不会再畅通无阻地涌溢上来,在速度减缓和气体成分增多的情况下,使之在运移中逐渐产生成分上的变化,即随其内部二氧化硅成分的不断增加,按照由超基性—基性—中性—酸性的演化规律,产生岩浆分异作用。标志着原始的硅镁质岩浆,按二氧化硅成分的增加正在不断分异出中性(SiO_2 含量 52% ~65%)、中酸性和酸性($SiO_2 > 65\%$)的硅铝质岩浆,并形成较大规模的花岗岩类侵入岩体,从而不断增加地壳中硅、铝和钾、钠碱金属的成分。统计资料说明,地壳初期的岩浆活动和形成的岩石大体显示出这样的规律:早期形成的岩浆岩铁镁质高、硅铝质低,主要是溢流相的超铁镁质、铁镁质熔岩,伴生的沉积岩类较少;中期形成由基性—酸性的火山岩、沉积岩,与早期不同的是因岩浆中二氧化硅含量增加,岩浆黏度加大,能量积聚,开始形成爆发相火山角砾、火山灰类火山碎屑岩,它们多和沉积岩呈互层产出;晚期是在水圈形成后水介质的参与,除火山岩外,已伴有较多的沉积岩,并出现了含有机碳的碳酸盐岩地层。当然其所反映的早、中、晚期的岩浆分异演化作用是漫长的。而且这类地层形成后都经历了复杂的构造—变质作用。

另据世界上一些古老地层的同位素测年资料,除澳大利亚外,在加拿大、格陵兰,人们还发现了距今 40 亿年的世界上最老的沉积岩,其中在澳大利亚的沉积岩中,还保留着 44 亿年的零散的沉积锆石,这标志着地球生成 2 亿年后就已有了促使含锆石的火成岩分解后的原始沉积物,6 亿年后才有了少量的沉积岩层,使生命有了立足之地。这里要特别提出的是,在前述的岩浆分异过程中,花岗岩的出现则更晚些,世界上最古老的花岗质岩石是年龄为距今 35 亿年的俄罗斯波罗的地盾的奥长花岗岩。大量花岗质岩石的出现,标志着硅铝质地壳的初步形成和原始地壳开始稳定,也代表着地球早期的一次明显的构造岩浆旋回,可能是由冥古宙进入太古宙或太古宙早期的标志。它也说明,由铁镁质、硅铁质岩浆经岩浆分异作用演化为硅铝质的酸性岩浆,经历了8亿~10亿年的一个漫长的地史时期,所以也将太古宙的下限定为距今38亿年。

4.早期的地壳运动

由于花岗质即硅铝质地壳的形成,使原始的硅镁质地壳发生了新的组合:较轻即质量小的硅铝质地壳浮在上面,较重即质量大的硅镁质地壳居于其下,再下面就是物质为熔融状态的地幔。因此,国内外的学者大都认为,40亿年前后地球上就存在着与现今一样的大洋和陆地,以及大陆硅铝质地壳相对于大洋硅镁质地壳的板块构造运动,并开始了由洋壳转化为大陆地壳的板块构造运动机制:一方面是比重较大的硅镁质洋壳向比重较小的硅铝质陆壳下俯冲,在大陆一侧形成沟、弧、盆体系及早期的岩浆活动;另一方面是伴随洋中脊的扩张,把海洋中漂移的微陆及其残片和较小的洋壳碎片一起扫到被碰撞俯冲的较大陆块边缘,并在这里遭受不同形态的变形和变质作用,进而被俯冲、碰撞作用和相关的岩浆活动所吞噬,逐渐由陆块演变为大陆。这一过程揭示了大陆的形成是由众多地体在复杂的地质作用中形成的。由此可以揭示为什么大陆的一些克拉通中能完好保留40多亿年前的原始地壳碎片。

以上是从大陆动力学角度和洋陆转换思维中对早期地壳运动的探讨,属于宏观上对地球早期"泛火山"阶段(相当地球早期物质的垂直运动)之后地壳水平运动的认识。另一种认识是从地壳早期形成岩石的物质组合和构造形态上属于微观可以观察,并由观察推断的早期地壳运动。指出当地球正在发生冷却时,地壳一般会发生变形。小的变形如破裂和位移,而大的变形,或者说很多小的变形积累起来的变形,会形成原始的褶皱、断裂、隆起,乃至原始山脉的形成。但因为原始的地壳很不稳定,岩石的温度又高,可能存在着像塑料、橡胶一样的弹性或塑性,像揉面团一样,已隆起的山脉,会在短的时间消失,接着又是新一轮的褶皱、隆起、消失。这就是我们今天看到的那些属于太古宙的古老片岩、片麻岩、麻粒岩类岩层为什么呈现复杂褶皱形态的原因(照片Ⅲ-4)。

附带说明一点,既然谈的是原始地壳,就不能不说与地壳有联系的关于"月球成因"的假说问题。1879年提出生物进化论的英国生物学家达尔文的儿子小达尔文提出,月球一度曾是地球的组成部分,是在地球的早期受外星引力从地球上飞出去的,太平洋就是飞出去的月球留下的痕迹,依据是太平洋正好容纳下月球的体积,太平洋也没有大陆地壳的硅铝层。自然形态的巧合很容易令人置信,然而它终究要被科学的数据所取代。月球不仅有月壳,而且有月幔和月核,月球的平均密度为3.341 g/cm^3,低于地球的平均密度(5.517 g/cm^3),但也高于地壳的平均密度(2.6~2.9 g/cm^3),数据说明它不是飞出的地壳。月球最老的同位素年龄为46亿年(比地球岩石的年龄值略高),这是因为月球的内动力和外动力地质作用都比地球小,原岩容易保存。所以认为月球和地球都是在距今46亿年形成的。二者是"同庚"的星球,但有人提出月球是地球和其他星球碰撞后形成的后生星球,当然这也是一种推断,是否如此,有待现在正进行着的登月、探月工程来证实,登月、探月的活动是人类远征太空的第一站,对月岩的研究有助于认识地球的初始物质。

二、原始地球的大气

地球的大气即大气圈,这是地球最外部的一个圈层。地球现在的大气圈厚约1 000 km,内部结构在前面第二章已作过介绍(见前图Ⅱ-2)。除地球外,太阳系的八大行星都有大气层,尽管它们的大气成分、浓度和厚薄不同,但大气层的存在支持了地球形成的星云假说,为碰撞的灾变学说出了难题。有趣的是,通过对地球形成过程中大气成分的分析和与其他星球大气成分的比较,可以圆满地回答太阳系中为什么只有地球上才有生命的问题。

1.原始地球的大气成分

据科学家推断,地球原始的大气主要由水蒸气(H_2O)、二氧化碳(CO_2)、硫化氢(H_2S)、氨

照片Ⅲ-4　观赏石藏品——泰山石、雪浪石
——太古宙古老变质岩——山东泰山杂岩(左下)、河北阜平群(右上)中复杂褶皱和
混合岩化地层特征。白色者为注入的长石石英质脉体,示早期地壳中岩石经受的强烈形变。

(郭继明《中华奇石赏析》中册)

(NH₃)、甲烷(CH₄)、氯化氢(HCl)、氟化氢(HF)等成分组成。这些气体可能来自地壳形成初期频繁的火山活动,火山爆发带出了岩浆中的水和其他成分。水在很高的温度下形成水蒸气,水蒸气在大气中先凝缩为蒸气云,蒸气云凝而为雨。雨水中充满着二氧化碳、硫化氢等气体,大雨还夹杂着雷电⋯⋯于是,地面上的水积聚成溪流和原始的湖泊,湖泊又扩大为海洋,空气中的二氧化碳在水中不断被溶解,岩石中的氟、氢元素在雷电中不断被催化。因此,随着时间的推移,溶于水中的二氧化碳和游离的镁、钙离子结合,开始固定为碳酸盐类如白云岩、石灰岩的沉积物中,使之在水和空气中的浓度不断减少。但原始的大气缺少自由氧(已有的氧被氢夺去结合成了水),氧的出现和增加是后来植物光合作用的结果。

　　另一种推断认为原始大气是由氨和甲烷构成的,与现在土星、木星等大行星的大气层成分类似。推断其主要来自宇宙,因为宇宙中充满了氢、氮、氟、碳、氧等气体元素。其中氢的普遍性和丰度远超过其他元素,碳容易与氢化合成甲烷,氮与氢化合成氨,氧与氢化合成水。除此之外,地球初始形成的大气可能还有氖(Ne)等惰性气体。只是这些由氢和碳、氮、氧等形成的化合物的出现是经过了相当长的时期,另外这些气体元素在化合时都具备一个放热反应,所以推测初期地球的原始大气和现在不同,而是非常灼热的蒸气状态。

　　2. 原始大气层的变化

　　原始大气层和现在的大气层的又一不同之处,是因为有些很轻的气体不受地球引力约束,它们离开了地球向空中逃跑了;有些化学性很活泼的气体比如氖、氩等,它们似不愿和别的元素结合,自然也是大气中的游荡者。除此之外的大部分气体都找到了自己的"伴侣",如前面说的氢和氮、碳和氢、氢和氧的结合,分别形成了氨、甲烷和水等,另有少量逃逸于大气层的高空,从而使氢、氮的成分不断减少。而比较重的二氧化碳气则溶入水中,形成碳酸(H_2CO_3),或成为"H^+"、"CO_3^{2-}"离子状态游离于水体中,随其浓度的不断加大,"CO_3^{2-}"和水中的 Ca^{2+}、Mg^{2+}、Fe^{2+} 等阳离子结合为石灰岩、白云岩、菱镁矿,和 Fe^{2+} 结合为碳酸铁(菱铁矿)。这些成分后来被带入深海区,并在后期氧化条件下逐渐形成世界上最大规模、矿化总量占了世界铁矿总量60%的前寒武纪的一些大型铁矿床。

　　地球大气层的一个独特之处,是它有着占大气体积1/5的分子氧,同时也有相当比例的自由氧。前面提到,原始的大气没有自由氧,自由氧是因为地球上有了越来越发育的植物界,尤其低等藻类的大量繁衍之后逐渐增加的。这是因为早期一度大量繁衍的菌藻类植物能在太阳光照下进行光合作用,吸碳吐氧,不仅为动物界的吸氧吐碳提供了氧,促进了动物界的发展,也为地球上源源不断的氧化作用保持了氧源,这是地球上氧气增加的主要原因,从而使地球增加了活性和生气,这也是地球和其他星球之间最大的区别。

　　除了一些气体因本身的物理、化学特性能促进原始大气的成分发生变化外,来自太阳的紫外线、高空中的雷电,也都能促使原始大气圈气体和水体中水成分的变化,水被分裂为氢气和氧气,氢逃逸了,氧留下来,这是地球大气氢减少、氧增多的另一个原因;另外,在雷电轰击下,能加速碳、氢、氧、氮等元素的化合,这也是生命起源的因素之一,这个问题我们后面还要专门阐述。

　　3. 与气圈有关的"温室效应"

　　在前面第一章谈极端天气时我们已谈到了"温室效应"。这是近年来普及环保知识,提倡低碳经济时经常谈到的话题。它的含义就是因为空气中二氧化碳成分的增多而使地球气温不断升高,从而导致地球上异常天气经常出现,形成多种自然灾害的主要原因,所以"温室效应"也就成为我们研究探索地球生态环境时必然涉及而又必须加深认识和防止的问题。原始的星球,大多因为火山活动剧烈频繁,空气中充满了水蒸气和二氧化碳,二氧化碳能大量吸收太阳射出的红外线,使空气的温度升高。另外也因二氧化碳比重较大,不易逃逸则大量充斥于地壳的低层空间,久之即成为大气圈的主要成分。当二氧化碳浓度在空气中一旦加大时,它就会阻止太阳照射热量的反射逃逸,使星球表面热量积聚,温度升高,从而将星球形成时产生的岩石水全部蒸发,使之变为死的星球。例如火星、水星、金星等类似地球的星球,都可能经过这种温室效应。但地球不同,原因是在地球大气层的20~35 km的高空存在一个臭氧层,它能吸收大量紫外线的辐射热,使地面的温度不致太高,从而保护了地表的生物。即使地球上的火山和动物也释放了一定的二氧化碳,但因地球上生存着大量植物,植物的吸碳吐氧功能又维持了生态平衡,所以地球上万物争荣,一派生机。但是,如果我们缺乏对温室效应的警惕,过多而无节制地向大气中排放含碳气体,无休止地破坏地球的植被,不仅破坏了地球的生态平衡,而且还会破坏保护生命的臭氧层,地球也同其他星球一样会变为死的星球!因此,我们保护地球首要的是保护臭氧层,使它不受破坏,所以国家提倡低碳经济和禁排放政策,三令五申,保护林木植被,大力绿化造林,退耕还林,培养绿色经济——这都是保持地球上生态和谐的根本大计。

第三节　水圈和生命的起源

气水凝聚成沧海,碳氢合成孕生灵。

　　水圈的主体是海洋,海洋中的水占了水圈总量的97.2%。海洋对于生命具有特别重要的意义,几乎可以百分之百地断言,地球上的生命形态是在海洋中起源的,而且从绝对数量来看,地球上的生物又是绝大部分生活在海洋中。陆地上的生物仅局限在一定的范围内,而海洋中,它们活动的范围不仅遍及水域而且会深入11 km以下世界上最深的马里亚纳海沟中。正因为此,我们在这一节中需要专门谈谈地球上原始的海洋和原始的海洋又是怎样孕育生命的。

一、原始的海洋

1. 原始海洋是什么样子

如前面谈初始地球的"泛火山"时期描述的那样,冥古宙时地球上还没有形成地壳,地球表面处处是直接由地幔对流、不断涌溢着的灼热硅镁质岩浆。此时的大地,火山活动此起彼伏,到处是冒着二氧化碳、二氧化硫和水蒸气还未凝固的熔岩。这些伴有其他成分的水蒸气(H_2O),随温度的变化或呈气态蒸腾,或为大雨降下。也许是空气中充足的水蒸气和大气层上下的温差较大,极端的大气环流,使当时以阴雨连绵为主的天气,一直延续长达数亿年,因而也促使了地表熔岩的不断冷却,加之岩浆分异,地球表面开始形成了比较稳定的地壳,具备了承载和保护地表水体的能力,降下的水流向洼地,洼地由小到大积而成湖,湖水贯通逐渐积聚为原始的海洋。有资料称原始海洋形成于40亿年前后的冥古宙末,但那时的海洋分布广泛,单个面积小而海水不深,并占去了地球表面的大部分。当时高出海面的陆地很少,面积也小,主要由基性火山岩(绿岩系)组成,它们呈孤岛一样分散在海洋中。当时的海水富含氯化物,缺乏硫酸盐,和当时的大气圈一样都含有大量二氧化碳,缺少游离氧,因而也没有生命。

2. 原始海洋的演化

多数学者认为生命起源于原始海洋,海水孕育了生命。然而有的研究成果曾加否认:一是原始海洋内盐分很高,不利于生物生存;二是当时岩浆活动频繁,水体的温度很高,也不利于生命繁衍。但不可争辩的事实是,地球上的大部分生命,不论是动物和植物,都是在海洋(水体)中产生和繁育的。这里关键的问题是生命需要的氧从哪里来,据说这种氧只有海水表面与空气接触,特别是在被雷电激活时才能获得,海水的垂直运动和随地球自转产生的洋底流是供给海洋生物所需氧的主要来源,当然这也是原始海洋演化的结果。

原始海洋早期没有沉积物,尤其没有碳酸钙类的沉积物。随着时间的推移,地表水和海水的化学成分也在不断改变,因为当时的环境是地表存在着大规模而又持久的火山喷发,大气层中充满了二氧化碳(CO_2)、硫化氢(H_2S)、氨(NH_3)等气体,空气的温度很高,易于促进化学反应,当这些气体溶于水后就形成了碳酸(H_2CO_3)、亚硫酸(H_2SO_3)等酸类,从而促进了对地表火山岩的溶蚀作用,使岩石变得松软而易风化剥蚀,风化的碎屑被带入水中后产生了最老的碎屑沉积物,形成了地球上最老的沉积岩地层。经大量的太古宙地层研究成果证明,太古宙早期的沉积岩主要是碎屑岩,没有碳酸盐类,但随着二氧化碳进入水中,水体或海水中 H_2CO_3 不断增多,它们也就和 Ca、Mg、Fe 等结合,后来才形成了碳酸盐岩,所以白云岩、石灰岩(变质后为大理岩)只在晚太古宙时才大量出现,这种岩石标志在太古宙地层对比中非常重要(见后)。依据澳大利亚发现的35亿年地球上最老沉积岩层,原始海洋的出现应在冥古宙末或太古宙初,即38亿~40亿年。不过当时的海洋很浅又很不稳定,海底地形的落差小,形成的沉积物很薄。后来随着地球年龄的增长,各种地质作用的叠加及地壳的重力分异和大小板块的裂解聚合,陆地不断抬升,海洋面积扩大,海水深度增加,从而在地表的陆地和海洋中,分别形成不同岩相的沉积物。与此同时,由于陆表水的不断注入,以及地表(包括海底)火山活动的收敛,海水的含盐度和温度也随之降低,自然也越来越适应了生命的生存和繁育。

3. 海洋的成因

通过上面的阐述,读者可以大体知道海洋也有它自己复杂的经历,人们对于海洋自然会思考一些有关的问题:诸如海洋是怎样生成的? 海洋和陆地之间是怎样发生"沧海桑田"的相互转化? 海洋怎样孕育着生命,生命为什么起源于海洋? 为什么当代科学把探索海洋视为比征服宇宙还要艰巨? 海洋为什么有如此巨大的魅力? ……面对这么多疑问,我们只能回答第一个问题,即关于海洋

的成因,科学家们有三种见解:

第一种观点认为地球在星云凝聚阶段就有了水,这种水称"初生水",它们随火山的喷发从岩石中释放出来,形成水蒸气,继而凝结为云,云凝为雨,雨水汇聚为江、河、湖泊和海洋,这已在前面讲过了。

第二种观点认为是"循环水"。提出的疑点是,如果地球上的水是由火山喷发带出又存于岩石中的"初生水"的话,自地球生成时起算,这种"初生水"将不断增加,地球也将容纳不下。因此认为水圈的形成,除了少部分初生水外,主要是水自身的循环。

第三种观点更有趣,认为地球上的水是"外来水"。即来自彗星,因为彗星慧核的主要成分是凝结成冰的水和尘埃,当彗星撞击地球之后,冰受热溶化而给地球带来了水。在地球的历史中,彗星撞击之事时时发生,可以推断,若每颗彗星有 100 m 的直径,每次就有 100 万 m^3 的水进入地球表面,久而久之就成了海洋。

总而言之,因为水是生命的源泉,海洋是生命的摇篮,人们对水圈的起源很感兴趣,对海洋的探讨充满新奇,其原因在于,人们在目前还不能像乘飞机升天空、乘火箭游太空一样置身海底世界(不包括与水隔离的潜水艇和鱼雷),对海底水下环境的观察体验甚至比人类对太空的了解还少,因此还不能对海水起源问题得出令人信服的答案,还不能令人满意地解答有关海洋的一些问题。相信随着科学和当代海底探测(如我国蛟龙号的深水探测)事业的不断发展,有关海洋之谜,必将逐步得到破解。

二、生命的起源

1. 有机物——形成生命的基本元素

唯物主义者认为世界是物质的,物质世界是由无机物和有机物两大类物质组成的。什么是有机物? 笼统地说与生物体有关的或从生物体转化而来的物质,都称为有机物。准确而言是 18 世纪的化学家们下的定义:凡含有碳(C)元素和碳的化合物者都属有机物,其他都属无机物。实际上,自然界中有机质的碳原子并不单独存在,有机界和无机界的物质也在互相转化。如前所述,原始地球的大气中,充满了二氧化碳(CO_2)、水(H_2O)和氢(H)、氮(N)等气态元素。含有 C、H、O、N 的物质在太阳的紫外线照射和雷电的轰击下,能迅速分解,并首先形成甲烷(CH_4)、甲基(CH_3)、氨基(NH_2)等简单的有机化合物;继而合成为甲醇(CH_4O)、甲醛(CH_2O)、甲胺(CH_5N)、乙烯(C_2H_4)、乙醇(C_2H_6O)等复杂的有机分子。之后又在此基础上经过更复杂的聚合过程,形成如葡萄糖、纤维素、淀粉、橡胶、塑料、医药、火药等更复杂的有机物。这些聚合物中的葡萄糖、纤维素、淀粉等为后来生命的形成准备了原料或奠定了基础。

2. 蛋白质——形成生命的重要分子

蛋白质($C_{40}H_{62}O_{12}N_{10}$)是天然复杂的高分子有机化合物。自然界里由碳氢、氮氢类化合物、聚合物发展到复杂的有机物蛋白质类,代表着作为生命元素的 C、H、O、N 的化合、聚合又进入了一个化合的新阶段。蛋白质的种类很多,虽然不同种类的结构不同,但它们之间却有一个共性:这就是它们的组织结构中,都含有一个氨基(NH_2)和羧基(COOH)的成分。因为羧基呈酸性,故称这类物质叫氨基酸($C_5H_2O_4N_3S_2$)。蛋白质的分子就是由很多像"串珠"一样的氨基酸分子结成的一个结构十分复杂的分子链。

蛋白质对生命的重要意义,是它促进了生命的诞生。这可以从两个例子说明:例一是一种被称为"酶"的蛋白质,它在机体中的作用是能促进一些复杂的化合物分解——如将食物中的淀粉分解为糖,把糖一类的物质分解为乙醇(酒精)等,由此推动了机体内的新陈代谢,这就是生命的象征。例二是被称为"叶绿体"——包含叶绿素的蛋白质。叶绿素是植物进行光合作用,吸碳吐氧,供给植物生长养分的基本成分。叶绿体含于植物的细胞中,称之为细胞器。单个叶绿体由外被、类囊体和基质三部分组成,叶绿素和脂肪等成分包裹在类囊体中,叶绿体中的叶绿素进行的光合作用是生命的另一象征。因此,叶绿体可谓类细胞的生命凝聚体。

3. 细胞——制造生命的"工厂"

由有机物的化合、聚合形成蛋白质,又由蛋白质类的凝聚体进化为细胞这一生命的基本成分,这是一个漫长而复杂的过程。细胞除了细胞壁外,还有细胞核、细胞质和细胞膜这三部分,好像一个被"围墙"圈起来的小"单位"。每一个细胞都可以认为是一条独立的生命,很多低等的生命就只有一个细胞。

前面谈到,细胞中因含有能营光合作用的叶绿素,所以能够促进生物的发育生长。另外,细胞本身在进行着"传宗接代",这是因为在细胞核里含有一种叫"染色体"的物质。每一个染色体又由数千个"基因"组成,基因主要是蛋白质和核酸这两种物质。核酸中,又分别存在着核糖核酸(RNA)和脱氧核糖核酸(DNA)两种成分。其中 DNA 起着遗传基因作用,并在细胞分裂中不断进行自我复制,形成新的生命。所以说,一个小小的细胞好比是一个微型而又功能齐全的制造生命的"工厂"。

4. 地球生命的起源

冥古宙时的"泛火山"活动,使地表像生了溃疡病一样,处处是灼热而没有凝固的熔岩,而持续的阴雨连绵和茫茫苍苍的大气降水在地表积聚的水体不仅受着火山熔岩的淬火增温,而且也受着太阳紫外线和热辐射的烘烤,这时地面温度很高。那时大气上空的臭氧层还没形成,地面也没有土壤,因此地球上的生存环境十分恶劣,虽然原始水体中的生命元素正在合成、积聚,但还没有孕育成生命。

随着时间的推移,原始地壳逐渐冷却凝固、扩大、增厚、抬高,地表水面收缩为湖泊、海洋且不断加深,形成了最早的沉积岩。与此同时,空气中的二氧化碳不断拉回正在逃逸的氢、氮,形成复杂的碳氢化合物分子进入水中,产生了 H_2CO_3、亚硝酸和盐类。但那时的空气和水中都没有多余的氧,不能使这些碳氢化合物氧化,唯一能将它们破坏分解的力量只有太阳的紫外线、光辐射和雷电。之后在适宜的温度和其他化学元素的参与下,被破坏的分子重新组合为氨基酸等更高级的有机物,进而由氨基酸组成蛋白质,蛋白质发展为能进行新陈代谢的肽和能进行光合作用的叶绿体。肽和叶绿体代表着由蛋白质发展进化的准生命凝聚体,后由这些凝聚体进化为原始的单细胞生命。所以,冥古宙应是生命还没出世的孕育时代,只是当时的生态环境十分恶劣,这个孕育阶段就经历了数亿年(照片Ⅲ-5)!

地史进入太古宙后则是生命出世及其与自然抗争中复制和保存自我的年代。这个阶段延续的时间特别长,原因是初始的生命十分脆弱,在当时又处在非常恶劣的环境中,推测这些简单的生命是在多次生与死的反复中才延续了下来。前面已经谈过,因为在距今 35 亿年的古老沉积岩中发现了世界上最早的原核生物遗迹,推断最早的生命孕育在原始的水体中,所以把太古宙的下限即与冥古宙的分界定为距今 38 亿年。

5. 关于生命起源的假说

如果说人们对海洋成因的兴趣主要归之于海洋孕育了生命和海洋呈现的无限魅力,那么它还难以解释人们对生命起源问题的探知,因为这个问题直接联系着人类自己。关于生命起源问题,目前至少存在着三种假说:

第一种假说就是以上说的生命产生于地球水圈的假说,这里不再重复。

第二种假说是生命来自星际空间。认为原始地球的物质中就存在着形成生命的合成蛋白质氨基酸。其依据是在月球的表面、火星的火山口和落入地球的陨石中,都可以找到这种有机合成物和有机分子,因此认为地球上的生命来源于宇宙,陨石和宇宙尘是运载生命种子的"宇宙飞船"。

第三种观点认为,生命起源于"彗星"。就像前面讲水圈形成的那种假说一样,当无数次来自

照片Ⅲ-5　生命起源模式图

——茫茫的水体中正在喷发的火山和空中交加的雷电激化了水分子的分解;进入水中的
二氧化碳(CO_2),合成了氨(NH_3)、甲烷(CH_4)等有机物分子,进而孕育了原始的生命。

(《最不可思议的地球未解之谜》)

天外的不速之客——彗星飞来撞击地球的时候,那个由冰水和尘粒组成的彗核,不仅溶化为原始的海洋,也留下了氨基酸类的生命物质,同第二种假说一样,彗星也是"运载生命的工具"。

　　以上讲的是地球上最老地质年代即冥古宙、太古宙时有关地球的知识,也是我们研究冥古宙、太古宙地质时必然涉及、必须考虑的问题。由于时间距我们太遥远,又经受漫长而从未停息的地质内、外营力联合作用下的破坏和改造,残留下来的物质(岩石、化石等)已是凤毛麟角,很少而又不成系统,因此由此提供的有关对初始地球(如岩石圈、气圈、水圈、生物圈)的研究成果肯定也很不全面。但也正是有了这些不断探索所积累的知识,才能帮助我们从地球各地发现这个时期的岩石地层或化石等实物资料中,探讨那个时期的地质环境,并把这些局部地区有关冥古宙、太古宙时期的地质研究成果同全世界、全国的情况联系起来。对此,下一节将重点介绍洛阳地区太古宙登封群和太华群的地质情况,意在通过对这两套变质地层的岩性、构造及形成过程的探讨,印证前面有关冥古宙—太古宙的有关知识和理论,检验我们现在的研究成果,从而也将给读者引向一个新的、可以实地观察研究的领域。

第四节　洛阳地史的太古宙

太古遗迹何处寻,请见登封、太华群。

　　从前面冥古宙、太古宙的有关知识介绍,可以说这个领域的研究是个大课题,尤其以一个小小地区的地层出露情况和岩石特征去判别那些与这个地质时代相关的一些大课题,也就成了研究者面临的最为棘手的部分。一般而言,古老地层的研究,主要对象是太古宙的变质岩地层,从中可以发现冥古宙的物质。但对我国尤其洛阳地史的探讨,主要涉及的是晚太古宙地层,具体探讨的对象是被称为登封群和太华群的地质情况。由于对它们的研究必然涉及有关初始地壳的岩性特征及其生成时气圈、水圈、生物圈的知识。因此前面讲的那三节都是为这个开头作的铺垫,这一节才是冥古宙—太古宙地质真正的开头。除此而外,为了能比较深入地认识洛阳地史中的太古宙,还需让我们了解一下国外和国内太古宙地质的一些情况。

一、国外和国内太古宙的岩石和地层

对应太古宙的岩石称太古宇,这是认识太古宙地史的物质基础,因为这些不同的岩石,组成岩石的矿物和结晶为矿物的化学元素,都会给我们留下或带来它们生成时的很多信息。所以我们在研究、认识洛阳太古宇岩石、地层组合和太古宙的有关问题之前,首先应问一问国外和国内的学者们,他们又是怎样从这类古老结晶岩系中认识和捕捉到有关太古宙的信息和知识的。

1. 国外的太古宙地层

在世界上一些太古宙岩石的分布区,按变质程度划分的岩石,主要包括变质较深的麻粒岩、片麻岩和变质较浅的绿片岩两大类。它们生成的时间有先后,分布的地区有不同,所代表的原岩也不一样。

一般而言,在一个变质较深地区内,凡含有少量黑云母、角闪石、紫苏辉石或透辉石等暗色矿物的长(石)英(石英)质片麻岩类,经原岩恢复计算后,岩石化学成分相当花岗岩或英云闪长岩类,地质学家把它们同另一类奥长花岗岩三者的英文字头联在一起称"TTG 岩系",亦称花岗质"结晶基底",代表地壳结晶基底形成时的一次重要岩浆侵入活动,也是初始地球岩石圈硅铝质地壳扩大和稳定的主要标志。另一部分为铝硅质矿物组成的片麻岩,原岩主要为泥质、半泥质的沉积岩,称"表壳岩系"。其中夹有由角闪石、黑云母等暗色矿物组成的片麻岩、片岩类,通过原岩恢复测算,其原岩为基性火山岩;另一类由浅色长英质片麻岩层组成的岩石原岩为酸性火山岩。这些古老变质岩原始的褶皱构造都很复杂,原岩的面貌很难识别。其中还有一部分岩石,不论是火山岩、侵入岩还是那最先形成的沉积岩,它们被翻卷到地下之后,经过重熔生成再生岩浆又侵入到地壳浅部,形成混合花岗岩体或混合花岗质脉体,于是原来的岩石就彻底不存在了,所以地球上保留下来,并出露在地表的古老结晶基底岩石保留下来的很少,其所提供的有关冥古宙、太古宙的信息自然非常珍贵。世界上的这些古老变质岩石比较零星地分布在澳大利亚、北美、俄罗斯西伯利亚的阿尔丹地盾和南非的一些古老地体中。

变质较浅的绿片岩是以绿泥石等绿色片状矿物为主的低级变质基性火山岩,其形成时间要比前述的古老片麻岩要新,产出的地层层位靠上。要强调的是,这类绿片岩和被称为"绿岩"的岩石含义不同。后者一般指的是原岩为橄榄岩、辉石橄榄岩、辉石岩、玄武岩、安山玄武岩、辉绿岩和与其伴生的沉积岩为代表的海底喷发火山岩系。典型的绿岩以南非津巴布韦的巴伯顿绿岩系为代表,该区岩石地层分上、中、下三部分:下部由铁镁—镁质熔岩组成;中部为钙碱性的基性和酸性火山岩组成;上部为浊积岩(泥砂混杂、分选不好的沉积岩)和以化学沉积的条带状铁矿、燧石层(碧玉岩)组成。这类绿岩地层中除铁矿外,还分布着世界上最大的金矿床。因此,研究金矿成矿规律和金矿来源的学者,有了"绿岩矿源层"的理论,说这套地层中的金是岩浆喷发—侵入活动从地幔中带上来储存起来的,这是题外话。

国外太古宙岩石地层的研究成果说明,地壳早期形成的岩石主要是火山岩,包括同期、同质的次火山岩侵入体。组成这些火山岩的岩石主要为超基性、基性和中基性岩,很少酸性花岗岩、长英质岩石和正常的沉积岩类,基本上没有碳酸盐类的化学和生物沉积岩,其中超基性即超铁镁质岩分布在局部地区。一些地区内广泛分布的花岗闪长岩、奥长花岗岩、英云闪长岩(即 TTG 岩系)和混合花岗岩的组合,代表了在地球历史的早期,那里已形成了硅铝质的地壳。

2. 中国的太古宙地层

中国太古宙地层主要分布在我国北方相当于华北陆块(亦称地台、克拉通、古陆核)的范围。与世界上其他古老陆块相比,华北陆块有着更复杂、更多阶段的构造演化史。主要岩石组合为中深变质程度的黑云斜长片麻岩、角闪斜长片麻岩、黑云变粒岩和斜长角闪岩等。其原岩主要是中基性、中酸性火山岩和火山凝灰岩,内有变基性侵入岩,变中性、变酸性和混合花岗岩侵入体。仅在北带的宁夏—内蒙古—河北燕山—辽宁和吉林南部一线,有辉石麻粒岩类深变质岩石,原岩相当于基性火山岩和超铁镁质火山—侵入岩,形成东西走向的超基性岩带。另外,不同地区还程度不同地出现一些夕线石片麻岩、石墨片麻岩、镁质大理岩和石墨大理岩、石墨片岩等变质较轻的沉积岩。总体反映了不同地区沉积条件和沉积环境的较大差异。大部地区都经过一次以上的混合岩化,其中也不乏高级变质区。仅在辽东、鲁西、豫西等地的陆块边缘地区,有小片绿岩类的低变质区。

据目前报道的地质和有关同位素年龄资料,华北陆块最老的同位素年龄为辽宁鞍本地区距今31亿年的奥长花岗岩和29亿年的钾质花岗岩包体中年龄为38亿年的条带状片麻岩,36.5亿年的变石英闪长岩和35亿年的闪长质片麻岩。除此而外,天津地质矿产研究所在河北迁安也发现了35亿年的斜长角闪岩。按照太古宙的划分方案,我国现掌握的最老年龄属太古宙早期的始太古代(前38亿~36亿年——目前尚未发现>38亿年的冥古宙岩石)。其中部分花岗质岩石,特别是钾质花岗岩的出现,应属中太古代(前32亿~28亿年)。这说明华北地区30亿年前后形成的硅铝质地壳已经很有规模了。

现代地质学中很盛行的板块构造学说认为,自太古宙以来,各地已不断出现了以硅铝、硅镁质地壳组成的微陆块,这些微陆不断裂解、聚合,它们就像木块漂在水上一样,在地幔软流圈上作水平运动,不断发生对接碰撞,结合扩大,最终形成比较稳定的古大陆(陆块或古陆核),华北陆块也认为是在这种构造机制下形成的。初期阶段出现的原始微陆多而分散,好像海洋中的一个个"孤岛",后经一个漫长的地质时期才聚到了一起形成大的陆核或陆块。据有关资料,华北地块内比较明确的微陆有胶辽(山东、辽宁)、许昌(河南)、阜平(太行)、集宁(阴山)和阿拉善(内蒙古)6处(图Ⅲ-2),其中的许昌微陆包括了山西、陕西东部和河南的结晶基底片麻岩系,亦应包括嵩箕地块(嵩山、箕山一带)在内,其组成的变质岩地层称登封群。这是洛阳地区内最古老的地层,与其对比的同时代地层还有登封群南部或外围分布的太华群。我们这部《洛阳地质史话》的太古宙部分,就是从登封群、太华群所提供的有关信息谈起的。

图Ⅲ-2　中朝板块华北地区太古宙陆核分布与深层磁性界面等深度图
(据白瑾等,1996;管志宁等,1987,深层磁性界面深度资料)
——示河南太古界分布与其在古陆核上的位置。

(万天丰《中国大地构造学纲要》)

二、话说登封群和太华群

1. 命名和分布

地质上所说的"群"是比"组"高一级的地方性最大的地层单位,它包括着一套很厚、岩性又不同的岩层,在地质条件相同的大地构造单元内,凡是岩性和层序相近的岩石,经对比后都可同称一个群。如上面说的登封群、太华群,其他地质时代称为群的地层单位,在本书的后文中还要多次出现。群以下的地方性地层单位为"组"、"段"、"层",对应的年代地层单位为"界"、"系"、"统"、"阶",其中层和阶都是最小的地层单位,"阶"适合于显生宙的生物地层,以产出的标准生物化石为标志,一般是在岩石地层单位"组"的基础上,经区域生物地层研究之后的地层称为阶。群上冠的地名,代表那里出露的地层最齐全、最典型,也最具代表性。如登封群的创名地点在嵩山脚下的登封市,太华群的创名地点在小秦岭、熊耳山和鲁山的荡泽河流域,涵盖豫西地区。群下的地层组的冠名如石牌河组、郭家窑组等的含义也如此,而段、层仅仅是表述岩性,一般不冠以地名。

登封群分布的范围除了嵩箕地区的登封、偃师、伊川和汝州市的一部分外,北部延至济源、林州的太行南段,东南延入许昌地区以东,见于许昌水道杨铁矿区的钻孔中,同属许昌微陆块的组成部分。太华群由陕西临潼太要延入河南小秦岭、崤山、熊耳山中段(洛宁、宜阳)、鲁山荡泽河流域及叶县、舞阳以远,零星出露于卢氏三门、栾川重渡、大清沟及嵩县车村摘星楼一带。

2. 岩性组合和岩石特征

登封群和太华群一样,都由上下岩性、构造特征不同的岩石组成,地质上称"二重结构",均未见底。上面分别为早元古代嵩山群或熊耳群火山岩(见后)覆盖。登封群、太华群和嵩山群均为洛阳及豫西地区内区域变质较深的岩石,它们组成了华北陆块稳固的基底,又称为结晶基底。

"二重结构"是研究豫西太古宙地层时,在有关岩石组合、构造特征、变质程度等方面经常用的一个术语。表现为登封群、太华群地层上、下两部分在上述几个方面都有明显的差别。例如登封群下部属于"灰片麻岩系"的石牌河组的岩石,主要由混合岩化的黑云斜长片麻岩、变斑状斜长角闪片麻岩、黑云角闪变粒岩组成,其中有古老的变石英闪长岩(英云闪长岩)侵入体。原岩主要是中酸性、中基性火山岩、变基性火山岩(如洛阳牡丹石的原岩,见后),大部分地区经受强烈混合岩化,部分岩石翻卷于地下深部,经重熔后形成多处片麻状混合二长(钾长石、斜长石)花岗岩的小侵入体。这些小岩体分布在变石英闪长岩出露区外围的片麻岩中。在石牌河组强烈褶皱的片麻岩中,处处可见穿插其中并一起褶皱的长英质脉体,其中的片麻岩同位素年龄29.90亿年,变石英闪长岩30.60亿年(西北大学地质系,1976)。石牌河组之上的郭家窑组岩石为黑云变粒岩、斜长角闪岩夹角闪变粒岩、浅粒岩,同位素年龄25.62亿年(同上),与下伏层之间有一层氧化的火山角砾岩,此为二重结构下部的基底岩系,主体为以火山—侵入岩为主的岩浆岩组合。再上部的金家门组、老羊沟组为变中酸性、中基性火山岩、火山碎屑沉积岩,底部有变质砾岩和条带状磁铁石英岩,称含铁火山沉积岩,属二重结构的上部岩系,也称表壳岩系,原岩主体为火山—沉积岩。综上所述,登封群的主体岩性组合属花岗岩—绿岩—碎屑岩系:下部片麻岩—花岗岩组成变质的褶皱构造核心;中部绿岩组成变质核心的盖层;上部为碎屑岩类沉积。

上述地层系统取自西北大学1976年建立的君召地层剖面,该剖面中石牌河组出露在一穹窿状背斜轴部,分布范围局限,而上部金家门组和老羊沟组也仅见于挡阳山和鞍坡山之间嵩山群盖层剥蚀之处。因此,君召地区的登封群未见底部,顶部表壳岩系也不完整。另据区域地层资料,伊川彭婆赵沟马山寨、冯家山、黄瓜山夹绿泥片岩的厚层石英岩和平顶山市汝州石梯沟组的赤铁、绢云石英片岩,同属登封群顶部的表壳岩系,可与君召剖面顶部的金家门组和老羊沟组地层对比。石梯沟组英安岩锆石 SHRIMP 年龄 2 512 Ma ± 12 Ma(Krner et al,1988)。侵入登封群变酸性火山岩锆石 SHRIMP 年龄 2 510 ~ 2 530 Ma(万渝生等,2000),按地史年表应属新太古代晚期。另需指出的是,据石牌河组变闪长岩一件锆石 SHRIMP 年龄 2 493 Ma ± 7 Ma(王择九,2004)数据,有人主张石牌河组不应置于登封群底部,应为"登封片麻杂岩"。

太华群和登封群一样,也有明显的二重结构:下部主要为黑云斜长片麻岩、斜长角闪片麻岩及斜长角闪岩,原岩为中基性、中酸性火山岩,在熊耳山区的洛宁、宜阳、嵩县西北部还有超基性岩出露,伴生磁铁石英岩,大部地区混合岩化不发育,也未见混合花岗岩和低碱质的酸性侵入岩。其下部耐庄组、荡泽河组最老的同位素年龄26.58亿、26.39亿、26.20亿年(西北大学地质系,1976);上部主要为斜长角闪片岩,含铁斜长角闪片岩、石墨斜长片麻岩、石英磁铁岩、石墨透辉大理岩、石英岩等,属变质较浅的火山—沉积岩系。太华群分布区的岩性差异较大,变质程度深浅不一。东部鲁山、叶县地区多为上部层位,富含表壳沉积岩系;舞阳铁矿区以超基性岩—基性岩为主;西部熊耳山、崤山地区以下部的变质火山岩、侵入岩为主,含超基性岩带,表壳岩大部地区遭强烈剥蚀,残留不多(照片Ⅲ-6)。

照片Ⅲ-6　小秦岭太华群

——太华群同登封群一样为二重结构岩性组合,远处陡壁为上亚群观音堂组变粒岩。

(《资源导刊·地质旅游》2010年1期)

太华群分布区因伴有金、石墨、铁等重要矿产,研究程度较高,早期测定的同位素年龄数据较多,但因受后期岩浆活动影响,测定的数据除部分 >25 亿年外大部分偏低。据王志宏(2013)提供栾川太洞沟北灰色片麻岩锆石 Pb—Pb 年龄值 2 381 Ma ±4 Ma,洛宁石板沟口灰色片麻岩 Pb—Pb年龄值 2 261 Ma ±5 Ma(1:5万兴华幅,2000),栾川大青沟灰色片麻岩锆石 U—Pb 年龄 2 312 Ma ±23 Ma(1:5万栾川幅,2009),片麻状二长花岗岩中锆石 U—Pb 年龄 1 820 Ma ±0.2 Ma(1:5万栾川北部,1986),宜阳木柴关灰色片麻岩 La—ICP—MS 锆石 U—Pb 年龄 2 316 Ma ±1.6 Ma(王春华)均为古元古代早期年龄。但从区域太华群地层总的特征及其中多项同位素测年资料综合考虑,将其上下两套地层的主体仍应置于晚太古代。

这里特别需要提出的是,前面在阐述登封群岩石组合时提到了观赏石(奇石)界命名的"洛阳牡丹石"。同山东奇石"泰山石"、河北奇石"雪浪石"、湖南奇石"菊花石"、新疆奇石"大漠风砺石"一样,洛阳牡丹石是河洛奇石界推出的品牌性石种,直至目前,在全国仍独此一种,尚无二例,加之该石种花奇石润,且与洛阳牡丹花相伴早已闻名遐迩。尤其牡丹石产于太古宙登封群地层中,目前已发展为一种矿产资源和资源性产业,所以奇石界、矿业界及自然科学爱好者,都想知道牡丹石的花形为什么这么奇特? 为什么品种独一无二? 为此这里特将牡丹石的成因作一番介绍,从中也可以看出我们怎样认识古老变质岩的。

洛阳牡丹石产于洛阳偃师市寇店乡南部万安山中,岩体呈北北东、北北西走向,夹于倾斜很陡的太古界登封群中,由数个宽不过 30 m,最长一处 730 m,一般长 150～200 m,断续的扁豆体组成。岩性为蚀变大斑辉绿玢岩,组成牡丹花图案者为聚斑状钠黝廉石化斜长石。以往的大多数地质工作者认为形成牡丹石体系侵入于登封群片麻岩的"岩墙"或"岩脉",但经地表追索,发现其产状完全与片麻岩类围岩一致,并同步弯曲变化。近年来经大型采场揭露发现,岩体中组成牡丹花形的聚斑晶,明显地分布在岩体的一侧,越向边部越密集,而岩体的另一侧聚斑晶逐渐减少、变小,或仅是一个白色小杏仁体,边部几乎没有。更引人注意的是,斑晶密集区的岩体边部和围岩间有厚几厘米的红色氧化层,类似火山岩层顶部和空气接触处形成的红顶氧化面。它启示我们想到顶部密集气孔、杏仁的那些比较年轻的火山熔岩的这种结构、构造特征。另外,就这些牡丹花或菊花状的变斑晶簇而言,其中的钠黝廉石化斜长石的晶体也是由外向中心生长,并和未形成斑晶的小杏仁体伴生,启示我们联系到一些岩石晶洞中生长的晶芽。只是由于后期构造叠加,这些聚斑晶的核心部分大部破碎,岩体边缘部分的斑晶和基质同时也被片麻理化了(照片Ⅲ-7)。

照片Ⅲ-7　洛阳牡丹石

——实地考察发现,形成牡丹花形的聚斑晶轮廓似火山岩中大小不同的杏
仁体,其内形似晶洞中的长石晶体向中心生长。这些斑晶成层似地集中于岩体上方,
与顶部发现的红顶氧化面(左)吻合……推测牡丹石的原岩可能是变质了的杏仁状基性火山岩。

(中央电视台《地理传奇》2012年7月)(照片组合:姚小东)

以上关于牡丹石产出情况及岩体、岩石特征的阐述,使以前都称其为"岩墙"类的"侵入"成因不好解释,作者推断其应属变质的古老基性火山熔岩类,属于登封群古老地层的组成部分,只是缺少同位素年龄和岩石化学方面的佐证。但由此分析也使我们看到古老登封群的形成是何等复杂!从另一侧面说明,为什么自牡丹石发现以来的几十年中,全国仍未推出与其类似的石种,作者认为一个主要原因是像登封群这样古老的岩石,包括其特殊的形成环境和变质作用,在国内也是不多见的。因此,这也是古都洛阳不可忽视的魅力之一。

3. 地层对比

作者在数年前的一项研究成果中曾下过这样的结论:豫西结晶基底的变质岩系,大致反映了从东到西、由北而南,层位逐渐升高形成时代渐新的趋势,即登封群的层位偏下,太华群的层位偏上,以出露或揭露的这两套地层的岩石组合、岩石种类等特征对比,登封群要稍老于太华群(详见表Ⅲ-1),理由是:

(1)就岩石组合来说,虽然两者都以变质火山岩、变质侵入体和表壳沉积岩组成"二重结构",但登封群中表壳的沉积岩相对较薄,且以碎屑岩为主,可能没有形成碳酸盐岩类的大理岩和碳质矿物的石墨类;而太华群分布区除洛宁、宜阳一带外普遍有碳酸盐岩,包括小秦岭、崤山、熊耳山、伏牛山一带,所有太华群地层中石墨矿化普遍,鲁山形成的石墨矿床的石墨中还有0.28%的有机碳。这说明太华群和登封群形成于不同的古地理环境,而有机碳的存在说明那时的海洋里已繁衍着原始的生命。

(2)含铁石英岩形成的条带状磁铁矿,不仅是太古宙晚期(主要层位形成于早元古代成铁纪)形成的重要沉积矿床,而且也是这个时代地层对比的主要标志,或谓标志层。这是因为除了有供给铁矿床形成的铁元素外,还有温暖、湿润的气候和充足的游离氧(包括细菌)等能促进含铁火山岩

表Ⅲ-1 豫西太古宙登封群、太华群地层对比表

地层时代		地层分区								
			高嵩小区		滦确小区	灵宝小区		华熊小区		
		上覆地层	嵩箕(登封)区	箕山(汝州)区	汝阳北部	灵宝小秦岭	崤山地区	洛宁南部	鲁山西部	栾嵩南部
元古宙(宇)	古元古代(界)		高山群 罗汉洞组	同左	中元古代熊耳群	同左	同左	中元古代熊耳群	同左	同左

华北地层区豫西地层分区

嵩箕(登封)区(高山群 罗汉洞组):
- 嵩阳运动 (2 200~2 050)
- ●2037
- 登封群：老羊沟组
- 金家门组 V2318 2343
- 郭家窑组 ●2510 SHRIMP 2530 ●2562
- ○2710 ○2890
- 石牌河组 ●3060

箕山(汝州)区(同左):
- 安沟群：石梯沟组、寨沟组 ●2493(±203)
- 登封群：头道河组 ●2986(±181)

汝阳北部 滦确小区（中元古代熊耳群）:
- 登封群 片麻岩类(局部出露)

灵宝小秦岭(同左):
- 太华群：涣池峪组、观音堂组(微古化石)、四范沟组 ▲2411、杨寨峪组 ●2549(±109)(陕西※)

崤山地区(同左):
- 太华群：杨树沟岩组 ▲2242、蓝树沟岩组
- 未见底

洛宁南部 华熊小区（中元古代熊耳群）:
- 太华群：段沟岩组 ●1821、龙门店组 △2261 △2316(±1.6)、石板沟岩组、草沟岩组

鲁山西部(同左):
- 太华群：雪花沟组 ▲○2139±16、水底沟组 SHRIMP▲ 2250~2310、铁山岭组 ▲2560、汤河组 △2620 ▲2658、蔺庄组

栾嵩南部(同左):
- 大华群局部出露 栾川大清沟 卢氏大洞沟
- ▲2312(±23) △2381(±4)

晚太古代 太古宙(宇) 2 500 Ma

图例：
●Rb-Sr等时线年龄 ○侵入年龄
▲U-Pb法 △Pb-Pb
单位 百万年(Ma)
SHRJMP 电子探真锆石
※陕西东桐峪矿区

分解形成风化壳的条件,登封群的郭家窑组、金家门组,太华群的铁山岭组、石板沟组片麻岩中,多处形成小而不具矿床规模的磁铁石英岩透镜体,而太华群分布的鲁山、舞阳地区不仅形成了磁铁石英岩和伴有磁铁石英岩的铁矿床,而且在其围岩中还产有石墨和大理岩,同位素年龄资料也大体与国际上成铁纪年龄相吻合。

(3)依据较老的同位素测年资料,登封群最老的 Rb—Sr 同位素等时年龄值为 30.60 亿年(下部石牌河组变闪长岩),汝州登封群头道河组片麻岩 Rb—Sr 等时年龄 29.86 亿年,而太华群目前最老的 U—Pb 年龄为 26.39 亿年和 26.20 亿年,相当登封群中、上部郭家窑组绿片岩的年龄(25.62 亿年)。很显然,登封群和太华群相比,早了 3 亿~4 亿年。

(4)在取得 29 亿~30 亿年这一地区太古宙最大年龄值时,我们都把关注的焦点集中在登封群最下部的变石英闪长岩上。在登封群的划分上,变石英闪长岩属于下伏石牌河组片麻岩的一个规模不大的侵入体,其构造形态为一穹窿体的核心,原始走向东西,后受挤压为南北向,周围为混合岩化的混合岩和长英质脉岩分布。联系前面谈到的地球初始地壳的演化,这类侵入岩的出现,代表着早期地壳的一次重要的构造岩浆活动,它促使了硅铝质地壳的形成和加厚。与之吻合的是,这个年龄值,恰恰与华北地区北部鞍本地区 31 亿年的奥长花岗岩、29 亿年的钾质花岗岩的年龄相近,这是否代表了华北陆块同一时期(中太古代)的一次区域性构造岩浆活动?还要进一步研究。

(5)最后不能不谈到两者分布的特征上,登封群分布在华北陆块靠近内侧部分,它北部相近的微陆核为河北的阜平微陆,中间隔着赞皇群微陆。太华群则处在登封群分布的外围,形成华北陆块的南部边界(栾川重渡、嵩县车村摘星楼及鲁山、叶县、舞阳一带)。按照古陆核的发育史,聚集在核内的部分应比边缘拼贴的部分老,这种分布特征,也支持了太华群应比登封群新些的观点。

三、洛阳太古宙演化史

依据原始地壳形成和发展演化的理论,结合对登封群、太华群岩石地层的分析,和可以参考的有关同位素测年资料,作者试将洛阳太古宙时期的地史演化分为四个阶段。

1. 嵩箕微陆初成阶段(前 32 亿~28 亿年)

从目前掌握的资料,华北地区现未发现冥古宙的遗迹。鞍本、冀东迁西发现被钾质花岗岩捕掳的前 38 亿~35 亿年的同位素数据,说明那里在太古宙初期已经由微陆集聚为原始地壳。而前 29 亿~31 亿年以钾质花岗岩为标志的区域性构造岩浆活动,也可能波及洛阳及豫西地区,即洛阳地区也形成了硅铝质地壳。主要依据是登封群下部变石英闪长岩 30.6 亿的年龄可以与鞍本 31 亿年的奥长花岗岩和 29 亿年的钾长花岗岩对比。与之巧合的一个证据,是南京大学胡受奚教授等提出的"晋窑运动"。它的标志是登封群下部石牌河组顶部有一层变质但还可辨认的含有火山弹、熔岩块的火山角砾岩,伴有氧化的红色片状岩石,其上为被称为郭家窑组的绿岩系覆盖。尽管这些见解还存在着争议,但却可以解释,嵩箕微陆是在这时形成的,代表洛阳地史发展的第一阶段。

2. 火山陆岛阶段(前 28 亿~25 亿年)

嵩箕微陆形成后,区域仍处在一个持续的火山喷发时期。由登封群郭家窑组岩石化学提供的信息,火山活动以基性玄武岩、安山玄武岩为主,中间加少量酸性岩和正常沉积的碎屑岩,前面讲的洛阳牡丹石就赋存在这个层位。火山喷出的熔岩流和火山碎屑覆盖在第一阶段形成的穹窿构造之上和外围,使已形成的微陆不断加厚和扩大,进一步演化为嵩箕一带古陆的主体。这套岩石的同位素年龄为 25 亿~26 亿年。

分布在嵩箕微陆南部,与郭家窑组年龄相近、岩性相同的地层为太华群"二重结构"的下部层位。按照太华群分布的情况,说明这个时期洛阳除嵩箕以外的大片地区内,也由火山喷发形成了不少次级的"微陆"。它们像"孤岛"一样分布在嵩箕微陆南部边缘的海洋中,并在那里形成了原始的碎屑沉积物和碳酸盐岩。有趣的是,在太华群地层分布区的洛宁固始沟、宜阳张午、嵩县西北部及舞阳地区,出露几处超铁镁质岩和基性侵入岩,并各自形成了岩带。它们是来自地幔中的物质,推断这里可能是古大陆形成时微陆的边缘活动带,在地表涌溢了来自地幔的基性岩流。

3. 微陆扩大、地壳相对稳定及可能的生命繁衍时期

25 亿年前后的一次区域性火山大爆发之后,嵩箕微陆不断增厚,周边太华群分布区的熊耳山、崤山一带相继隆起、扩大,而在其间的鲁山、叶县和小秦岭及伏牛山北部地区仍为海洋一片。指示这一古地理格局的依据是嵩箕地区可能没有海相的沉积地层,仅留下较薄的磁铁石英岩,其上只是含有钙、铝质的黏土岩类和有一定厚度、质地较纯的石英岩层(金家门组、老羊沟或石梯沟组),标志着那时已经有了相对稳定的海陆边界。靠近嵩箕陆块、太华群分布区的崤山、熊耳山一带,那里也有与前者类似的陆地,形成的磁铁石英岩薄而不稳定,上覆的被称为表壳沉积岩的地层很薄,但在鲁山县及其以东地区,则形成几十米厚的磁铁石英岩,其上是厚达千米含碳的泥砂质和碳酸盐类变质地层,说明区域地壳处于相对稳定时期。

具有时代标志意义的沉积变质岩,除了磁铁石英岩、大理岩外,含石墨的地层比较普遍地分布在鲁山、小秦岭、崤山、熊耳山和栾川平良河等地区,显示豫西凡有太华群分布的地方均有石墨矿化。石墨是碳元素的变质矿物,在鲁山石墨矿中已分析出 0.28% 的残留有机碳,这是生命的痕迹,说明当时充满氧和二氧化碳的海洋中,原始生命已有了繁衍生息的良好环境,同时空气和水体中也有了充足的氧,它们与铁氧化后生成磁铁石英岩。嵩箕区侵入金家门组白云母伟晶岩 K—Ar 同位素的年龄为 2 345 ~ 2 318 Ma,石梯沟组英安岩中的锆石 SHRIMP 年龄 2 512 Ma(krner et al,1988)。

4. 嵩阳运动结束了洛阳太古宙的历史

嵩阳运动指的是太古宙后期的一次褶皱构造运动,它由我们河南籍的地质学家西北大学地质系教授张伯声 1931 年创名于嵩山脚下,指的是早元古代嵩山石英岩覆盖的那个褶皱得很复杂的登封群片麻岩之上,有一个非常明显的沉积间断面。这就是我们在本章一开始提到的嵩山三大地质构造运动遗迹之一,说明其下太古宙形成的地层,在距今 25 亿年前后的区域构造运动下产生褶皱隆起,后经风化、剥蚀了一个地质时期后,又沉降下来接受元古宙时新的沉积。由于这个创名的地点在嵩山之南,而命名为嵩阳运动(照片Ⅲ-8)。

照片Ⅲ-8　嵩阳运动
——嵩阳书院附近嵩山群罗汉洞组石英岩(上)和太古宙登封群(下)之间的不整合。

(《资源导刊·地质旅游》2010 年第 6 期)

嵩阳运动波及了整个东秦岭地区,相当河北的阜平运动。区内太古宙形成的地层在这一运动中全部形成以南北轴向的紧闭褶皱构造,说明嵩阳运动的地应力为东西向,形成的南北向褶皱系非常复杂。伴随着强烈的挤压,原岩经受了强烈的变形、变质作用,并分别在不同地区形成花岗岩化和伟晶岩类脉体,这是华北陆块南部的一次重要的大地构造运动。嵩阳运动之后,地史也将揭开元古宙新的一幕。

第四章　元古宙

（2 500—543 Ma）

华北微陆汇聚，
留出对嵌"间隙"。
海中蓝藻大繁育，
叠层石是遗迹。

中岳运动奠基，
熊耳隆为台地，
"沟、弧、盆"系有新意，
末了"罗圈冰期"。

以上的这首小词,基本上概括了我国和豫西地区元古宙地史的要点。包括元古宙的大地构造环境、生物演化特征,其中着意点出了豫西洛阳地区地史论述中要阐述的几个要点部分。由于本章内容十分丰富,后面拟分6节分述。

第一节　概说元古宙

继太古隐生宙中后半部,找遗迹地质史话续大统。

一、前寒武纪或隐生宙的后半部

元古宙是紧接冥古宙、太古宙之后,地球成长发育的第三或第二阶段,时限以距今25亿年为下限与太古宙分界;以距今5.43亿年为上限,与寒武纪分界,故谓前寒武纪的后半部。另因前寒武纪地层中的生物化石稀少,而低等、原始、微小、肉眼难以寻觅,和后寒武纪时代丰富的大化石有极大区别,所以前寒武纪又称隐生宙。漫长的隐生宙几乎占了地球年龄的十分之九,其间太古宙(包括冥古宙)和元古宙又各占了一半。元古宙原称元古代,意为早期发现原始生命的时代。1989年全国地层委员会前寒武纪专业组在对太古代改名太古宙,并确定距今25亿年为太古宙上限时,也将上覆的元古代更名为元古宙,同时依据元古宙地层层序中的沉积间断(构造运动)、岩性组合、同位素年龄和发现的低等生物化石,将我国元古宙地层划分为古、中、新三个代或下、中、上三个界,分别以 Pt_1、Pt_2、Pt_3 三种地层符号表示。

我国相当古元古代的地层包括分布在山西、河北、河南等地的五台群、滹沱群、嵩山群、吕梁群、中条群等,组成华北陆块(即原称的华北地台,下同)基底上部的结晶岩系,时限为距今25亿~18亿年,相当国外的始元古代;随着同位素地质学的发展,不同方法稳定同位素测年成果在地层中的运用,原划分的太古界地层的一部分地层的年龄小于25亿年,显然这部分地层应归于始元古代或古元古代。对此,前面一章在阐述登封群和太华群时都已讲到了。中元古代为陆块盖层的下部,包括长城系和蓟县系,时限为距今 18 亿～10 亿年,大体与国外的古元古代时限(18 亿～12 亿年)相当,但在中国 12 亿年只是蓟县系上、下统的界限,和国外有别;新元古代包括青白口系、南华系和震旦系,时限为距今 10 亿～5.43 亿年,与国外的中、新元古代相当。其中青白口系分布在北方,南华系和震旦系分布在南方,但"位居天下之中"的洛阳却兼而有之(详见本章第六节),这也是"中州洛阳"在地质上的特色性之一。

应提出的是,中国的元古宙与国外元古宙地层研究,虽然在时限、生物化石和标志层方面进行了接轨,但限于全球地质条件的差异,研究成就各有侧重:相比之下,由于国外始元古代(相当中国的古元古代)地层中发育了巨厚的硅铁建造(即在特定的地质环境中形成的与之对应的岩石组合),形成一些以百亿吨计的大型铁矿,所以对这个时代的地层划分得非常细,并将其下与太古宙分界处的硅铁建造(25 亿～23 亿年)另划出了一个成铁纪;我国的特色之处是拥有中元古代自 18 亿～8 亿年连续沉积、厚达万米的地层系统,这就是闻名国内外的天津蓟县的层型地质剖面。我们现在使用的长城系、蓟县系、青白口系的地层名称都出自这条剖面,所以它不仅体现着重要的地质价值,而且还包含着一流的地层研究成果。但更为巧合的是,我国南方新元古代上部原称南方震旦系的这部分地层,无论在同位素年龄上,还是生物特征上,都恰恰填补了蓟县剖面青白口系之上、寒武系之下新元古代地层的缺失部分,同时又以晚期的冰碛层和先驱的有壳类化石群同国外中、新元古代的成冰纪和伊迪卡拉纪相接。因此,就全国而言,自始至终展示了中国完整的元古宙地层系统,这是世界上其他国家无不颇加称羡的。应特别说明的是,这个地层系统在早期的地质资料中称"震旦系"(即俗称的"大震旦")。在 1975 年出版的《中华人民共和国 1:400 万地质图》中称"震旦亚界",前者现已得到内容更新,后者已经废止了。

在漫长的地质历史中,元古宙是继太古宙之后,地球上的一切得以全面发展的时期,太古宙时形成的陆核不断汇聚、重组、扩大、加厚,形成稳定的陆块。随后,这些稳定的陆块又进入一个新的裂解、离散及陆内活动阶段,沉积物的分配、岩浆活动、变质作用也都收缩局限于特定地区,期间海洋也不断扩大、加深,陆地和海岸边界逐渐稳定,海洋中不仅发育了厚大的沉积地层,而且孕育了更为繁盛的生命,其中由叠层石反映的生命遗迹,是元古宙地层的主要标志(见后)。地质学家们对元古宙地质的研究成就,大大丰富了地球科学的内容。

二、元古宙地质的基本特征

1. 元古宙的地壳运动

地质上经常讲的地壳运动也称大地构造运动,其地质标志就是地层中的"不整合面"。这个术语在第三章一开头介绍嵩山国家地质公园"三大地质构造遗迹"的"嵩阳运动"时已首先提到了。它的含义是在一个区域内原为地壳升降运动时正在连续沉积的水平岩层,在大地构造活动阶段得到抬升,使沉积间断,或受强大的水平挤压,产生褶皱、错断、变质(往往伴有岩浆活动)、隆起,并受到风化侵蚀……经一段地质时期后,地壳又下降,接受新一阶段的沉积,于是地层中就留下了这个不整合面(这种以不整合面为标志的构造运动后面还要经常提到)。在一个相当大的区域内保存下来的不整合面,是研究区域构造运动的依据,也是地层划分和对比的标志(图Ⅳ-1)。

与太古宙相比,元古宙的地壳虽然在多处形成比较稳固的陆块,但因其还不够稳定,边界遭挤压碰撞,内部受断陷裂解,都会发生形变,加之幔壳物质对流,构造运动仍相当普遍,地层中的构造间断即当时的地壳运动比较频繁。如山西境内有五台群之上的五台运动,中条群之上的中条运动,吕梁群之上的吕梁运动,河南境内有嵩山群之上的中岳运动,南方云南昆阳群之上的昆阳运动,贵州板溪群以上的四堡运动,等等。这些构造运动的命名同地层中建的"群"、"组"一样,都是以上述地区内呈现的典型地质构造即不整合面来命名的。

在我国华北地区,与中岳运动相当的吕梁运动是分布比较广的一次地壳运动,标志着古元古代

图Ⅳ-1　早元古代铁铜沟组和太华群之间的不整合

——陕县放牛山—唐山剖面。远处陡峻山岭为铁铜沟组,宽缓山丘为太华群糜棱片麻岩。

(依据石铨曾照片,关保德素描)(载《河南地质》1993 年第 1 期)

地壳频繁的构造运动已经结束,地史进入了中、晚元古代相对稳定时期。其主要标志是不整合面上部接受的是一套轻变质或未变质的厚达万米沉积地层,即我们现在所称的长城系、蓟县系、青白口系。标志这时华北陆块的北部和南部都是相当稳定的沉降区,但各系之间仍然存在着间断(即不整合面),显示构造运动仍很频繁,但也只是垂直运动,规模和波及面较小。具特殊性的是华北陆块的南北有极大差异:北部沉降区下部长城系中的火山岩,称大红峪组,厚不足百米,说明火山活动的规模不大;而南部河南境内相当长城系的熊耳群火山岩则厚达万米!在陆块北缘新元古代青白口纪中期隆起抬升,缺失震旦系,而南部河南境内不但新元古界地层完整,而且可与华南扬子陆块的新元代的南华纪、震旦系,包括其中火山岩和冰碛层对比。这说明元古宙中、晚期华北陆块南、北两地的地壳运动虽然有类似之处,但形式是相当复杂的。

2. 元古宙地层的变质差异性较大

关于元古宙地层的变质程度,我国北方和南方也有很大差异,北方的大部分地区因为有太古宙—早元古代地层组成的结晶基底,自中元古代长城系开始,已经形成了浅变质或未变质的盖层沉积,仅在一些陆块的接合带等局部地区发育了褶皱强烈的变质地层。我国华南地区因为缺失太古宙地层,几乎是整个元古宙地层都属于结晶基底岩系,褶皱复杂,变质较深,直到晚元古代末距今 8 亿年的南华纪之后才形成了盖层沉积,其克拉通化和地层的变质程度同北方一样,各地区也有其差异。总的情况是,我国南方元古界的变质程度比北方深,褶皱带的变质程度比陆块区深,陆块区的边缘部位比中部深,早期地层比晚期地层深。下面我们专以洛阳地区古元古代嵩山群为例,这是一套以变质程度较浅的石英岩、片岩、板岩、大理岩为主的变质地层,其与下伏变质较深的太古宙登封群组成了华北陆块的结晶基底。而以上中元古界地层中的岩石属火山岩系,以区内广泛分布的熊耳群的未变质的安山岩、流纹岩、火山碎屑岩为主,与其同时侵入地层中的辉长岩、闪长岩、花岗岩及各类脉岩,也基本上保留了原岩的形态。火山岩系之上的沉积岩类地层主要是变质轻微或未变质的砾岩、砂岩、页岩、石灰岩和白云岩。

需加说明的是,元古宙中后期形成的陆块只是初步趋于稳定,其内部仍不断裂解、离散,陆块中部和其边缘还存在着裂陷沉降和褶皱带,那里形成的岩石类型比较复杂。其陆内的裂陷和沉降区早期是厚大的砂砾岩质陆源碎屑沉积,伴生火山活动,后期裂陷扩大,形成厚大的海相页岩、石灰岩地层。在古陆边缘和褶皱带,可能还形成洋陆对接、碰撞的板块活动机制,这里的大洋地壳不断向大陆地壳下俯冲、拼贴、增生,并在陆块一侧形成同化了的再生岩浆活动,并引起大陆一侧的地壳,经受区域变质。这种现象能够说明华北地区中、晚元古界地层不均匀的分布情况,也能解释洛阳以及豫西地区元古界地层的一些特殊性,这些问题后面都将进一步阐述,仅就洛阳一带元古宙地层岩石的变质程度而言,应是分层而别、分地而异,但总体上变质较浅。

3. 生物方面是藻类和细菌繁盛时代

元古宙时生物的特点是原核生物向真核生物发展,单细胞简单生物向多细胞复杂生物方面演化,原是单一的生物物种分化为动物界和植物界。其中植物界生活于水体中的藻类,大量繁衍,能营光合作用,不断吸收水和空气中的二氧化碳,释放出动物所需的氧,从而大大改变大气圈的成分,不仅促进了动物中细菌类的发展,而且加速了岩石中铁镁质矿物的氧化、分解,因此在世界上的很多地区形成一些超大型铁矿床。这个时期生物留下的遗迹是微体单细胞类植物和它们在地层中聚集后形成的各类叠层石(照片Ⅳ-1)。

照片Ⅳ-1　产于官道口群碳酸盐岩地层中的叠层石
——叠层石是元古宙海相碳酸盐地层中由蓝藻类原核生物生长时分泌的
黏液黏结碳酸钙颗粒形成的特种构造。照片为官道口群巡检司组含燧
石蛇纹石化大理岩,时代距今12亿~13亿年。

(摄影:刘江)

　　叠层石初见于太古宙末期,中、晚元古宙形成发展高潮,延至奥陶纪消退。叠层石是由蓝藻类生长时分泌的黏液胶结碳酸盐类颗粒,随季节变化不断堆积而成,属于蓝藻类植物本身及生命活动遗迹所形成的综合性结构物。这种藻类群体附着在浅水下面的岩石或软泥上,形成如倒扣摞起的碗碟似的叠层构造,故名"叠层石",石中一圈圈像树木年轮一样的花纹,一般呈向上凸的柱状、锥状、波浪状、包心菜状或墙状集合体等,有的还有分叉,其集合体组成了大群体,在地层中呈透镜状、似层状等礁体产出。叠层石的形成和在海相地层中的广泛分布,是这个时代地层的主要标志,对元古宙地层的划分和对比有重要意义。

　　依据国际上对元古宙生物的研究成果,元古宙的发展演化大体划分为四个阶段:始元古代(2 500~1 800 Ma)为蓝藻、细菌大量出现并开始繁盛的时代,细菌类的活动促进了铁的氧化作用,形成了世界上一些大的铁矿,国外将含铁地层单独划为"成铁纪"(2 500~2 300 Ma);古元古代(1 800~1 200 Ma),蓝藻、细菌已进化为肉眼可见的大型藻类,原核生物已进化到真核类比较高等的红藻和褐藻,地层中的叠层石较多出现;中元古代(1 200~630 Ma)除了发育的蓝藻、红藻、褐藻外,出现了大型宏观藻类,形成了大型叠层石,但在中元古代末的大冰期之后,它们衰败了,到新元古代(630~542 Ma)时,生物演化又进入了一个叫"伊迪卡拉"的特殊时代。

　　"伊迪卡拉"系来自澳大利亚南部的一个山名。1946年的一批古生物工作者在这里发现了含有后生比较高级的软体动物化石群,有些化石像后来的海绵和腔肠类的先驱。在伊迪卡拉后期,出现了似动物爬行的虫迹,也找到一些小的硬壳动物。这至少可以说,在伊迪卡拉后期,已出现了宏观即肉眼可见的多细胞生物,它标志着自冥古宙—太古宙—元古宙长达40亿年的隐生宙的结束。也显示早期的生物进化也遵循着由低级到高级、由量变到质变、由渐变到突变的法则,因此到寒武纪即显生宙开始突现的"生命大爆发(见后)"是势所必然的。

三、元古宙地层的分布

早在太古宙末,在现在华北陆块(即原称的华北地台,下同)的范围,已形成了几处比较稳定的太古宙古陆核,但陆核与陆核之间,尚存在着不稳定的活动沉陷区,区内形成了五台群、辽河群、吕梁群、中条群、胶东群、嵩山群等早元古宙的沉积。由于期间陆块基底趋于稳固,这些分散的凹地沉积一般层序完整,变质较浅,之后它们先后卷入一次区域性地壳运动,在运动中全部褶皱、变质、隆起,将原来那些古陆核"镶嵌"在一起,形成了统一的、规模较大的华北陆块。这次构造运动在北方称吕梁运动,豫西地区称中岳运动,有人称为"吕梁革命",这是华北地区的一次具划时代地质意义的区域性大地构造运动,之后华北陆块的地史进入了一个全新的时代——中元古代。

中元古代的中国,北方除了华北陆块的稳固和扩大外,南方形成了扬子陆块,西部形成了塔里木陆块。前已提到与华北陆块、塔里木陆块不同的是,扬子陆块的大部分没有太古宇基底,多处是在古元古代变质岩之上形成的。但同华北陆块发育的历史一样,古元古代形成的地层变质较深,局限于一定地区,可能也是早期汇聚重组的微陆,只是在中元古代之后才趋于稳固。西部的塔里木地块现已发现太古宙地层,其形成也早于扬子陆块。应该说明的是,由于我国中、晚元古宙地层分布太广,这里不能全面展示,下面仅以华北陆块中、晚元古代地层分布特征为例加以简述。

经过吕梁运动后的华北陆块进一步发育为强烈沉降带型沉积、稳定浅海型沉积和隆起区陆相沉积的三种情况,它们形成的地层和岩石也是三种类型。

1. 以燕辽沉降带为代表的沉降带型沉积

燕辽沉降带分布在河北兴隆,天津蓟县,北京平谷、昌平、南口一线,大致呈东西向展布,沉积厚达10 000 m,这里形成了前面提到的国内外知名的蓟县中、晚元古界地层。按出露层序自下而上划分为长城系、蓟县系、青白口系3个系12个地层组。长城系下部为砂岩(石英岩)、火山岩,上部为碳酸盐;蓟县系以分布广、厚度大的碳酸盐岩为主;青白口系主要是砂页岩、石灰岩,其厚度小,分布也局限。该沉降带在其西端京西地区折转形成近南北向洼地,自北而南大体沿五台、阜平古陆边缘及晋冀边界向南延伸。与北部沉降带不同,洼地中仅沉积了长城系巨厚的以红砂岩为主的碎屑岩。长城系最具特殊性的是华北陆块南缘的豫西地区,这里也发育了相当北部燕辽沉降带的全部地层系统,但与北部相当长城系大红峪组的火山岩系,则发育为厚达万米的以安山岩为主的熊耳群火山岩系所取代。而北部沉降带青白口系之上缺失的震旦系,在豫西则是一些洼地残海和冰期沉积(表Ⅳ-1)。

2. 以山西、陕西为主的隆起区沉积

这里吕梁运动之前形成的太古宙—古元古代地层都大部隆起成陆并不断受到侵蚀,中元古代除古陆边缘能接受形成海侵时的海相沉积外,古陆内部仅是局部的陆相砂岩沉积,最典型的遗迹是山西中、南部霍山的汉高砂岩,河津的黑茶山砂岩等零星的长城系地层。但也因这些地层厚度本来不大,又在长期隆起,经受到蚀、残留的也不多了。

3. 陕西、山东、安徽及河南的沉积

除河南西部有分布的长城系熊耳群火山岩系外,基本上都属砾岩—砂岩—页岩—碳酸盐岩类稳定的浅海相沉积,时代为中元古代和晚元古代,地层发育比较完整。至中元古代晚期火山活动全部停息,地壳趋于稳定,因此也是生物繁衍、含叠层石海相地层发育的地区。

四、元古宙地质研究的重大意义

元古宙地质研究的重大意义,主要体现在三个方面。

表Ⅳ-1 豫西元古宙地层对比表

华北地层区豫西地层分区：华熊小区（卢灵地区、嵴山地区、洛宁(南)栾川(北)）；渑确小区（新渑地区、汝阳鲁山(北)区）；嵩箕小区（嵩山地区）；栾薄小区（大石河—栾川）。秦岭地层区北秦岭分区（栾川、嵩县南部）。

年代地层	卢灵地区	嵴山地区	洛宁(南)栾川(北)	新渑地区	汝阳鲁山(北)区	嵩山地区	大石河—栾川	栾川、嵩县南部	大地构造旋回
上覆地层	寒武系馒头组	栾川群白术沟组	白垩系秋扒组	寒武系关口组	寒武系辛集组	寒武系辛集组	新生界	三叠系延长统	
543Ma 元古宇(宙) 新元古界 震旦系 上统、下统	罗圈组				震旦系：东坡组、罗圈组、董家组、黄连垛组 v656 669	震旦系：红岭组	陶湾群：秋木沟组、风脉庙组、三岔口组		少林运动
800Ma 新元古界 青白口系 栾川群	白术沟组			洛峪群：(剥蚀)、三教堂组、崔庄组	洛峪群：洛峪口组、三教堂组、崔庄组 v1058 1071 1089	洛峪群：何家寨组、骆驼畔组、葡萄峪组；迭层石	栾川群：鱼库组、大红口组、煤窑沟组、南泥湖组、三川组、白术沟组；迭层石微古		少林旋回 (800–850)(晋宁运动) 豫西运动
1000 中元古界 蓟县系 官道口组	官道口组：冯家湾组、杜关组、巡检司组、龙家园组、高山河组；迭层石微古 ·1394(±43)	官道口组：冯家湾组、杜关组、巡检司组、龙家园组、高山河组；迭层石微古；底间距窄	官道口组：冯家湾组、杜关组、巡检司组、龙家园组、高山河组；迭层石微古	汝阳群：北大尖组、白草坪组、云梦山组	汝阳群：北大尖组、白草坪组、云梦山组 v1138 1159 v1115 1134 1169 ·<1276	汝阳群：北大尖组、白草坪组、云梦山组、兵马沟组	官道口组：冯家湾组、杜关组、巡检司组、龙家园组、高山河组；迭层石微古		豫西旋回 (1050–1000) 熊耳运动
1400 中元古界 长城系 熊耳群	熊耳群：马家河组、鸡蛋坪组、许山组、大古石组	熊耳群：马家河组、鸡蛋坪组、许山组、大古石组	熊耳群：眼窑寨组 ·1394、马家河组、鸡蛋坪组、许山组、大古石组 v1778		熊耳群：马家河组 ·1439、鸡蛋坪组、许山组、大古石组 ·1780			宽坪群：叫河组 ·<1263、四岔口组 ·1681 1741、广东坪组 ·1704 迭层石	熊耳旋回 (1350–1400) 中岳运动
1800 古元古界 2200 2500		嵩山群：铁铜沟组				嵩山群：庙坡山组 v1833(济源)、花峪组 迭层石、五指岭组 v1833 ·1799、罗汉洞组 SHRIMP <1743(±4) ·1952			中岳旋回 (?–1800)
下伏地层	太华群	太华群	太华群	熊耳群	太华群	登封群	熊耳群	未见底	

图例 ·Rb—Sr 等时年龄 vK—Ar法年龄 SHRIMP 电子探针锆石年龄 ∠侵入岩年龄 微古—微古植物化石

1. 元古宙地质在地球发展史中具理论性、基础性意义

可以这样说，我们地球上的一切，包括早期地壳的岩石、矿物、海洋、生物以及空气成分等，都是在太古宙阶段初步形成，后在元古宙阶段得到巩固和发展的。同理，以地球上的这一切物质（地层、岩石、古生物等）为基础，通过观察、对比、归纳、综合，不断提升认识而形成的地球科学体系，也是在对太古宙地质研究的基础上，经进一步全面研究元古宙地质的过程中，才得到了充实和完善。因此，元古宙地质在探讨地球发展史和地质学基础理论研究中有着重要意义。这里应特别提出的是，依据我国元古宙地层分布的广泛性、特殊性、层型剖面的系统性、完整性而提供的专题性科研成果，例如元古宙大地构造活动的特性和形迹探讨，元古宙区域地层沉积的时空演化理论与区域上元古宙主要沉降带层型剖面的划分和对比等，都不失经典价值，对国内外元古宙地质研究有着重要的示范或指导意义。

2. 元古宙地层研究的特殊意义

元古宙地层的分布，遍及华北、东北、西北、华南和西南各地，是我国一个丰富的地质宝典，对其研究的特殊意义有以下两点：

（1）组成三大陆块的基底不同，形成的时间也不同。扬子陆块与华北陆块、塔里木陆块不同之处是前者没有太古宇变质基底，其形成时间为元古代末，后者与之相反，形成时间为早元古代末。这三大陆块发育期内形成的地层各有哪些特征？它们是怎么演化为陆块的？这是要研究的第一个问题。第二个问题是塔里木陆块与扬子陆块和华北陆块南缘都存在着震旦纪的冰期沉积，不同的是华北陆块和塔里木陆块都有中—晚元古代盖层系统，并可以与蓟县剖面对比，早元古代已克拉通化，而扬子陆块的发展则与前者差异很大，最早的克拉通化仅限于四川盆地及湖南、湖北、云南、贵州的一些局部那里可能仅分布着早元古代形成的陆岛，它们的周围还是活动的褶皱沉降带。到了中元古代之后，虽然接受了广泛沉积，但地壳仍很不稳定，构造运动和火山活动都很频繁，岩石褶皱变质较深。直到距今8亿年的晋宁运动（性质相当华北的吕梁运动、中岳运动），才趋于稳定。

（2）中国南、北地层形成和分布的不同特点，说明了我国元古宙地壳发展的不平衡性，也是我国元古宙地质的特殊性。但是要研究这一问题的一个最大难点是这些互不连续、分布零散，从古元古代延至中、晚元古代，从北方延至南方、从东方延至西方的这些诸多被称为"群"（如北方的五台群、滹沱群、嵩山群，南方的昆阳群、崆岭群，新疆的库木塔格群等）的地层时代和对比问题，从而大大增加了元古宙地质研究的艰巨性和复杂性。

这里应该向读者说明的是，上面这两点，虽都可以说是《洛阳地质史话》的题外话，但也是话说洛阳地史时不可不谈的区域性元古宙地质知识。

3. 元古宙研究的地质找矿意义

前面提到国外在距今25亿~23亿年始元古代早期的地层中发育着厚大的硅铁沉积建造，形成了很多数以百亿吨计的大型铁矿床，因此国外地质界对这部分地层的研究程度很高，定名为"成铁纪"。铁质来自太古宙末发育完全、气候湿热并有厌氧细菌活动的古风化壳。相比之下，我国国土所处也许是当时古纬度高，还是地形因素，这个古风化壳的发育却不成熟，因此没有形成如国外那样的大型铁矿。但也不可忽视的是，局部地区如山西五台、吕梁、中条及河南登封井湾也形成一些类似的磁铁石英岩、磁铁片岩型规模不等的铁矿床和矿化点，还有山西中条群、云南昆阳群中的铜矿，川西会理群中的铁铜矿，在辽宁、吉林的这套地层中还形成了具规模的滑石矿、菱镁矿，在山东、吉林形成大规模石墨矿，河北形成石棉矿，而江苏、安徽的一些大型变质磷矿——东海磷矿、宿松磷矿等，也都是国内外知名的大型非金属矿床。这意味着我国的早元古界地层虽然形成大型铁矿床的条件不佳，但依然具有重要的成矿与找矿意义。

中晚元古代地层中的矿产，我国以长城系中的宣龙式铁矿、瓦房子式锰矿为代表，在内蒙古、河北北部很有区域性；而在河南境内，相当蓟县系汝阳群之下也形成了宣龙式的黛嵋寨铁矿、武湾铁矿和石梯磷矿;青白口系洛峪群三教堂组形成石英砂岩矿,崔庄组形成含钾砂页岩矿。而区内分布广泛的熊耳群火山岩,官道口群、栾川群、陶湾群的沉积岩分布区,都是后来与岩浆活动相关的金、钼、钨、铅、锌、银等内生多金属成矿的主要围岩,其中不乏一些大型矿床。

第二节　古元古代嵩山群

(2 500~1 800 Ma)

说地层群、组遍树真难识,讲地史台、槽比较有新知。

嵩阳运动后,河南地史也展示出了崭新的一页——进入元古宙时期。有关元古宙的相关知识,前面的第一节已结合全国的研究现状作了概述。从中看出我国元古宙地质是个非常重要的学科领域,具有十分广深的研究内容。但受本书主题和内容篇幅所限,本节以及后面的几节,只能仅就河南重点解说洛阳及豫西元古宙的地质情况。

一、古元古代的“河南”

人类如何能了解到几十亿年以前地球上的情况呢?从地质学和地质学家那里人们得知,依靠的就是那时留下来的地质遗迹类实物资料——地层、岩石和可能存在并保留在地层中的生物化石。观察研究的主要对象是各地测制的系统地层剖面。地质学家就是从这些地层中,按层序先后,所含生物化石的新老及测定的同位素年龄,经与区域内研究程度较高的标准地层剖面对比,来确定它们的生成时代;按照地层中的不同岩性、岩石组合和特征性岩石分析判别当时的生成环境与生成条件;并按照这些地层的分布、岩性、厚度和地层中的原始沉积特征,剖面保留的完整程度,来确定当时的古地理地貌;进而以其产出的构造形态,内部岩层的完整性、连续性,以及变质程度等分析它们生成后受到的构造变形情况。以上这些都是地质工作者经常使用的科学分析方法,河南古元古代地层研究也都是依此开展工作的。

依据区域地质和地层研究成果,人们发现并总结出分布在北部华北陆块区和南部秦岭造山带(即原称的秦岭地槽,下同)两地的河南古元古代地层明显地呈现出两种不同的类型:北部地层区属稳定的沉积环境,古元古代地层不整合(嵩阳运动)在太古宙登封群和太华群之上,主要地层系统包括已列入华北陆块结晶基底的嵩山群、银鱼沟群和铁铜沟组,南部造山带区则分布了秦岭群、陡岭群和苏家河群这三套各自独立的地层系统。从总的分布状况和地层特征分析,北部华北陆块区的嵩山群、银鱼沟群和铁铜沟组三者岩性相近,地层组合有很多相似性,应是处在同一块大陆上不同部位的沉积。南部的这三套地层,岩性差异较大而又相距较远,可能就是当时秦、祁、昆大洋中的“孤岛”,后来经受了较大的改造和位移。有关华北陆块区的嵩山群、银鱼沟群和铁铜沟组,后面将要系统阐述,这里先解说一下南部这些“孤岛”的组成。

1. 秦岭群

秦岭群是分布于卢氏、西峡、内乡一带,被挟持于朱夏(朱阳关—夏馆)和商丹(商县—丹凤)两个深大断裂带间的一处断垒型地质体,地质前辈、大地构造学家黄汲清先生《中国主要地质构造单位》一书中称此为“秦岭地轴”。其组成的主要岩性为混合岩化石榴黑云斜长片麻岩、斜长角闪片麻岩、厚层石墨大理岩、含石英条带和团块的碳质大理岩夹薄层石英岩等。依据岩性和层序关系,自下而上划分为以变基性火山岩为主的郭庄组,以变质碳酸盐岩夹泥砂岩为主的雁岭沟组和以变质黏土岩为主的界牌组三部分,豫西重要的辉锑矿,含锂、铍的伟晶岩型白云母矿及石墨矿均产于这套地层。有关秦岭群的问题后面还要进一步阐述。

2. 陡岭群或陡岭杂岩

陡岭群分布于淅川、西峡县交界之大陡岭一带,被西峡—内乡断裂和新野断裂所挟持。主要岩性为眼球状混合岩、斜长角闪片麻岩、透辉变粒岩、石墨二长片麻岩夹石墨大理岩。与北侧划归晚元古代的周进沟组为断层接触,南侧为中元古代姚营组不整合覆盖,姚营组之上则覆盖了华南扬子陆块的盖层——晚元古代陡山陀组冰碛层和震旦系灯影灰岩。陡岭群的独特之处是岩石受了强烈的变质、变形和改造,成为一套无形、无序的"地层"。考虑到其上被震旦系地层不整合,推测它可能是接待过晚元古代来自南部扬子海侵的光顾,也可能是由南而北后期推覆构造产物。与这套地层有关的矿产除了石墨外,主要是砂金,以此为线索可能找到原生金矿。

3. 苏家河群

苏家河群分布于桐柏山—大别山北麓的新县苏家河一带,主要岩性为白云母钾长片麻岩夹角闪岩、云母石英片岩及似层状大理岩。北部与晚元古代南湾组为断层接触,南部不整合于大别杂岩(Pt₁)之上。依据岩性组合,苏家河群划分为两个组:下部为浒湾岩组,原岩属滨海—浅海相泥砂质、钙泥质—碳酸盐岩夹基性火山岩,中—深变质程度,轻度混合岩化,变形强度高,含大量构造挤压糜棱岩,故又称其为"构造混杂岩带";上部岩组称定远岩组,与浒湾组也为断层接触,属滨海泥砂质、镁铁泥质沉积,夹中基性—酸性火山岩。与苏家河群有关的矿产主要为金红石矿和硅石、石灰岩类。

有关秦岭群、陡岭群、苏家河群的岩性、层位、时代、构造等问题的研究,涉及华北陆块南部的古构造、古地理条件,可以帮助我们认识豫西地区地史中大地构造演化等诸多问题。对此还将在本节的后一部分讨论,下面重点阐述分布在北部陆块区的嵩山群及与其相关的地层。

二、嵩山群、银鱼沟群和铁铜沟组

1. 嵩山群

嵩山群为中原地区古元古代地层的主体部分,分布于登封、新密、巩义、偃师、禹州、汝州等县(市)的嵩山、箕山及荟萃山一带,主体岩性为一套以碎屑岩为主夹碳酸盐岩组合,由砂岩—页岩,或由砂岩—页岩—碳酸盐岩组成的有规律变化的沉积韵律十分明显。自下而上由罗汉洞组、五指岭组、庙坡组和小花峪组四个地层组组成。罗汉洞组原名嵩山石英岩,总厚749 m,由底砾岩,粗、中、细不同粒级石英岩组成,顶部夹少量绢云石英片岩。该套巨厚的石英岩组成了中岳嵩山的主体。五指岭组又称五指岭片岩,分布于巩义南部和登封之间的五指岭山区,岩性以千枚岩、片岩为主,夹薄层石英岩、大理岩,与下伏罗汉洞组为连续沉积,总厚747.5 m。庙坡山组分布在登封唐庄井湾村以东,厚275 m,岩性单一,主要是中细粒石英岩夹少量绢云石英片岩,上部形成磁铁石英岩型的井湾铁矿,下部的白色、浅绿色细粒石英岩可做油石,质优者即宝玉石族中的密玉。花峪组分布于登封井湾,新密五指岭、荟萃山及新郑风后岭等地,岩性为石英岩夹千枚岩、绢云石英片岩和白云石大理岩,总厚194 m。

嵩山群以罗汉洞组底部的三层砾岩,角度不整合在下伏太古宇登封群之上。自下而上连续沉积而不间断,主体岩性以砂岩变质的石英岩和黏土岩变质的片岩、千枚岩为主,仅在五指岭组和花峪组顶部见到不厚的白云石大理岩。依其岩石组成,说明嵩山群形成于大陆边缘的近海陆棚区,主体以碎屑岩为主,仅在局部地区出现范围不大的化学沉积洼地。罗汉洞组同位素年龄19.52亿年,但未发现生物遗迹。五指岭组一段、三段均发现微古植物(穴面球形藻等)化石,五指岭组二段和花峪组的大理岩中均产有叠层石。

嵩山群以其巨厚的石英岩和极为复杂的褶皱(照片Ⅳ-2),呈现出风光奇特的地貌形态。从嵩山群的同位素年龄和厚近2 000 m碎屑岩建造的出现说明,嵩阳运动后华北区南部由登封群结晶岩系组成的大陆地壳已相对稳定,隆起后经风化侵蚀的时间较长,并已形成了相对稳定的海岸线,所以也为嵩山群准备了丰富的陆源碎屑物质和海水分选条件。当然这种相对稳定指的是古元古代初期的稳定,因为嵩山群形成后,接踵而来的是中岳运动和相当长的沉积间断与侵蚀时期。

2. 银鱼沟群

银鱼沟群主要出露在豫北济源市邵源、王屋山及其以北地区。同嵩山群一样,其岩性也以石英岩、片岩等碎屑岩组合为主,夹碳酸盐岩。和嵩山群不同的是,银鱼沟群的岩性和厚度变化大而快,在短距离内可由机械沉积的碎屑岩变为化学沉积的碳酸盐岩,由沉积韵律和由韵律组成的旋回极其发育,说明这里的地形地貌不仅变化大,而且地壳不断地上下震颤,这种韵律特征自然与其所处的大地构造位置有关。

说到这里得插上一段话,什么是韵律? 韵律来自音乐,亦称音律、律吕,指的是音律升降中某一音符的重复次数。地层中的某一种岩性就好比一个音符,它记录的正是一次地质过程:地壳下沉,海水入侵,近岸处沉积了粗的砂砾,成岩后变成了砂岩、砾岩;远岸处沉积了细的黏土,成岩后变成了页岩;深海区出现化学沉积,形成了石灰岩。地壳继续下沉,海水继续入侵,就会出现石灰岩盖在页岩上,页岩盖在砂岩上的情况,形成海进层序。地壳上升时的海退时正好相反,表现为粗粒压在细粒之上的情况。这样的由地壳下沉和上升代表一次小的地壳运动。这个运动的过程都记录在留下的岩石地层中,因此在一个由砂岩—页岩或由砂岩—页岩—石灰岩组成的正常的海进式沉积序列或由页岩—砂岩,石灰岩—页岩—砂岩组成的海退式反向沉积序列中,某种岩性或特定的岩层组合的有规律重复,代表着地壳的升降。每一次小的重复代表一个韵律,而由一系列韵律组合的一次大的重复,即地壳从小的震颤中下沉,再从震颤中上升,这就叫一个旋回。所以地层是地壳运动的记录,地史上发生的各类地质事件,都真实地保留在地层中,对此,在前面第二章的开头就提到了。

现在再把我们的话题拉回来,银鱼沟群自下而上划分为幸福园、赤山沟、北崖山三个组,总厚2 229 m。其下部以砾岩不整合于登封群(林山群)之上,上部为熊耳群火山岩覆盖。由于银鱼沟群分布在嵩山群和中条群分布区之间,岩性组合又与二者相似,所以以往的研究者有的将其与中条群对比,有的与嵩山群对比。需指出的是,该套地层因处在中条山和太行山之间不同方向的构造转折处,它也受到了后期比较强的构造形变,因此在产出形象上和嵩山群略有差异。

3. 铁铜沟组

仅见于陕县崤山东北部的放牛山和三角山一带(参见图Ⅳ-1)出露,东西延长 3 km,南北宽 1 km。底部以变质砾岩不整合于太古宙太华群之上,下部为石英岩;中部为钙质绿泥片岩,上部为厚层石英岩夹绢云片岩,顶部有白云岩和大理岩透镜体,上为中元古界熊耳群火山岩系不整合覆盖,总厚349～430 m。从顶底岩层的时代判定该套地层应属古元古代,岩性组合也与嵩山群和银鱼沟群相似。具特殊性的是,在豫西整个太华群分布区,铁铜沟组只是唯一一处,是否在广布的熊耳群火山岩之下的某些地方还压着这套地层,这是值得注意的,有关铁铜沟组的沉积环境,下面还要继续探讨。

三、豫西古元古代地史演化及相关地质问题

1. 古元古代豫西地区的古地理

嵩阳运动之后,华北陆块的河南部分已隆起成陆,标志着陆块的范围向南部扩大。但组成陆块的原始陆核的边缘和陆核与陆核之间尚存在着裂陷和不稳定的凹陷活动区,在北部河北、山西一带,留下的是如五台群、吕梁群、中条群等古元古代的沉积,在河南部分则以嵩山群、银鱼沟群、铁铜沟组为代表。尽管这些地层受到后期构造的断离、褶皱和地层的掩盖,但依然可以看出它们和山西南部的中条群处于一个近东西向或北西西向的坳陷带中,我们暂称其为"嵩箕—中条海湾",其中形成的嵩山群、银鱼沟群、中条群虽厚度不同,但岩石组合、变质程度、韵律旋回等特征基本相似,总体显示了浅海陆棚相的沉积特征,而这些地层底部的巨厚石英岩层,如嵩山群下部的罗汉洞组,银

鱼沟群下部的幸福园组,中条群下部的界牌梁石英岩,都可说明当时其南北都已形成了很长而且稳定的海岸线,代表着古元古代大海的边缘(照片Ⅳ-2)。它和上覆地层之间的连续性和地层本身的韵律性都说明这时的华北陆块地区,已进入一个相对的稳定时期。

照片Ⅳ-2　嵩山石英岩的尖棱状褶曲
——嵩山地区的古老地层褶皱形态复杂,是因为它经受了5次以上大地构造运动,其中嵩山石英岩就经历了4次。褶皱形变了的嵩山群地层、层理、片理、节理、劈理叠加在一起,相当复杂难辨。

(《资源导刊·地质旅游》2011年第1期)

从上述古元古代的古地理分析,可以对一直未得到合理解释的铁铜沟组的形成条件有了新的认识:崤山铁铜沟组分布的面积很小,最大厚度仅430 m,但也是一个自下而上由石英岩—页(片)岩—碳酸盐岩组成的完整旋回,且与嵩山群、银鱼沟群、中条群的岩性组合基本相似。因此,推断这套地层为古元古代"嵩箕—中条海湾"西段南部残留部分,和北部的中条群地层遥相对应,该套地层的中、上部其他部分,可能被后期的三门峡—田湖—鲁山断裂破坏或为断裂北侧坳陷中新的地层掩盖了,所以铁铜沟组也应同嵩山群、银鱼沟群同属古元古代,其下的太华群和登封群也应是连续的。

2. 关于中岳运动

中岳运动于1954年为西北大学张尔道先生创名,相当华北地区的吕梁运动。中岳运动的不整合面系嵩山地质公园三大不整合面之一,位于嵩阳运动不整合面之上。运动发生在古元古代嵩山群沉积之后、中元古代汝阳群马鞍山砾岩(云梦山组)沉积之前(照片Ⅳ-3)。中岳运动的结果使整个嵩山群产生了紧闭的、走向南北、轴面向西倾斜、向东倒转的一系列复式背斜和复式向斜。

这里所说的背斜,指的是向上凸的地层褶皱型式,其弯曲核部的地层老,翼部的地层新,向斜与之相反。由一组小背斜组成的大背斜叫复式背斜,一组向斜组成的大向斜叫复式向斜。嵩山群的石英岩经受后期强烈形变,原来沉积时的各种层理、构造挤压产生的片理、经受震动产生的劈理等方向不同,纵横叠加,使这部分岩层的层序变得十分复杂,再加上岩层的层面构造后期着色元素的浸染,于是在白色石英岩的天然背景上,留下了水墨丹青一样的图纹或由这些图纹组成的画面,极富观赏性,观赏石界人士称"嵩山国画石"(照片Ⅳ-4)。这正是"嵩山山水陶人醉,美轮美奂留石中",一方方嵩山国画石,可谓嵩山的缩影。究其成因,原是沉积时因季节性和矿物成分构成的黑

照片Ⅳ-3　中岳运动地质遗迹
——中元古界汝阳群马鞍山组砾岩不整合在嵩山石英岩之上。

（陈山柱《地学漫话》）

白相间的不同方向交错的微细层理(这好比我们常吃的红薯面和小麦面做成的炊饼),层面波痕等层面构造,后在地壳的褶皱构造运动中变成了这样独具特色的图纹。可以联想这构造变形就如此复杂,当时那个地动力该是多么大呢!

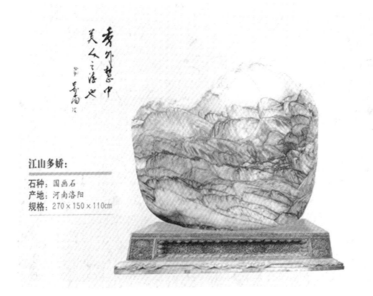

江山多娇:
石种: 国画石
产地: 河南洛阳
规格: 270×150×110cm

照片Ⅳ-4　观赏石藏品——国画石
——水墨丹青似的国画石让人想起嵩山脚下、颍水之滨正是唐朝大画
师吴道子的故乡。石中黛色花纹显示出意境幽深的山水图像,那正
是被揉皱了的砂岩中交错层理和层面波痕的遗迹。

（《资源导刊·地质旅游》2012年第1期载,张先锋藏品）

　　与中岳运动的褶皱构造相伴的同期的花岗岩活动和区域变质作用也相当剧烈。其中最大的花岗岩侵入体为分布在登封西南、同时侵入登封群和嵩山群罗汉洞组的石秤花岗岩,其SHRIMP,年龄为1 743 Ma(Zhao and Zhou,2009),另一组年龄为18.54亿～15.05亿年。分布于偃师南部的白家寨岩体,其同位素年龄为16.31亿年。伴随构造—岩浆活动及其导致的区域变质作用,使古元古代的地层和下伏的太古宙地层再次加固,二者共同组成华北陆块完整稳固的结晶基底。自此之后的嵩箕地区,除了有中元古代的中基性岩浆活动,形成一些岩脉、岩墙外,再没有发现具规模的晚期岩浆活动,这和南部晚期岩浆活动频繁的熊耳山、伏牛山地区有明显的差异,所以嵩箕地区以金为主的内生矿产的找矿一直没有突破。

3. 关于秦岭群、陡岭群和苏家河群

在华北陆块和扬子陆块之间,分布着一个由无数条深大断裂分割、各自互不联系又各自独立的地层系统,传统地质学派称为秦岭地槽带,地质力学称秦祁昆纬向构造系,板块学派称秦岭陆内造山带或中央山系。这是由很多山系组成的横亘中国东西向山链的一部分,因跨洛阳南部也是洛阳和豫西地区的一部分。因此,研究洛阳地史必然涉及这个地区,尤其是与嵩山群一同划归古元古代的秦岭群、陡岭群和苏家河群,这些孤立的地体和它们独特的地质面貌,自然会引起众多探索者的兴趣。

近几十年来无数地质学家的研究证明,这个造山带不仅具有很大的规模,而且从古元古代到中、新生代一直都在进行着不同形式的洋陆转化和陆内裂陷构造活动。很多被深大断裂隔离的地质体,都因不同时期地质构造的多次叠加、不同时代地层的相互重叠,以及强烈的区域热动力变质作用,成为无层无序、缺顶少底的杂岩地体,加之地层中化石稀少又难以保存和热动力变质叠加测定的同位素年龄偏新,均为研究者出了很多难题。以前面谈到的秦岭群为例,前人依其岩性与五台群、泰山群对比,和由其形成的古秦岭阻隔了古生由南方向华北入侵的海水,称之谓"秦岭地轴"并划归前寒武纪的这一观点延续了几十年。但随着地质工作的深入,原先的认识遇到了新的挑战:1973年河南区测队在西峡湾潭的秦岭群雁岭沟组中找到了虫牙和几丁虫化石,一下将秦岭群的时代上提到早古生代!真好比"一石激起千重浪",这一发现在地质界引起极大的震动。也是无独有偶,现任省地矿局总工程师、当年曾在大别山西段工作的张宗恒等在桐柏地区的秦岭群雁岭沟组中还发现了腕足类、海百合茎和放射虫等化石,又将其上提到晚古生代—二叠系。除此而外,有人在关注秦岭群发现生物化石的同时,还综合考虑到秦岭群中大量的、小于古生代的同位素年龄资料,并结合变质程度和围岩时代,将其时代定为前奥陶纪。可见同是一个秦岭群的时代,就有前寒武纪、古元古代、早古生代、前奥陶纪、晚古生代—二叠系等的不同结论,不仅如此,连秦岭群所处的大地构造位置和北部华北陆块的关系,也有人提出秦岭群是华北古陆裂解的一部分,华北陆块和扬子陆块对接缝合的部分就在商—丹断裂带!真可谓众说纷纭,使后人莫衷一是,困惑重重。

编者阅读《中国地质》(VOL35. NO1)发表袁学诚等《秦岭陆内造山带岩石圈结构》一文给了一个深刻的提示,从中认识到整个秦岭造山带中所有地层系统都是在大洋形成阶段,许多海岛(微陆)在漂移、对接、软碰撞或俯冲的多阶段中完成的。他们根据秦岭群中的中基性火山杂岩的岩石地球化学研究,认为其与华北陆块的成分差异很大,而与扬子地块很接近。由此推断,秦岭群是元古宙末扬子陆块形成进入裂解阶段后,从陆块中分离并向北推移的一个不生根的地质体,其主体部分同扬子陆块基底一样同属古元古代,但在解离、推移的过程中混入或粘连了古生代的成分。

同样的形成机制,可以用于陡岭群和苏家河群。因为在这里也发现了古生代的生物化石,因此也同秦岭群一样产生了生成时代的争论。这里的一个明显的特征是,与陡岭群地体相伴出露并不整合在其上的新元古界陡山沱组冰碛层,无疑证明它原是属于扬子陆块的一个标志。当然,上述的这些见解能否缓解那些争论,也需要时间和进一步的工作来证实。

第三节 中元古代长城纪

（1 800～1 400 Ma）

"熊耳"、"宽坪"论成因；"山弧"？"裂谷"？ 争到今。

一、长城纪时的"豫西"大地

中岳运动即吕梁运动之后，华北陆块南部的嵩箕地区呈穹窿状山地再次隆出水面，标志着华北陆块在古元古代形成的地层已经填平了太古宙末嵩阳运动留下来的凹陷、沟谷并使之进一步固化，形成了稳定的陆块基底，后在新的构造旋回中下沉，开始了中元古代以来以长城系为起点、褶皱和变质都十分轻微的稳定的盖层沉积。这也是华北陆块和隔秦岭海槽（造山带）与之对峙的扬子陆块的不同之处，因为后者是在古元古代时才具雏形，没有太古宇基底。它的盖层也是直到元古宙末才形成的南华系和震旦系。

长城纪时看"豫西"的关键，是华北陆块的边界在何处。对此河南的地质部门及出版的所有文献和图件，都把黑沟（陕西洛南）—栾川—乔端—商城断裂作为其南界。其主要依据是组成陆块基底的太古宇登封群、太华群和上覆古元古代的嵩山群、铁铜沟组均分布在该断裂带的北侧，其中距断裂最近、在洛阳市域范围内出露的太古宇结晶基底岩系有两处：一处在嵩县车村南部的摘星楼一带，毗邻栾川断裂；另一处位于栾川大青沟—重渡沟一带，二处均为零星出露的太华群上部岩系，上覆熊耳群火山岩。栾川断裂以南的秦岭褶皱带，出露的最老地层是前一节已说过的早元古界秦岭群、陡岭群和苏家河群，但它们和断裂以北的太古宇地层没有联系，与陆块内部的元古界嵩山群等也有较大的区别。因此说，华北陆块的南部边界应该是黑沟—栾川—商城断裂带，准确地说或其附近，因为现在的断裂带只是后期构造推移后的位置。

华北陆块上形成的中元古代第一套地层是长城系。依据天津蓟县标准剖面，长城系自下而上分为常州沟组、串岭沟组、团山子组和大红峪组4个组，这是一个完整的海进式的由粗碎屑（砾岩—砂岩）—细碎屑（砂页岩—页岩）—碳酸盐岩（白云岩—石灰岩）组成的沉积旋回，顶部大红峪组还含有厚近百米的富钾粗面岩和火山碎屑岩，四个组的总厚度2 700 m。这套地层在京西一带由走向北东转为南北向后，沿现太行山一线南延，自河北阜平经石家庄头泉、山西黎城、河北涉县大河庄，延至河南安阳林州、焦作云台山一线，自北而南厚度逐渐减薄为420～158 m，岩性主要为砂砾碎屑岩，缺失火山岩和碳酸盐岩。其所形成的地形也恰似长城一样，呈近南北向矗立在太行山的脊背上，地貌形态群峰突兀，壁垒森严，极为壮观。在河南云台山、关山等地都被开发为山水游的重要景区（照片Ⅳ-5）。

经几十年地质工作肯定，河南归属长城系的地层主要是沿黑沟—栾川—商城断裂带南北分布的宽坪群和熊耳群，这两套地层无论分布位置、构造线方向、地层组合、岩性特征，乃至同位素年龄组合等，都各具特色，而又有相当的依存性和可比性，因此历来为地质科技界关注，它们之间有无内在联系及各自的形成机制，也一直是探讨的焦点，对此，后面还要进一步阐述。

在弄清或交代了上述一些关键性问题的基础上，我们可以推测豫西一带当时的古地理古构造情况是：在北部许昌、嵩山、箕山地区，嵩山群直接被中元古代晚期的蓟县系汝阳群超覆，缺失长城系，说明中岳运动之后整个长城纪的4亿年中，那里都是隆起的古陆，处于长期的侵蚀期。由嵩箕地区北延豫北太行山以远一线，则分布着走向南北，厚度不大，以碎屑岩为主，岩相十分稳定的地层，推测是严格受着南北向断陷且又落差较大的沟谷中的填充式沉积。只是这套经南北向断陷控制的碎屑岩系，在延入河南境内后逐渐变薄而消失，代之而呈现的是两条北北西向的由碎屑岩—安

照片 Ⅳ-5　中元古界长城系石英岩
——林州林虑山太行大峡谷地貌景观。

（《资源导刊·地质旅游》2011 年第 7 期）

山岩为主体的陆相火山岩带（见后），有趣的是，华北陆块南部的这套火山岩系和陆块边缘的熊耳群陆相火山岩又与陆块之外黑沟—栾川断裂带以南的宽坪群变海相火山岩同为一个时代。这两套性质不同的火山岩系，它们之间有哪些区别？二者在成因上有什么联系？这是一个很复杂而地质科技界又很感兴趣的问题，由此又产生了"山弧"、"裂谷"的不同成因见解。究竟哪种说法会让你信服呢，请先了解一下这两套地层特征之后再说。

二、熊耳群与宽坪群

1. 熊耳群

凡在洛阳地质部门工作过的人，大都知道熊耳群是火山活动形成的一套巨厚的火山岩地层。谈到火山活动，人们会联想起通过电影、电视看到今日的印度尼西亚、菲律宾、智利、意大利和北欧冰岛等地的火山喷发现象：一声巨响，火山弹夹着岩块四散迸射，接着是喷着火舌的炽热熔岩流沿地面斜坡滚涌而来，还有像原子弹爆炸的烟云腾空而起，弥漫天际，接着是像下雪一样散落的火山灰遮天盖地……猜想熊耳群形成时，可能也是这种情况。然而谁会想到那时"豫西"的这类火山活动却一直延续了 40 000 万年！自然也会联想到有关这套火山岩勘查研究中的诸多其他问题。

（1）创名、划分、分布

熊耳群于 1959 年原为秦岭区测队在熊耳山创名，当时分下、中、上熊耳群三部分，无组名。1963 年河南省区测队在济源邵源镇北沿西阳河谷测制了系统剖面，自下而上划分了大古石、许山、鸡蛋坪、马家河 4 个组，依产出地名命名为西阳河群。1985 年河南省第一地质调查队开展 1/5 万栾川北部熊耳山南坡区调时，考虑群、组异地冠名不当，分段测了大古石、许山、鸡蛋坪、马家河 4 个岩组剖面，自下而上新命名为磨石沟、张合庙、焦园、坡前街，加上上部新建的眼窑寨组共 5 个组。由于该剖面选择不符合层型剖面要求，相关资料不足，之后新建名称不再沿用，后人仅保留了上部的眼窑寨组，其他组仍用原名。

　　豫西一带的熊耳群在分布上呈明显的两个火山带:北带即原划出的西阳河群,东自济源邵源镇,西延山西中条山南坡的垣曲县以远,东西长30 km,为一独立岩带;南带分布面积大,东西延长500 km,西自陕西洛南坝源,向东自灵宝南部、卢氏北部过陕县经洛宁、宜阳、嵩县、栾川、汝阳,东延鲁山、方城及确山县,为另一独立岩带。另在渑池段村、舞阳、方城之间有顶部岩层零星出露,总分布面积5 300 km²。厚度各地不一,总体显示以崤山、熊耳山、外方山为中心的中部厚,向东西逐渐变薄趋势。北部西阳河一带厚5 027 m,崤山7 171 m,熊耳山6 047 m,汝阳外方山区仅马家河组已达3 949 m,推测总厚度在10 000 m左右(照片Ⅳ-6)。

照片Ⅳ-6　熊耳群安山岩地貌
——熊耳群为中元古代(1 870~1 459 Ma)广泛发育在豫西华熊
地区的以安山岩为主的陆相火山岩系。

(陈山柱等《地学漫话》)

　　(2)岩石组合

　　熊耳群总体上为一套包括底部碎屑岩在内的中偏基性夹酸性的火山岩组合。自下而上,大古石组为紫红色砂砾岩、砂岩、砂质页岩,局部夹少量安山岩,豫北西阳河、王屋山一带厚60~210 m,洛阳一带各地厚度变化大,一般仅20 m左右,最大厚度123 m(栾川白土)。许山组为杏仁状安山玢岩、大斑安山岩、辉石安山玢岩夹安山玄武岩,全区总厚895~3 656 m。与区域上不同的是,洛阳各地许山组的大斑结构突出,济源则杏仁构造发育,而唯独崤山地区有酸性火山岩和凝灰岩夹层。鸡蛋坪组以酸性流纹岩、石英斑岩为主,夹少量中性岩和火山碎屑岩,厚度变化较大,在济源区仅厚112 m,但洛阳一带(嵩县北部)厚达1 340 m。马家河组以中基性安山玄武玢岩、中性安山质熔岩为主,夹厚薄不等的酸性熔岩、火山碎屑岩及风化剥蚀沉积的砂页岩,沉凝灰岩夹层多是马家河组的一个特色,也是和许山组中性熔岩的最大区别。马家河组在熊耳山南坡厚3 910 m,外方山区厚3 949 m。由省第一地质调查队建立的眼窑寨组仅分布在马超营断裂旁侧的一个带上,岩性为紫灰、暗灰、浅灰色英安斑岩、流纹质英安斑岩、石泡英安斑岩,内部气孔和石泡发育,次火山相特征明显,总厚923 m。需加说明的是,1:20万鲁山幅中的龙脖组(嵩县东北部)后经进一步工作证明为鸡蛋坪组,已废。

　　(3)地质特征

　　从以上火山岩系的分布、地层发育情况、岩石组合和厚度变化推测,熊耳群的喷发中心主要集中在南部崤山、熊耳山、外方山一线,形成三大喷发中心,这一火山岩系的地质特征可概括为以下几点:

①顶、底关系清晰，具备陆块盖层特征。

火山岩系之下与下伏太古界、下元古界（指铁铜沟组）角度不整合接触，上部为中元古界汝阳群、官道口群（见后）平行不整合覆盖。除南部栾川地区近断裂带部分因经受后期构造运动，岩石有轻度变质外，全区基本未变质。构造性质以脆性形变为主，内部断裂带发育，塑性褶皱形变简单，多形成开阔褶皱或平缓单斜式岩层，显示出了陆块盖层的基本特征。火山喷发形式早期以裂隙喷发的熔岩流为主，没有火山灰夹层；后期转为中心式，多见于酸性熔岩分布区，因为岩浆的黏度大，多形成爆发相，产生大量火山碎屑，这些夹杂熔岩的火山碎屑物多分布在火山穹隆或火山口群附近。

②火山建造的旋回性、韵律性非常明显。

建造是地质上常见的术语，前已提到它的基本含义是在特定的地质时代、特定的地质构造环境内形成的特定地层、岩石或矿产组合，熊耳群火山建造表现出了极其发育的旋回性和韵律性。什么是火山旋回？又什么是火山韵律呢？从岩浆演化角度讲，从喷出基性到中性再到酸性熔岩，包括同一过程中的后期次火山岩侵入，代表一次岩浆活动旋回；从火山活动、形成火山岩系角度讲，它包含了喷发初期由熔岩、火山角砾、夹杂着沉积岩砾石的混杂岩，熔岩和火山碎屑岩夹层，以及后期由火山碎屑到陆表风化、剥蚀物形成的正常沉积岩的出现则叫火山活动旋回。火山韵律则是以火山喷发的频数，由喷发开始的火山角砾—火山熔岩，包括火山间歇期的沉凝灰岩或出现顶部的红色氧化气孔层为标志的重复次数。

依据上述旋回和韵律的概念，熊耳群由许山组的中性岩到鸡蛋坪组的酸性岩为下旋回；由马家河组的中性岩到眼窑寨组的酸性岩为上旋回。以这两个旋回为熊耳期火山活动的主体，包括其下部属于"序幕"的大古石组火山岩夹层和算作"尾声"的上覆汝阳群、官道口群底部的火山岩层。该期火山活动的旋回和韵律极其发育是熊耳群火山岩的主要特点。以往的成果对韵律的划分粗细有别，不同的研究成果各有表述，其中按单一岩性的碎屑岩层加熔岩层划分的韵律组至少有 30 个以上，而按杏仁或斑晶及氧化面划分的韵律组不下 100 个！如此发育的旋回性和韵律层，代表火山喷发达 4 亿年的持久性和多阶段性。显然这是其所处的特定的大地构造部位、丰富的岩浆源和潜藏于地下充足的能量所决定的。

③火山活动的环境和喷发形式、喷发机制比较复杂。

熊耳期豫西的古地理环境，应是北依中条和内黄—嵩箕古陆，中横小秦岭—崤山—熊耳古陆，南临北秦岭海槽。早期在秦岭大洋以北的华北陆块区，陆块边缘裂陷，首先产生了大古石组碎屑岩沉积，接着是火山碎屑岩不发育的裂隙式喷溢，形成以大斑安山岩为代表的许山组安山岩、安山玢岩岩流；中期随岩浆酸性和黏度的加大，岩浆活动逐渐由裂隙式转为中心式猛烈爆发，形成诸多由火山口群组成的喷发中心，喷涌出多杏仁的英安岩和流纹岩。这是鸡蛋坪组的标志，在熊耳山区鸡蛋坪组以氧化杏仁层的广泛分布为特征，枕状构造（熔岩在水中滚动冷凝，形成类似枕头样的构造）不发育，标志喷发转为以陆相为主，也代表下旋回的结束。上旋回从马家河组开始也是以中基性岩喷发为主，主要分布在崤山隆起外围，崤山、熊耳山之间，伏牛山北坡和汝阳南部的外方山区。喷发形式仍以陆相中心式为主，岩石中杏仁构造很发育，这些杏仁体多集中在喷发中心附近，远离中心逐渐消失。由于喷发中心或火山口群的不断出现形成了地形的起伏落差，从而加大了地表水的冲刷作用，容易将每次喷发的火山灰搬运到低洼处沉积，使熔岩中的凝灰岩的夹层增多、变厚，此为马家河组的主要特征；另一特征是枕状构造不发育，仅在近源处局部见到，因未见伴生的碳酸岩类夹层，岩石又没有钠化，说明这些岩枕也是在陆相水体中形成。后划归熊耳群的眼窑寨组酸性岩，其分布也仅局限在一个较小的区间内，多以次火山的火山茎相出现，这是火山活动收敛的标志。

前面在谈及熊耳群火山活动的喷发形式时提到了多杏仁体是识别鸡蛋坪组酸性、中酸性熔岩的主要标志，也是其与以斑晶为特征的许山组、马家河组中性熔岩的区别。杏仁状构造是由方解石、沸石、玉髓、绿帘石、褐帘石等次生矿物充填于熔岩气孔中形成的一种陆相火山岩特有的构造，在熊耳群火山岩系中具标志性特征。由于熔岩涌出后的深浅部位不同，形成的杏仁体有大有小；因熔岩所含气体的化学成分不同，充填的次生矿物种类不同，形成的杏仁体色调有别；或因杏仁体所在的岩性、岩石结构及成岩时受到的外界干扰程度不同，也给这类岩石造就了不同质地、不同色调、不同形态的杏仁和含杏仁的岩石。

接触和熟悉"河洛奇石"（观赏石）的朋友可能对这些不同类型的杏仁状火山岩最感兴趣，因为很多观赏石石种都与这些杏仁体有关。比如被称为"洛河丑石"（拳石、小石林）的一类观赏石，原是大杏仁状熔岩经水流冲刷脱落后的杏仁体，它的成分主要是很细、半透明状的玉髓或蛋白石，其中黄色半透明者有人称"洛河黄蜡石"。被称为"白堇石"的一种观赏石，则是另一类杏仁状熔岩，主产于伊河流域，杏仁的主要成分为方解石、绿帘石和红碧玉，后者形成的"荷花石"成为伊河石中的一类精品。而比较稀少，以汝河流域为主的"梅花玉"类，则是以多杏仁体的英安质熔岩堆积体，它的上面覆盖一层流纹斑岩，可能是在英安岩未冷却时就被后者压在下面，其中大小不等并具色彩的杏仁体形成了类似梅花的"花瓣"，穿过杏仁层并被充填的气管形成梅花的"虬枝"，二者呈现在隐晶质的黑色熔岩上，颇似暗香浮动的腊梅斗艳，"梅花玉"也由此而得名。概而言之，在这套火山岩中，以不同杏仁体、不同色调或不同矿物组成（包括由重晶石晶体组成的"竹叶石"由斜长石聚斑晶组成的"菊花石"等观赏石类）的石种很多，主要分布在流经熊耳群分布区的洛河、伊河和汝河三大流域中，由其组成了洛阳观赏石阵容中的三大族群（照片Ⅳ-7）。

（4）岩石类型和岩石化学

豫西熊耳群火山岩主要岩石类型为安山玄武玢岩、安山岩和安山玢岩、英安—流纹斑岩和火山碎屑岩4大类。前一类少，仅见于马家河组底部的安山玢岩中。第二类安山岩和安山玢岩为主要岩石类型，普遍呈现显斑、隐斑、小斑、大斑、无杏仁、有杏仁、小杏仁、大杏仁等多种结构、构造，其中由白色斜长石形成斑晶的大斑安山岩是洛阳地区许山组的主要标志，它与以杏仁状安山岩最发育的豫北济源地区的火山岩有明显差别。此外该类型在豫西的突出特点是，火山岩系中闪长岩、石英闪长岩的次火山侵入岩相当发育，统计的中、酸性小岩体达23处，它们呈岩墙、岩株状分布，这是豫西熊耳群的又一特点。第三类英安—流纹斑岩类分流纹斑岩、英安斑岩和石英斑岩三个亚类，前一类产于鸡蛋坪组，后两类皆为次火山岩，以眼窑寨组为典型。第四类火山碎屑岩分熔岩碎屑的集块岩、熔结集块岩、火山角砾岩和沉凝灰岩两个亚类，前者分布在火山喷发中心附近，后者分布在熔岩夹层或喷发中心外围，该类型在马家河组分布区最发育。

熊耳群的岩石化学特征属钙碱系列，具富铁高钾特点。$Fe_2O_3 + FeO$ 在中—中基性岩中占 10.8% ~ 11.59%，酸性岩中占 6.20% ~ 7.46%；$Na_2O + K_2O$ 在中—中基性岩中占 5.13% ~ 6.12%（其中 K_2O 2.40% ~ 4.01%），酸性岩中为 7.37% ~ 9.33%（其中 K_2O 5.28% ~ 6.16%），总体上 K_2O 高，Na_2O 低，反映了它的大陆喷发特征，这与该套火山岩的剖面中没有碳酸盐岩，红顶氧化面多，枕状构造不发育的地质特征是吻合的。岩石化学成分计算中 Q 值（主岩石中 SiO_2 的饱和度）在中基性岩的平均值多为 1.1 ~ 4.2，属 SiO_2 饱和岩石，仅少数（10.6）为 SiO_2 过饱和岩石；酸性岩类 25.9 ~ 31.3，为 SiO_2 过饱和岩石；a/c 值（示岩石中碱金属元素含量）中—基性岩平均 2.08 ~ 6.26，碱量适度，酸性岩 20.3 ~ 61.6，富碱；n 值（示钠元素在碱金属钾钠中的比例）中—基性岩 47.7 ~ 67.2，酸性岩 29.4 ~ 32.2，说明了岩石中除许山组外，钾长石皆可出现，酸性岩中钾长石不断增加，也表现了富钾的陆相特征。

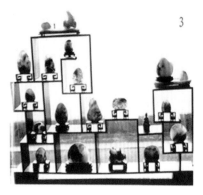

1.洛河石—虢州石
2.洛河丑石
3.洛河拳石

照片Ⅳ-7-(1)　洛河流域的主要石种

1.虢州石——产于灵宝朱阳和洛阳南部洛河中、上游河段的观赏石,
岩性为熊耳群火山岩系中的凝灰岩,主要石种为月亮石。2.洛河丑石。

3.洛河拳石(小石林)——系熊耳群火山岩气孔、气泡中充填脱落的杏仁体,
大者如瓜称"丑石",小者如拳称"拳石"。成分为蛋白石、玉髓
类,质优者透明、半透明状,李德纯先生以此创"小石林"。

(郭继明《中华奇石赏析》)(照片组合:姚小东)

1.伊河石—白堇石　　　　　　　　2.伊河石—荷花石

照片Ⅳ-7-(2)　伊河流域的主要石种

1.白堇石——由安山质火山岩气孔中充填的方解石和少量红碧玉组成图
形,因色调黑白反差清晰,美感度极高。

2.荷花石——由熊耳群火山岩气泡中的绿帘石、褐帘石等充填物组成图
形,因类似漂浮水面的荷叶而取名。

(郭继明《中华奇石赏析》)(照片组合:姚小东)

照片Ⅳ-7-(3)　汝河流域的主要石种

1. 梅花玉——原岩为英安质熔岩中的小杏仁状集合体,由充填物绿帘石、褐
帘石、红碧玉和方解石等组成梅花图案,属古老工艺石材,十分珍贵。

2. 竹叶石——原岩为产于熊耳群火山岩中的大小不等的重晶石晶体,类若一
丛丛竹林,素雅美观,极富诗意和观赏情趣。

（郭继明《中华奇石赏析》）（照片组合:姚小东）

（5）同位素年龄和生物化石

有关熊耳群同位素年龄的资料很丰富,选择的测试方法和测试单位都很多,其中中国科学院地质研究所选火山岩系底部晶屑凝灰岩的 Rb—Sr 等时年龄为 17.80 亿 ±0.25 亿年,马家河组玄武岩 17.10 亿 ±0.787 亿年,河南区测队大古石组 K—Ar 1 778 Ma,均接近长城系下限（18 亿）,具有代表性。河南区测队马家河组 Rb—Sr 等时年龄 1 439 Ma ±0.35 Ma 接近上限,上覆蓟县系官道口群高山河组地层。天津地矿所任富根等测定眼窑寨组正长岩锆石 Pb^{207}/Pb^{206} 年龄则为 1 750 Ma ±65 Ma,与火山岩系下部的年龄值接近,这可能是被正长岩同化下部岩石后带上来的,仅供参考。所作 Rb—Sr 等时年龄 1 394 Ma ±43 Ma 与上限年龄相近。因此,将熊耳群划归长城系。

熊耳群火山岩系底部大古石组和许山组的沉积岩夹层中均有微古分子和叠层石化石,经专家鉴定均系长城纪的分子,与同位素年龄值吻合。

2. 宽坪群

（1）定名、分组与分布

1959 年中苏合作原秦岭区测队阎廉泉创名于陕西商县北宽坪,原称"宽坪岩组",岩石为一套结晶片岩和硅化大理岩,局部有含磁铁石英岩,与上覆"陶湾组"（指陕西地区的陶湾组,与栾川的陶湾组有别——编者）整合接触,与下伏秦岭群界牌组断层接触。1965 年秦岭区测队改称"宽坪组",时代定为古元古代;1986 年河南区测队在原来研究成果基础上,在南召乔端一带 1:5 万区调工作中对中部地区的宽坪群进行了详细的划分,自下而上划分了广东坪、四岔口和谢湾（即栾川地区的叫河组）三个组。与此同时长春地院张秋生、地质科学院许志琴、西北大学地质系张维吉等学者也先后对宽坪群进行了专题研究,共同认为"宽坪群属于上不见顶、下不见底,又为南、北两个深大断裂挟持的岩石—构造地体,有可能是大陆边缘的微陆或断离部分"。由此可以看出,自陕西经卢氏官坡延入河南,长达 168 km,南北宽 10 ~ 12 km,受古地理条件、变质程度、构造位移和后期侵蚀作用的多种因素制约的这套地层,不同学者在各地进行的观察研究可能是其不同部位,因此对其地

层划分必然也有差别。下面研究和介绍的只是由卢氏官坡经栾川、叫河、嵩县白河和南召的这段宽坪群地层(照片Ⅳ-8)。

栾川山城全貌

照片Ⅳ-8　分布于栾川南部的宽坪群地貌
——图示栾川县南三级台阶状地形,中间低山部分为中元古界宽坪群,南部
高山为中生代老君山花岗岩(见后)。

(《资源导刊·地质旅游》2011年第7期)

(2)岩石类型

①广东坪组:豫西地区分布于嵩县白河,南召乔端、马市坪及卢氏官坡、庙台一带。主要岩性为厚度不等的石榴黑云(二云)片岩与斜长角闪(片)岩、绿泥钠长阳起片岩互层夹薄层大理岩、变粒岩,嵩县白河以北绿片岩增多,厚3 389 m;卢氏官坡、庙台一带白云质大理岩增多,厚2 334 m。经原岩恢复研究认为广东坪组为变基性火山岩组合,原岩主体岩性属海相基性火山—硅泥质碳酸盐岩建造。

②四岔口组:豫西地区分布在栾川陶湾南部红崖沟到卢氏兰草一带。出露长约130 km,宽8～10 km。呈近东西向带状展布,下与广东坪组为整合接触。主要岩性为普遍含黄铁矿的灰色条纹、条带状二云(白云、绢云)石英片岩、二云片岩、二云变粒岩夹斜长角闪岩和少量石英岩、大理岩、滑石片岩,厚1 151～1 532 m。原岩为海相黏土、粉砂质、砂质岩,伴有海底基性火山喷发活动,部分二云片岩含凝灰质成分,属海相火山—复理石建造。

③叫河组(谢湾组):分布于栾川叫河、卢氏龙驹街、陕西王岭一带。主要岩性下部为灰色粗粒黑云大理岩、石英大理岩,偶夹斜长角闪岩,上部为大理岩夹二云石英片岩。栾川地区上界断失,出露不全,厚561 m。陕西谢湾区下部为大理岩,中部斜长角闪片岩,上部为大理岩夹二云石英片岩、斜长角闪片岩。原岩为浅海相富硅、铝质的碳酸盐岩。

宽坪群由下而上构成一个完整的火山喷发—沉积的海进序列,也是一套典型的褶皱带型海底火山—沉积建造。

(3)地质特征

宽坪群地层由于位处北部华北陆块边缘的褶皱带一侧,又因缺乏地壳刚性基底的支撑,又处于华北、扬子两类不同地壳之间的薄弱地带,地应力集中,加之经受不同时期地壳运动的叠加改造,不仅是一个强烈的褶皱带、变质带,变质程度达中等程度的角闪石—绿片岩相,而且是一个强烈的岩浆活动带,后期侵入宽坪群的花岗岩体较多。因受双向的挤压、拉伸作用,形成一系列总体向南倾斜、向北倒转的紧闭褶皱,在栾川一带显示由南向北的推覆之势。强烈的褶皱形态和由南向北的强烈挤压、推覆,致使断裂界限不清,造成南侧叫河组大理岩与北侧的陶湾群大理岩容易混淆(叫河组大理岩为黑云大理岩,陶湾群大理岩为绿泥石大理岩),显示了明显的"陆缘增生带"特征。另外,由于强烈的挤压和热动力变质,析出了大量二氧化硅,在黑云母大理岩中分布着十分醒目的白色石英脉,这是宽坪群宏观上明显的地质标志(照片Ⅳ-9)。

照片Ⅳ-9　栾川龙峪湾白马瀑布边的宽坪群
——瀑布左侧为老君山花岗岩,右侧为宽坪群云母石英
片岩,水流沿很陡的接触带倾泻而下。

（徐宣武《栾川风景名胜大观》）

（4）宽坪群岩石化学特征

依据宽坪群地体的岩石组合,不同学者的研究有着殊途同归的见解,万渝生等认为:宽坪群变玄武岩形成于低压环境,地球化学特征相当海相拉斑玄武岩。碎屑岩中26亿年的锆石的钴/钍和镧/钪分析图解指示了物质的双源性,即除来自北部的太华群外还来自南部的秦岭群。谢千里、张本仁的研究认为宽坪群地体中的变火山岩主要为玄武岩和少量安山岩,没有发现酸性岩类,岩浆系列为拉斑玄武岩系列与钙碱系列,其中变玄武岩化学分异特征表现出深海玄武岩的分异趋势,介于岛弧玄武岩和大洋壳玄武岩之间,化学成分图解上,大部分落入大洋拉斑玄武岩区,与万渝生的结论相同,即变玄武岩属于洋壳,但也含有陆壳的成分。

（5）同位素年龄和古生物

据陕西区调队公布的测年资料,宽坪群底部广东坪组绿片岩U—Pb同位素年龄为1 704 Ma,绿泥钠长片岩全岩Rb—Sr年龄975 Ma±39 Ma、920 Ma±59 Ma、837 Ma±119 Ma、978 Ma±169 Ma（张宗清1994）,四岔口组云母石英片岩U—Pb年龄1 681 Ma、1 741 Ma、1 974 Ma,河南区测队斜长角闪片岩Rb—Sr 1 180 Ma±50 Ma,南召四岔口组二云石英片岩U—Pb 1 872 Ma;河南地质三队叫河组斜长角闪岩中、角闪石K—Ar 1 393 Ma。据此将宽坪群时限定为2 000~1 400 Ma,属中元古代长城系,与前述的熊耳群年龄大体相当或稍早一些,但受后期构造干扰的年龄值较多。

宽坪群广东坪组底部大理岩中产有丰富的叠层石,主要种类有大包心菜叠层石、大型层叠层石、柱状叠层石、等距离分岔假喀什叠层石等,其特征均为形态简单、种类原始的早期生物群体。微古类尚无资料。

三、熊耳群火山岩的形成机制及大地构造格架的不同见解

有关熊耳群火山岩系形成机制和对熊耳期豫西地区大地构造格架的认识,地质界一直存在着不同认识而至今尚未统一的问题,由此导致很多文献、著作在涉及这一问题时语出不同,自然也给区内一些地质论文报告编写造成不少混乱。因此,在阐述洛阳地质史时,也不能不说说这一有趣的

争鸣。

1. 持不同观点的主要方面是"南"、"北"两大学派

"南派"以南京大学地质系胡受奚、郭令智教授和原武汉地质学院(现中国地质大学)夏元祁教授为代表。早在 20 世纪 80 年代末胡教授和河南地质科研所林潜龙所长在"华北华南古板块研究与找矿"的课题研究中,就根据秦岭洋的发展演化和熊耳群、宽坪群的岩石类型、地球化学特征,华北、华南区域性大地构造演化规律,建立了华北陆块和宽坪洋壳对接碰撞的"沟、弧、盆"体系和"活动大陆边缘"的成矿模式。意指期间因秦岭洋壳裂解,洋底扩张,后与华北陆块碰撞,因比重差异,洋壳板块向陆壳板块之下俯冲,产生海沟;俯冲洋壳经与陆壳物质同化,产生新的岩浆涌出地表,形成熊耳群火山岛弧,在弧前和弧后分别形成不同类型的沉积盆地的这一活动机制,并产生相应的成矿作用。这一见解得到河南一些地质工作者的支持(图Ⅳ-2)。

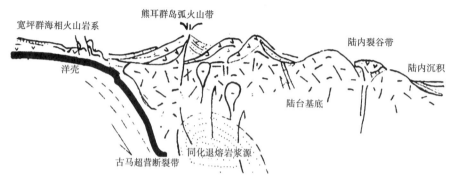

图Ⅳ-2　熊耳期(1 850～1 350 Ma)沟、弧、盆构造体系模式图
——示秦岭洋壳向华北陆壳下俯冲形成的熊耳群山弧型火山岩

(石毅等《豫西成矿地质条件分析及主要矿产成矿预测研究》)

(大型科研报告,1991 年出版,下同)

"北派"的见解形成于 20 世纪 90 年代初,以天津地矿所研究员陆松年、任富根等为代表。依据该所长期对华北陆块北缘和蓟县剖面的研究,发现距今 18 亿～16 亿年间在陆块北缘的赤城、密云、怀柔、大庙、隆化等地的一些花岗岩、正长岩、二长岩,包括蓟县大红峪组火山岩的同位素年龄均在 16 亿～17 亿年前后浮动(大红峪组 1 663 Ma),类同这个时段的年龄值也见于吕梁山、阿尔金山和华北陆块南缘的熊耳群、宽坪群,包括陆松年新公布的栾川长岭沟(即龙王撞)碱性花岗岩 1 625 Ma 的年龄。结合其他方面的研究成果,认为"这个时段为华北地台大陆裂解"的标志,天津蓟县大红峪火山岩即为裂谷成因,由此自然也给对应的熊耳群下了同样的结论,意指陆壳的边缘发生裂解、沉陷,产生了火山活动。此外,任富根等的一项研究成果中还提出华北地块初始的南界应在秦岭群分布南侧的商南—丹凤断裂(即商丹断裂)。他们认为,元古宙统一克拉通分裂时,华北陆块南部是在陆壳变质基底上发育了元古宙的系列东西向裂谷系,由北向南包括了"熊耳"、"宽坪"和"秦岭"等张裂带。将熊耳群火山岩归于"三岔裂谷系",称上述三群分布区为"盆岭构造",区内呈现的是火山岩和太古陆块的"盆岭景观"。

2. 作者是"南派"的支持者

与胡受奚等构建宽坪、熊耳"沟、弧、盆"体系的同时,以作者为首的科研团队正从事一项部级科研项目"豫西成矿地质条件分析和主要矿产成矿预测"的科研工作。经区域地层对比发现,元古代的火山活动主要分布在国内几个大的构造活动带及其边缘古陆区,其中凡有与熊耳群同期的地层,都含有火山岩系。说明这个时期的火山活动具有区域性,因此认为熊耳与宽坪的火山岩为同期异相产物。其中大量熊耳群火山岩样品所作的岩石化学成果,均指示其属钙碱系列、高钾、低钠的陆缘火山岩特征,而大量布满全区的1:5万区调成果,均未发现裂谷型标志或其支撑点的基性岩墙群和海相标志,更未见海进序列层。加上按岩石化学成分作的 SiO_2 或 DI(分异指数)分布图上,也不具双峰式。由此我们对"裂谷论"不敢苟同,自然也是沟、弧、盆论的支持者。

不可否认的是,在支持沟、弧、盆的论点之后,本应对这一论点的细节问题,如增生契、混杂岩、高压低温变质带,以及熊耳群火山岩喷发中心分布规律,火山岩区的碱性岩带等进行进一步研究,但这个时期已进入 20 世纪 90 年代地质工作的萧条时期,加之随后地质工作转向找矿勘探的经济驱动阶级,于是这些基础性地质问题研究也就搁置下来了。

3. 有没有新的认识?

进入 21 世纪以来,随着地质找矿工作的深入,以往关于熊耳群的形成机制、华北陆块南缘的一些大地构造等基础理论问题又一一浮现了出来。据袁学诚等最近公布的穿越秦岭和华北南部地区的地震层析剖面解译,肯定了华北克拉通与秦岭微板块的分界线在栾川断裂附近以北,其反射图像的基本特征是在不同深度上北倾和南倾的下地壳反射面呈锯齿状交替出现,标志南部洋板块硅镁质地壳和北部陆板块硅铝质地壳都有插向对方之下的现象,虽然这是后期构造叠加后的一个边界,但也是对华北陆板块和秦岭洋板块边界性质提供的一项新的重要成果,说明自中元古代华北大陆有了相对稳定的边界之后,这个边界也是一直在变动着。应强调指出的是,地质学特别是大地构造学方面的结论,从来是百家争鸣的,不可能为一家之见。因为人类的活动,在自然界的这一宏观客体面前总是局限的,因此出现"瞎子摸象"式的结论也属自然。前言之持"裂谷说"的学者,他们也承认"裂谷属性不典型"。而持"沟、弧、盆"系的人也认同"熊耳群火山岩系部分产生于地台伸展构造形成的裂陷带"。可见随科学实践的深入,两种不同观点中既有争鸣的异点,也有融通的共识,因此也有人提出,是否熊耳早期出现裂谷,后期转入了碰撞俯冲产生岛弧,火山活动的性质有了改变呢? 这可能是新的见解产生的预兆,但这是今后的研究工作中需加考虑的新问题。

四、与熊耳群有关的几个问题

1. 熊耳构造旋回与熊耳运动

"旋回"指的是螺旋式发展中的一个阶段,代表由发展中的量变到质变的转化,借用这一唯物史观,形成了地学中的"多旋回"构造理论。这里的熊耳构造旋回,指的是河南熊耳山一带在中元古代长城纪(1 800~1 400 Ma)的这个空间和时限内形成的这一套以陆相安山岩、流纹岩及相关火山碎屑岩为内容的火山岩系的总称,即熊耳构造—岩浆旋回。熊耳运动一名 1959 年原为秦岭区测队阎廉泉创名,后为中国地质科学院王曰伦(1963)等厘定层序,指的是熊耳群火山岩系之上,中元古界蓟县系汝阳群云梦山组砾岩、官道口群高山河组砾岩之下的不整合面。这类代表区域大地构造运动的标志在前面嵩阳运动、中岳运动时已谈到了。熊耳群顶部的这个不整合面在豫西广大地区和陕西小秦岭区普遍存在,标志着熊耳群火山岩持续喷发了 4 亿年之后,大规模的喷发活动基本结束,并在短期上升经风化剥蚀之后继续下沉,又接受了新时期(蓟县系)的沉积。

2. "华熊沉降带"、华熊"盆岭"与"华熊台隆"

"华熊沉降带"中的"华"即西岳华山之华,"华熊"即华山之东包括豫西熊耳山、外方山所在的广大地区,泛指熊耳群火山岩系形成于这个沉降着的带状盆地,也就是说,在这个陆块边缘盆地中发生了熊耳期的构造—岩浆活动。按照这一定格,在熊耳期火山活动时,盆地中应该有海水入侵并留下海相地层,然而熊耳群火山岩则充满了陆相标志(以碎屑岩类为主的沉积夹层可能形成于湖相),与"沉降带"很不相称。任富根等称的"盆、岭"构造是将嵩山、崤山、木柴、重渡等地的太古宙地层分布区称为"岭",把火山岩分布区称为"盆",火山活动由裂陷带控制,形成火山岩盆地。如果不研究火山岩地层,只看图面上火山岩的分布似亦如此,但实际上火山岩地层并不是自盆向岭由老到新超覆,而恰恰相反竟是由岭到盆,即老的岩层在内圈,层位在下,新的岩层在外圈,层位在上,呈环状围绕古陆分布,这种特征显然使"盆岭"论点不好解释。因此,不能不重提胡受奚、林潜龙的

"沟、弧、盆"体系提出的熊耳群应是在岛弧基础上形成的陆缘火山弧,它同太平洋东海岸、南美洲的安第斯山一样,逐渐形成华北陆板块南缘的火山带,之后除了它的南北两侧接受元古代蓟县纪的沉积外,一直是长期的隆起剥蚀区,直到中生代末,局部地方才开始有裂陷沉积,所以笔者等将其定名为"华熊台隆",即华北陆板块上长期隆起的火山岩带。

3. 弧前盆地和弧后盆地

由于熊耳期火山活动和熊耳火山弧的形成,它在陆台的边缘造就了两个东西向盆地,近海的一侧为弧前盆地,背海的一侧为弧后盆地,后来随海侵的到来,在弧前盆地形成了中元古代官道口群和晚元古代的栾川群、陶湾群;在弧后盆地形成了中元古代汝阳群、晚元古代洛峪群和震旦系罗圈组冰碛层。熊耳山火山弧及这两个沉积盆地,是前述洋陆板块对接形成的沟弧盆体系的组成部分,它对豫西大地构造演化、岩浆活动、成矿作用及古构造、古地理、古气候都起着重要的控制作用。

第四节　中元古代蓟县纪

(1 400 ~ 1 000 Ma)

山弧前后皆为水,熊耳上下才是云。

长城纪熊耳期的火山喷发活动,形成了横亘华北陆块南缘的熊耳群火山岩带,此即板块构造学说所称的熊耳火山弧或熊耳山断隆,传统构造学派所称的华熊台隆。熊耳期的火山活动改变了陆块南缘的古地理面貌,分别在岛弧的内陆一侧形成蓟县纪汝阳群、向洋一侧形成蓟县纪官道口群的两个沉积盆地,发育了同期异相的两套地层。因此,进一步探讨区内,尤其洛阳一带这两套地层即两个群的分布、厚度,研究其岩性组合、生物特征和各类沉积形象,对认识中元古代蓟县纪时洛阳地史和古地理有重要意义。

一、创名、分布及标志性特征

1. 关于汝阳群

汝阳群的"群"系河南省区调队金守文(1976)在论述"宽坪群和陶湾群地层划分"一文中首先提出,原指分布于豫西地区的云梦山、白草坪、北大尖和崔庄、三教堂、洛峪口6个岩组的总称。这6个岩组的建组条件和依据为1952年原河南地质调查所韩影山、阎廉泉为寻找铁矿,自汝阳大虎岭至云梦山测制的地层剖面,当时自下而上建了紫萝山(马山口)、云梦山、莲溪寺、白草坪、北大尖、上洛峪、武湾后沟等10个地层单位,1964年由河南区测队合并为以上6个组。1981年河南省地质研究所关保德等将以上6个组的前三个组划归蓟县纪汝阳群,后三个组归青白口纪洛峪群。

1989年出版的《河南省地质志》将嵩箕地区原划分的五佛山群(自下而上为马鞍山组、葡萄峪组、骆驼畔组和何家寨组)分别并入汝阳群和洛峪群,原来的马鞍山砾岩归云梦山组,包括其下的兵马沟组。兵马沟组于1964年由河南区测队发现于伊川吕店乡兵马沟村,该套地层不整合在登封群片麻岩之上,上为五佛山群马鞍山组平行不整合。自下而上由紫红色砾岩、砂砾岩和粉砂质页岩组成,总厚546 m,依产地定名兵马沟组。之后王志宏(1979)、河南地质二队(1989)先后在济源王屋山地区又发现了一套与伊川兵马沟组极其相似的地层,命名为小沟背组。1989年河南省区调队考虑这两个组岩性相似、时空相当,按优先权原则,在编地质志时废弃了后者,保留了前者,统一命名兵马沟组。

汝阳群广泛分布于济源、渑池、新安、宜阳、伊川、偃师、登封、新密、汝州、汝阳、鲁山、叶县、方城、舞钢、西平、泌阳及确山一带,向西北延入陕西洛南地区。汝阳群北部受嵩箕古陆、中条古陆控制,南部受小秦岭—崤山—熊耳山—外方山熊耳火山弧阻隔,形成区域性北西西向的带状坳陷盆地。在这个盆地中缺失熊耳群主喷发期的火山活动，仅在渑池、新安、伊川保留了该期火山活动的最后一次喷发——安山质熔岩和火山灰呈薄层状夹于汝阳群底部云梦山组的砂砾岩中。汝阳群之上，继承性沉积了青白口系洛峪群、震旦系罗圈组和后来的古生代地层，大地构造单元称渑临断坳。

　　汝阳群（包括并入的原五佛山群）的宏观标志是它们都以一套岩相稳定的红色砂砾岩、砂岩为主的岩石组成，这些岩石因轻度变质，石质坚硬，抗风化力强，加之地层产状平缓，纵向节理发育，经受地表水系冲刷侵蚀，多形成顶平、壁立的"古堡"状地貌；河谷沿节理的侵蚀，多造成"一线天"、"壶蚀谷"类的障谷、瓮谷、隘谷类的峡谷，山势集幽、峻、险、奇于一体，在豫西和洛阳一带形成了很多重要的旅游地质景观，如闻名中外的黛眉山—小浪底世界级地质公园，包括其核心景区之济源天坛山景区，新安青要山—渑池柏帝庙高山石垣景区，新安峪里和龙潭沟大峡谷景区等。除此之外，洛阳南界的万安山，伊川的九皋山，宜阳的祖师庙岭，汝阳、汝州、鲁山三县（市）分界的岷山，汝州的焦谷山，偃师的五佛山、马鞍山等皆为历史名山，山中多藏古刹，均为以汝阳群砂岩山水地形地貌为依托，形成的自然和人文为一体的景观，现皆开发为重要的旅游胜地（照片Ⅳ-10）。

1. 中元古代蓟县
　系汝阳群地貌
2. 层面波痕

照片Ⅳ-10　汝阳群石英砂岩地貌
——汝阳群云梦山组组成的嶂石岩型地貌及云梦山组石英砂岩的层面波痕形态。
（《资源导刊·地质旅游》2011 年第 8 期）

　　除此之外，在这些峡谷切开的地层层面和断面上，处处都可见到号称"地质博物馆"、形态各异的交错层、波痕、泥裂等沉积形象，极富科研和教学价值。尤其在岩石中呈现出的山水人物、花鸟鱼虫、日月天象、文字符号、什物器皿等丰富多彩的图纹形象，又极富观赏收藏价值，因而它也成为驰名中外的观赏石——洛阳黄河奇石的主要源地。

2. 关于官道口群

　　1959 年，曾与韩影山先生（地质前辈，原河南省地质局总工程师）测制汝阳群原始地质剖面的阎廉泉先生（地质前辈，原陕西省地质局总工程师），依据陕西洛南县以北木龙沟一带出露的一套浅变质的碳酸盐系地层，按剖面层序及所在地分别建了龙家园、巡检司、杜关、冯家湾 4 个岩组（后二个组在卢氏），时代定为中—晚元古代。与之同时，将龙家园组之下的碎屑岩建造划分为砾石岭、马头崖、老婆寨三个组，1962 年河南地质研究所将这三个组合并建高山河组，置龙家园组之下。由于这套地层分布由陕西一直延入河南卢氏、栾川和方城一带，当时又没有建群，后来的地质报告和文献中有的称"下栾川群"（屠森），有的称"洛水群"（胡元第），有的就按建群之处称"洛南群"（孙枢）。除此之外，也有将高山河组独立划出，另建一个"高山河群"，从而产生了"群群自扰"的混乱，给后人利用造成诸多不便，故于 1981 年河南区测队依据这套地层分布的广度和代表性，在卢氏官道口正式建"官道口群",自下而上划分为高山河、龙家园、巡检司、杜关、冯家湾5个地层组。并在1989年出版的《河南省地质志》中全部引用。

官道口群分布在华北陆块的南部边缘,严格受熊耳群弧前盆地控制,是陆块边缘褶皱—区域变质带的组成部分,地层中的碳酸盐岩全部大理岩化,页岩变为板岩,强烈的褶皱和岩石变质后呈现的色彩,在熊耳群暗色中基性火山岩分布区之外形成一缕花边,加上因强烈挤压所形成的线状褶皱和高角度的地层产状,后在地表水系的切割和冲刷下,多形成一些峡谷、陡崖、瀑布和奇峰,如栾川赤土店的九鼎沟峡谷,狮子庙乡的钻天道峡谷,白土乡的阴沟峡谷,卢氏官道口的豫西大峡谷和白石崖的将军石,重渡沟的水帘洞等景观,都是洛阳市南线重要的旅游胜地(照片Ⅳ-11)。

照片Ⅳ-11　"将军守关"——秋扒石人沟"将军石"
——产状直立的大理岩层风化剥蚀残留体形似一尊威武的将军塑像,守
把着栾川北部遏迁岭间的钻天道关隘要塞,其间为秋扒—栾川公路穿过。

(摄影:王声明)

二、地层、岩性和时代标志

1. 北部汝阳群

(1)兵马沟组、云梦山组:这两个组分布的地方不同,兵马沟组层位在下,岩性特征已在前面作过简述。云梦山组在汝阳、伊川地区不整合在熊耳群火山岩之上。下部为紫红色铁质胶结的砾岩、砂砾岩、含砾粗砂岩,砾石成分以下伏熊耳群火山岩砾石为主,伊川南部砾岩之上有厚40~50 m的安山岩,属熊耳火山旋回的最后一次喷发;中部以紫红色条带中、细粒石英砂岩为主;上部主要是灰紫色石英砂岩,层面上多见波痕、龟裂和泥砾等。云梦山组汝阳厚161.6 m,鲁山下汤636.6 m,渑池1 008.7 m,厚度南、北大而中间薄,各地变化较大,代表沉积时的地形南北高而中间低,砾石来自南北的高山,而且来源非常丰富,从砾石中的安山岩砾石可以判定其南北都分布有熊耳群的火山岩,只是南部为主要成分,北部稀少而已。

分布在偃师、登封一带原称五佛山群,现划归汝阳群下部原称的马鞍山组平行不整合或超覆在兵马沟组和嵩山群之上。其底砾岩砾石以滚圆度极好的白色石英岩为主,沿嵩山外围呈断续的环状分布,恰似嵩山少林寺佛祖项上的佛珠,极富禅意和观赏价值。其上为紫灰色砾岩,紫红色巨厚层细粒石英砂岩。汝阳武湾、新安黛眉寨、伊川石梯一带,该层位形成了宣龙式铁矿、磷铁矿;中部为灰白、紫灰、肉红色砂页岩互层;上部为肉红色细粒长石砂岩、海绿石砂岩,具区域标志层意义的是其顶部厚10 m左右的一层白色石英砂岩,偃师佛光该层石英砂岩经与其倾向相同的几个沟谷切割,形成五座面朝少林寺似像非像的"大佛"形态,极为壮观,故此地山下村落取名为五佛山。

(2)白草坪组:岩性为紫红、灰绿色页岩与紫红、灰绿色粉砂质页岩和薄层石英砂岩互层,局部

夹薄层砾岩和石灰岩。砂岩的单层厚度较薄,本组的主要特征是由砂岩、页岩组成的沉积韵律比较发育,含微古植物化石。与下伏云梦山组整合接触,与上覆北大尖组为连续沉积。汝阳地区厚107.3 m,渑池厚214.9 m,鲁山厚119.1 m,区域厚度变化不大。

(3)北大尖组:下部为海绿石石英砂岩,含碳质碎片的长石石英粉砂岩;中部为灰白—淡红薄—中厚层状细粒石英砂岩夹灰绿色页岩,砂岩中夹贫铁矿;上部为含黄铁矿(锈斑)石英砂岩,海绿石砂岩;顶部为含白云岩砾石的白云岩,白云质砂岩,白云岩中含有叠层石。与下伏白草坪组、上覆崔庄组均为整合产出。厚度相对稳定,汝阳地区厚186～289 m,渑池厚348～411 m,鲁山厚420 m,说明此时已将早期的沉积海槽基本上填平了。

汝阳群云梦山组、白草坪组和北大尖组均产丰富的微古植物和藻类化石,时代均属蓟县纪。云梦山组底部安山玢岩Rb—Sr等时年龄1 276 Ma,北大尖组海绿石K—Ar年龄1 149 Ma、1 129 Ma、1 134 Ma、1 115 Ma、1 160 Ma(宜昌地质研究所,1977)。原称五佛山群的马鞍山组K—Ar年龄1 168 Ma,均属蓟县纪,时限1 400～1 000 Ma。

2. 南部官道口群

(1)高山河组:该组地层在陕西洛南分下、中、上三个亚组,总厚4 422.8 m。下亚组以灰、紫、紫红色粉砂质板岩夹石英砂岩,内部发育波痕、龟裂,不整合于熊耳群之上,厚2 748.9 m;中亚组以厚层长石石英砂岩、石英砂岩夹板岩、白云岩为主,顶部为产叠层石的中厚层白云岩,厚1 250.8 m;上亚组为紫红色中厚层含赤铁石英砂岩,紫灰色板岩夹薄层石英砂岩,厚423.1 m。

河南的高山河组主要分布在灵宝、卢氏、栾川地区,下部为石英砂岩、砂砾岩,不整合在熊耳群火山岩之上,砂岩中夹一层厚9～10 m粗面安山玢岩,上部皆为砂岩、泥岩互层,韵律性明显,砂岩中发育交错层,泥岩中保留大量波痕,顶部见多层海绿石砂岩夹绿色泥岩、白云岩,形成海进式层序。灵宝地区厚387 m,栾川北部厚222～258 m,总的趋势西部陕西境内厚度大、层位齐全,向东南部河南境内厚度变小、发育不全。

(2)龙家园组:岩性为燧石条带白云岩、白云岩、含叠层石白云岩,底部为石英砂岩,含砂白云岩,局部夹薄层砾岩,下部以含铁砾岩为标志,与高山河组整合或平行不整合接触,上部以燧石层及含砾的褐铁矿风化壳为标志,与巡检司组整合或平行不整合接触。本组岩性稳定,厚度变化不大,陕西洛南地区厚1 100～1 200 m,卢氏厚820 m,栾川1 408.8 m。其主要标志是白云岩中燧石条带、条纹、团块发育,含有丰富的叠层石和少量核形石。河南栾川地区经区域变质与岩浆侵入接触变质后分别形成滑石和伴生硅灰石矿(三道庄钼矿)。

(3)巡检司组:分布于陕西洛南北部,东延河南卢氏、栾川地区。岩性单调,以含燧石的白云岩为主,夹少量薄层含泥质白云岩,下部以米黄色含砾及泥砂质白云质板岩为标志,与龙家园组平行不整合或整合接触;上部以米黄色隐晶质白云岩为标志,与杜关组平行不整合接触。该组地层以含燧石团、叠层石团为标志,区域变质后形成含叠层石、燧石、蛇纹石化大理岩,很有观赏性。洛南地区厚600～700 m,卢氏杜关厚434 m,栾川九鼎沟厚749 m。

巡检司组有些层位的白云岩,Mg含量达21.71%,可形成优质白云岩矿。

(4)杜关组:以建组处卢氏杜关乡定名。岩性单调,下部以白云岩为主,夹少量泥质白云岩,砾屑白云岩,燧石条带白云岩;上部以板状黑灰色泥质白云岩与冯家湾组分界;底部以砂质板岩、含砾粉砂岩、泥质白云岩、砂砾岩平行不整合于巡检司组之上。本组岩性稳定,厚度变化不大,洛南地区厚175～265 m,卢氏杜关厚197 m,栾川三川厚150 m。顶部白云岩中含丰富的叠层石,内夹同生角砾岩,缝合线构造十分发育。

(5)冯家湾组:创名于卢氏杜关冯家湾村。岩性为含叠层石石灰岩、硅质灰岩、白云岩,具少量燧石条纹、条带,上覆栾川群白术沟组。该组岩性稳定,厚度变化不大。洛南地区厚100～200 m,卢氏厚120～160 m,栾川北部厚378 m。该组的主要特征为具鲕状结构和非常发育的同生角砾状构造的碳酸盐岩。

官道口群自下而上,微古类和叠层石十分丰富,后者发育于碳酸盐岩类地层,尤以龙家园组和巡检司组种类最多,包括波状叠层石、层柱状叠层石、假裸枝叠层石、隐生叠层石、柱状聚环叠层石、铁岭叠层石等。微古植物以厚带藻,雾迷山糙面球形藻,郝台达穴面球形藻及孔状植物碎片等为主。

官道口群赋存的空间为熊耳群之上、栾川群之下。上部杜关组叠层石组合与天津蓟县系顶部铁岭组叠层石组合一致。陕西洛南高山河组 Rb—Sr 等时年龄 1 394 Ma±43 Ma(李钦仲,1985)。灵宝小河侵入冯家湾组的花岗岩脉 U—Pb 年龄 999 Ma。推断其形成时限为 1 400~1 000 Ma,结合生物依据,属中元古代蓟县纪,与汝阳群为同期或稍早的异地、异相产物。

官道口群因位处华北陆块的南部边缘,濒临栾川大断裂带,属于华北陆块、陆缘区域褶皱变质带的主要组成部分。经受后期多次区域动力和热力变质作用,地层褶皱构造复杂,碳酸盐岩普遍大理岩化,页岩变为板岩、千枚岩。产出特征可参见白石崖沟口,产状近直立地层形成的另一处将军石(照片Ⅳ-12)。

照片Ⅳ-12　白石崖官道口群直立褶皱形成的"将军石"
——无独有偶,栾川狮子庙乡白石崖沟口矗立的是另一尊久负胜名的
"将军石"。同前者一样显示了官道口群形成的断崖、峡谷及地层
经强烈褶皱的直立产状。

(1959 年版《栾川县志》)

三、洛阳蓟县纪古地理分析

1. 火山活动尾声

熊耳时期的火山活动,改变了华北陆块南缘的大地构造格架和古地理面貌。由于陆块内缘覆盖了厚大而有一定刚性的熊耳群火山岩系,外缘又有宽坪群褶皱带的拼贴镶边,此时形成的蓟县系虽然仍处在活动大陆的边缘,但总体处于地壳相对稳定时期,构造运动以垂直为主。随着中部熊耳群火山弧的隆升,其南北两侧盆地相对下沉时的拉伸作用,分别在弧前和弧后局部地段产生张裂,

使喷发已接近尾声、地下岩浆尚未冷却固结的熊耳期火山活动沿这些张裂带再度喷发,分别形成云梦山组和高山河组底部的两处厚9～10 m火山岩夹层(陕西地区厚度大,见前),对此我们称之谓熊耳期火山喷发的"第三旋回",也可说是熊耳期长达数亿年火山活动的"尾声"。由此可以看出,蓟县纪地层的形成,不仅体现了其继长城纪之后物质分配上的连续性,也具有构造—岩浆活动方面的连续性,因而也从一个侧面说明,华北陆块南缘的"沟、弧、盆"体系的创意是很令人信服的。

2.弧前盆地

弧前盆地和弧后盆地对应,都是"沟、弧、盆"体系发展的后期产物,这里形成的是官道口群,包括平行不整合于其上的新元古代栾川群、陶湾群(见后)。官道口群高山河组包括火山活动所显现的各种沉积标志,给认识弧前盆地初期的古地理提供了重要信息。首先是高山河组的砂、砾岩地层在陕西洛南最厚,达3 000～4 000 m!这标志着那里火山弧形成后上升和盆地裂陷下沉的幅度都很大;其次这几千米的沉积物的分选性差,粗细不分,这说明,该地的地壳上升和沉降速度都很快,泥砂来不及分选就被上面的沉积物盖住了,同时也说明沉积物质来源十分丰富,标志地壳局部上升、局部下沉的速度快、幅度大。另从这套地层总的组合看,自下而上仍可看出由粗粒厚层砂砾岩—页岩—海绿石砂岩—页岩—白云岩的旋回性,特别是冲刷层面和浪成波痕的出现,表明这里的地理、地质环境已进入一个海水范围不断扩大的海进序列,所以高山河组和上覆龙家园组及其以上厚达2 000余米碳酸盐地层的出现,尤其早期伴生裂陷还出现火山活动,标志该盆地是一处由裂陷发育为陆缘浅海的海进序列沉积。整个沉积系列类似陆缘裂谷带特征,和下伏熊耳群的区别较大,只是裂谷的寿命短暂,还没有发育成熟就夭折了。

高山河组沉积厚度的变化和在盆地中的广泛分布,也反映了裂陷发育的不均衡性。而高山河组顶部岩层中的泥裂、波痕和其与龙家园组的平行不整合,以及其顶部岩石发育的韵律性,表示盆地发育初期是在震荡中下沉,并多次在震荡中浮出水面受到氧化冲刷。高山河组沉积之后龙家园、巡检司组的碳酸盐岩沉积,标志海水深度增加,但不纯净,富镁富硅,生成的白云岩中,多硅质条带和硅质结核,但微古植物、蓝藻类很繁盛,形成丰富的叠层石,说明海水不深,时时流动,有适宜生物生长的阳光和温度,标志该盆地已进入地壳运动的相对稳定时期。巡检司组形成之后,海水变浅,水质咸化加剧,盆地地壳再次进入一个震荡时期,杜关组底部的砂砾岩及其与下伏巡检司组白云岩的平行不整合,标志着又一个沉积旋回的开始,沉积了杜关组和冯家湾组,总体岩石组合是杜关组以页岩夹薄层白云岩,冯家湾组则以厚层白云岩为主,其突出特点是角砾状碎屑状、竹叶状(同生角砾)白云岩极为多见,由页岩和白云岩组成的沉积韵律层也相当发育,均反映出控制官道口群形成的弧前盆地,是一个动荡不稳的地带,并一直延续到元古代晚期才得以封闭(图Ⅳ-3)。

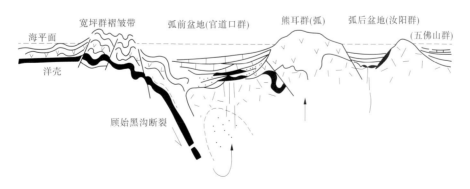

图Ⅳ-3　汝阳期发育的弧前盆地和弧后盆地

——示官道口群和汝阳群对应性分布在弧前和弧后盆地。

(石毅等《豫西成矿地质条件分析及主要矿产成矿预测研究》)

3. 弧后盆地

与前述的弧前盆地对应,在熊耳火山弧的内侧形成了弧后盆地。盆地内发育了与官道口群同期(或稍晚)、异地、异相的汝阳群及其上覆的晚元古代青白口纪的洛峪群和震旦纪罗圈组冰碛层。同以海相地层为主的弧前盆地不同,弧后盆地发育的是以陆缘三角洲相碎屑岩类为主的沉积建造,其中各地汝阳群底砾岩成分、岩相、厚度等方面的差异性是很值得进一步探讨的问题。依据区域地质成果,同时列入汝阳群底砾岩的地层包括北部嵩箕地区的兵马沟组砾岩、原称的马鞍山组砾岩和南部的云梦山组砾岩。下面先分析兵马沟组。

兵马沟组虽然分布的范围较小,但厚度变化较大,形成的岩石分选性差,砂砾岩混杂,砾石滚圆度不好且大小悬殊(直径 30 ~ 120 cm),反映了断陷的不均衡性和沉降速度快,源自古陆的碎屑状沉积物来不及分选就被掩埋了。砾石成分主要为石英岩、安山岩,次为片麻岩和脉石英,成分也比较复杂。岩层内部保留河床相单向斜层理,且分布局限,仅见于伊川、济源二地。综合以上诸多特征,推断该层砾岩属于山间河流相沉积,标明其出露处仅是流向海洋的一处河道,并不是一处海岸。

嵩箕地区(原称的马鞍山砾岩)现划为汝阳群的云梦山组西部平行或微角度不整合于兵马沟组之上,东部超覆在嵩山群、登封群之上,砾岩的成分主要是白色石英岩,滚圆度、分选性极好,属古海岸沉积。盆地北侧济源王屋山至新安、渑池黛眉山一带,汝阳群下部的云梦山组砾岩厚达千米,成分复杂,除了火山岩成分的砾石外,还包括 9 ~ 10 m 的安山岩,其红色砂岩夹层中含有大型波痕和交错层。沉积环境属三角洲相亦属古海岸沉积,但物质搬运的距离较远。在盆地的南侧即熊耳山北坡的云梦山组,不仅底砾岩厚度大,而且分选性差,砾石成分以下伏熊耳群火山岩为主,其上的砂岩中发育着由河床单向斜层理过渡为滨海三角洲相的楔形层理,伴有大量海成大型波痕和龟裂。由上述不同时期、不同区域形成的底砾岩特征分析看出,整个弧后盆地的发展是在地形起伏相对较小,流域面积较大的多条河流从两侧高地搬运砾砂,逐渐填平中间盆地的过程。从兵马沟组到云梦山组地层的旋回性看,盆地沉降的幅度较小,速度缓慢,与弧前盆地差异明显。

白草坪组是以薄层紫红色砂岩夹页岩为代表的沉积组合。由砂岩层面上发育的多角形泥裂和不对称波痕,且二者又往往重合出现的情况,说明当时地壳升降不定,沉积物有时在水下,有时暴露水面,因此形成的砂页岩因含铁矿物普遍氧化也呈红褐色。除此之外,白草坪组最显著而又独特的标志是在紫红色的石英砂岩中呈现有红、白色和黑红色铁锰质晕染的圆形斑块和图形——这就是中国观赏石协会协办《地质勘查导报》副刊《观赏石天地》中所称的"黄河石系列"的黄河"日"、"月"石这一宝贵石品,也是洛阳观赏石的一绝(照片Ⅳ-13)。

北大尖组与前者不同的是,其所形成的石英砂岩为白色,页岩为灰绿色,普遍含少量的碳质、硫铁矿和海绿石。下伏云梦山组、白草坪组极其发育的红色氧化面、龟裂和波痕在北大尖组很难看到,代之以含黄铁矿(薄层状、散点状)厚层石英砂岩,说明弧后盆地已由滨海三角洲相氧化环境进入水体较深的浅海陆棚相还原环境了。

最后需特别指出的是,在经济、文化不发达的历史年代,由汝阳群的这套红色石英砂岩、砂砾岩发育,被地貌学家称之谓"嶂石岩地貌区"的地方,因为山高路险、土地贫瘠、交通闭塞,多为贫困山区。但在经济、文化、科技发达的今天,这类地貌区,也同以嶂石岩地貌为代表的湖南张家界,丹霞地貌为代表的福建武夷山、广东南雄丹霞山一样,皆因独特的山水奇观多被开发为著名的旅游景区。人们会在这些景点的旅游中欣赏到嶂石岩地貌的特色和诱人之处,进而也学到很多相关的自然科学知识(照片Ⅳ-14)。

照片Ⅳ-13　黄河石组合——春、夏、秋、冬

一黄河石是汝阳群砂岩中以图纹石为主的一类十分丰富的石种组合,包括人物、
动物、山水风景、日月天象、文字符号、日用器物等,其形象逼真,极富情趣。

(洛阳奇石收藏家刘翔藏品)(载自郭继明《中华奇石赏析》上册)

照片Ⅳ-14　世界地质公园——黛眉山景观

藏青史千层岩石千秋画,水映黛眉一叠波痕一卷书。黛眉山石英砂岩组成的嶂石岩型地貌景观。
上图:黛眉山黛眉山寨古庙遗址,下图:小浪底水库倒灌的峪里峡谷出口处。

(洛阳市国土资源局钱建立提供)

第五节 新元古代青白口纪

（1 000～800 Ma）

弧盆格架已界定，弧前弧后都继承。

一、关于青白口纪（系）

1. **"青白口"一名源于蓟县剖面**

前文多处提到了享誉国内外的天津蓟县地层剖面。该剖面位于蓟县城北，连续延长 24 km，发现于 20 世纪的 30 年代初，1934 年由原北京地质调查所高振西先生等测制并著文发表，原称震旦系地层。剖面中所引用冠以长城、蓟县、串岭沟、大红峪、高于庄、铁岭、下马岭、井儿峪等地名的地层单位，除了下马岭引自叶良辅先生测制的北京门头沟剖面外，其余地名均系高先生测制剖面时所经过的地名，青白口即为下马岭附近的一个村子。之后，这套完整的震旦系地层引起了国内外地质界的极大重视，从事地质考察和地质研究的人越来越多，其中最重要的进展是孙云铸先生在该剖面顶部井儿峪组之上的府君山组中找到寒武纪的三叶虫化石，并发现府君山组不整合在井儿峪组之上，遂命名该不整合为蓟县运动。自此，蓟县剖面作为震旦系的标准剖面在国内广为引用，各地发现的同时代地层也都与该剖面进行对比，尤其以中国的英文名称"震旦"（CHINA）用于"纪、系"一级的地层单位，在我国还是首次。这也大大振奋了我国地学人士研究震旦纪地层的自豪感。

1959 年的全国地层会议，再次肯定了蓟县震旦系标准剖面，并将其自下而上划分为长城、蓟县和青白口三个统。其中青白口统包括了下马岭、井（景）儿峪两个地层组。之后蓟县剖面的研究日趋深入，中国地质科学院王曰伦、中国科学院地质研究所刘鸿允等在专门研究蓟县剖面顶部缺失段和南方扬子地台三峡震旦系剖面之后，依据区域大地构造运动规律和生物、同位素、古气候等因素进行综合分析、对比，首次提出将南方震旦系填补到了北方蓟县剖面顶部和寒武系之间的缺失部分，形成"中国震旦系"的完整地层系统。此举得到地质界的认同，据此，1979 年出版《1∶400 万中华人民共和国地质图》时将两地地层合并，将上述中国震旦系改称"震旦亚界"，保留震旦系，青白口统也和蓟县统、长城统同时提升为"纪、系"级地层单位，并出版了出席国际地层会议的论文集——《中国震旦亚界》（天津科学技术出版社，1980）。

2. **青白口系的时限和地质特征**

由于"震旦系"和"震旦亚界"之间存在着"系"和"亚界"两个级别不同地层单元之间的混用，1989 年第二届全国地层委员会召开的"中国元古时期地层分类命名会议"，废止了"震旦亚界"一词，确定了古元古界（代）、中元古界（代）和新元古界（代）的三分方案，分别以 Pt_1、Pt_2、Pt_3 表示。依会议决议公布的《中国区域年代地层（地质年表）表》，将青白口系置于新元古界，分上、下两个统，时限分别为 1 000 Ma（下限）、900 Ma（上、下统分界）和 800 Ma（上限）。华北燕辽地区的青白口系包括下马岭和景（井）儿峪两个组，下部下马岭组平行不整合于蓟县系铁岭组之上，上部景儿峪组和下马岭组为连续沉积，上为寒武系府君山组不整合（即孙云铸先生命名的"蓟县运动"）。该区青白口系为浅海相沉积，由砂岩、页岩、石灰岩组成，具明显的韵律性。其中含有以个体较大（50～100 余 μm）、表面粗糙为特点的微古植物组合，其中古片藻类的大量出现，是该组合的一个显著特点。

3. **豫西洛阳一带的青白口纪**

依据生物化石特征、同位素年龄、大地构造演化特点，参考有关文献，豫西洛阳一带划为青白口纪的地层，主要是栾川群和洛峪群：前者分布于前述的弧前盆地，连续或间断沉积于蓟县系官道口群之上,由白术沟、三川、南泥湖、煤窑沟、大红口、鱼库6个地质旋回的地层单位(地层组)组成,顶部为震旦系陶湾群不整合覆盖;后者分布于前述的弧后盆地,原为蓟县系汝阳群顶部的地层,现并入洛峪群,在汝阳地区由崔庄组、三教堂组、洛峪口组三个地层组组成(见图Ⅳ-4),在嵩山偃师佛光一带由原划归五佛山群上部的葡峪组、骆驼畔组和何家寨(何窑)组组成,其上分别为震旦系红岭组和寒武系不整合覆盖。由于栾川群、洛峪群产出的空间和地质环境不同,它们明显地存在着宏观特征、厚度、地层组合、岩性等方面的各种差异,但它们的共性是都继承了长城纪时沟弧盆体系的构造格架,是蓟县纪弧前、弧后盆地沉积的延续,即同一地质时期的异地异相产物,都属青白口纪。

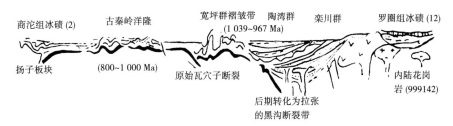

图Ⅳ-4 豫西地区少林期大地构造演化模式
——示宽坪群、栾川群、陶湾群与罗圈组的分布关系。
(石毅等《豫西成矿地质条件分析及主要矿产成矿预测研究》)

二、栾川群、洛峪群

1. 栾川群

(1)创名、划分、分布

栾川群于1962年最早为河南地质研究所创名,当时只包括了相当三川组的竹园沟组和南泥湖组两个组,归晚震旦世。之后虽然有秦岭区测队(1965)、中国地质科学院等单位对栾川群进行研究,但均因区内地质构造复杂,地质调查程度不足,在地层时代和地层层序方面造成不少争议。1978年河南省地质局地质三队(现地矿一院前身)开展了栾川南部1:5万地质测量,屠森等经系统测制剖面和收集、整理、对比前人成果,进行综合研究,在下伏官道口群(当时称下栾川群)之上,依次建立了白术沟等上述的6个地层组,冠名"上栾川群",时代归蓟县纪。之后,又经河南区测队、省地质研究所、原地调一队科研分队进一步工作,经区域地层对比,在确定下伏熊耳群、官道口群时代基础上,去掉上栾川群的"上",正名栾川群,时代归新元古代青白口纪。

(2)岩石组合

栾川群下部从白术沟组—煤窑沟组的4个岩组,分别由陆相碎屑—海相碳酸盐岩的沉积序列,组成四个明显的沉积旋回。上部的大红口组为碱性火山岩系,由正长斑岩和同质碎屑沉积物组成,与上部鱼库组的大理岩组成第五即火山—沉积旋回。各旋回之间的岩层均系整合连续沉积,整体呈现明显的海进式沉积旋回性。组成旋回的大部分岩石又呈现多层砂、页岩互层的韵律层,整个栾川群组成一套类复理石相(一种很薄的由海相沉积的粉砂岩和泥岩重叠出现的韵律性层序)沉积。现择白术沟、煤窑沟、大红口及鱼库组简述如下:

白术沟组为第一旋回。下部为黑灰色含炭质绢云千枚岩,绢云石英片岩与长石石英岩互层夹钙质片岩,中部为灰红色厚层细粒钾长石英砂岩,上部为黑色板状炭质千枚岩、薄层炭质绢云石英岩夹含碳大理岩。厚1 011 m,平行不整合于下伏蓟县系冯家湾组之上,上为三川组轻度变质的含细砾粗砂岩整合覆盖。

煤窑沟为第四旋回。下部为变质细砂岩、片岩、大理岩互层。砂岩中发育交错层理;中部为厚层白云石大理岩;上部为石英岩、磁铁云母片岩,白云质大理岩夹石煤(碳质泥板岩)1~2层。厚855~1 100 m。煤窑沟组和其他地层组不同之处是伴有"顺层侵入"的橄榄辉长岩岩床,该类岩石的 K—Ar 年龄 743 Ma,属元古代时限,原来推测其"侵入"时间应在元古代末。但对其产出情况观察发现,该类岩石极具海底次火山熔岩的同生特征,厚度不大而相对稳定,横向延展范围较大,具一定层位。煤窑沟组具非常明显的旋回性,韵律层十分发育,含丰富的叠层石和微古植物,尤其所含石煤及石煤中伴生的铀、铬、镍、钴、钒等 19 种金属元素,还有从下伏南泥湖组开始就出现的火山凝灰岩,都可能与火山活动有联系。因此,作者对上述橄榄辉长岩的"顺层侵入"成因不敢苟同。而尤应说明的是,这套地层中赋存有石质细腻、肤体润泽、色调爽目、柔韧易琢,被命名为"伊源玉"的一个新矿种,就产于上、下两层橄榄辉长岩所夹的煤窑沟组含镁质大理岩中,现已成为地方建厂开采加工、市场叫好的名贵工艺石材矿床(照片Ⅳ-15)。

照片Ⅳ-15　伊源玉矿山和工艺品

——伊源玉主要矿物成分为蛇纹石、阳起石化大理岩。因产于伊水的发源地——

陶湾镇三合村闷顿岭,故取名伊源玉。

(石毅等《洛阳非金属矿产资源》2013 版)

大红口组是与火山活动有关的地层,该套火山岩层的研究,对认识华北陆块边缘的大地构造环境有重要意义。组成大红口组的岩性比较复杂,其主体岩石为粗面岩,伴有碱性火山碎屑岩(含黑云钠长阳起片岩),变粗面质火山集块岩和火山角砾岩,大部分地段伴有含磁铁的正长斑岩(次火山岩),夹多层绢云石英片岩和白云石大理岩薄层,顶部为碳质千枚岩、白云母片岩。厚 280～958 m,区内沿走向变化较大。

鱼库组岩性比较单一。主要是白色糖粒状巨厚层含方解石大理岩,巨厚层含硅质条带和团块的白云石大理岩,深灰色绢云片岩夹含云母大理岩,底部为二云片岩夹含云母大理岩和厚层白色石英岩(15 m)。鱼库组与大红口组为断层接触,上部为陶湾群三岔口砾岩不整合覆盖。全区厚 433～606 m。

栾川群总厚 3 201～4 662 m,以栾川一带出露最全、厚度最大。

(3)地质特征

栾川群同洛峪群等其他地层不同,有着鲜明的地质特征,主要表现在以下几方面:

①极其发育的旋回性、韵律性。

栾川群各组地层极其发育的沉积旋回性已如前述。它的主要标志是自下而上形成由砾岩—砂砾岩—砂岩—砂页岩—页岩—大理岩(石灰岩、白云岩)这种完整的、不完整的(或一个片段)岩石组合,并在地层剖面上重复出现的频数较多。地质学中一般是将完整的或总体规律性的一次重复称为旋回(如栾川群下部的 4 个地层组),而局部片段性的重复(如薄层砂岩、页岩互层,片岩、大理岩互层)称韵律层。栾川群的白术沟组、煤窑沟组和大红口组都极富韵律性。由于栾川群整体上极富旋回性和韵律性,很多文献称栾川群为类复理石建造,它代表了地层沉积时,地壳是在不停地上下震颤运动。

②地层中碳质增多。

悉数栾川群各组地层剖面,除了上部鱼库组外,其他各组地层中,均不同程度含有碳质岩石——碳质板岩、碳质千枚岩、碳质条纹条带状绢云石英钾长变粒岩、含碳大理岩及石煤(碳质泥板岩)等,其中白术沟组的这类层位最多(＞10层),大红口组最厚(碳质千枚岩,厚23 m),煤窑沟组形成1~2层石煤(个别地区达3~4层),厚10~20 m,个别地段厚达30 m,石煤含碳量达30%~40%,并且含多种金属元素(见前),除此之外,黑色碳质板岩也普遍含磷、钒、铀、钼、铜、铅、锌等元素,类似石煤。碳质岩石的增多,主要与生物的繁衍有关,这可能是继下伏官道口群杜关组出现碳质板岩后碳富集的又一个高丰度值。

③火山活动。

火山活动和沉积地层相伴是栾川群的一个特点。自距今18亿~14亿年熊耳期火山活动停息后,华北陆块南缘一直处于一个长达4亿年的火山休眠期,待到栾川群形成阶段,又开始了以大红口组碱性火山岩为代表的新一轮火山活动。除此之外,下伏的煤窑沟组、南泥湖组地层中都含有与沉积岩伴生的变质火山凝灰岩(变斑黑云千枚岩、含黑云变斑二云片岩),包括被认为"顺层侵入"类似次火山相的层状辉长岩,这至少说明此时区域上已发生了新一轮火山活动。

④变质作用。

栾川群位处华北陆块边缘的沉降带中,南临秦岭造山带。因南北向挤压应力集中,构造—岩浆活动剧烈而又具多期性,使这里形成一个横亘东西的区域变质带,栾川群为该变质带的主要组成部分,加之后期的岩浆侵入活动,一些地区又叠加了接触变质作用,在区域变质基础上又形成接触变质岩石及与之相关的钼、钨、铅、锌多金属矿床,从而加大了栾川群变质作用的复杂性。

区域变质岩石类型主要是千枚岩、片岩、石英岩、变粒岩、大理岩。这些岩石在各地层组中分布不同:千枚岩类以白术沟组、南泥湖组最发育;片岩类以白术沟组、煤窑沟组、南泥湖组和大红口组为代表。同是片岩,原来的物质成分也不同,除大红口组、南泥湖组和煤窑沟组一些片岩为火山沉积岩变质而成外,大部分片岩和千枚岩均为细碎屑岩和黏土岩变质而成。具规模性的石英岩、变粒岩类分布在各组底部,变质程度不深,基本上保持着砂岩的原貌。几乎所有的碳酸盐岩都变为大理岩,其中鱼库组、三川组、煤窑沟组最发育,除鱼库组大理岩为白色、灰白色外,其他皆因原岩不纯而为青灰色、黄褐色,而且色调不均匀。

接触变质作用产生的变质岩分布在印支—燕山期酸性小侵入体附近,主要为钙硅质、含长英质大理岩(以石宝沟、三道庄为代表)、云母片岩、云母角岩(南泥湖、黄背岭)和矽卡岩(南泥湖,马圈、鱼库等地)。这些接触变质岩大部分分布在栾川的钼、钨、铅、锌矿区,伴生有硅灰石、黄铁矿,后者是勘查金属矿产的找矿标志,也形成了区内重要的非金属矿床。

⑤构造形态。

栾川群分布区为组成洛南—栾川陆缘褶皱带的主体部分。由栾川群形成了一系列向北倾斜、向南倒转,倾角＞60°的东西向褶皱束,包括青和堂、庄科背斜,抱犊寨—南泥湖向斜,黄背岭—石宝沟背斜,增沟口—石宝沟北向斜等。与紧闭的背斜、向斜和地层倒转相伴,这些褶皱的两翼多见与褶皱相平行的断裂,由其导致了一些地层的断失和不连续,充分显示了构造多期活动和地应力方向不断变化的特点。这一特点可以从地震资料中显示的黑沟—栾川断裂带存在着由北而南和由南而北不同地质时期的双向推覆性质中得到证实(照片Ⅳ-16)。

(4)生物和同位素年龄

栾川群中比较丰富地保存着叠层石和微古植物化石,其中以三川组和煤窑沟组为之最。煤窑沟组产有相当蓟县剖面下马岭组的兰姆赛裸枝叠层石,和相当下马岭、景儿峪组的微古生物模糊多孔体及小穴面球形藻,生物组合与北部青白口系洛峪群基本相似(见后)。

照片Ⅳ-16　栾川群地貌

——栾川群因处于陆缘褶皱带中,地层经受了较为强烈的区域构造变质作用,

照片显示的是南泥湖组绢云片岩、绿泥大理岩的层间小褶皱。

(地点:陶湾北沟焦树凹;摄影:王声明)

栾川群平行不整合于蓟县系官道口群顶部冯家湾组之上,侵入冯家湾组的小河花岗岩 U—Pb 年龄为 999 Ma,该年龄值与栾川群底部白术沟组砂岩 Rb—Sr 902 Ma ± 48 Ma 相近,故确定栾川群下限为 1 000 Ma,上限按"顺层侵入"煤窑沟组橄榄辉长岩 K—Ar 743 Ma 年龄,定为 8 Ma,亦与青白口纪时限相同。因此,栾川群可与蓟县剖面青白口系地层对比。

2. 洛峪群

(1)创名与分布

洛峪群建群处在汝阳城东小店镇洛峪口,自下而上由崔庄、三教堂、洛峪口三个地层组组成。1980 年关保德等将其从汝阳群中分出建洛峪群。1989 年《河南省区域地质志》沿用此划分方案。1993 年出版的《河南省地质矿产志》将偃师、登封一带分布、原称"五佛山群"的葡萄峪、何家寨、骆驼畔三个地层组也并入洛峪群,并与汝阳地区的崔庄、三教堂、洛峪口三个组对比。

洛峪群分布与汝阳群相伴,与弧前盆地的栾川群对应,严格受熊耳期"沟、弧、盆"体系控制,分布于弧后盆地,为汝阳群的继承部分。主要围绕熊耳古陆北坡和嵩箕古陆分布在渑池仁村、宜阳、伊川、嵩县九店、汝阳北部、鲁山下汤、方城、舞阳、西平、确山和偃师登封及新密、汝州一带,由于一些地区缺失上覆地层,现出露部分因受风化剥蚀而保存不全。

(2)岩石组合

①崔庄组:主要为一套杂色页岩夹少量薄层石英粉砂岩组成,岩性、厚度稳定,在区域上可以作为青白口系的标志层。页岩主要成分为伊利石,K_2O 含量平均 6% ~ 7%。区内渑池仁村厚 198 m,汝阳、伊川 159 ~ 260 m,舞阳 195 m,五佛山 131 m,方城小顶山 209 m,当地已开发为页岩砖和陶粒等建材原料(照片Ⅳ-17)。

②三教堂组:岩石为石英砂岩,分三部分组成。底部为浅灰、灰白色中薄层状含黏土质细粒石英砂岩;中部为中厚层状细粒石英砂岩,致密坚硬,具油脂光泽,为制作玻璃原料的主要层位,形成区内一些大型玻砂、型砂矿床,已为洛阳玻璃厂建厂开采的主要矿山;上部为黄白、褐红色中—厚层状细粒砂岩,顶部含海绿石。渑池厚 32 m,新安 41 m,汝阳 52 ~ 96 m,舞阳 159 m,由西北向东南逐渐增厚,含杂质增高,玻璃原料质量也随之降低。

③洛峪口组:岩性主要由下部灰绿色页岩,中部淡紫色白云质灰岩、厚层白云岩,上部薄层紫红色白云岩组成。其特点是分布面积小,厚薄不均,渑池仅见底部页岩,厚 7 m,新安缺失,汝阳 225

照片Ⅳ-17　洛峪群崔庄组页岩中的褶曲

——崔庄页岩为豫西洛阳地区分布比较广、岩性比较稳定的含钾页岩地层，汝阳崔庄矿区
地质详查资料 K_2O 含量平均 6%~7%，向西延入伊川九皋山一带，地区已开采利用。

（地点：伊川九皋山世海矿产公司采矿场；摄影：王声明）

m，鲁山 186 m，五佛山 377 m，西平 50 m。地层中含有丰富的微古植物和叠层石，上部分别为震旦系、寒武系平行不整合超覆。

（3）地质特征

洛峪群地质特征可以清晰地概括为以下三点：

①出露地层连续，岩石组合清晰。包括汝阳群在内，由云梦山组开始到洛峪群洛峪口组结束，均为连续沉积地层。自下而上，崔庄组页岩、三教堂组石英砂岩、洛峪口组白云岩，三个地层组岩石组合清晰易识，沉积旋回一目了然，构造上以平缓单斜状产出，易于分层对比。

②古构造、古地理特征明显。分布受继承性弧后盆地控制，除崔庄组地层厚度比较稳定外，三教堂组、洛峪口组地层厚度变化较大，整体表现为东南厚、西北薄的规律，明显地受当时以垂直运动为主的古构造和弧后东西向盆地的古地理与海洋演化——自东南向西北有规律的海进和海退控制。

③生物化石丰富。崔庄组、三教堂组以微古植物为主，洛峪口组除微古植物外，还产有丰富的叠层石。这些叠层石因形体较大，产于浅紫红色、深绿色厚层白云岩中，色彩爽目、图形新奇、反差清晰，颇具观赏性，亦是本地开发利用的一种工艺石材。

（4）生物、同位素年龄

据专家鉴定，洛峪口群和天津蓟县剖面青白口纪生物群基本一致。

洛峪群因含钾矿物多，利用 K—Ar 法测年的数据较多。崔庄组海绿石砂岩 K—Ar 年龄 1 159 Ma、1 138 Ma、1 000 Ma，三教堂组海绿石砂岩 K—Ar 年龄 1 089 Ma、1 078 Ma、1 071 Ma、1 058 Ma、1 012 Ma。平行不整合于其上的震旦纪董家组 K—Ar 年龄 656 Ma。故推测其上限年龄为 800~900 Ma。

洛峪口群和前述栾川群一样，均可与天津蓟县青白口系地层对比。

三、地史演化与古地理分析

中元古代末，随着整个华北陆块的上升，豫西熊耳山和它两侧的官道口群、汝阳群分布的地区再次隆起。对于这次的大范围上升,地质界有人称为"铁岭运动",也有人称早晋宁运动(1 050 Ma),黄汲清先生和任纪舜院士则称"未名旋回"。前者以天津蓟县铁岭灰岩和上覆下马岭组之间的沉积间断与微角度不整合为依据,后者指本区内汝阳群和洛峪群、官道口群和栾川群之间的平行不整合。

说到这里得插上一句话,有很多文献著作都认为栾川群和下伏的官道口群为"连续沉积",洛峪群和下伏的汝阳群也是如此。我们实地观察的情况是汝阳群北大尖组顶部有一层不甚稳定的含砾白云岩,砾石滚圆度良好,还有一个黄褐色氧化面,分明是地壳上升、岩层浮出水面受到了氧化;而在嵩箕地区,这个氧化面上还形成了窝子状赤铁矿和褐铁矿,代表一次明显的上升或沉积间断,以上是熊耳山北部弧后盆地的情况。在熊耳山南部的弧前盆地也存在上升后的间断,如陕西洛南、河南卢氏—栾川一带,都可见到栾川群之下官道口群顶部的层位缺失和微角度不整合。这说明中元古代末豫西地区地壳的抬升虽幅度不大,但很有普遍性,我们称此运动为"汝阳运动"(1 050~1 000 Ma)。

受汝阳运动的影响,华北陆块南缘的济源王屋、新安黛眉、许昌嵩箕、鲁山背孜及舞阳一带都处于缓慢的隆升中,形成一些串珠状的古陆隆起区,它们和南部熊耳山之间留下一些北西向的浅海槽地,并在上述古陆之间存在着海湾。新元古代初来自东南方向的海侵首先形成了崔庄组的页岩建造,由页岩中所见的泥裂和砂岩薄层,说明当时的海水不深,并经常短时间浮出水面。因崔庄组的北界仅见于新安曹村和渑池仁村一线,说明海侵没有越过黛眉古陆,同样,嵩箕地区海侵也仅到达该古陆西北部。三教堂期是海退沉积,古海岸线在渑池仁村—新安方山头一带,由于海浪的分选,形成那里的大型石英砂岩矿床。由此指向东南,随海水深度增加和接近熊耳古陆,不断有火山物质加入而使砂岩中杂质增多,虽然其厚度增大,但质量明显降低而不能形成玻砂矿床。洛峪口组分布的面积较小,标志海水退归东南后,在北部的残海表现为萎缩式的潟湖或洼地沉积,形成了白云岩。到洛峪口组形成后,熊耳山北部的浅海槽基本上全部封闭上升。仅在鲁山下汤一带局部延续了震旦纪黄连垛组和董家组的沉积。

与洛峪群的地层组合完全两样的栾川群,显示了二者沉积环境方面的极大差异。中元古代末,随官道口群隆起之后,由熊耳群火山岩组成的山弧隆起和南部宽坪群形成的台缘褶皱带之间的距离更加缩小了,这里仅留下了一个狭长的海槽,此即栾川群形成的空间。由其保留的地质特征,可以大体判断当时的古地理特点:第一是地层的旋回性、韵律性,它标志着海槽在接受沉积时,地壳很不稳定,升升降降,或在震荡中下沉,或在震荡中上升;第二是碳质层多,这一方面说明元古代晚期生命繁衍,地层中有机质增多,另一方面说明当时的海底环境变化大,一些生物的遗体在氧气不足时形成了碳质腐泥,并因有机碳的吸附作用,在碳质层中吸附富集了海水中多种金属元素(这在前面谈石煤的特征时已说过了);第三是火山或岩浆活动早期以基性岩为主,晚期以碱性岩为主,分别占了南泥湖组(含有凝灰岩)、煤窑沟组和大红口组三个层位,标志着大陆边缘存在着导致地下岩浆上涌的深断裂带;第四是栾川群强烈的褶皱、断裂和各类变质作用——当然这些构造形变和变质作用很多是后来叠加的,但起码说,褶皱和断裂的发育缩短了海槽的宽度,而变质作用又改变了原岩的面貌。

以上所有这些都说明了栾川群分布区台缘褶皱带的性质。究其应力来源,第一是元古代末,熊耳山随陆块的全面上升而继续隆起,其向海的一侧产生了明显的伸展拆离作用而下陷;第二,随南部扬子地台的形成,秦岭洋中诸多微陆北移及来自秦岭洋板块的挤压碰撞效应;第三也是最重要的一点是栾川群濒临北部陆块和南部秦岭褶皱带的分界——黑沟—栾川断裂带的这一应力集中部位,因受多期、多阶段的双向挤压、推覆,因此造成了陆块边缘栾川群和陆内洛峪群地质形象上极大的差异,不仅如此,这种差异性还延续到元古代末期的震旦系陶湾群,对此我们将在下一节阐述。

第六节　新元古代震旦纪

（800 ~ 543 Ma）

回顾震旦研究史，解读南北冰碛层。

一、震旦纪（系）研究史的回顾

"震旦"即英文 China 的中文译音，亦称"支那"（Siniche），系对中国的古称。"震旦"一词用于地层名称始见于 1882 年，当时称"震旦层系"（Siniche Formation sreihe）。1922 年葛利普（A. W. Grabau）根据当时中国地质调查所的决定，将"震旦"一词明确为"系"一级地层单位，规定震旦系代表寒武系之下，五台、泰山变质地层之上的那个沉积单元，其特征是岩石轻微变质至不变质，与寒武系连续沉积或不整合。这是国际上地质界以中国名称命名的第一个"纪"一级的地层单位。

1924 年，李四光全面记述了长江三峡东部沿江一带不整合于下伏元古界崆岭群变质地层之上，寒武系下统含三叶虫化石的石牌页岩之下的一套未变质地层，并按上面中国地质调查所的标准，也定为震旦系，并将其作为独立的地层单位从古生代中划出，时代归元古代，又自下而上划为南沱组粗砂岩及冰碛层、陡山沱组和灯影灰岩三个次级地层单位，建立了三峡震旦系剖面。

1934 年高振西等对天津蓟县剖面进行研究时，划分了前面已谈到的 3 个统 10 个岩组，当时称"震旦地层"。1939 年李四光在调查蓟县剖面后，称其为震旦系的标准剖面。自此以后，在地质界有了"北方震旦"、"南方震旦"、"蓟县震旦系"、"三峡震旦系"，或因蓟县震旦系厚度大（ > 9 000 m），三峡剖面厚度小（总厚 1 040 m），又称北方为"大震旦"、南方为"小震旦"等名称。由于震旦原为中国的古称，当时就有人提出这后一种称呼太不严肃，但同时又提出，同为震旦系，为什么两地有如此的厚度和岩性差异？尤其从古气候考虑，同处相邻不远的国土内，为什么南沱冰碛层只见于三峡剖面，蓟县剖面缺失呢？怀疑两地的震旦系肯定不是同一时期的产物。因此，关于南、北震旦系的对比问题，早已引起我国地层学家极大的关注。

随地质工作的发展，古生物，特别是微古植物、叠层石研究及放射性同位素等测定地质年龄等地质测试手段的发展和应用，人们逐渐认识到，同称为震旦系的我国南、北两个剖面，确实不是同一时期的产物，而是南方震旦系在上、北方震旦系在下的先后关系，不能等同对比。据此 1975 年为出版《1:400 万中华人民共和国地质图》召开的"中国震旦系"讨论会，按地层命名的"先入为主"原则，考虑南方震旦系命名在前，仍称震旦系；蓟县震旦系命名在后，时间跨度长，将该剖面中的长城、蓟县、青白口三个"统"或"群"，提升为系，连同剖面中缺失的震旦系，共 4 个地层单位，统称"震旦亚界"，归属中、上元古界。之后，也因"震旦亚界"的名称不合适也被废弃了。

应该特别强调的是，南北震旦系的统一，标志着我国地层研究工作的一次重大的突破性进展，它指示了华北和扬子两个陆块元古代末大地构造运动和古气候环境方面既有较大的差异，又有一定的联系。这里特别要指出的是，洛阳所在的豫西地区处在华北陆块的南缘，与陆内其他地区不同的是，这里发育了自长城纪中元古代到新元古代震旦纪的全套地层，是南、北方地层对比的关键地区。其前面几个时代——长城纪、蓟县纪、青白口纪地层和蓟县标准剖面的对比情况已如前述，而豫西震旦系地层的对比，还需与长江三峡震旦系标准剖面接轨。为此很有必要将三峡剖面加以简要说明。

二、长江三峡震旦系标准剖面

何谓标准剖面？凡是根据模式剖面——较大厚度，地层出露齐全，化石比较丰富，顶底界限清楚,与上覆和下伏地层关系明确等地质要求,可以作为该地区内地层对比所选定的典型剖面者均可作为标准剖面。前面谈的天津蓟县长城系、蓟县系、青白口系层型剖面和下面所要介绍的长江三峡震旦系层型剖面,都是国际地层委员会确定的标准剖面,它们在区域地层研究和对比中,都能起到"标尺"的作用。下面我们从 4 个方面概括介绍一下三峡震旦系剖面,以便通过地层对比加深认识我们洛阳的震旦系地层。

1. 地层组合

长江三峡震旦系地层代表一个完整的地质旋回。自下而上分为两个统、四个组,总厚 1 040 m。下统包括莲沱组、南沱组,厚 163 m,后人称其为南华系,国际上则称"成冰系"。上统包括陡山沱组和灯影组,厚 877 m,因为命名时间早,并为国际通用(见前)仍称震旦系。由于三峡剖面同北方的蓟县剖面一样分别代表扬子陆块和华北陆块结晶基底不同时期形成的盖层系统,以往的研究程度都相当高。

(1)莲沱组:为一套由粗到细的碎屑岩系组成。下部为紫红色厚层粗粒石英砂岩,长石石英砂岩,底部为灰绿色砂砾岩,不整合在古元古代黄陵、崆岭花岗岩之上;中部为中粒石英砂岩,砂质凝灰岩;上部为紫红色凝灰质砂岩,灰绿色粉砂质黏土岩、粉砂岩,含丰富微古植物化石,厚 50～260 m 不等。

(2)南沱组:为一套典型的冰川堆积物,亦称南沱冰碛层。主要是多层暗绿、灰绿色,次为紫红色泥砂胶结的冰碛砾岩,夹含砾黏土质砂岩。与下伏莲沱组平行不整合接触,厚 61 m。冰碛砂砾岩的一些特征和所含的"砾"很特殊,与一般沉积岩有很大差别,对这类岩石留在后文介绍洛阳震旦系罗圈组冰碛层时详细阐述。

(3)陡山沱组:下部为微晶硅质白云岩夹含锰页岩;中部为黑色页岩夹少量泥灰岩;上部为灰色微晶白云岩夹黑色碳质页岩和冰碛层,顶部为碳质页岩夹碳质泥晶白云岩,含较多黄铁矿结核,厚 230 m,下部与南沱组平行不整合接触。

(4)灯影组:下部为灰白色块状硅质白云岩、鲕状(核形石)白云岩,内碎屑(同生角砾状)白云岩,夹薄层白云质含碳、磷灰岩;中部为黑色薄层沥青灰岩,硅质灰岩;上部为灰白色白云岩,硅质白云岩夹燧石层和燧石结核。厚 647 m。灯影组上部因发现寒武纪小壳动物化石,已将寒武纪下界下移,有人将含小壳动物化石的层位置寒武系天目山段。

由剖面上、下统的岩性分析看出,下统莲沱组含凝灰岩,南沱组为典型冰川堆积,标志这个地区先有火山活动(但未见岩浆岩),后进入冰期,气候由热变冷了。上统陡山沱组的上部也有冰碛层,这应是南沱冰期之后的又一次冰期,只是这次冰期历时短、规模小,因此可以将两次冰碛层之间的地层视为间冰期沉积,将灯影组的形成和天目山段蠕形生物的出现视为冰后期的产物。长江三峡冰碛层的分析,将有助于我们认识豫西罗圈组冰碛层,同时对认识冰后期晚震旦世开始的生物繁衍也是一个启示。

2. 生物特征

震旦纪生物群是青白口纪生物群的继承和发展。震旦纪早期,生物界主要由各种褐藻、红藻等能营光合作用、有性繁殖的比较高级的藻类组成。微古植物则以糙面球形藻和光球藻类等个体较大的品种为主。

震旦纪生物变化主要发生在晚震旦世相当于 7 亿年的这个时期。实例是在澳大利亚发现了前面讲述过的"伊迪卡拉动物群"。在三峡地区这个时期仅仅是发现了海绵骨针和类古杯海绵状物。大量的动物化石发现于灯影灰岩顶部天目山段的地层中,主要是蠕形动物皱节虫、萨伦虫等。晚震旦世早期的植物变化是出现了刺球藻亚群和棱面藻亚群,而到晚震旦世之后,它们也发展为同寒武纪及后寒武相似的种属。

总而言之,震旦纪是生物发展历史上的一个特定阶段或转折点。在这个阶段中,植物界以褐藻为代表的高级藻类相当繁盛,单细胞类出现了很多新类型;动物界发生了重大演变,以软体类型为特征的后生动物广泛分布,并有少量骨、壳类动物,成为寒武纪生物大爆发的前兆,应是地史上隐生宙到显生宙的过渡。

3. 南沱冰碛层是标志层

南沱冰碛层早在 1907 年就已被早期在中国工作的美国地质学家维里士等人发现,后为李四光研究,形成时代确定为震旦纪并为后人所证实。由震旦纪冰期所形成的冰碛地层,包括被冰川运行磨砺,具有擦痕、刻槽、猴脸磨光面的砾石、泥砾、泥包砾,不具层理类似泥石流(砂、砾、黏土混杂没有分选)的地层,以及顶部略显层理的冰水沉积纹泥等特征,均显示其大陆冰川的特性。

据冰川地质学研究成果,地球在其发展演化历史中,曾发生过多次大冰期,其中震旦纪冰期是大家公认的,除此之外,还有奥陶—志留纪冰期、上古生代末二叠纪大冰期和第四纪冰期等。因为第四纪冰期离我们近,冰川地貌和冰碛物保存得好,易于观察识别,因此研究第四纪冰川遗迹有助于认识震旦纪等古冰川遗迹。又因为冰期都为气候因素,具有区域性、世界性,所以冰碛层(包括冰期和间冰期的沉积)同化石层一样也是区域地层对比的重要标志。

谈到冰川就必然联系到冰期发生的原因。天文学家的说法是地球以外的宇宙原因造成的;大气物理学家则认为与太阳辐射、大气环流有关;而地质学家则认为与地球自转、磁极变化有关。据古地磁测定结果,莲沱期扬子陆块处在南纬73°的高纬度地带(相当于现在南极洲的北部),而南沱期则在84°的极地地带。因此,震旦纪冰川广泛分布的我国华南、西北及豫西等地,可能都是当时的高纬度或极地的高寒地区,只是时代距今太远,有些冰川遗迹被后来的沉积物掩盖或者被剥蚀掉了。

4. 同位素年龄

震旦系底部的莲沱组不整合在古元古代峡岭群和黄陵花岗岩之上,莲沱组底部砂岩 Rb—Sr 等时年龄 819 Ma ± 54 Ma,其中 4 个锆石 U—Pb 年龄一致,曲线图解年龄 860 Ma ± 50 Ma,4 个磷灰石 U—Th—Pb 年龄为 842 Ma、869 Ma、875 Ma 和 880 Ma。峡岭花岗岩的形成年龄以 Rb—Sr 等时年龄 819 Ma ± 54 Ma 为代表,穿入花岗岩而又被莲沱组不整合于其下的伟晶岩 K—Ar 年龄 805 Ma,因此推断莲沱组沉积的时限为 800 Ma。该时限也称南华纪的下限,其下的不整合即晋宁运动的构造面。震旦系莲沱组为晋宁运动后,扬子陆块之上的第一个盖层。与华北陆块克拉通化的中岳、吕梁运动相比,扬子陆块的克拉通化晚了 8 亿~10 亿年。

三峡南沱冰碛层剖面尚无同位素年龄资料,覆于其上的陡山沱组沉积岩 Rb—Sr 等时年龄 693 Ma ± 66 Ma;还有以作为冰期的上限,异地南沱组含锰黑色页岩 Rb—Sr 全岩等时年龄 739 Ma,这可谓南沱冰碛层的下限年龄。

灯影组灰岩原是震旦系的上部岩组,之后因在其上黑色页岩、碳质页岩中发现了三叶虫化石,从而将震旦系的顶界也就一直往下压。因为三叶虫层位之下,含带状藻的黑色页岩中的碳质页岩 11 个样品 Rb—Sr 等时的平均全岩年龄为 613 Ma ± 20 Ma,故以此作为三峡震旦系和寒武系的分界年龄(国际上通用的是 5.43 亿年)。

三、洛阳的震旦系

与洛阳地理位置上的"天下之中"相对应,洛阳的震旦系也是南北类型兼而有之。依据区域地层资料,区内各地质单位目前划归震旦纪的地层包括分布较广的罗圈组冰碛层;分布在偃师一带洛峪群之上的红岭组;分布在鲁山下汤一带洛峪群之上的黄连垛组、董家组;还有分布在栾川—卢氏—陕西洛南一带、不整合在栾川群之上的陶湾群。现分别简介于后。

1. 震旦纪罗圈组

(1)创名、分布

"罗圈(juan)"为现汝州市(原临汝县)蟒川乡的一个村庄名。1958 年杨志坚在此作地质调查时首先提出震旦纪冰碛层在豫西存在的可能性,1960 年称其为"临汝冰碛层",时代定早震旦世。1961 年地质部地质科学院在王曰伦先生指导下,刘长安、林蔚兴对之做了专题研究,定名罗圈组(照片Ⅳ-18)。由于这是在北方首次发现的震旦纪冰川遗迹,一时间吸引了众多学者的调查研究。1988 年河南地质研究所关保德在测制研究该冰碛层剖面之后,还将其上部的海相砂页岩从中分出建立了属冰后期的东坡组。

照片Ⅳ-18　罗圈组冰碛层
——易风化的冰碛层形成的缓坡地形,照片显示了混杂堆积的砾岩和黏土岩地层。

（摘自陈山柱等《地学漫话》）

依据区调资料,罗圈组的分布明显受熊耳山的南、北即前面谈的弧前、弧后盆地及其延展方向控制,熊耳山以北自西向东于宜阳、偃师、汝州、鲁山及平顶山一带,均有分布,出露连续性较好;以南零星分布于灵宝南部和卢氏北部,西延陕西洛南,东部见于确山、固始,东延安徽境内,大致与华北陆块边缘走向一致,呈东西向带状分布。另外在山西永济也有发现。

(2)岩性组合、地质特征

北带冰碛地层以罗圈为中心,以冰碛砾岩(冰期)和冰水含砾泥砂岩、粉砂质页岩(冰后期)组成了 5 个冰川沉积旋回。冰碛砾岩的特征是无层理、砾石无分选性,大小混杂,排列不规则,并夹杂着砂、泥岩块。这是冰川形成和因重力滑行运动中,裹携和接纳塌落在冰上的岩石、土块,后在间冰期消融时的堆积物,与现在的泥石流堆积很相似。冰碛砾石表面常因和基岩摩擦形成的凹面(猴子脸)、压裂、擦痕等特征性遗迹,擦痕具"钉头鼠尾"形态。有些砾石表面还有泥质、钙质的薄膜,这是冰融化时冰水的沉淀物。冰水沉积砂砾与冰碛砾成分相同,但其砾石较小,岩石有层理,有时还可见到褐红、淡黄色相间的有纹理的泥岩。汝州罗圈组厚278.8 m。东坡组为整合在冰碛层之上的灰绿、紫红含砾页岩、泥质砂砾岩,砂质页岩地层,厚94 m。东坡组之上为寒武系辛集组平行不整合。罗圈组下部平行不整合于汝阳群北大尖组石英砂岩之上。

南带罗圈组分布在确山、栾川三道撞(?)和灵宝朱阳镇一带。该区发现的冰积砾岩,成分复杂,普遍为碳酸盐胶结,最高含量可达50% ~60% ,砾石有压裂和冰川擦痕。存在的疑点是碳酸盐类沉积要求的温度高,与冰川沉积时的低温不相称。关保德等的推断是"北部罗圈组形成于雪线以上的高山地带,南部则处在雪线以下的'海盆'。关先生的解释对我们研究陶湾群及其形成的环境很有启迪(见后)。

(3)生物、同位素年龄

罗圈组中发现的微古组合——古光球藻近似种、糙面球形藻、厚带藻等均为三峡震旦纪生物群分子,二者可以此进行对比。据关保德资料,鲁山罗圈组之下董家组 K—Ar 年龄665 Ma、669 Ma,

推断董家组相当陡山沱组,因罗圈组位于董家组之上,陶湾群的沉积应晚于陡山沱组,更晚于南沱冰碛,相当灯影灰岩时期或稍早,也同属震旦系。以上所述南、北两地冰期时间上的差异,正可解释它们在类型上的区别。

2. 红岭组、黄连垛组和董家组

(1)红岭组

红岭组分布在偃师佛光乡,原划归"五佛山群"。岩性上部为灰色厚层白云岩,灰、紫红含燧石团块白云岩,紫红色中厚层白云岩;中部为灰、黄灰色碳质页岩夹粉砂岩;下部为灰色钙质含长石石英砂岩。整个红岭组形成一个完整的沉积旋回,总厚>140 m,上为寒武系辛集组不整合,下与洛峪群何家寨组为断层接触。红岭组含丰富的叠层石和微古植物,属于震旦纪的厚缘糙面球形藻大量出现,并首次出现厚带藻和蓝藻丝体等新种,无同位素年龄资料,依据古生物特征和上为寒武系辛集组封顶,归属震旦系。

(2)黄连垛组

1980年关保德等创名于鲁山下汤九女洞,与上覆董家组相伴分布于鲁山、叶县、方城、泌阳一带的熊耳山北坡。岩性主要为灰白、青灰色硅质条带含叠层石白云岩夹砂砾岩,底部为砾岩,顶部为条带状硅质层。下以底砾岩为标志,平行不整合于洛峪群之上,顶部与董家组平行不整合接触,厚134.2 m。依据黄连垛组所含微古化石和顶底关系归早震旦世(下统)。

(3)董家组

分布与黄连垛组大体相同,为一套碎屑—碳酸盐岩组合。下部为砂砾岩,长石石英砂岩;中部为含黄铁矿(锈斑)砂岩,海绿石砂岩;上部为页岩夹砂岩;顶部为泥质、白云质灰岩。董家组与下伏黄连垛组平行不整合,与上覆罗圈组平行不整合,岩性稳定,厚度:鲁山133 m、叶县343 m、方城207 m、西平28 m,K—Ar同位素年龄663 Ma、669 Ma,相当长江三峡震旦纪陡山沱组年龄,归属早震旦世(下统)。

3. 陶湾群

(1)创名、分布

1959年秦岭区测队阎廉泉命名,当时把包括陶湾南部叫河一带的大理岩,统称陶湾岩组,置古元古代。同年全国第一届地层会议沿用改为陶湾组,时代归古元古代,这一方案一直沿用了近20年。1978年河南地质三队开展1:5万栾川南部地质测量,屠森等发现黑沟—栾川断裂带南北两侧的大理岩不是同一时代的岩石,始以断裂带为界,将该地的大理岩"南北分置":南部以黑云母大理岩为主的地层命名叫河组,置中元古界宽坪群;北部以绿泥石大理岩为主的地层称青白口系陶湾群秋木沟组(当时屠森等将栾川群归蓟县系)。1980年长春地院张秋生教授将陶湾群置震旦系。

陶湾群的分布大体和官道口群、栾川群的分布相依相伴,受熊耳期沟弧盆体系控制,区内分布于卢氏八宝山,栾川上牛栾、陶湾、鱼库、石庙等地,向东延入南召县北部和方城一带;向西延入陕西洛南。南界濒临黑沟断裂带,因受断裂带的多期活动影响,陶湾群呈现平卧、倒转的复杂褶皱,并因断层破坏、风化、剥蚀而保存不全,但岩性相对比较稳定。

说到陶湾群,不能不涉及处于陶湾群之上的栾川鸡冠洞(照片Ⅳ-19)。鸡冠洞是沿陶湾群的南界,发育在黑沟(陕西)—栾川断裂带上呈阶梯状分布的石灰岩溶洞群,洞内上、下形成6个大厅,总面积>16 800 m²。该断裂带向北倾斜,它的下盘地层为宽坪群的云团状石英片岩,上盘即陶湾群的含砾、含黑云母、绿泥石大理岩,洞内可以看到附着钟乳石的大理岩断块和含角砾岩的断层泥、断层角砾和形成石幔、向北倾斜的断层面。阶梯状的溶洞群,代表了鸡冠洞是在断裂带南侧阶段性的上升,北侧阶段性的下降,伊河不断向下侵蚀过程中形成的。大约在距今2 300万年的喜马拉雅运动中期,栾川南部伏牛山的老君山等地再度上升,北侧断裂带再度复活,上盘地层伸展下降,沿断裂带流经的伊河水潜入地下,溶解破碎带中的陶湾群大理岩中的碳酸钙和带走破碎带中的细碎屑,从而留下了断层带中的岩穴,随后由于地壳的阶段性上升,伊河水位的阶段性下降,留在地层中含有碳酸钙的地下水就在溶洞中沉淀、结晶成岩,久而久之就形成了千姿百态的钟乳石,并随地壳运动的阶段性抬升,形成了阶梯状溶洞群——这就是大家看到的鸡冠洞的各类景观。不过这只是陶湾群上部地层的一部分。下面我们再把思路转向认识陶湾群地层的全部组合和特征上。

照片Ⅳ-19　栾川鸡冠洞

——鸡冠洞形成于新生代喜山期至现在,标志南部宽坪群阶段性上升,北部陶湾群

阶段性下降,伊河河谷下切,地下水溶蚀陶湾群大理岩,经淋滤—沉淀所致。

(摘自《栾川县志》)

(2)地层组合、特征

整个陶湾群组成了一个大的沉积旋回,自下而上划分为三个地层组:

①下部三岔口砾岩组:栾川地区分布在东鱼库、朱家村、上仓房等地,主要为一套黑色含碳的钙镁质砾岩,夹含砾大理岩、含砾片岩和透镜状变质磁铁矿。所含砾石分选性差,大小悬殊,层序难辨。成分因地而异,多源自下伏栾川群,仅局部地段(如栾川鱼库)显出砂岩与砾岩层序和砂岩的层理。厚30～103 m,变化较大。

②中部风脉庙片岩组:分布在红洞沟、磨坪、张盘一带,岩性为含磁铁碳质千枚岩、碳质板岩、变斑状黑云母片岩、绿泥绢云片岩夹黑云磁铁绢云片岩、不稳定绿泥绢云大理岩。厚度变化较大,三岔口南仅厚26.4 m,陶湾以西增至500 m以上。与下伏三岔口组、上覆秋木沟组均为整合接触关系。

③上部秋木沟大理岩组:大面积出露在陶湾以西上牛栾及卢氏马庄河一带,主要为一套绢云、绿泥厚层白云质大理岩,厚度＞858 m。秋木沟组与叫河组两套大理岩以黑沟—栾川断裂带为界,前者大理岩的共生矿物以绢云母、绿泥石和少量石英为主;后者以黑云母、白云母、石英为主;前者岩石成分单一,后者有很多石英脉分布其中。陕西洛南麻地坪见震旦系罗圈组不整合其上。

陶湾群因分布于地应力集中的黑沟—栾川大断裂带旁侧,受多次构造—岩浆活动影响,不仅岩石经受较强的区域变质,而且还呈现出复杂的褶皱形变(照片Ⅳ-20)。

(3)陶湾群的时代

对陶湾群的时代一直有不同看法:一是确定"绝对"年龄的同位素值上下浮动较大,由406 Ma到722 Ma±50 Ma。这可能因其位处华北陆块边缘、濒临大断裂带,岩石受后期构造—变质作用干扰所致。二是确定相对年龄的生物化石也很难找到,有人称之为"哑地层",仅在三岔口砾岩中有少量相当南方震旦系的郝台达穴面球形藻和片藻。参照生物化石,根据其不整合在栾川群之上,又为震旦纪罗圈组不整合覆盖的时空关系,推断其形成时代为早震旦世,和南沱冰期相当,但可能因

照片Ⅳ-20 陶湾群三岔口砾岩中的平卧褶皱及分选不好的砾石层

——陶湾群三岔口砾岩地层经受强烈构造—变质作用,褶皱构造复杂,岩石强烈片理化。

钙质砾岩成分单一无层理、夹层,砾石分选和磨圆度均差,类似泥石流沉积。

(地点:陶湾北沟朱家村;摄影:王声明)

古地理古地貌条件关系,在栾川、卢氏一带陶湾群地层中没有找到令人信服的冰川遗迹,仅在陕西境内为震旦系罗圈组不整合,依此,参考同位素年龄和仅有的微体化石,划归震旦系。

这里提请注意的是,据胡德祥(1987)资料,在栾川地区陶湾群中产有介形虫化石及其他生物碎屑,王崇起等(2007)报道在陕西洛南三岔口组发现藻类及几丁虫、虫颚等早奥陶世阿伦尼格期化石,还将陶湾群时代定为奥陶纪。对这些新的发现和时代上提应引起重视,相信随今后地质工作的深入,陶湾群的成因和时代都会有正确的结论。

四、洛阳震旦纪地史、古地理探索

在探索长逾19亿年漫长的元古宙地质发展史中,震旦纪这最后的一页,意味着生物演化中隐生宙的终止和显生宙的开始,也是即将迎来古生代初寒武纪"生命大爆发"的转折点。但是又恰在这一时期,北方华北陆块蓟县层型剖面又缺失了震旦系。虽然南方扬子陆块峡东震旦系在时间上填补了北方的空缺,但二者的距离较远,涉及的古地理变化也必然造成一些难以解决的问题。于是作为南北兼而有之的豫西震旦纪地层,也就成为研究我国震旦纪地史和古地理的重点地区。然而不足的地方是豫西的这些震旦系,分布零散,保留不完整,岩性差异也太大,从而也对这方面的研究工作造成了很多困难。

以罗圈组为代表的冰碛地层,从古气候角度讲,它和南沱冰碛应是同处一个大冰期只是相对稍晚的产物,但南沱冰碛是一套以冰碛泥沙质砾岩为主的简单地层组合,代表冷湿气候下的产物,而罗圈冰碛代表的是冰碛和冰融期组合,二者类型不同。依古地磁资料,南沱冰期位在极地,推测罗圈冰碛应在高纬度的高山区。但为什么罗圈和南沱两类冰碛分布区之间的秦岭地区没有见到冰碛物呢?同样红岭组、黄连垛组、董家组,虽然相距较远,零星分布,但同属震旦系的三者也都没有冰碛物,仅在鲁山一带,黄连垛组、董家组被压在罗圈组冰碛层之下。从古地理方面看,在震旦纪初,形成冰碛层的地方仅仅是熊耳山北部沉积汝阳群、洛峪群那个坳陷带残留海盆的一部分,而这个海盆在冰期之前随熊耳山的隆起全部隆升了。因此推断,这里即使形成一些高山冰碛物,但因受侵蚀、风化作用,留下的也很少,即使现在保留的罗圈组冰碛层,在汝州以西的大部地区也仅数米厚或也都缺失了。

陶湾群是分布在熊耳山南坡,也是华北陆块最南部边缘的震旦系地层。与之对应的是灵宝南部,卢氏西北部木桐一带残留的罗圈组,但这里的罗圈组超覆在蓟县系冯家湾组之上,只是在陕西洛南罗圈组不整合在陶湾群秋木沟组之上。由此推断,陶湾群和南方莲沱组、本区黄连垛组、董家组的生成时代相当。据对区内陶湾群三岔口砾岩中砾石成分的分析,发现其多来自下伏层,且大小混杂,分选性差、无层理,层序不清,说明陶湾群沉积时,海岸部分落差大,地形陡而不稳定,经常有陆相物质滚入海槽沉积物中。陶湾群的第二个特点是碳质高,这是区内自中元古代开始碳元素化学的一个特点,碳来自生物,陶湾群之下的栾川群不仅碳质丰富,低等生命也繁衍极盛。但在陶湾群中生物遗迹则非常稀少,地层中红色元素大减,黑色元素显得更为突出,说明它是在高纬度山区雪线以下,氧化条件不足、还原条件有余的一个萎缩或封闭的海槽内的沉积。由此可以回顾前述关保德先生"南部冰川形成于雪线附近海盆"的推断是有道理的。

　　由以上洛阳地区震旦系的分析可以概括当地的地史古地理情况:震旦纪初期,华北陆块南缘的熊耳山处在缓慢的上升中,它带动了南北两侧的蓟县系官道口群、汝阳群、青白口系栾川群、洛峪群同步上升,随着海水的退出,在其原地边缘的局部地区还残留着一些小洼地,在北部的北西向残海洼地中,近北岸处形成红岭组,南部残留洼地处,形成黄连垛组和董家组。之后随地球磁极变为高纬度区,接受了罗圈组的冰碛。该冰碛层因为处在区内残留海槽的低洼处,之后又受到上覆寒武系沉积盖层的保护,所以它们被较好地保存了下来。这时在华北陆块的南部,则是一个可能被封闭了的、处在构造很不稳定的一个寒冷的海槽,不仅横向上窄,纵向上也不连续,在冰期到来时,它们可能和整个中部高地一起同北部罗圈冰碛层分布区连成一片,推测那时的"豫西"一带也成了"千里冰封、万里雪飘"、冰碛物盖地、冰河纵横的一个冰的世界。但是随着华北陆块在震旦纪末的全部抬升,南部秦岭海槽的一度封闭,以及元古代之后大陆和大洋两类板块裂解、碰撞之"沧海桑田"变化,那些抬升或褶皱隆起得很高地区的冰碛物,因没有寒武系盖层保护,几乎全部被剥蚀、冲刷殆尽,仅在部分地段得到残留。这便是作者关于同一冰川时期,位于南沱极地冰期不远的洛阳罗圈冰碛之间,为什么没有留下或很少残留冰碛地层的推断,是否如此,得请专家们研究(图Ⅳ-5)。

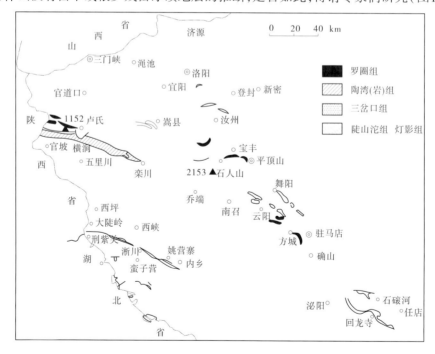

图Ⅳ-5　豫西震旦系冰碛地层分布图

——示陶湾群与罗圈组和南沱冰碛层在分布上的关系

(依据席文祥、裴放等《河南省岩石地层》)(编图:梁天佑)

　　"漫漫地史19亿(年),纵横南北逾万里"。以上是围绕豫西洛阳一带的地质特征,联系华北、西北、华南地区元古代区域地质演化情况,对洛阳元古宙地史发展演化过程的一次综合性阐述。在洛阳也是豫西的地质历史中,区内元古宙的地层发育最齐全、最系统,保留得也最完整,因此也是作者着重的一笔。这里不仅阐述了区内比较完整的地层系统,也尽量收集了地质界对有关地层的发现史、研究—认识史,乃至不同学者争鸣的主要观点和依据,这些都可能对读者有所启示,此处宣告这一章的结束。下面将要说的是新的一章——古生代,一个"生命大爆发"的地质时代!

第五章　古生代

（543～250 Ma）

漫漫地史，
展出新一页——
寒武、奥陶皆大海，
物种爆发出来。

华北陆块隆升，
志留、泥盆两缺。
延至石炭、二叠，
铝、煤亮相登"台"。

　　以上这首词，概括地说明了区内古生代地层、古生物和地壳运动的突出特点，字里行间显示已跨入了寒武、奥陶等 6 个纪级的又一地质时代，并重点勾划了洛阳所在的华北陆块区的古构造、古地理特征和由古生代地层赋予我们重要的煤、铝矿产资源。面向读者，这个开头也算是对古生代的一个概略性的提示。

　　古生代留下的岩石地层称古生界，对于组成这个时代地层的岩石，大家不会陌生，特别是我们洛阳人，不论身居天南地北，都会因为家乡拥有龙门石窟这一世界级历史文化遗产而自豪。那错落有致的大小佛龛，栩栩如生的卢舍那大佛，因为它们都是雕刻在早古生代寒武纪石灰岩地层上的传世艺术杰作，在人们欣赏石刻艺术的同时，会对这 5 亿年前大海留下的岩层有个深刻的印象。还有当你欣赏过石窟艺术，伫足白园，或跨越龙门大桥后，还会看到桥头叠压在石灰岩之上的那些土黄色铝土质页岩，含有腕足类贝壳化石的生物灰岩，这是石炭纪的地层。在它的北面就是龙门煤矿，那里地下蕴藏着晚古生代石炭—二叠纪的煤。由上述古生代地层组成的龙门山色，不仅是历史文化旅游的胜地，也是地质旅游、认识古生代地层和地学科普教学的一处好基地（照片 V-1）。

照片 V-1　夜色龙门——古都洛阳的象征

（摄影：姚小东）

　　古生代是显生宙的第一个代，和前面谈过的隐生宙地层相比，显生宙地层较新，各种地质遗迹保存较多，较高等的古生物化石丰富，地质研究程度高，地层划分也详细。另从大地构造发展演化角度,中国大陆自新元古代末开始的陆块裂解离散,从古生代开始经历着"分久必合"的汇聚阶段,正在形成大地构造学者所称的潘基亚即盘古超大陆,所以古生代大地构造研究的内容非常丰富,尤其在这个时代的地层中分布着重要的磷、铁、煤、铝、黏土、石灰岩等沉积矿产,特需掌握与古生代有关的地质知识。但这方面涉及的范围太广、内容太多,因此本章拟先将古生代作概括介绍,然后以洛阳所处的华北陆块(即中朝陆块、华北地台,下同)为重点,必要时扩大视域,联系周边区域,着重以地层沉积建造为依据,探索古生代地史及其古地理发展演化的奥秘。

第一节　概说古生代(界)

生命爆发生死更替,地层岩相南北悬殊。

一、古生代的时限和地层划分

1. 古生代的时限和地质年龄问题

古生代是继元宙新元古代之后,地球历史发展演化的一个新阶段,起始于同位素年龄543 Ma,结束于252 Ma,跨越时限291 Ma。对应前面属于隐生宙的冥古宙、太古宙和元古宙,古生代与后面将要谈的中生代、新生代,同属显生宙。在地质界,依据生物进化特征,地层中的不整合(大地构造运动)和同位素年龄数据等因素而划分的地质年代——宙、代、纪、世、期及与之对应的地层单位宇、界、系、统、阶(层、组),都是划分地质历史和确定相应地层时代的基本单位,也是学习地史、研究地层的基本内容。由于古生代及其以后的地层中保存的生物化石不断丰富,测年资料更加准确,所以研究的内容要比以前的太古宙、元古宙详细得多,地层划分也更加详细。因此,对于这些属于地层的量化单位,我们都需要掌握。

需要强调的是,随着近代板块构造理论的普及和同位素测年精准度的不断提高,原来那些依地区性不整合面建立的地层时代,大部分出现了明显的时差。新的研究成果认为,这些不整合面之上的地层年龄,应是海侵到达时的年龄,可能只是代表了板块上的局部运动。另外,依生物进化和消亡划分的地层年龄与大地构造时间的年龄也不相同,因为一个大地构造活动的高潮往往是在生物群出现重大转折之后——包括种属数量的增减乃至消亡,都有一个过程。这些新的发现和见解,都是应该引起重视的。

2. 古生代的地层

古生代是显生宙"生命大爆发"的起点,即由元古宙低等菌藻类一下飞跃到这时有甲壳、脊索、神经即比较高级的无脊椎动物,一些门类的纲、目、属、种逐渐齐全,而且分布广、数量多,生物死后的遗骸、遗迹(化石)在地层中保存较好,但不同时代地层各有特定的标准化石,所以依据古生物化石划分的地层非常详细,仅仅291 Ma的古生代,就划分出了寒武、奥陶、志留、泥盆、石炭、二叠6个纪(系),各个纪又都划分了世、期级地层单位。依据《中国区域年代地层(地质年代)表》,结合本区情况,古生代6个纪由底到顶的起始年代为:寒武纪543～490 Ma,奥陶纪490～438 Ma,志留纪438～410 Ma,泥盆纪410～354 Ma,石炭纪354～277 Ma,二叠纪277～250 Ma。其中前三个纪被称为早古生代,形成的地层称下古生界;后三个纪称晚古生代,形成的地层称上古生界。

与前一章所包括的古、中、新元古代相比,古生代中"纪"的时间跨度要短得多,如元古宙中元古代的长城纪(1 800～1 400 Ma)跨越的时限就有4亿年,比整个古生代都长,而古生代的一个纪才不过5 000万年,最短的二叠纪只有2 700万年。每个纪不仅跨度的时间短,而且纪之下又划分了世,世之下又划分了期,期之下有的还划分出时,对应的地层是系、统、阶(组)、段等。如寒武纪(系)中寒武纪世(统)张夏组(阶)鲕状灰岩段等。显然古生代地层的研究程度要比前面的太古宙、元古宙高得多,地层划分得十分详细,这正是地质年代划分中都遵循的"老粗新细"原则,自然也给我们探讨古生代(包括以后要探讨的中生代、新生代)地史增加了很多知识和情趣。

3.洛阳地区的古生代地层

洛阳位处华北陆板块(即中朝板块)与秦岭—大别构造带(原称秦岭褶皱带)接合部的陆板块一侧。寒武纪时,在新元古界震旦系及其以前地层的基础上,自南而北首先接受了以陆缘、浅海相为特征的碎屑—碳酸盐岩沉积,形成覆盖华北地区大部分的寒武纪海;之后在晚寒武至早奥陶世时自南而北曾一度上升,接着又由北而南开始下沉接受中奥陶世大范围的海相沉积,到晚奥陶世全部成陆。后经晚奥陶世—志留纪—泥盆纪—早石炭世长达1.5亿年的风化剥蚀后,至中石炭世后期再度沉降接受新的沉积。只因这时地壳不稳定,海水进进退退,形成海陆交互相地层,到二叠纪全部海退后转为潟湖、沼泽和内陆河湖盆地的陆相沉积。由于这时的气候温和湿润,水体中小动物繁衍,陆地上大植物茂盛,形成了石炭系底部的铁铝层和石炭—二叠纪煤系沉积,给地区留下了丰富的煤、铝和页岩气资源。洛阳一带下古生界的寒武—奥陶系和上古生界的石炭—二叠系地层在华北地区很有代表性(图Ⅴ-1)。

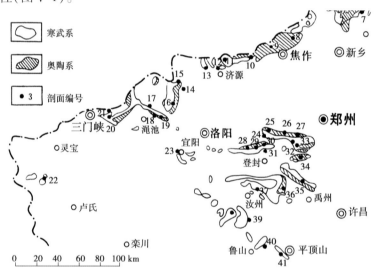

图Ⅴ-1 豫西寒武、奥陶系地层分布图

(席文祥、裴放:《河南省岩石地层》1997年9月版)

位于洛阳南部的秦岭—大别构造带,是一个长期活动的构造带,地质结构十分复杂,其中发育了一条条与构造带走向平行的深大断裂带,这些断裂带分割了不同时代地层,分别组成不同规模、形态不同的地体或微陆,其中包括属于早古生代奥陶—志留纪的二郎坪群变海相火山岩系,其被挟持在瓦穴子断裂和朱阳关—夏馆断裂带之间,因受多期构造运动叠加,二郎坪群构造非常复杂,内部变质程度深浅不一,加之化石不易保存,同位素资料变化较大,时代和地层划分至今仍存在着争议,对此容在后文阐述。

二、生物特征

1.海相无脊椎动物和陆生植物大发展的时代

经过新元古代末的大冰期——南沱—罗圈冰期的洗礼,古生代早寒武世,气候温暖、阳光充足,那些海浪涌动的潮间、潮下带浅海环境,为生物繁衍后代提供了优越的条件,加之又是全球性迎来的一个由隐生宙进入显生宙、生命"大爆发"或"大辐射"的新时代,海相无脊椎动物大发展和植物界的大分化、大飞跃、大繁育,构成了这个新时代生物发展进化的基本标志(照片Ⅴ-2)。

无脊椎动物是生物学中的一个科。相对于脊椎动物而言,这类动物体内没有由脊椎骨所组成

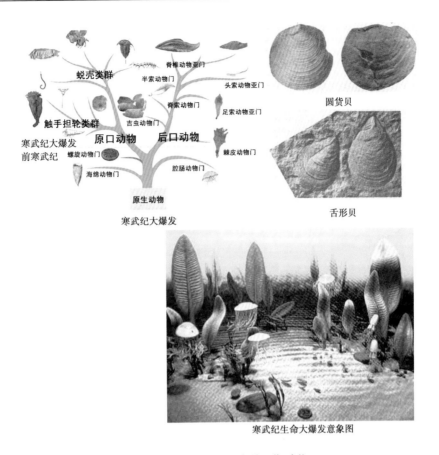

寒武纪生命大爆发意象图

照片 V -2　生命大爆发的早期动物

——由前寒武纪低等菌藻类生物到寒武纪初大量出现带甲壳的无脊椎动物,代表了生物
进化中一次质的飞跃,故称其为生命大爆发时代,亦为地史进入古生代的标志。

（科学出版社《中国标准化石·无脊椎动物》）（照片组合:姚小东）

的脊柱,神经系统不在背部而在腹侧,心脏不在胸腔却在背部。无脊椎动物的种类很多,包括了原
生动物门(如纺锤虫、几丁虫等),海绵动物门,古杯动物门(现已灭绝,如古杯海绵),腔肠动物门
(水母、珊瑚),苔藓动物门,腕足动物门(长身贝、扬子贝、石燕),软体动物门(螺、蛤、蚌、角石、菊
石、节石等),节肢动物门(三叶虫——已灭绝、介形虫等),棘皮动物(海百合、海林檎、笔石等),以
及软体动物的一些门类等,种类非常丰富。

　　植物界的大分化表现为早古生代以水生菌藻类为主,从原核生物的无性繁殖到有性繁殖的真
核生物大发展,并在志留纪末实现了由水生植物到陆生植物的飞跃,陆地上小型植物裸蕨类大繁
育。泥盆纪是陆生植物进一步发展的时期,早、中泥盆世以裸蕨类植物为主,早泥盆世后期出现了
原始的石松类,中泥盆世出现了原始鳞木、原始楔叶类和原始真蕨类,至晚泥盆世出现了裸子植物
的古蕨羊齿和原始石松类的斜方薄鳞木,这些孢子植物开始繁盛,到石炭—二叠纪已形成了以蕨
类、楔叶类和羊齿类植物为主的大森林,从而为煤和煤成气(包括页岩气)矿产的形成准备了充足
的原料。

　　应特别指出的是,在上述一些古生物群中,有很多属于在地质历史上短命而又特征明显、数量
多、分布广、地层中保留较好、对确定地层时代很有价值的"标准化石"。因此,古生物地层学家对
它们研究得很深很细,积累的古生物资料很多,如动物大类中的纺锤虫(又名蜓)、珊瑚、腕足类、瓣
鳃类、头足类、三叶虫和笔石类的一些种属等,包括上述各门类之下的纲、目、属、种,都划分得很细
微;在古植物化石中,裸子植物中的种子蕨、科达、苏铁、银杏、松柏等纲不仅很繁盛,而且保留了丰

富的化石,其中的鳞木、芦木、轮叶、科达、羊齿都是石炭—二叠纪煤系地层中的重要分子,在煤层划分和对比中有重要意义。

2. 古生代生物演化的三次灾难

在历数古生代海生无脊椎动物大发展的时候,我们已提到相当一部分动物是短命的,它们出现在古生代,而不久又灭绝了,这是什么原因呢?原来在漫长的地质历史中,曾发生过几次全球性生物群突然大量灭绝的大灾难!据专业研究资料,最明显的大灭绝有4次,除了大家熟知的中生代白垩纪末恐龙等高级动物灭绝外,其他的三次都发生在古生代:

第一次发生在奥陶纪末期,大约有75个科的各门类生物遭到灭绝,其中主要有三叶虫纲的达尔曼虫、球节子、三疣虫;腕足动物门的孔洞贝、钦耐贝、双长贝、平月贝、矛孔贝等及其他门类的四射珊瑚、笔石和头足类的一些目等;第二次发生在晚泥盆世,大约有80余种的底栖和造礁海洋无脊椎动物遇难,主要是一些腕足、珊瑚、苔藓、三叶虫等;第三次发生在晚二叠世末,这次是一些古生代十分繁盛的海洋无脊椎动物门类,如蜓(纺锤虫)、四射珊瑚(皱纹珊瑚)、三叶虫、腕足动物的大部分,以及苔藓动物中的隐口目和变口目等大约近90个科的彻底灭绝。由此也可以看出,那些繁盛于某一地质时期,而后又灭绝的生物化石在认识所在地层年龄方面具有特别重要的意义。

3. 生物分布的地区性

在地质历史中,自从有陆地和海洋的分野以来,由于地表地理条件的差异,也就造成了生态的不同。不同地质时代、不同地区、不同地理环境下除了形成特定的沉积岩外,也形成了特定的生物群,如按地理命名的华北型动物群、华南型动物群;按时间命名的寒武纪动物群、石炭纪动物群等,此外,还有按地层层位划分的动物群等。因为动物是活动的,它们指示了大区域中由水体占据的构造带之间的地理联系。所以动物群的研究和对比对古构造、古地理、古气候研究十分重要。除动物群外还有植物群,只是植物群不像动物群那样到处迁移,它们是按不同地质时代的植物种类划分的。对古生物群的研究,尤其植物群的研究,为大陆漂移和后来板块构造学说的创立提供了有力的支撑,如澳大利亚、非洲、南美洲和印度都广泛分布着晚古生代的羊齿类植物群,南极洲和印度有类同的中生代煤系。这说明它们所处原是统一的陆块,后来在大陆裂解后分离了。

由于古生代时全国各陆块的分布和活动情况不同,各陆块之间分布的大、小海洋较多而又变化较大,使生物群的形成和发育也不相同,地区特征和种类变化比较突出。因此,各地质时期都形成了特定的古生物种群,如寒武纪大海中藻类、海绵、小壳腕足类、海林檎、三叶虫竞相繁衍。其中三叶虫纲更为发育,先后出现了多个目和亚目,但到了奥陶纪则大量减少,至古生代末又全部绝灭了,所以三叶虫化石对鉴定寒武纪地层,包括统、组都很有价值。奥陶海留在地层中的化石以四射珊瑚、海百合、软体动物的平卷螺、头足类的角石最重要,其中北方以珠角石为代表,南方以直角石为代表,另外还有三叶虫、笔石、海蕾、海星及蠕虫动物活动的形迹。志留纪是奥陶纪末第一次生物灭绝之后的一个发展时期,海绵、珊瑚、笔石、腕足类、海百合、海藻、海星、三叶虫、鹦鹉螺类都相当发育,其中现已灭绝的笔石类中的单笔石、耙笔石;珊瑚类的链珊瑚、笛管珊瑚;三叶虫中的皇冠虫都是重要分子,志留纪末出现了裸蕨植物。泥盆纪时海洋中除了志留纪繁衍下来、生活在海洋中的无脊椎动物如腕足类外,生物界的特点一是苔藓类、裸蕨类植物非常繁盛,出现并发育了石松纲的真蕨纲类植物,泥盆纪晚期还出现了科达和种子蕨类较高等的植物;二是出现了早期的鱼类(如甲胄鱼、鳍鳞鱼),同时还出现了原始的两栖类。石炭纪的特点是陆地面积不断增加,海洋不断缩小,缩小的海洋中继续生活着腕足类、棘皮类(如海胆、海星)、珊瑚类等无脊椎动物。石炭纪生物界的特征是陆生植物飞跃发展,最具特征的是一些高大乔木如石松纲的鳞木、封印木,楔叶纲的芦木、轮叶,以及裸子类的科达十分繁盛,形成很多大森林。继石炭纪后的二叠纪仍是一个植物大发展的时期,真蕨类的枝脉蕨、种子蕨类的各种羊翅植物空前繁盛,正因为二叠纪和前述的石炭纪拥有繁茂的植物,所以成为世界上重要的成煤时期。

概括而言,早古生代属于无脊椎动物大发展的时代,仅仅经历了1.33亿年(543~410 Ma),就将生命诞生之后(3 500 Ma)发展演化了2 957 Ma、以低等菌藻类为代表的隐生宙推向了出现大量无脊椎动物的显生宙,与此同时,植物界进入了裸蕨类植物的时代,所以称此为"生命的大爆发"时期;晚古生代的主要标志是水中出现了鱼类;植物界完成了由水生植物向陆生植物转化,出现了以蕨类、裸子类等较高级的植物。大量植物的出现不仅提供了成煤原料,而且也向空气中释放了充足的氧气,为动物提供了生存条件,在陆地上演化了古两栖类、古爬行类和号称"森林之友"的昆虫。

三、古构造、古地理、岩浆活动

1. 古生代的构造事件

古生代的构造事件或构造运动有两次:发生在早古生代的称加里东运动,其所经过的地质时代称加里东旋回;发生在晚古生代的称华力西运动,其所经历的地质时代称华力西旋回。这两次构造运动都具全球性,涉及内容很多。为了研究洛阳地区古生代的大地构造活动,探讨它们在产生和发展演化中与区域大地构造活动的联系,我们有必要对其间发生的这两次构造运动先有一个概括的了解,详细内容后面还要补充。

1)加里东运动

加里东运动原指早古生代志留纪与泥盆纪之间发生在英国和挪威的一次构造运动。前人以英国英格兰的加里东山命名,因为这次构造运动将那里北东向的加里东地槽封闭成陆。近代全球构造理论研究指出,加里东期的标志是北美与欧洲波罗的两大运动着的板块,自早古生代末发生对接碰撞所形成的北东向碰撞带。

加里东运动在中国的表现相当广泛,原由老一代地质学家丁文江创名、后为国内外知名大地构造学家张文佑早年进行过详细研究的广西运动,后人认为是加里东运动在中国的表现之一。其主要标志是泥盆系之下和志留系、前泥盆系之间的不整合遍布广西的大片地区并波及广东、江西、福建、四川等一些地区。后人的研究成果还指出,加里东运动也使四川龙门山—秦岭地槽封闭,秦岭、大巴山隆起,四川盆地上升为陆,同时还导致了四川盆地周边的断裂活动和南岭褶皱带的形成,形迹遍布江南、西南大地。

在中国西部,由古元古代末形成的原始中朝陆块在中元古代末又裂陷分离出了敦煌—阿拉善、塔里木、柴达木、华北、朝鲜等大小陆块,各陆块之间的构造带发育了海槽沉积。在古生代志留纪末,由于祁连山—阿尔金山等构造带的褶皱隆起,使敦煌—阿拉善、塔里木、柴达木、中祁连等几个大小陆块连在一起,形成了横跨我国西北地区的西域板块,在祁连山地区表现为泥盆系底部的老君山砾岩不整合在下伏志留系旱峡群之上。该不整合以往称祁连运动(中国地质科学院李廷栋院士建议将加里东期改为祁连期)。祁连山构造带的发育过程和由其产生的古生代生物群,有可能影响到西秦岭和东秦岭地区的"二郎坪"海域。

早古生代的华北陆块在这个时期是以垂直运动为主的地区,其特征是以跷跷板式的升降使其南北隆、坳相对:寒武纪时陆块北部抬升,南部下沉,海水自南而北超覆入侵;奥陶纪相反,是陆块南部上升,海水由北向南入侵,北部沉积了厚达700 m以上的中奥陶世马家沟统;晚奥陶之后除陆块西部边缘陕西富平以西有晚奥陶世火山—碳酸盐系沉积外,全部上升成陆,故而全区缺失志留纪、泥盆纪和早石炭世地层。代表寒武纪最早接受沉积的标志是嵩山国家地质公园三大构造运动遗迹之一的"少林运动"不整合面上的那层砾岩(照片V-3);它是在新元古代末下伏洛峪群(何家寨组)褶皱隆起,并经一个地质时期的侵蚀作用后,到寒武纪初又下沉接受沉积的。

秦岭—大别构造带中的北秦岭构造带向西经西秦岭与祁连构造带连接,是区域地应力集中,构造活动比较强烈的地区,至奥陶纪拉开形成裂陷槽带,其中形成了厚逾10 km的二郎坪群海相火山—碎屑和碳酸岩建造。

2）华力西运动

华力西运动又名海西运动,也是发生在欧洲的区域性构造运动,但不像加里东运动有具体的地点,一般是把欧洲地区的北西向褶皱山作为这次运动的产物,它的活动时限是上古生代。在中国这个时期是各个地块处在运移离散阶段,主要的构造事件表现为形成了天山—兴安碰撞带,演化的结果是将中朝板块和早古生代形成的西域板块拼合到碰撞带以北的蒙古板块上形成劳亚大陆,故李廷栋院士等也肯定了前人的建议,赞同将中国的华力西运动称天山运动。中朝陆块在华力西期也是跷跷板式升降,中石炭世先向北部倾斜沉没,海水由北向南入侵,形成海陆交互相沉积;至早二叠世又由北而南抬升,由北而南次第转为陆相沉积,并一直延续到中生代早三叠世。期间除了古气候由湿润变为干燥外,地层也一直为连续沉积,没有发生沉积间断和褶皱构造。

照片 V-3　嵩山少林寺附近少林运动遗迹
——寒武系辛集组底部砾岩不整合在晚元古代何家寨组之上,标志生物大爆发之后,
地区内开始了古生代的沉积。

（《资源导刊·地质旅游》2011 年第 7 期）

2.构造、古地理特征

早古生代,地球上形成的各陆块之间,多为一些活动带的海水相隔,陆块(如中朝陆块)本身因地形起伏较小,在垂直运动中常大面积淹没于浅海环境,此时的海洋面积占了绝对优势。早古生代末的加里东运动,因祁连地带封闭,西域板块和中朝板块对接,华北陆块也全面抬升。晚古生代晚石炭世虽一度海陆交互,但很快转为二叠纪的陆相沉积,陆地面积随之扩大。到晚古生代末,天山—兴安海槽最后隆起,中朝陆块和蒙古板块对接,我国北方的陆地面积进一步扩大,从此也结束了华北地区海相地层的历史。

古生代时的我国南方的地壳则处于一个比较频繁的活动时期。前已提到相当于加里东期的广西运动席卷了江南的广大地区,广西、湖南、江西、四川及福建等一些地区的早古生代地层都被褶皱隆起,南岭山脉形成,上扬子古陆、江南古陆与康滇古陆连成一片,陆地面积不断扩大。但在中、晚泥盆世后,地壳局部下沉,一些地区又被海水覆盖,延至晚二叠世,当我国北方已经成为干燥大陆的时候,我国南方的半壁江山仍是海陆交互、温湿多雨、一派生机的环境,并在地区的西缘产生深大断裂,导致了四川峨眉山玄武岩的喷发。

3.古地磁成果提供的古气候特征

在中朝陆块下古生代寒武—奥陶纪浅海中,除沉积了以碳酸盐类为主的巨厚岩层外,还形成了繁多的各类古生物群,后在地层中留下了丰富的古生物化石;到了上古生代海洋缩小,陆地扩大,形成的是由海相到陆相的地层,但依然形成了丰富的包括水生和陆生的生物群。尤其发育了非常繁茂的比较高等的植物群,那么是什么因素促成华北陆块上古生代生命的大爆发呢?

依据古地磁的研究成果,中朝板块在寒武纪时处在南纬15°处(相当于现在澳大利亚的北部),并与华夏、扬子板块处在同一纬度上,这可能是十分繁盛的寒武纪早期生物群与华夏、扬子生物群相近的主要原因。到奥陶—志留纪时,中朝板块已北移至赤道附近,晚泥盆世进入北半球,但仍在低纬度的赤道附近,气候湿热,阳光充足,促使隆升了的大陆经受强烈化学、生物风化作用。这可能是北方中朝古陆上古老岩石中长石和铁镁矿物分解,形成沉积高岭土等黏土矿物、铝土矿和山西式铁矿的主要原因。石炭—二叠纪时中朝板块已移到北纬15°,相当于现在菲律宾的位置(见图Ⅴ-2),处在热带、亚热带环境,植物繁茂、多形成像南海诸国那样的热带雨林,是成煤的优越条件。

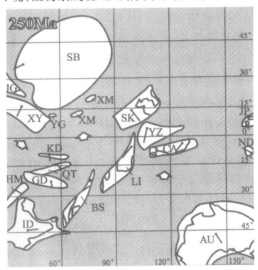

图例:黑圆点为古地磁参考点,示磁北的北端,黑短线为古磁北方位。

地块代号:SB. 西伯利亚;ID. 印度;HM. 喜马拉雅;GD. 冈底斯;QT. 羌塘;KD. 东昆仑;YG. 雅干;BS. 保山—中缅马苏;LI. 临沧—印度支那;SK. 中朝;YZ. 扬子;CA. 华夏;AU. 澳大利亚;XM. 大兴安岭;XY. 西域;JP. 日本;ND. 完达山

图Ⅴ-2　二叠纪(250 Ma)中国大陆及周边板块的古地理复原示意图
(古地磁资料,示二叠纪华北、扬子板块位置)(万天丰《中国大地构造学纲要》)

这种由古地磁提供的古地理资料,可以从最近由古生物学家破译的山西长治一块二叠纪硅化木化石之"谜"中得到旁证。有古生物常识的人们都知道,硅化木是树木埋在地下形成的化石。树木都有年轮这种生长纹,年轮由排列规则的植物细胞组成,春夏期间的细胞大,木质疏松,秋冬季节的细胞小,木质紧密。这种大小相间、疏密分层的细胞排列方式形成了树木的年轮纹。问题是山西各地发现的硅化木——主要是二叠纪以后地层中的硅化木都有年轮纹,而唯独长治一带(太行山区)二叠纪的硅化木没有年轮纹。破解的结论就是古地磁提供的资料——当时长治一带位置接近赤道,因为气候炎热,没有一年四季之分,树木生长发育极快,形体粗壮高大,所以也没有年轮纹。

4. 构造—岩浆活动

下古生代加里东时期,中国西部塔里木、柴达木、阿拉善地块之间处于强烈的拉张时期,地块四周的海洋不断加深和扩大。与海洋沉积同时,大都伴有以基—中性为主的火山喷溢活动,其中阿尔金山、祁连山地区还发现保留着的洋壳碎片——蛇绿岩套,标志区内存在海底扩张和板块碰撞机制,并于志留纪末褶皱成陆。与此同时还伴随着与西域板块形成有关联的以闪长岩、花岗岩为主的区域性岩浆侵入活动。

中朝(即华北)板块在早古生代表现为以垂直运动为主的构造运动,形成寒武—奥陶系碳酸盐岩地层。那里奥陶统马家沟组的层状岩浆岩是否为"海相火山岩",以往争论很剧烈(见后)。但该陆块西部陕西富平一带马家沟组之上的上奥陶统,则是凝灰岩和石灰岩互层,这里的海相火山活动当然是无争议的。

早古生代秦岭—大别带北秦岭区以二郎坪群为代表的海相火山岩系,被认为是保留下来的"洋壳蛇绿岩残块"。这个火山岩带与上述的祁连火山岩带有无联系是值得研究的问题。与该期火山活动相联系的是发生在这个构造带中的侵入岩类,包括西峡洋淇沟和卢氏陈阳坪的超基性岩,它们侵入到秦岭群中,同位素年龄 389 ~ 495 Ma,其他有 403 Ma 的漂池花岗岩,459 Ma ± 38 Ma 的熊耳岭花岗岩等,应属早古生代,与加里东期年龄段吻合。

晚古生代是中国大陆岩浆活动最广泛的时期,主要分布在天山—兴安碰撞带及其附近,而扬子板块与羌塘板块之间的峨眉山玄武岩,则覆盖了中国西南的大片地区。在秦岭—大别构造带内也有一些花岗岩活动,如侵入奥陶纪二郎坪群的五垛山花岗岩(230.9 Ma)、侵入秦岭群的黄柏沟花岗岩(275.6 Ma)等,但本区与我国西部和东北地区相比,晚古生代的岩浆活动相对较弱。

四、矿产资源

与古生代构造—岩浆活动有关,在我国西部形成了如青海的镜铁山铁矿、甘肃的白银厂铜矿等一些有名的内生金属矿产。但在我国北方,特别是我们洛阳包括整个豫西地区,现在还未发现像样的与该期构造—岩浆活动有关的内生矿产,但是受古生代地层控制的一些如煤、铝及非金属等外生矿产则显得更为重要。

1. 煤

石炭—二叠纪是我国主要的成煤时期。发育在本区的含煤地层与山西、河北相比,时代稍晚,地层较新,包括石炭纪太原组、二叠纪山西组、下石盒子组、上石盒子组,形成总厚度 500 ~ 1 000 m 的煤系地层。洛阳四周拥有陕渑、新安、宜洛、偃龙、登封、临汝及济源诸煤田,赋煤层位达 8 ~ 9 个,含煤 15 ~ 43 层。其中二叠系山西组即二煤段的二煤组的二$_1$ 煤为主煤层,其他煤段仅为可采、偶尔可采和局部可采煤层,最大可采的二$_1$ 煤层的厚度达 37.78 m,平均 5.35 m。

2. 铝、铁、耐火黏土

铝土矿石赋存于石炭系中统本溪组底部寒武—奥陶系石灰岩的古风化壳上,称华北型铝土矿。洛阳周边的渑池、新安、偃师、登封、宜阳、伊川、汝州一带多形成一些以大、中型矿床为主的矿区。一般是铁、铝共生,铁矿层(山西式铁矿)在下,铝土矿层在上,通称"铁铝层"。铝矿石由一水型硬铝石组成,矿层顶部和侧部相变为铝硅比(Al/Si)较低的耐火黏土。矿石中共生有可以综合利用的镓、锂、钛等稀有元素。

3. 沉积高岭土

这是产于华北地区,与中朝板块中奥陶世末以来长达 1.5 亿年与古老风化壳有关的黏土矿产,下自风化壳起算,上至二叠系石盒子组顶部为含矿岩系。可利用的高岭石黏土层位达 5 层(组)之多,一般多为陶瓷黏土,其中高岭石成分大于 95% 者,多已开发加工为煅烧高岭土,这是我国北方华北陆块范围内特有的高岭土资源,资源潜力很大,开发利用的技术附加值很高,前景很好。

4. 石灰岩、白云岩、石膏

洛阳附近主要发育寒武系石灰岩地层。其中寒武系张夏组 CaO 含量一般在 48% ~ 52%,MgO 不超过 3%。河南黄河以南的水泥厂均以该层位开采加工。寒武系上统崮山组、长山组白云岩 MgO 含量一般在 19% 左右,是熔剂原料的主要对象。除此之外,近期发现寒武系底部朱砂洞组石灰岩 CaO 含量达 54%,可以开发为溶剂或制作轻钙。另在东南叶县一带与寒武系下部地层共生有石膏矿产。

5.磷

古生代的沉积磷矿产于华南寒武纪下统梅树村组,称昆阳式磷矿,主要分布在云南、贵州、四川和湖南一带。湖北的磷矿产于震旦系陡山沱组和灯影组,下寒武统则以磷钒组合为主。河南的磷矿为贫矿,产于寒武纪底部的辛集组,矿石为含胶磷矿碎屑的砂岩,分布在鲁山辛集及相邻的汝州等地,工业价值不大,但有地质意义,可能也含钒。

通过以上关于古生代的概略阐述,我们会对这长达 2.9 亿年间形成的地层、组合、岩性特征、古生物发展演化、构造—岩浆活动、古地理变化,以及在这个时期形成、在洛阳地区占重要地位的矿产资源有一个概略的了解,此可谓从多个方面综合提升了对古生代(界)的认识,从而也为我们后面分述古生代的各个纪打下了基础。但因加里东运动的影响,我国北方缺失了志留系和泥盆系地层,受本书主题约束,后文主要介绍区内分布的寒武纪、奥陶纪及石炭纪、二叠纪 4 个地质时代,地层及其相关内容缺失地层的志留纪、泥盆纪也就省略了。

第二节　寒武纪(系)

(543～490 Ma)

标准化石三叶虫,典型剖面龙门山。

寒武纪是古生代的第一个纪。"寒武"源自英国威尔士的古拉丁文"Cambria"的日文译音,后为我国演用。寒武纪的时限始于距今 543 Ma,结束在 490 Ma,延续了 5 300 万年,分为早、中、晚三个世,世的下面又分出期。与其对应的地层单位分为下、中、上三个统,统之下又分出阶或组。"阶"的名称与古生物关联,是在"组"的基础上经过区域性生物地层研究之后建立起来的模式地层(即标准地层剖面)单位,它和"组"的区别是:"组"是无专项生物地层工作的地层单位。前面提到寒武纪是显生宙"生物大爆发"后的第一个纪,动物群以具有坚硬外壳、门类众多的海生无脊椎动物的大量出现为特点,其中已灭绝的节肢动物门三叶虫纲最常见,是划分寒武系地层的重要依据。其他还有腕足动物门中无铰纲具几丁质外壳的海豆芽、小圆货贝和古杯类、软舌螺及植物中的藻类,后者在地层中形成"瘤"状叠层石构造形态。由于寒武纪以生物大爆发为标志,古生物的研究程度很高,地层划分得很详细,所以在我们系统介绍寒武纪地史之前,应首先阐述一下寒武系的古生物,然后介绍地层、岩石,最后依据生物地层特征来了解其地史和古地理情况。

一、寒武纪的古生物

如前所述,寒武纪是生物大爆发的时代,动物群以具有坚硬外壳、门类众多的海生无脊椎动物的大量出现为特点。其中现已灭绝、被称为标准化石的三叶虫最常见,种属很多,在划分寒武系地层中很重要。其他尚有无铰、几丁质外壳的腕足类、古杯类和软舌螺等。寒武纪的植物以藻类为主,此外还有一些微古植物,即用显微镜才能观察到的植物分子(孢子、花粉)。

三叶虫属节肢动物门中的一个纲。这种动物的特点是身体左右对称、全身分节,由头、胸、尾三部分组成。因其椭圆形背壳被两条纵向背沟分为中轴和两侧的肋部,故名"三叶虫"。三叶虫的个体一般长数厘米,最大的可达 70 cm,小型的仅数毫米。三叶虫化石大多保存的是头部、尾部和其碎片,完好的化石很具收藏和观赏性。除三叶虫外,寒武纪的节肢动物还有甲壳纲的虾、蟹,多足纲的蜈蚣,蛛形纲的蜘蛛和昆虫等,只是三叶虫在古生代末灭绝了,其他一些纲有些存活了下来。

三叶虫是生活在海洋中的浮游生物,开始出现于早寒武世,以寒武纪及奥陶纪时期最繁盛,志留纪时开始衰退,古生代末全部绝迹,因此在生物地层中意义重大,被作为标准化石,即将其作为划分地层时代的标准。另外,因三叶虫在寒武纪时最繁盛,体型发育与生活环境密切,其甲壳肢体在地层中又易于保存而被古生物学家发现的种属很多,并以其为标志,地层划分得很详细,一般都达到"阶"一级标准。

　　依据古地理资料,寒武纪时全球的大部分为海水覆盖,但也分布着连在一块的非洲、南美洲、印度和南极洲古陆、北美古陆、西伯利亚和中国的一些古陆等。这些古陆隔离了环球的海水,形成了当时的一些海洋。受不同海洋生态条件决定,在不同海域中也发育了以三叶虫为代表的不同生物群。其中我国属东方动物群的华北型动物群,主要三叶虫种类有莱德利基虫、双耳虫、德氏虫、长山虫、篙里山虫等。河南一带早寒武世以鲍格朗氏虫、莱德利基虫为代表;中寒武世以盾壳虫、毕雷氏虫、柯赫虫、附栉虫、裂头虫为代表;晚寒武世以蝴蝶虫、长山虫、孟克虫、章氏虫为代表(见图Ⅴ-3)。

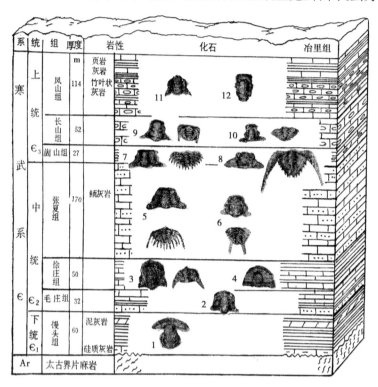

三叶虫化石

1—Redlichia chinensis (中华莱得利基虫);
2—Shantungaspis (山东盾壳虫);
3—Kochaspis (柯赫氏虫);
4—Bailiella (毕雷氏虫);
5—Damesella (德氏虫);
6—Dorypyge (叉尾虫);
7—Blackwelderia (蝴蝶虫);
8—Drepanura (蝙蝠虫);
9—Kaolishania (蒿里山虫);
10—Changshania (长山虫);
11—Ptychaspis (褶盾虫);
12—Quadraticephalus (方头虫)

图Ⅴ-3　寒武系古生物地层
——以山东张夏综合柱状剖面为例,示三叶虫类古生物在寒武系地层划分中的意义。

(李尚宽《素描地质学》)

　　除三叶虫外,另一类古生物是腕足类。腕足类是一种以腕(纤毛环)为呼吸和捕食工具的带壳软体动物,它和螺、蚌等软体动物不同,是固定生活在200 m以内的温带浅海底栖生物。它的软体外有两个几丁质或钙质外壳,大的为腹壳、小的叫背壳,腹壳后边有一个从茎孔内伸出的肉茎固定在海底岩石上。保存下来的化石主要是两个壳或印模。腕足类的两壳在捕食、呼吸开合时,后方相连的地方叫铰,以铰的发育程度分为无铰纲和有铰纲。按腕足类壳的形态大小、壳纹、壳线、铰和喙的发育程度也分为很多种和属。

腕足类自寒武纪开始出现,晚古生代泥盆纪、石炭纪达全盛时期,留下很多标准化石。到中生代时大量减少,仅少数种属延至现在。由于腕足类化石分布广泛,演变特征显著,它对古生代地层的划分也十分重要,对划分寒武系的作用仅次于三叶虫。腕足类初期出现的种属主要是无铰纲的小壳类,在我国以云南晋宁县的梅树村剖面底部生物群为代表,主要有舌形贝、乳形贝、小圆货贝(obolella)等,这是古生代初"生命大爆发"的先驱。除此之外,还伴有古杯海绵、软舌螺类和植物中的藻类,只是后者为附而已。

顺便说几句,在我们阅读地层资料、书籍和文献时,你会发现所有古生物名称,都用国际通用的拉丁文命名。仅部分拉丁文名称后注有中文名称,这是因为拉丁文是被国际上统一应用的文字,标注拉丁文是便于与国际取得共识,能与国外地层对比,中文只是我国的通用名。另在古生物化石名称方面有两种表达形式:凡是"属"(科以下,种以上的生物分类单位)的名称都由斜体字组成,如德氏虫 Damesella。凡是"种"以上的名字,用的是正体小楷,如球节子目 Agnostida,我们可以从字形来识别。当然这是古生物专业人员的术语,在表达名称上还有很多专业方面规定,可请教他们。本书为了普及古生物方面知识,便于读者对古生物的一般了解,本书全部使用中文名称,并作了大量简化。

二、岩石地层

寒武纪的岩石地层称寒武系,分下、中、上三个统。各个统的地层研究相当详细,统下大部分地层是在"组"的基础上做了专项生物地层工作而划分为"阶"。下寒武统自下而上分为梅树村、筇竹寺、沧浪铺和龙王庙4个阶;中寒武统包括毛庄、徐庄、张夏3个阶;上寒武统包括崮山、长山、凤山3个阶。下统4个阶的标准地层在云南昆明郊区晋宁县梅树村,这是一套以含有小壳动物(无三叶虫)、胶磷矿为特征的海相碎屑—碳酸盐岩系。中、上统地层的标准剖面在山东长清县,只是这里的下统只有馒头组。河南洛阳的寒武系与华北其他地区不同的是下统多了个辛集组和朱砂洞组,其上的馒头组及中、上统各个阶的名称和全国相同,但因地层古生物工作程度不足,仍只可称为"组"。下面以河南洛阳等地分布的寒武系地层,结合龙门石窟寒武系地层剖面分别介绍如下(见照片Ⅴ-4)。

照片Ⅴ-4　龙门西山寒武系地层剖面

——龙门西山由寒武系中、上统地层组成,自南而北为:毛庄组(南门附近),徐庄组(路洞—大佛座下),

张夏组(大佛—双窟),崮山组(宾阳洞),长山组(桥头),石炭系(管理处)。

(照片组合:姚小东)

1. 寒武系下统辛集组、朱砂洞组、馒头组

1) 辛集组

1962 年河南省区测队创名于鲁山辛集,河南省内分布于灵宝、鲁山、叶县、确山、固始一带。豫西地区分布在中条山南坡至登封嵩山一线的南部,向北缺失。其岩性组合,下部为紫红、暗红色钙质石英砂岩、砂砾岩,主要标志是含黑色结核或碎屑状磷块岩;中上部为灰绿、灰黑、灰白色砂岩、白云质砂砾岩、页岩、砂质页岩。区内厚度变化较大:渑池—汝州一线不超过 80 m,嵩山附近仅 2.92 ~ 8.5 m。所含胶磷矿碎屑由南而北逐渐减少到缺失。辛集组所含化石以小壳动物的软舌螺、单板类珊瑚、腹足类、双壳类和三叶虫为主。三叶虫纲以灵宝鲍格朗氏虫、洛南鲍格朗氏虫、霍氏鲍格朗氏虫为代表。豫西一带辛集组平行不整合于震旦系罗圈组之上。辛集组因含有与南方梅树村阶类同的胶磷矿,结合所含相关的小壳类化石,其时代也应与之相当。

2) 朱砂洞组

1952 年由河南籍的两位地质学教授冯景兰、张伯声创名于平顶山市西南朱砂洞。岩石组合、厚度各地有一定变化。嵩山地区自下而上为底砾岩—不规则薄层灰岩—厚层状灰岩—灰岩夹页岩组成,厚 170 m。平顶山区下部为盐溶角砾岩,砂质、泥质灰岩;中上部为纹层状、细晶状灰质白云岩,含砂屑白云质灰岩,纹层状白云质灰岩;顶部为豹皮状灰岩,厚 63.5 m。鲁山辛集、叶县杨寺庄底部盐溶角砾岩层中形成工业石膏矿,汝州崔家沟、邢窑、新安荆紫山厚层灰岩中普遍含方铅矿,粗大方铅矿晶粒不规则分布于灰岩中,局部富集可采。朱砂洞组含化石稀少,登封相当朱砂洞组底部的关口组产三叶虫中华莱德利基虫及诺氏莱德利基虫比较种。朱砂洞组属浅海碳酸盐相沉积,分布大体与辛集组一致,向北变薄,山西中条山南坡仅厚 20 m,新安石井 20.6 m,洛阳龙门零星分布在焦枝铁路旧线以东地段。洛阳伊川与宜阳交界的康坪煤矿西部,该组中下部石灰岩 CaO 含量达 54% 以上,为区内发现的优质碳酸岩层,可达化工灰岩标准。

3) 馒头组

1907 年维里士(见前)创名于山东长清县张夏镇馒头山,主要岩性为紫红(猪肝)色和棕色页岩夹灰色、浅灰色薄层石灰岩、泥质灰岩,通称"馒头页岩"。河南的馒头组,岩性为紫红色页岩夹黄绿色页岩、薄层石灰岩、微晶白云岩、泥晶灰岩及含海绿石砂岩,嵩山—渑池一带产有鲕状灰岩,全区总厚 32 ~ 215 m。馒头组化石以三叶虫为主,主要为东北莱德利基虫、中华莱德利基虫、着目莱德利基虫等,其他还有藻类和腕足类中的圆货贝等。

馒头组地层分布较广,遍布华北各地。河南西部分别与下伏朱砂洞组、上覆张夏组整合接触,向北分别超覆不整合在前寒武纪不同时代的地层层位上。洛阳龙门石窟区分布在东山洛阳轴承厂疗养院附近,西山无出露。

2. 寒武系中统毛庄阶、徐庄阶、张夏阶

1) 毛庄阶(毛庄组)

岩性与馒头组相近,主要为紫红、黄绿色页岩、砂质页岩夹泥晶灰岩、条带状灰岩。以其下部的数层黄绿色海绿石砂岩,与下伏馒头组区别,顶部为紫色页岩与薄层灰岩、泥岩互层为主要特征,多见薄层状钙质泥砾,层面上有龟裂构造,厚 22 ~ 125 m。产三叶虫化石山东盾壳虫、楼标山东壳虫等。毛庄阶与下伏馒头阶整合接触,岩性相近,1:5 万韩城幅区调报告的地层划分方案将其划归下寒武统馒头组二段。其分布和馒头组一致,遍布华北地区。龙门石窟区位于东山播鼓台以东的龙门山南坡,西山仅见于龙门石窟南门附近,顶部可见到砂岩中的交错层理和页岩中的卵形钙质泥砾,显示沉积时海滩上较强的海浪冲刷作用。

2) 徐庄阶(徐庄组)

以出现鲕状灰岩为特征。下部以灰色薄层含泥质条带灰岩和毛庄组紫红色页岩、薄层砂岩、卵形钙质泥砾层分界;中部为薄层强白云石化含鲕粒微晶灰岩夹生物碎屑灰岩和泥质角砾状灰岩

（竹叶状灰岩）；上部发育薄层条带状粉晶—中晶白云石化鲕状灰岩多层，厚 54.6～66.30 m，含三叶虫化石兰氏毕雷氏虫、徐庄柯赫虫、厚附栉虫、库廷虫、小无肩虫、沟颊虫等及一些螺和蠕虫类化石，岩石层面多见虫迹构造。1：5 万韩城幅区调报告将其划归寒武纪下统馒头组三段。

徐庄组广泛分布于河南省及华北各地。龙门石窟东山区分布于万佛沟以南至擂鼓台一带，包括了石崖上的大万五佛寺。万佛沟的南侧即徐庄阶顶部，巨大的海浪波痕极为壮观，标志着当时这个地区已由徐庄期的潮间带沉积转为张夏期的潮下带沉积，海水明显加深。分布于徐庄阶的石窟，在西山有极南洞、龙华寺和路洞等，但皆因徐庄阶岩石抗风化力弱，石刻艺术风化破损十分严重。

3）张夏阶（张夏组）

1907 年由维里士创名于山东长清县张夏镇，主体岩性为厚层—巨厚层含鲕粒灰岩，中层泥质条带灰岩。洛阳一带张夏组底部多见一层竹叶状灰岩或灰绿色钙质页岩，向上为厚层鲕状灰岩夹豆状灰岩及薄层淡黄色泥晶灰岩；中部为巨厚层鲕粒灰岩；上部为薄板状鲕粒灰岩与白云岩化灰岩互层，顶部白云岩化逐渐升高，厚 111.7～237 m。含三叶虫化石小裂头虫、厚附栉虫、北山虫及由藻类形成的"瘤"状叠层石，岩石层面上普遍显有虫迹构造，时代属中寒武世。张夏阶石灰岩同下伏徐庄阶为整合接触，与上覆崮山组有一小的沉积间断（见后），徐庄—张夏阶以鲕状结构为主的石灰岩层广泛分布于河南各地，是黄河以南各地水泥厂开采利用的水泥原料，圈定的石灰岩矿体以竹叶状灰岩或灰绿色钙质页岩为底板，以白云岩化鲕状灰岩为顶板。矿石 CaO 含量一般在 48%～51%～52%，有害成分 MgO＜3%，厚度大，质量稳定，多形成一些大型矿床，矿产地质研究程度较高。

张夏组石灰岩也是龙门石窟石文化艺术的主要载体，龙门东山包含了十万五佛寺，万佛沟石窟群和看经寺等石窟。龙门西山区构成石窟艺术的主体，主要洞窟自南而北依次为皇甫公窟、火烧洞、古阳洞、药方洞、奉先寺、赵客师洞、普泰洞、莲花洞、老龙洞、万佛洞和双窟等。其中奉先寺卢舍那大佛和四大天王造像均坐落在张夏组下段的厚层鲕状灰岩上，由莲花洞到双窟，为张夏阶上段，岩性为厚层鲕状灰岩和薄板状中层白云岩化灰岩互层。因为张夏组岩石化学纯度高，易为地下含 CO_2 的水溶解，所以石窟区才有"龙门"和老龙洞等明显的溶洞与岩溶痕迹。双窟以北是断层、节理和破碎岩层发育的地区，那里洞窟少，但有石牛溪清泉经年从石中流出。

3. 寒武系上统崮山阶、长山阶、凤山阶

1）崮山阶（崮山组）

1907 年维里士创名于山东长清县崮山镇，当地称崮山页岩。崮山组在河南分布较广：登封县关口一带为泥晶白云岩、粉晶白云岩，厚41.92 m；渑池仁村为微晶白云岩，厚70.87 m；宜阳为厚层白云质灰岩夹泥晶白云岩，厚66.8 m；龙门山区下部为厚、中厚层残余鲕粒白云质灰岩，上部为厚层夹薄层微—细晶白云岩夹鲕粒白云岩薄层，厚85.3 m，龙门山东山香山寺下陡壁代表其上部地层。西山对应的石窟即摩崖三窟、宾阳洞和潜溪寺，三者位处不同标高的同一岩层上。

这里需特别提出的是，宾阳洞之南、水文观测站以北可见由褐红色氧化铁灰泥岩组成的红顶氧化面，地层不连续，代表一个小的沉积间断。这个间断面在伊川半坡乡白窑和宜阳城关灯盏窝村北等地都很明显，分布有区域性。该间断面以上崮山组底部的含白云质灰岩层，洛阳一带多用以烧制白灰，各地沿此层位的石灰窑遍布，地层标志明显，既是崮山组的底，又是寒武纪中统与上统的分界，因此我们在无化石资料仅依岩性划分崮山组时以这一标志与下伏的张夏组分界是比较合理而又实用的。

2）长山阶（炒米店组）、凤山阶（三山子组）

炒米店组于 1907 年由维里士命名于山东长清剖面，岩性为蓝—暗灰色的细晶硬质灰岩，称炒米店灰岩，层位同河北开平盆地边部寒武系长山阶对比。洛阳一带该组岩性以白云岩为主，下部为灰黄色薄层含燧石结核白云岩，上为厚层硅质条带白云岩，顶部以灰黄色细晶含黏土白云岩与上覆三山子组分界。卫辉市沙滩剖面含三叶虫纲的长山虫、章氏虫化石，和下部崮山组为整合关系。炒米店组各地厚度不一，新安县厚 62～88.6 m，宜阳厚 31 m。

相当凤山阶的三山子组于 1932 年由谢家荣先生创建于江苏铜山,原称三山子灰岩。本省分布在卫辉、新安、宜阳等地,岩性为灰白色厚层、中厚层状微细晶白云岩,厚 15～54.88 m,含三叶虫和牙形石,上为奥陶系或石炭系平行不整合覆盖。

龙门石窟区相当长山阶的炒米店组自下而上为厚—巨厚层细晶白云岩夹薄层白云质灰岩,厚层夹薄层白云岩,细晶白云岩,岩性致密坚硬。相当凤山阶的三山子组为白色厚层白云岩。炒米店组下部有一东西向破碎带,龙门西山有山泉从岩缝涌出注入禹王池,东山处为香山寺石阶基部山泉,两点之间的河滩部分,即为人工湖淹没的牡丹泉。三山子组白云岩出露在龙门石桥的东西两端,岩石层理不清,上多"斧劈形"风化裂纹,厚度仅 15～20 m,系风化残留厚度,龙门桥及白园门口,可看到石炭系底部黏土岩之下三山子组的古侵蚀面。

三、构造运动与地史演化

1. 少林运动与早寒武世海侵

前面在谈嵩山三大地质构造遗迹时谈到了少林运动(照片 V-3,见前),其遗迹指的是嵩山少林寺附近寒武系辛集组与元古界青白口系何家寨组之间的角度不整合,1959 年由中国地质科学院王曰伦先生命名。少林运动形成了嵩山地区晚元古代地层宽缓的东西向褶皱及其伴生的伸展断裂构造。这次运动虽不是剧烈的造山运动,但也波及华北地块的广大地区,特别是其南部边缘。由于该运动的抬升和运动后的侵蚀使前寒武纪的很多层位缺失,也使早寒武世海侵地层——辛集组(嵩山地区原称关口砂岩)、朱砂洞组、馒头组超覆在前寒武纪不同地层的层位之上。

由寒武纪下统地层的分布和岩性特征看出,辛集组和朱砂洞组的形成是由于早寒武世由南而北的海侵,当时的海岸线在中条山南坡—渑池—嵩山—确山一线,其北未淹没的广大地区仍经受着侵蚀,并由其提供了形成辛集组的砂砾和混入由南而北的胶磷矿碎屑。朱砂洞组是分布在辛集组分布范围之内的一套由潮坪—潮间—潮上—潟湖相的碳酸盐岩地层,形成的是海水补给不足、水质逐渐咸化的一类岩石。由辛集组的底砾岩、含磷碎屑岩到整合其上的朱砂洞组,代表一个完整的沉积旋回,标志着海水由浅变深,又由深变浅的演化,指示当时的华北陆块首先是南部沉降,接受由南而北的海侵,而且海水不断加深之后随地壳的短时抬升而变浅,后因海水补给不足,使一些残留海盆形成白云岩和石膏。

需要特别提出的是,辛集组和朱砂洞组是华北陆块区,仅在豫西—皖北一线独有的早寒武世地层,说明当时的海侵没有越过中条、嵩箕古陆。辛集组的砂岩中多见的黑色胶磷矿碎屑和所含的小壳动物化石,与秦岭以南早寒武世梅树村组的磷块岩和古生物成分很相近。其中的胶磷矿砾屑,好比现在海洋石油钻探事故中漏失的"油花",随着当时的海浪四处扩散到华北陆块边缘,因此也可推测元古代末或古生代初,秦岭褶皱带一度狭缩,并留下了使南北寒武海对流的通道,这可能就是前人所说的"南襄夹道"。

早寒武世的馒头组是分布在华北板块广大地区的一套以紫红或猪肝色页岩为主的碎屑岩夹薄层碳酸岩盐地层。代表继辛集—朱砂洞组期海侵之后的又一次扩大了的海侵。形成的馒头组超覆在准平原化的前寒武系包括太古界变质岩的不同层位之上,海侵的范围也是由南而北,已进入华北陆块的腹心地区,并波及泰山、太行古陆周边,前锋达北京西山及辽宁南部。馒头组中所夹的泥晶灰岩、薄层灰岩、白云岩、砂岩,代表了地壳的垂直震荡,大量繁衍的以华北莱德利基虫为主的三叶虫种群和藻类植物,说明此时海水不深,处于阳光充足的流动环境。

2. 中寒武世,高能海水动荡的台地

在寒武世馒头期海侵的基础上,地史进入中寒武世,留下了毛庄期、徐庄期和张夏期不同的碳酸盐岩地层。

洛阳一带的毛庄期,初始的沉积仍是与馒头组相似的紫红色薄层页岩和泥灰岩,具有特征性的

是页岩中的几层海绿石砂岩,标志地壳的间歇性抬升和丰富供给的陆源碎屑。到了毛庄期的后半世,页岩中出现了多层泥晶岩和条带状薄层灰岩,顶部薄层灰岩中还见到形如鸟卵的泥砾。总体代表一个海进层序,即随海水逐渐加深,洋底流能量加大,不断掀动了海底的软泥形成卵砾,标志这里已进入潮间带的沉积环境,但在毛庄期之末,地壳再次上升,海水变浅并不断露出水面,留下了砂岩中的交错层。

徐庄期的沉积特点是岩层中开始出现薄层鲕粒灰岩。其主体岩性为薄层鲕状灰岩、泥岩和页岩的互层,顶部出现多层竹叶状灰岩,也多次见到同生的鸟卵状泥砾,指示处于高能海水活动频繁的潮间带环境。由岩性特征所记录的地壳运动为时升时降,海水时深时浅,海水流动性大,但也因海水中阳光充足,生物繁衍极盛。因此,在广阔的海岸一侧形成鲕粒滩、竹叶滩,岩层中保留了丰富的海洋生物化石。

张夏期的沉积环境和岩性特征与徐庄期相近,只是其下部鲕粒灰岩和所夹泥晶灰岩厚度增大,标志地壳沉降幅度不断加大;中部为厚层鲕状灰岩—藻礁中薄层灰岩,标志海水在继续加深,地壳由震荡趋于稳定,进入潮下带环境。张夏后期可能因地壳抬升,海侵方向改变,海水补给不足,水质咸化,水体在动荡中变浅,形成豹皮状白云岩化灰岩。另外,自徐庄期至张夏期,地层中已没有砂页岩类,说明这时地区内提供碎屑的陆地也大都被海水淹没了。

3. 晚寒武世华北陆块南部抬升了

晚寒武世的一个大的特点是华北陆块南北的岩性差异很大:北部北京西山及冀东地区,上寒武统各阶的岩石均以石灰岩类为主,崮山阶还出现了鲕状灰岩,很少白云岩。总体呈现一个中、深缓坡沉积的海进序列,海侵方向不是像前述早、中寒武世时由西南指向东北,而是转为由东北指向西南;南部则不一样,比如洛阳一带,上寒武统的岩性则以白云岩类为主,并在三山子组形成 MgO 含量较高的白云岩矿床。这种差异说明,继中寒武世末期以来,华北陆块南部逐步抬升,海洋变浅,海水因缺乏补给而日趋咸化,从而形成了区内巨厚的白云岩地层。

对此区域性的地壳运动,孙云铸先生于 1934 年命名为冶里上升,原指下奥陶统的砾岩盖在上寒武统凤山组之上,宣告了寒武纪地层沉积的终结。之后,于 1939 年李四光从更大一个时空创名了怀远运动,也是发生在华北陆的南缘,指的是早、中奥陶统之间的这一分布很广的间断面。再后,于 20 世纪的 80 年代,山西区测队的顾守礼发展了怀远运动的概念,将该运动的过程划分了三个幕:第一幕在中寒武世末,第二幕在晚寒武世末相当孙先生的冶里上升,第三幕也是影响范围最大的一幕,即中、下奥陶统之间的怀远运动(见照片 V-5)。有关后者的情况,容在下一节奥陶纪(系)中继续阐述。

照片 V-5 怀远运动遗迹
——示奥陶系薄层灰岩与下伏寒武系地层的微角度不整合。

(《资源导刊·地质旅游》2012 年第 7 期)

第三节 奥陶纪(系)

(490~438 Ma)

生物繁盛继寒武,学术争鸣有谜团。

　　同前节讲的寒武纪一样,奥陶(Ordorician)一词也源于英国威尔士,代表那里一个民族的拉丁文译音。奥陶纪的时限始于距今 490 Ma,结束于 438 Ma,历时 5 200 万年,分为早、中、晚三个世,对应的地层单位为下、中、上三个统。奥陶纪是世界地史上海侵范围最广的时期,中国大陆各陆块除了柴达木、阿拉善、松潘、熊耳、淮阳及嵩箕等几处古陆还有部分陆地出露外,几乎全为陆表海和它们之间的深海槽淹没,形成了奥陶系厚大的碳酸盐岩地层,由其保留下来的笔石类、头足类、腕足类、腔肠类和三叶虫类等丰富的海洋生物化石群,说明这个时期是浅海广布,阳光充足,气候温和,具备了适于生物繁衍生息的良好环境。加之古生物地层及其他方面的研究程度很高,地质成果非常丰富。但限于本书的主题,自然不能全面详细阐述,因此同前面寒武纪一节一样,本节在简要介绍奥陶纪区域地层特征之后,着重以豫西为重点,结合周边华北陆块和秦岭构造带的情况,从以下三方面介绍。

一、区域地层、古生物及相关地质问题

1.区域地层分布

　　奥陶纪时,我国大部分地区接受海侵,但因地形差异,岩相古地理变化较大:华南地区地形比较复杂,大部分地区的下、中、上奥陶统发育齐全,形成含笔石页岩和含腕足类、头足类化石的介壳灰岩;西北祁连和秦岭地区则发生着强烈的海相火山活动,并经受了后期的区域构造变质作用;东北仅大兴安岭区出露奥陶系,岩性为碎屑岩和火山岩;唯中间的华北陆块地区形成了巨厚的碳酸岩盐——石灰岩、白云岩地层,但也因古地理因素,北部和南部有所差别:下奥陶统在华北北部及东北南部层序完整,岩性稳定,并含有笔石、三叶虫、角石和螺类化石,但在华北南部则逐渐变薄或缺失;中奥陶世是在早奥陶世海侵的基础上海水由北而南推进,同样也因古地理因素,山西、河北、山东厚达 700 m,但在豫西新安、渑池一带,中奥陶统马家沟灰岩直接超覆在上寒武统崮山组之上,厚度仅 100 余 m,向南逐渐变薄、消失,至洛阳以南仍为熊耳古陆占据。全区缺失上奥陶统。

　　河南的奥陶系分别出露在华北陆块和秦岭—大别构造带两个地层区:前者为华北型的碳酸盐建造,由中统和局部可见到很薄的下统组成,分布于三门峡、渑池、新安及偃师府店(见于钻孔)一线以北地区,新安石井最发育,但缺失下统;后者以二郎坪群变火山—沉积建造为代表,沿秦岭—大别构造带展布,西经陕西周至—宝鸡一线进入甘肃祁连的加里东构造带;东经洛阳嵩县南部的白河(龙王庙)延入南召、泌阳以远地区。

2.古生物

　　由寒武纪爆发的海生无脊椎动物,在奥陶纪空前繁盛,其中以笔石和鹦鹉螺类(见照片 V-6)为特征。笔石是一种已灭绝了的脊索类海生群体动物,因化石很像"笔迹"而取名,由有生殖能力的胞管组成不同的形体,主要生活在早寒武世到石炭纪。笔石类化石主要赋存于江南下奥陶统的新厂阶、宁国阶,中奥陶统胡乐阶,各自都形成多个笔石带。鹦鹉螺属于软体动物门头足纲的一个亚纲,是一种海生动物,爬行或潜游于海水底部,因其卷曲藏喙、类似鹦鹉睡觉时的样子而命名,最早出现于晚寒武世,奥陶纪时极盛,为鉴别奥陶系地层的标准化石。其化石仅保存外壳,壳呈锥状,两侧对称,直或弯曲旋卷。以壳的形状命名的角石有直角石、弓角石、轮角石等。以壳内隔壁颈的形

态命名的角石有珠角石、阿门角石等。在我国北方以弯颈式的阿门角石、珠角石、满洲角石、朝鲜角石为代表;华南主要是震旦角石、直角石等,南北分带非常明显。

照片 Ⅴ-6　奥陶纪海及海洋生物(模式)
——主要海洋生物以鹦鹉螺目(北方为珠角石,南方为直角石)为主,次为三叶虫、珊瑚、海百合、腕足类。
(郭继明《中华奇石赏析》中册)

其他生物还有三叶虫、腕足类、海林檎、珊瑚、苔藓虫、牙形石及植物界的水生藻类。奥陶纪的三叶虫以头大、尾大、胸节少的球节子、栉壳虫、三瘤虫为代表,但远不及寒武系那样丰富。腕足类以有铰纲的正形贝、扬子贝、小嘴贝、石燕贝为代表。松卷螺、平卷螺和海百合茎是北方马家沟组石灰岩中常见的化石,它们和珠角石、阿门角石产于同一层位的岩石中。海林檎因体形似林檎(花红)而名,是棘皮动物门中现已灭绝的一个纲,它也是固着在海底岩石上的一种生物,生存于奥陶纪至泥盆纪,我国云南、贵州、陕西的奥陶系中都有产出。

牙形石或虫牙(见后)类为近年来很受重视的一类微型化石,此系环节类蠕形动物如沙蚕、蚯蚓、蚂蟥等动物的牙齿。保存的化石称为虫牙,特征是多为黑色,由许多锯齿状板片组成,锯齿长短不一,形态变化较大。该类化石起始于奥陶纪,一直延至现代。但在奥陶纪时很繁盛,大部分石灰岩层面上都可见到它们爬行的痕迹和粪便。只是这种虫牙很小,在显微镜下才能看到,华北地层区马家沟组中的微体化石以牙形石为主。前面讲过秦岭地区的秦岭群也是因为发现了虫牙,才改变了原来对"秦岭地轴"的认识(见照片 Ⅴ-7)。

3. 华北"奥陶海"之谜

谈及奥陶纪,都会使人联系到我国华北地区分布在中奥陶统马家沟组地层中的邯邢式富铁矿床。这类矿床的原义是中生代的侵入岩侵入马家沟组石灰岩地层所形成的接触交代或矽卡岩型铁矿。该类型铁矿床大致以等间距的纬度带分布在山西交城狐偃山(吕梁山区),临汾大王、浮山二

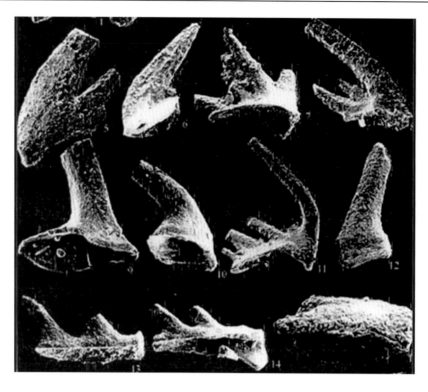

照片 V-7　牙形石

（陈山柱等《地学漫话》）

峰山、襄汾塔儿山、翼城栏山（太岳山南段），平顺西安里、河北邯（郸）邢（台）和河南安阳林州李珍一带（太行山南段）。跨过华北平原，在山东形成鲁中的莱芜铁矿、济南铁矿、淄博金岭镇铁矿，最南部是江苏徐州微山湖畔的利国驿铁矿。在 20 世纪 70 年代找富铁矿的大潮中，各省都投入了大量地质勘查工作。

有趣的是，这些铁矿有特定的层位，全部赋存于中奥陶统马家沟组灰岩中。尽管这套石灰岩之下的下奥陶统、寒武系也是易被岩浆交代的石灰岩类，但却不成矿。成矿母岩基本上是偏基性的闪长岩和偏中性的二长岩两大类。前者全为层状体，厚度不超过 20 m，一般仅数米、十几米，沿中奥陶统下部贾汪页岩顶部平铺展开，延长达数千米，上覆层未明显变质，也不显褶皱和交代作用，但不成矿。后者晚于前者，虽然也是有顶有底的似层状体，但上侵的地层接触带多横向延长短，是形成接触交代矽卡岩型磁铁矿的母岩。而更令人感到奇怪的是，在层状岩浆岩的顶部找到其冷凝层面的绳纹、流线、流面构造。铁矿石中经常看到厚层灰岩不存在的条带、条纹、层理，乃至不在岩浆岩和矽卡岩的接触带或没有岩浆岩的地方也形成一些规模不大的层状磁铁矿体。

以上这些地质现象，无不对传统矿床学中矽卡岩型矿床的成矿理论和成矿模式提出质疑。当时先后在山西、河北参加科研工作的中国地质科学院原华北地质研究所所长、地质学家王曰伦先生，经平顺、邯邢等多个矿区的观察研究后，大胆提出了"奥陶纪海相火山成矿论"的新学说。指出"在早古生代华北陆台周边构造带中发生海相火山活动的同时，陆台内部一些深大断裂也诱发了相应的岩浆上涌活动，但在海水压力和还原环境下，岩浆失去爆发能力，转为横向涌溢，在未成岩的海底软泥中匍匐运行，同时产生与软泥发生和固态围岩不同的侵入接触交代作用，后为新的海底沉积物覆盖，形成特殊的层状岩浆岩。进而，随岩浆的喷溢、交代和沉积作用的持续，最后形成'塔松式'的岩体和多层富铁矿床"。一石激起千重浪，新的理论引起了当时地质论坛百家争鸣的大好形势。只是由于当时原有的一些同位素测年资料没有为新的见解提供支撑，又在新见解专题测年工作刚刚开展时，王曰伦先生不幸仙逝，加上其他因素，新理论的研究由此搁浅，于是奥陶海和邯邢式铁矿的成因问题依然存在着未解之谜。

二、岩石地层

1. 华北陆块区——奥陶系下、中统

华北陆块区的奥陶系地层由下统冶里组、亮甲山组,中统马家沟组组成,缺失上奥陶统。冶里组分布在华北和东北南部,由灰绿色薄层灰岩组成,含网笔石化石,河北开平盆地厚118 m,向南变薄,河南境内很薄或缺失。亮甲山组的分布与冶里组有继承性,岩性由下部黄色薄板状白云质灰岩和下部含厚层燧石白云岩组成,含角石类和蛇卷螺化石(见照片Ⅴ-8)。北部厚260～132 m,向南逐次变薄或缺失,山西中条山和河南崤山北坡的陕县一带仅厚18 m,洛阳地区,因处黛眉—王屋古陆南侧,早奥陶世的海侵是否越过古陆波及洛阳北部地区,尚待研究。

照片Ⅴ-8　堪称"万卷书"的下奥陶统地层
——豫北下奥陶统亮甲山组白云岩地层。

(《资源导刊·地质旅游》2012 年第 2 期)

中奥陶世的海侵,仍是继承了早奥陶世的海域由北向南超覆。其所形成的海相碳酸盐建造,明显表现出了由砂页岩—白云岩化泥晶灰泥灰岩—厚层灰岩、豹皮灰岩—盐溶角砾状白云质泥晶灰岩的沉积旋回。包括或不包括下部的贾汪页岩,各地多按上述岩性组合,将马家沟统划分为下、中、上三组八段(吕梁)、三组七段(邯邢、安林)或三组六段(平顺、莱芜)。但河南南部洛阳一带,因受怀远运动(见后)影响,马家沟组仅分布在嵩山北坡—新安县城一线以北的地区,区内的最大厚度仅153 m。下面仅以新安石井剖面,自下而上作一简介:

(1)一段(贾汪页岩段):下部为灰褐色薄层状细粒钙质石英砂岩,灰绿色泥岩,上部灰褐色中层细粒石英砂岩,灰绿、灰黄色含泥晶、粉晶白云岩,偶夹膏溶角砾岩,典型层位见于新安西沃始祖山黄河南岸,厚12 m。

（2）二段：下部为青灰色厚层角砾状灰泥灰岩夹灰黄色薄层板状灰岩，向上含泥质粉晶白云岩层增多，厚 44 ~ 50 m。

（3）三段：自下而上层序为浅灰色薄—中层微晶白云岩，水平纹理发育，含波状叠层石，向上变为灰黄色薄板状微晶白云岩、泥晶灰岩，厚 30 ~ 37 m。

（4）四段：岩性为青灰色厚层—巨厚层灰泥灰岩，青灰、灰色花斑状灰岩，局部为同生角砾灰岩。层面虫迹发育，含平卷螺、珠角石化石。顶部古侵蚀面多为石炭系本溪统铁铝层充填，厚 >30 m。

华北奥陶系中统马家沟组最初命名于河北开平盆地，由块状灰岩组成，自下而上含 4 个角石带，故分为 4 个组。但因该套地层分布区多产有邯邢式富铁矿床，各地矿部门皆以岩性分段（见前），另因该套石灰岩化学纯度高，$CaCO_3$ 含量多在 95% 以上，河北、山西、山东多用于水泥灰岩和化工灰岩、熔剂灰岩及制作轻质碳酸钙，但在河南境内，则因厚度薄，化学成分不稳定，开发利用率较低。

2. 秦岭区——二郎坪群

二郎坪位于河南西峡县，1976 年河南区测队金守文创二郎坪群。其主体岩性，下部为一套浅变质海相中基性火山岩夹碎屑岩和碳酸盐岩；上部为变碎屑岩夹变火山岩。地层分布位于瓦穴子和朱夏两断裂带之间，西窄东宽，西延陕西，经周至、宝鸡与祁连山加里东火山带断续相接；省内，东延由卢氏官坡、丹矾窑向东经西峡二郎坪、嵩县白河、南召板山坪、泌阳条山，延至桐柏刘山岩和光山马畈以远地区，形成数百千米火山岩带，其中河南内乡下馆到嵩县白河南部是本群发育的最好地区之一，区内最大厚度约 8 968 m。自下而上分为二进沟组、大庙组、火神庙组、小寨组和抱树坪组5 个组，现简述如下（见照片Ⅴ-9）。

照片Ⅴ-9　二郎坪群变质火山岩地貌

——二郎坪群为分布在秦岭—大别构造带中的变火山岩系，含牙形石（右下）、腕足类及珊瑚等生物化石。

（《资源导刊·地质旅游》2010 年第 5 期）

1）二进沟组

本组主要由各种混合片麻岩、均质混合岩及变细碧角斑岩组成，其中有斜长角闪片麻岩及斜长角闪岩（基性熔岩）残留体，分布于卢氏大河面至西峡太平镇、南召板山坪一带，厚334.7～1 658 m。新的划分方案将其与大庙组合并。

2）大庙组

底部为硅质板岩、千枚岩、厚层大理岩，其上为黑云（绢云）片岩夹变角斑岩、石英角斑岩及中酸性凝灰岩，内含较多的变砂砾岩，具良好的沉积层理，厚50～250 m。该组上部硅质板岩中含丰富的放射虫化石，另有星园茎、园园茎、床板珊瑚、东那氏螺和旋脊螺等，是二郎坪群重要的化石层。

3）火神庙组

下部主要是变细碧岩、变细碧玢岩，夹变石英角斑岩及中酸性火山角砾岩，顶部出现碳硅质岩及含铬、铁绿泥片岩；中、上部为巨厚的变细碧岩和细碧玢岩，夹变中酸性火山碎屑岩和硅质岩，细碧岩具枕状构造。区域厚3 024 m，含原始光球藻类微古生物和单射、三射，海绵骨针。

4）小寨组

相当有关资料中的粉笔沟组，不整合于火神庙组之上。主要岩性为黑云石英片岩、黑云片岩、绢云片岩、二云片岩，下部夹变粒岩、变质砂岩和砾岩透镜体，砾石成分为石英、火山角砾岩。岩石中含丰富的石榴石及十字石、红柱石、堇青石、夕线石等高铝变质矿物，并形成了重要的非金属——"南阳三石"矿床。化石有园园茎、星园茎、腕足类、笛管珊瑚、床板珊瑚等。区域厚1 093 m。新的划分方案含上覆抱树坪组。

5）抱树坪组

岩性为黑云石英片岩、白云绿泥石英片岩、黑云斜长片麻岩，夹少量碳质片岩及斜长角闪岩条带。原岩主体为一套碎屑岩，夹少量基性火山岩、火山碎屑岩。区域厚1 961 m。

由熔岩—各类沉积岩（各类碎屑岩、碳酸盐类）即由火山喷发到火山期后沉积，二郎坪群组成2～3个火山—沉积旋回。第一旋回由二进沟组—大庙组组成，岩石系列由基性细碧岩—石英角斑岩—硅质层和大理岩组成；第二旋回主要是火神庙组，由细碧岩、枕状熔岩、火山角砾岩、石英角斑岩和局部见的大理岩组成。该旋回火山岩成分复杂，厚度大，代表二郎坪区域火山活动的主旋回；第三旋回由小寨组和抱树坪组组成。这一旋回应以小寨组中的砾岩、砂岩层起算，是一套类复理石的陆棚沉积，直到抱树坪组的规模不大的火山活动结束。

伴随二郎坪群火山喷发，该火山带及其附近也发生了比较剧烈的岩浆侵入活动，其中超基性岩以狮子坪岩体（359～389 Ma）、陈阳坪岩体（403 Ma）为代表，基性岩有韦园岩体，中性岩有板山坪闪长岩、石英闪长岩（392～376 Ma），中酸性岩主要是花岗闪长岩、斜长花岗岩、二长闪长岩，主要岩体有灰池子（356 Ma）、漂池（403.3 Ma）、熊耳岭（459 Ma±38 Ma）等。依据二郎坪群所含化石——放射虫、园园茎、星园茎、东纳氏螺、旋脊螺、笛管珊瑚等，参照上述同位素年龄，二郎坪群的形成时代应为奥陶—志留纪。

这里特别需要说明的是，二郎坪群这套地层由于位处秦岭—大别构造岩浆活动带中，顶底又为断层挟持，地层形变复杂，层序颠倒紊乱，岩石变质较深，原岩面目全非。多年来虽然省内外不同地质单位分片、分区域做过1:5万区调和专题性地质研究，但对区域构造形态、地层划分对比乃至火山岩带的形成和火山喷发类型，几十年来都在争论中，至今也未统一。因此，笔者对地层的划分及后面谈的构造问题见解，也只是一家之言，仅供参考。

三、构造运动与地史演化

1. 华北陆块的构造运动

华北陆块早古生代最明显的构造运动,主要表现为两期:一是下、中奥陶统之间的沉积间断,在豫西洛阳地区缺失下奥陶统,此即李四光创立的怀远运动,前述山西区测队顾守礼提出的怀远运动第三幕;二是华北陆块自中奥陶世后抬升为陆,接受风化侵蚀,直到中石炭纪世才下沉接受海相沉积。因此,华北大陆区缺少下石炭统、泥盆系、志留系和上奥陶统,这个风化侵蚀期长达 1.3 亿年!这个间断对应了区域上的加里东运动。

李四光创名的怀远运动起因于中奥陶统中头足类角石纲的南北差异,即南方以直角石为代表,北方则是珠角石类繁盛,因此他认为是在早奥陶世末古秦岭一带形成了一条断续的山脉把南北海水隔绝了。经后人的进一步工作证实,早在中晚寒武世,华北陆块的南缘就开始几度间断抬升,海水变浅形成潟湖盆地,并在寒武纪末抬出水面成陆。因而使早奥陶世的海侵由北而南逐渐变浅,大部分地区缺失冶里组,亮甲山组在陕渑一带厚度也仅数米至十几米,并使华北地区厚达 700 余 m 的奥陶系中统厚—巨厚层状马家沟灰岩,在河南也只见于嵩山北坡和新安县城南暖泉沟以北地区,最厚处才 153 m。以上这些都反映出李四光提出的那个把南北海隔开的"山脉"不仅存在,而且有相当规模。此外豫西、徐州一带中奥陶统贾汪页岩底部广泛分布的砂砾岩、砂岩类陆源碎屑岩,也证明了这一判断。

从运动论的观点和区域大地构造活动方面而言,怀远运动也间接说明了其与南部二郎坪裂陷火山带的形成及该火山带的火山活动对北部陆内奥陶海的影响。怀远运动的一、二、三幕,直到中奥陶世末的全面抬升成陆,代表一次区域性乃至全球性构造运动由弱到强的发展演化过程,只是它影响的地区不是以水平运动为主的构造活动带,而是具有刚性基底的古老陆块,也就是说,在这里的大地构造运动是以垂直运动为主的形式出现的。按照这一推论,可能是因为这个时期华北陆块,包括其边缘增生带(宽坪群)部分的全面抬升,受大陆边缘产生的伸展作用,产生深大断裂,并导致地下岩浆上涌,形成了二郎坪群的裂陷火山带,其火山活动引起的地震、海啸不能不影响到大陆一侧,这如同现在太平洋东、西岸岛弧火山带的火山和地震活动不断冲击大陆地壳一样。因此,推断当华北陆南缘秦岭洋中二郎坪火山带正此起彼伏处在火山爆发时,北部大陆上的马家沟期海洋也不会安宁,马家沟灰岩明显的旋回性,表现了地壳的多次升降;其中几度出现的膏溶角砾岩和含石膏白云岩,石膏矿床,均反映了因陆壳多次上升,发生海退出现海水咸化的局限海,或潮上带的潟湖盆地;而石灰岩中出现的多层同生角砾,豹皮状斑纹,则是海水动荡或海啸的产物;还有有争议的"奥陶海相火山岩"及中奥陶世末的全面抬升成陆……这一切不能不考虑华北陆的海相沉积和陆缘外部裂陷槽二郎坪火山活动带之间的内在联系,自然也包括与二郎坪火山带同期的构造岩浆活动。

2. 加里东运动与二郎坪火山带

本章第一节已作介绍,加里东运动是以英国苏格兰的加里东山命名的一次波及全球的构造运动,始于早寒武世,结束于志留纪末,涉及整个下古生代。这次运动也波及中国的广大地区,首先是西部的塔里木、柴达木和阿拉善等地块,在奥陶纪时因上升拉张,四周出现深大断裂和扩大了的海洋,其中在阿尔金山、祁连山等地先后出现了以细碧岩、细碧角斑岩、石英角斑岩为代表的海相火山活动,并发现奥陶纪残留洋壳——蛇绿岩套,说明这里有可能存在着大洋中脊的深大断裂。形成的这些海槽直到志留纪时才因海退发生陆陆碰撞而封闭,此即祁连—阿尔金山碰撞带,它使塔里木、柴达木、阿拉善陆块及其附近的几处小陆块拼合在一起,成为与华北陆块毗邻的一个新的陆块——西域陆(板)块。

由区域大地构造分析发现,祁连—阿尔金构造带和秦岭—大别构造带是相互连接的,它们在古生代初期都发育成了很深的海槽,这里活动着同属华北型的生物群。其中毗邻的祁连地区形成的下古生界地层,自寒武系到中奥陶统中堡群,均为以细碧角斑岩、石英角斑岩为主体的变中基性—酸性火山岩系,其中赋存有黄铁矿型白银厂铜矿,包括上奥陶统妖魔山群的碳酸盐类和中性火山岩及志留纪旱峡群的碎屑岩,总体形成一套厚达万米的火山沉积带。这个带经陕西宝鸡、周至继续东延并和河南的二郎坪火山带相接。由于祁连火山岩带下部拥有 457 Ma(奥陶纪)的同位素年龄,上部志留纪旱峡群含有同二郎坪群小寨组一样的笛管珊瑚等古生物化石,该火山带的形成时间当属志留纪。所以,如果说祁连—阿尔金构造带属加里东运动的活动带,那么也可以说,在这次运动中也促使了秦岭—大别构造带的复活,并发生了与祁连山、西秦岭同时的火山活动,即形成了奥陶—志留纪二郎坪群火山—岩浆侵入活动带和后期的构造变质作用。

3. 二郎坪火山带的演化

二郎坪群北界以瓦穴子断裂带和宽坪群分界。前面谈过,宽坪群系含有洋壳成分的变基性海相火山岩系,推断是中元古代早期华北陆块南缘沟弧盆体系的组成部分,中元古代末以年轻褶皱山的形式,拼贴在陆块边缘形成的增生带,并在晚元古代末于栾川群、陶湾群全部褶皱隆升之后,共同成为陆块新的边缘。二郎坪群是华北陆块边缘在古生代早期随陆缘地壳的垂向上升,边缘在拉伸作用下产生的一个裂陷海槽带。与此同时,随形成海槽切穿地壳、达及地幔的深大断裂的活动,导致了具有幔源特征的二郎坪群海相火山涌溢,包括侵入到先期秦岭群中的一些基性—超基性杂岩。另外二郎坪群二进沟组中包含的斜长角闪片麻岩及斜长角闪岩残留体,它们也有可能是残留的洋壳碎片(大量的洋壳物质见于祁连等地的同一火山带中)。

由二郎坪群的岩石特征分析,早期的火山活动(二进沟组)主体为变细碧角斑岩,以基性喷发为主,代表裂陷槽形成的初期。大庙组形成时,除厚层大理岩和硅质岩外,含砾砂岩→砂质板岩→硅质板岩→大理岩等多个韵律性薄层的出现,反映了海槽的扩张时期,此时的火山活动虽相对微弱,但海槽中海水不断加深,地壳也表现为急剧的振荡。火神庙组除了形成巨厚的层状细碧岩、细碧玢岩及含有杏仁的变基性火山岩外,还有变辉石岩、辉长岩、辉长玢岩的小侵入体,中部还见枕状熔岩,底部为伴有沉积砾岩的火山角砾岩,代表又一个火山活动高峰。其中多层沉积砾岩、火山角砾岩及枕状熔岩的出现,说明二郎坪群此时的海相火山活动已局部露出水面形成了火山锥,即由水下岩浆的涌溢转为地面爆发,标志火山活动即将进入尾声,裂陷槽处于萎缩阶段。小寨组以上的碎屑岩代表了二郎坪火山期后的浅海或湖泊相沉积,小寨组底部的红柱石、十字石、夕线石等高铝变质矿物中的铝不可能是古陆风化壳的产物,可能与后期火山活动的酸性火山灰类碎屑物增多有关。而小寨组以上抱树坪组的变基性火山岩和细碧岩,则属该期火山活动的尾声。至于二郎坪群分布区原划分的云架山亚群的碎屑—碳酸盐建造,应是火山活动全部停息时期的产物。依其所含化石,亦属下古生代。

与 1973 年王曰伦等研究邯邢铁矿时提出华北奥陶海火山成矿论在我国地质论坛掀起轩然大波的情况相似,1980 年前后关于二郎坪群火山岩的一些问题,在河南地质界也掀起热烈的争论,争论的焦点首先是地层时代问题,在以往的文献中,二郎坪群就有元古代宽坪群、震旦亚界、晚元古代、上元古界的不同归属,直到 1980 年才由河南省第一地质调查队(现地矿一院)王铭生等划归早古生代,但他们初始将其上部小寨组、抱树坪组划归三叠系则遭到多方面的质疑;其次是二郎坪群也有人认为不是蛇绿岩套,因其没有伴生超铁镁质岩,认为这里没有发生海底扩张活动,但对厚达 8 ~ 9 km 的火山活动规模之大不好解释;其三是区内二郎坪火山岩系中硫化物含量很高而又普遍,但迄今没有找到像样的金属硫化物矿床……总而言之,无论是北部陆块区的奥陶海,还是南部大洋区的火山带,到处都充满了谜团,为此地质论坛上也一直争鸣不断,这也是本区奥陶纪的一个突出特点,都是需要专家们继续探讨的问题。

第四节　石炭纪(系)

(354~277 Ma)

时海时陆浮沉史,亦铝亦煤成矿床。

石炭纪是继寒武纪、奥陶纪、志留纪、泥盆纪之后,古生代的第五个纪。按地史的顺序,应接着讲志留纪、泥盆纪。如前所述,因为洛阳及其所在的华北地区缺失上奥陶统、志留系、泥盆系及下石炭统,直到中石炭世才又下沉接受沉积,形成石炭纪和二叠纪地层,所以按洛阳地区的地层层序,洛阳地质史话也得从这里接着谈起。

一、地质、煤、古生物

1. 石炭纪地质简况

同寒武纪、奥陶纪一样,石炭纪最先创名于英国(1822),以这个时期形成的地层中蕴藏着丰富的煤炭而得名。石炭纪始于距今354 Ma,结束于277 Ma,跨越地史7 700万年。按传统方案划分为早、中、晚三个世,对应的地层分下、中、上三个统(新颁地质年表将原划入石炭系上统的地层归三分的二叠系下统,顶界时限295 Ma)。下石炭统在我国南方称丰宁统,由岩关阶、大塘阶组成,岩性为海陆交替相碎屑岩、不纯石灰岩和薄煤,中、晚石炭世是全国性海水泛滥时期,华南、西北、东北地区海水加深,华北仅为陆表海覆盖,西北以碎屑岩为主,伴有火山活动。石炭纪富有生机的是生物十分繁盛,是个生机勃勃、万物争荣的时期(见后)。

华北地区缺失石炭系下统,中、晚石炭世接受海侵,形成中统本溪组,与南方称威宁统的中石炭统对应;上统太原组,与南方的马平统相当。由于本溪组含有我国重要的铁、铝、黏土、硫铁矿等矿产,太原统及其上覆二叠系地层为我国北方重要的赋煤地层,以煤田地质和金属、非金属矿产为主的各类地质勘查和科学研究程度都很高,依所保存的古生物化石为标志对地层划分得很细(下文将进一步阐述)。另之因为谈的是石炭纪,很自然就使人联想到煤这一工业粮食,人类生活不可脱离的能源矿产,因此这里很有必要向读者谈一谈有关煤炭方面的知识。

2. "煤"与煤的成因

我国是世界上发现并使用煤类最早的国家。早在公元前5 400年的旧石器时代,人们就用煤晶(一种致密、坚硬具工艺特性的煤)制成饰品,后来到了春秋战国时期,人们对煤有了进一步的认识,称煤为"石涅",《山海经》的《山经》部分已有记载。汉、魏、晋时称煤为"石墨"或"石炭",西汉时期我国已将其制成煤饼用于炼铁。唐代已进入以煤代薪时期,至宋元之后用煤就相当广泛了。煤是一种经岩石化了的固体燃料,又称煤炭,主要成分是碳,次为氢、氧、氮、硫和含量不等的无机矿物质,所以煤是一种高分子的有机化合物和矿物质的混合物。前者以胶质、角质、沥青质状态存在,为可燃体、结晶体的有益组分,后者是煤燃烧后留下的灰分(无机矿物质),属有害组分。灰分所占的比例是煤与碳质页岩的分界,灰分大于40%者即碳质页岩,在煤田勘探中称煤矸石或石矸,它们多以煤的夹层(夹矸)产出。

按照成煤物质,煤可分为腐植煤、腐泥煤和过渡型的腐植腐泥煤。腐植煤的成煤物质为高大陆生植物,腐泥煤则是海生菌藻类,有一种称为"石煤"(或为"炭质泥板岩")的矿产就是这种腐泥煤的变质产物,它们形成于晚元古代之后的地层中,其外观类似黑色的石头片,可燃但发热量低,灰分含量高,类似煤矸石。洛阳栾川新元古界栾川群煤窑沟组就产这种石煤,这在前面已经谈过了。

按照煤化程度,煤可分为泥炭、褐煤、烟煤、无烟煤4大类,代表煤化的4个阶段。在地表条件下,植物遗体堆积在沼泽和潟湖中,在氧和微生物参与下,经生物化学作用将其分解、化合,此即泥炭化阶段,高等植物生成泥炭,低等植物生成腐泥。之后这些泥炭、腐泥被泥沙沉积物压盖,在温度、压力、时间等因素参与下,发生一系列物理、化学变化将泥炭变为褐煤,腐泥变为腐泥褐煤。再往后,随地壳的不断下沉,上覆沉积物的加厚,压力、温度增高,褐煤逐步变为烟煤和无烟煤,腐泥褐煤变为石煤。

由此可见,古植物为煤的形成提供了原料。温度、压力和时间提供了成煤的条件,只有繁茂而且大量提供的植物并在适宜的古地理、古气候、古构造环境下,才有可能形成我们需要的煤炭资源。这里温暖潮湿的古气候有利植物的生长,低洼积水的沼泽盆地提供了植物生长及其遗体堆放并进行生化作用的古地理环境。但这些物质能否积聚、保存,又决定于地壳不断下沉(而不能是上升、剥蚀)的古构造条件。因此,古气候、古植物、古地理、古构造都是形成煤炭的重要因素,缺一不可。

3. 石炭纪的古生物

石炭纪的生物面貌是以陆生生物进一步发展,植物界的空前繁盛,动物界蜓及腕足类的大量出现为特点,因此在石炭纪地层中植物和动物化石都非常丰富。由于石炭纪是以植物为原料形成煤炭而得名,所以我们这一部分也得先从植物化石谈起,重点谈河南的石炭纪植物。据河南煤田系统古植物专家杨景尧研究,自中石炭世本溪组至晚二叠世石千峰组形成时的各地质时期,河南晚古生代的各类植物种群都相当发育。其中仅太行山、新渑、嵩箕、汝确 4 个地层小区的地层中,就发现古植物 73 属,309 种,分属 10 个种群,其中主要为真蕨纲和种子蕨纲(占总数的 57.3%),其次为楔叶纲(17.8%)、石松纲鳞木目(6.5%)、裸子类种子植物(5.2%)、瓢叶目(3.2%),另有少量银杏纲、科达纲、苏铁纲等。其中属于石炭纪的植物主要是鳞木、封印木、楔叶木、瓢叶木及真蕨纲、种子蕨纲中的栉羊齿和科达纲的科达,它们产生于中、晚石炭纪,延于二叠纪及其以后,其他大部植物生于二叠纪(见图 V-4)。

1.巨座延羊齿;2.变态叶;3.卵脉羊齿;4.树厥(中国蹄痕茎型茎干和栉羊齿组成的树冠);5.华夏齿叶;
6.菱齿叶;7.齿叶穗;8.芦木丛林;9.三裂齿叶;10.科达树林;11.斜方鳞木;12.大青山窝木;
13.华夏鳞木;14.鱼鳞封印木;15.纤弱楔羊齿;16.脐根座;17.椭圆楔叶为主的楔叶丛。

图 V-4　华北晚石炭世植物景观图
——华北郁郁葱葱的晚石炭世植物为成煤提供了充足的原料。

(科学出版社《中国植物化石》第一册)

需要强调说明的是,石炭纪开始出现的这些树木都非常高大,例如石松纲中的鳞木是一种茎部直立,高可达 40 m,基部直径 2~3 m 的高大乔木;属于楔叶类的卢木是另一类高大乔木,高 20~30 m,还有那些仅叶子就长达 1 m、高达数十米的科达,它们组成了当时的森林。以往我们洛阳人引为自豪的是,新安黛眉山下柏帝庙有一株胸围 9.85 m、高 29.5 m 的千年古柏,号称"天下第一柏",比起石炭纪时的这些高大乔木似乎成了小树一株!试想就是这些为数众多的树种,还有与之相伴的那些轮叶、楔叶、齿叶的各种蕨类,以及脉羊齿、网羊齿等各种羊齿和低等的苔藓、菌藻等各类植物所组成的石炭—二叠纪森林,该是何等壮观!而正是有了这样丰富的成煤植物原料才形成了石炭—二叠纪的煤。

说到这里人们也许会问,为什么石炭纪能长出这样繁茂的植物?联想前面图 V-2 所举的有关古地磁及古生物资料,石炭纪时是中国大陆上各地块气候分带开始明显的时期,当时"河南"所处的中朝板块位于赤道的北纬 15°地区,就像今天的印度尼西亚、海南岛那样,植物繁茂、生机盎然,一派热带雨林的景象。

由于森林广布,动物界的昆虫大量繁育,陆生脊椎动物的两栖类也开始出现,但留给我们最多的仍是海生无脊椎动物,包括鲢类(又称纺锤虫)、珊瑚和腕足类。据河南煤田地质资料,本省石炭纪海相动物群门类齐全,至目前已发现有孔虫、鲢类、珊瑚类、环节类、腕足类、双壳类、腹足类、介形虫、三叶虫、叶肢介、牙形刺等计 18 个动物门。其中常见、易识、发现最多的是鲢类、介形虫、腕足类、珊瑚类、双壳类和有孔虫、牙形刺,它们皆保存在石炭纪的海相地层中。鲢类属原生动物门有孔虫纲,保存的化石为其钙质外壳,因其形似纺锤,故名纺锤虫,一般壳长 3~6 mm,借助显微镜和岩石切片可观察其壳体结构与内部组织。鲢类是现已灭绝的动物,石炭纪灰岩中分布广泛,成为鉴别石炭纪地层的标准化石,本溪组以小泽鲢、小纺锤鲢为代表;太原组以麦粒鲢、皱壁鲢、希瓦格鲢、假希瓦格鲢为代表。腕足类是肉眼常见的另一类化石,主要是长身贝、石燕,如太原长身贝、太原石燕等;石炭纪地层中介形虫是石炭系生物灰岩中同鲢、腕足类伴生的小壳化石,主要有叶肢介、多肢介、女星介等,产于太原统。

借助这些植物和动物化石,地质工作者可以准确地识别石炭纪地层,发现煤系和煤层,据说老一代地质学家谢家荣先生 1945 年在淮南八公山一带作地质调查时就是在中午野外小憩时在一小水沟处发现了岩石中的鲢化石,认定了石炭系地层,于是一个淮南八公山大煤田被发现了。

二、岩石地层

河南除了淅川、内乡秦岭—大别构造带外,整个华北陆块区缺失下石炭统,仅有中统本溪组及上统太原组,底部分别平行不整合于奥陶系或微角度不整合于寒武系之上,顶部整合于二叠系山西组之下。总厚 40~180 m,平均 75 m 左右。全省分布特征呈西部收敛、东部撒开之势,洛阳位处其收敛部位(见图 V-5)。

1. 中石炭统本溪组

分布于三门峡—郑州—鄢陵一线以北地区,由滨海—潟湖相铁铝岩、泥岩、滨岸相碎屑岩及正常海相灰岩组成,其厚度受基底风化壳古地形控制,变化较大,一般 10~30 m,由西南的熊耳古陆向北东厚度逐渐加大,出露完整者下、中、上部岩性有明显差异:下部普遍为褐红、紫色、杂色含铁的铝质泥岩(俗称铁铝层)组成,局部含 1~2 层黄铁矿及菱铁矿结核,经地表风化后形成褐铁矿、赤铁矿,俗称"窝子矿"、"山西式铁矿",多为地方和民间小规模开采利用,但其厚度和品位变化较大,区内一般不够品位。部分地段的铁铝层层位之下部产矸子状、叶片状灰白色黏土,其成分为高岭石,为优质高岭土资源;中、上部为铝土矿和耐火黏土。三门峡、洛阳、郑州一带的一些大中型铝土矿床均赋存于这一层位。完整的铝土矿层由下部的高岭石—水云母黏土岩、高岭石黏土岩,中部的块状铝土矿、豆鲕状、角砾状铝土矿,上部的含铁铝土矿和顶部被称为"焦宝石"的硬质黏土岩(成分主要为高岭石,为沉积高岭土矿床的又一含矿层)组成。该层黏土岩之上,在新安、宜阳、登封一带都可见一层煤线,俗称"古占煤",以此为煤、铝地层的分界。铝土矿层一般厚度和品位变化较大,横向上常为耐火黏土和铝质黏土岩取代。

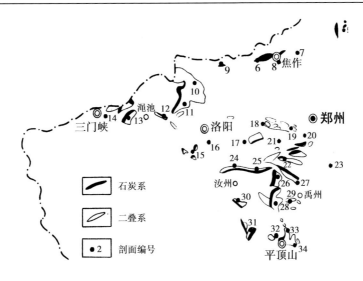

图 V-5　豫西地区石炭—二叠系地层分布图

（席文祥、裴放《河南省岩石地层》）

在豫北的鹤壁、安阳及豫东永城一带,本溪组上部的泥岩、砂质泥岩夹煤线地层中含 1~3 层灰岩透镜体,灰岩内产纺锤䗴、小纺锤䗴及腕足类化石,反映那里的沉积范围大,海水较深。而豫西地区的海水浅,缺失这层生物灰岩。

2. 上石炭统太原组

本组系一套陆表海碳酸盐岩、滨海碎屑岩和潟湖相铝质黏土岩沉积。主要由泥岩、生物灰岩、砂岩、粉砂岩及煤层组成,厚 23.5~169 m,平均 68 m。省内东北及东部厚,西南部薄。三门峡—郑州—鄢陵一线以北地区,连续沉积于本溪组之上,该线以南超覆于寒武—奥陶系不同层位的灰岩之上,下部形成的一些铝质岩、铝质泥岩可能与本溪组同相异时,即其岩性和本溪组相近,但形成时间不是中石炭世,而是晚石炭世的海侵。这类铝质泥岩多与下伏寒武系或中奥陶统石灰岩呈微角度不整合接触。这可能是本省一些地层工作者将太原统之下的一部分类似本溪统的岩石划归晚石炭世的主要原因。与本溪组相比,太原统地层划分更为详细,一般分底、下、中、上四部分。

（1）底部碎屑岩段:分布于太行山、新安、渑池地层小区,为一层石英砂岩,局部相变为砂质泥岩。新安石井为厚 2 m 的灰白色含砾石英砂岩,登封煤田暴雨山井田底部砂岩称老君堂砂岩(相当山西太原的晋祠砂岩)。嵩箕区登封大冶镇处该砂岩中采到鳞木类植物化石。

（2）下部灰岩段:由 4 层灰岩(代号 $L_1~L_4$) 及 4 层薄层煤(代号一$_1$~一$_4$)相间组成,偶夹泥岩、砂质泥岩。灰岩颜色灰黑,局部含燧石层,沿走向厚度变化大,富含䗴、腕足类和介形虫化石及生物碎屑。新安、洛阳龙门一带多见夹在石灰岩层中的 2~3 层薄层煤或煤线,一般不可采。

（3）中部碎屑岩段:由 1~3 层灰白、灰色中细粒石英砂岩(俗称"胡石砂岩")透镜体、砂质泥岩夹薄层煤及 1~2 层灰岩($L_5~L_6$)透镜体组成。砂岩底面不平,显示其形成时水流对下伏层的冲刷作用。

（4）上部灰岩段:由深灰色中厚层状燧石灰岩,砂质泥岩、泥岩和煤组成,含灰岩 2~3 层(L_7~L_9),局部达 4~5 层,含煤 4~5 层。顶部在新安、宜阳、汝州一带为含钙的黑色燧石层,俗称"火石层"或"铁里石层",其下含煤一层(一$_7$ 或一$_6$),普遍可采,俗称"铁里石煤"或"火石煤"。

目前发现和采集的石炭纪动植物化石主要分布于太原统的石灰岩层。

三、中、晚石炭世区域构造格局与岩相古地理特征

中奥陶世末的加里东运动,将华北地区整体抬升之后,直到中石炭世又整体下沉,由朝鲜、辽宁太子河流域方面先自沉降,自北而南接受海侵,形成中、晚石炭世的铝铁黏土建造和煤系地层,为人类提供了煤、铝、铁、黏土类(耐火黏土、沉积高岭土、陶瓷黏土)、硫、石灰岩等各类重要的沉积矿产。为了帮助大家认识这些矿产的成因,让更多人掌握一些地质找矿知识,这里着重以洛阳地区为例,从石炭系地层的岩相古地理特征分析入手,展示区内岩相古地理格局及其对于形成上述各类沉积矿产的关系。

1. 中石炭世岩相古地理特征

洛阳位处华北陆块的南缘,陆块在中奥陶世末抬升之后,经长达1.5亿年的风化剥蚀,隆起区原来的山岳被削去,低洼的沟壑被填平,全区接近于地形起伏不大的准平原化状态,奥陶纪以前各地质时期形成的岩石,在物理、化学与生物作用下碎裂、分解为砂粒和黏土,或以化学元素进入水溶液中,并在雨水、风、生物的助力下,借助古构造、古地理环境寻求新的存在形式。其中中石炭世本溪组赋存的铝、铁、黏土等矿产资源就明显地反映了它们与古构造、古地理的依存关系,对此我们不妨来作个粗略的分析:前文的区域古地理研究指出,在奥陶纪后华北地表的准平原化中,依然留下了熊耳、太行、中条、嵩箕、长葛、王屋、黛眉等古陆或隆起,在中石炭世海侵时,这些古陆之间形成了浅海或沼泽,古陆边缘形成港湾、岛海,并因水下的岩性和地形差异而形成不同的沉积物,这种古地形的差异对认识与本溪组有关的铝土矿等沉积矿产的结构构造形态和矿石质量很有帮助,主要是三种古地貌环境。

1)岛前水下高地

岛前水下高地系指古陆边缘水下低于陆岛、高于外围,顶面倾斜角度很小的一些台地。如嵩箕、黛眉、王屋和熊耳古陆等一些隆起区的前缘地区的地层组合,基本上是内侧为太古界和元古界,边部为寒武奥陶纪石灰岩。这些石灰岩的表面受1亿多年的长期风化,多形成一些岩溶洼地和漏斗。它们为本溪统高岭土、铝土矿、铁矿的沉积提供了储积的场所。我们区内一些大的铝土矿区边缘都可见到这种漏斗状、楔形铝土矿体(如新安张窑院、石井(见图Ⅴ-6)、登封大冶),一些地方发现的优质沉积高岭土矿床(如博爱九府坟、巩县钟岭)也属这一类型。

新安青石沟铝土矿分布与中奥陶统顶部古洼地素描
——示石炭系与奥陶系平行不整合

太原统䗴科化石

245° 长身贝

1. 太原统生物灰岩; 2. 耐火黏土; 3. 铝土矿; 4. 赤铁矿、铁矾土; 5. 矿渣; 6. 平行不整合面
7. 大占砂岩; 8. 太原统; 9. 中奥陶统; 10. 铝土矿层

图Ⅴ-6 新安石井石炭系底部平行不整合
——呈连生漏斗体状的石炭系底部铝土矿层,填充沉积于奥陶系马家沟组石灰岩的古侵蚀面上。

(石毅素描)

2)近岛水下沉积扇

近岛水下沉积扇分布在岛前水下高地以外与水盆地边缘的斜坡地带。区内本溪组地层普遍没有砂砾类碎屑物,说明寒武—奥陶纪后准平原化的地形落差很小,水流没有能力将砂砾类粗碎屑物搬运,只能漂浮出黏土类。这些黏土类物质在斜坡地带形成比较稳定的铝土矿层,虽然与前者相比矿石较贫,但矿床规模较大,是铝土矿的主要类型(如新安石寺、贾沟、马行沟等矿区)。矿石类型中的碎屑类矿石,显示了边缘斜坡的滑塌堆积,普遍出现的鲕状构造则表示潮坪上水体的动荡,而铝土矿层之下的黄铁矿结核(如新安的竹园—狂口矿区)和地表由菱铁矿风化的褐铁矿,则表示局部洼地中的水体较深,已进入缺氧的还原环境。

　　3)熊耳古陆边缘的滨海沼泽

　　熊耳古陆是中元古代末以来一直隆起的地区,北部形成弧后盆地,寒武纪时局部接受海侵,缺失奥陶系,上覆石炭系。石炭系本溪统下部的沉积物质,主要来自熊耳群中性火山岩风化后的铁镁质碎屑,所以在这一带本溪组底部主要是红、紫红色铁质黏土岩,含铁高者成为山西式铁矿,其上形成的铝土矿铁的成分也高(如宜阳李沟)。有趣的是,在鲁山梁洼、汝州温泉街等地的铝土矿和铁质黏土岩之间还夹着一层碳质黏土岩和煤层,这可能与当时附近高地上林区的洪水泛滥有关,洪水带来的植物与含铁泥沙一起堆积下来,后经成岩作用所致。

2. 晚石炭世岩相古地理特征

　　在河南的广大地区内,晚石炭世太原组的沉积是本溪组沉积后海侵的继续,形成的太原组多与本溪组整合接触,下部为生物灰岩段,中部为砂岩段,上部又是生物灰岩段。依据太原统地层的组合、岩性和生物群特征(见前),我们可以推测当时的岩相古地理面貌属于地壳不断升降,剥蚀作用与沉积作用相互均衡,地面坡度较缓,气候温和湿润,海水深度不大,动植物繁衍,即充满无限生机的古地理、古生态环境。

　　由太原统地层的分布、岩性特征可知,当地质历史进入晚石炭世之后,继续南侵的海水很快淹没了河南全境,形成深度不大的陆表海,并不断波及这里残存的那些古陆、高地,形成太原组的第一层石灰岩。之后随地壳的微微抬升,因地形平缓,海水不但大面积退去,而且留下了大面积的沼泽、泥坪类碳酸盐台地。因处在温暖潮湿的气候条件下,很快形成了茂密的森林,森林中生长了高大的植物。之后又经过几百万年,又一次海侵淹没了这些植物,形成了煤层,接着上面沉积了第二层石灰岩……地质历史就这样反复了几次,于是留给我们的是太原统底部由薄层灰岩—泥岩—煤—灰岩几次重复出现的多层煤和多层石灰岩组合(见图 V-7)。但到了下部生物灰岩段的最后一层形成之后,陆地上升的幅度变大了,海退的时间也较长,于是由周边古陆高地的水流,挟带了泥沙,流向已经成岩或半成岩的洼地,形成河道边缘的沙堤和冲积扇,这些碎屑类沉积物压盖并冲刷了下伏的生物灰岩段及其中的薄煤层或因冲刷使之部分缺失。之后进入太原组形成的后期阶段,同样形成了类似下部的灰岩—煤—灰岩组合,可以推断后期是早期情况的重演。最后由一层区域上比较稳定的燧石灰岩即俗称的"铁里石层"而结束。

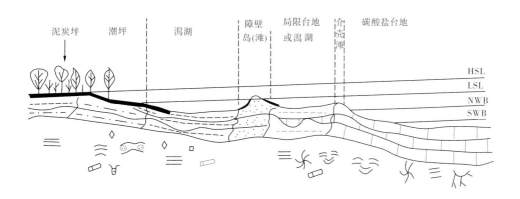

HSL—高潮面;LSL—低潮面;NWB—正常浪基面;SWB—风暴浪基面

图 V-7　河南晚石炭世陆表海碳酸盐岩台地碎屑堡岛复合体系沉积模式图

(河南煤田地质公司郭熙年等,《河南省晚古生代聚煤规律》,中国地质大学出版社,1991)

需说明的是，豫西地区靠近伏牛、熊耳、嵩箕等古陆，因晚石炭世海侵逐步将其淹没，所以这些地段的太原统下部生物灰岩段往往缺失或发育不全，太原统三分不完整。另之太原统顶部的燧石层(火石、铁里石)代表海退后萎缩海盆中二氧化硅成分饱和的沉积物，这些燧石或为结核及燧石层出现，或与石灰质(碳酸钙)混合，形成灰黑色燧石灰岩，其中也因水体枯竭，生物密集死亡而含化石较多，是太原统的标志层，也是区内一₇煤的顶板。

四、石炭纪地史未解之谜

同探讨其他地质时代的问题一样，对石炭纪的探讨也给我们带来一些说不清的问题，在此笔者把它们摆出来，希望与读者进一步探讨，这些问题如下。

1. 本溪组的时限问题

本溪组于 1926 年由李四光、赵亚曾命名于辽宁省本溪市西南 6 km 处。依其上部海相石灰岩中的䗴类化石归中石炭世，该时代的确定一直为后人演用。1987 年后河南省的一些古生物工作者，将黄河以南本溪组铁铝层以上的地层划归上统太原组，提出了前面已经谈到河南境内本溪组的"同相异时"问题。自此近来很多文献也多把本溪组和太原组同时划归上石炭统，区内地层划分自然出现一些混乱。

然而问题的关键地方在于，自中奥陶世末华北地区上升成陆以后，经过了一个长达 1.5 亿年乃至更长一个时期的风化侵蚀过程，在偌大一个区域中难道没有残存一点本溪时期(包括志留纪、泥盆纪)的沉积物？只是到了中、晚石炭世才形成了本溪组、太原组地层？确也不可思议。因此，关于本溪组形成的时代，尤其下面现未发现生物化石的那部分黏土岩和铁铝层的准确形成时代问题，依然是石炭纪研究中未解之谜。

2. 华北型沉积高岭土

高岭土是一种用途广阔、技术附加值很高的黏土类非金属矿产。我国现开发利用的高岭土主要是南、北两大不同类型。南方以花岗岩或碱性岩风化壳的砂状高岭土为重点；北方则是以石炭—二叠纪煤系地层中的沉积高岭土(又称煅烧高岭土)为重点。据业内人士统计，这类沉积高岭土"唯独产于古老的华北地台(陆块)"，对此已经引起一些地质学家的极大兴趣。

依高岭土的成因，矿物学家的结论是铝硅酸岩类岩石中长石、云母类矿物分解后的沉积物。但在国内各地，石炭纪以前已经历的各个地史时期中，由花岗岩、片岩、片麻岩组成的古陆高地并不少，同样有很丰富的长石等铝硅酸盐风化物，但并未形成这种类型的高岭土，即使是华北陆台区的高岭土产地，也不是都围绕着各个古陆边缘有规律地富集！因此，在地质历史中，为什么仅在华北陆台区又仅是石炭系本溪统底部形成沉积高岭土，这也是个未解之谜。

3. 为什么石炭系的碳酸盐地层没有白云岩

白云岩系一种以白云石为主要组分的碳酸盐类岩石，白云岩的成因有原生白云岩、成岩白云岩、后生白云岩三大类，原生白云岩形成于高盐度的海湾、潟湖、蒸发潮坪或内陆咸水湖泊，是在水中直接沉淀，或是碳酸钙中的钙交代置换水体中的镁离子而成；成岩白云岩是碳酸钙沉积物与渗入咸水中的硫酸镁或氯化镁中钙与镁的置换；而后生白云岩是深部含镁的地下水上升经过石灰岩地层时钙镁置换的产物。在自然界中所见的白云岩，主要是第一种。

这里一个有趣的问题是，在华北地区，奥陶纪以前几乎所有地质时代的碳酸岩类地层中差不多都含有白云岩或白云质灰岩，这些岩石类型具有时代越老白云岩类所占比例越大的特点，例如在太古界、元古界地层中，即使是岩层中一个碳酸盐岩透镜体也多是白云岩，但到了志留纪、泥盆纪，虽北方缺失，而分布在南方或西北、东北各地层中的白云岩也很少见，而在石炭纪地层中碳酸盐类主要是石灰岩，白云岩类已经消失了。分析石炭纪石灰岩生成的条件，除了温暖湿润，易于海水蒸发的气候条件外，多次海进、海退，也形成了潟湖、沼泽、潮坪这类易于形成白云岩的地理环境，此外,太原统在一些地区还超覆在奥陶系或寒武系白云岩之上,越过白云岩层的地下水也为上覆石炭纪石灰岩白云岩化创造了条件,但为什么石炭纪灰岩中未见白云岩类? 这也不能不是石炭纪也是整个地史研究中的一个谜。

4. 石炭纪二分还是三分

三分方案是石炭纪的传统方案,依据生物地层表,皆依假希瓦格蜓(*Pseudoschwagerina*)的最后一个化石带作为晚石炭统的上界和二叠系分界,时限为距今 295 Ma。但 2002 年新版《中国区域年代地层(地质年代)表》中的石炭纪则为二分方案,只有早、晚两个世,对应的是下、上两个统,顶界时限仍为 295 Ma。按照这一新的划分方案,太原统的中、上部应属下二叠统。这表明生物地层和构造、岩石地层之间有差异。另需指出的是,太原统蜓类化石只能见于海相石灰岩类地层中,在北方太原组顶部的燧石灰岩各地变化较大,济源、渑池、陕县一带缺失,因此这里依燧石层作为石炭系和二叠系的界限也只能是相对的。

需要强调说明的是,本溪组(统)、太原组(统)包括其上,后节将要阐述的二叠纪山西组、石盒子组地层均为分布在华北、东北南部,属于华北陆块这一大地构造单元上特定的石炭—二叠纪地层系统,本溪组和太原组的时代分别归属中、晚石炭世。几十年来区内煤炭系统提交的煤田地质报告,地质、冶金部门提交的铝、铁、耐火黏土、硫铁矿及其他地质报告都沿用这一划分方案。显然这与 2002 年新版《中国区域年代地层(地质年代)表Ⅱ》(Ⅱ)中石炭纪的二分方案(上、下统)和将太原统划归早二叠世的方案出入很大。但为了便于本区地质工作中互为利用地质资料,尤其便于开展煤田地质工作,笔者一向主张使用传统划分方案,更不同意利用南方华夏古陆块、扬子古陆块区石炭系的地层命名在本区套用,以免造成人为混乱。当然,专题的古生物地层研究例外,只是要列出相关地层的对比表来,好给读者一个明晰的交代。

第五节　二叠纪(系)

(277 ~ 250 Ma)

海退陆进二叠史,"北型南相"河南煤。

二叠纪是古生代最后一个纪,"二叠"原为德文二元之意,源于俄罗斯乌拉尔西坡彼尔姆城,因其地层具明显的二分性,故日文译为二叠纪,后为我国沿用。二叠纪始于距今 277 Ma,结束于 250 Ma,历时仅 2 700 万年。期间全球性的地壳运动十分强烈,自然地理条件急剧变化,各地形成的地层、岩性和岩相差异较大。另据古地磁资料,二叠纪时中国主要陆块——中朝、扬子、华夏、临沧等均位于赤道附近的南纬 15°至北纬 15°之间,因此无论海生和陆生植物都非常繁盛,也是继石炭纪以来,又一个成煤时代。由于二叠纪地层中古生物化石丰富,虽经历的地质年代较短,但地层划分比较详细,地史资料翔实丰富,只是限于本书主题约束,不能一一列举,为此,本节仍以洛阳所在的华北陆块河南地区的二叠系为重点,连带介绍一点相关的区域二叠系知识。

一、地质、煤系、古生物

1. 二叠纪区域地质

二叠纪是在石炭纪的基础上演化的一个新的地质时代,无论是受环境决定的沉积物分配方式,还是不同生态环境下形成的古生物种属和类别差异,乃至形成的矿产种类和特性,都与石炭纪有一定的继承性,但受古构造、古地理因素所制约,我国北方和南方则有较大的不同。

华北北部和东北的兴安—内蒙古地区,在石炭纪末除一部分伴随构造挤压、火山活动隆升成陆外,仍残留一部分深海盆地,这些盆地在早二叠纪仍保持着深海沉积环境,形成砂泥质和碳酸盐岩,并伴有火山喷发活动。西北的天山地区,在石炭纪末已完成了塔里木地块与北部准噶尔地块的拼合,形成了西域板块,那里已成为广阔的陆地。占我国北方面积最大的中朝陆块,二叠纪时已经上升成陆,二叠后期随天山—兴安碰撞带的封闭,已与北部的西伯利亚陆块,西部的塔里木、柴达木、阿拉善古陆组成的西域板块连在一起形成占北半球大部陆地的劳亚大陆。在这里除了残留的山脉高地外,大部分地区成为广阔的内陆盆地,沉积了包括碎屑岩、砂泥岩、黏土岩和煤系地层,为人类提供了重要的煤炭资源。

华南地区包括扬子板块的主体和川西阿坝—理塘地区,在晚石炭和早二叠世以浅海碳酸盐沉积为主,形成中、薄层泥岩,中—厚层生物碎屑灰岩,燧石条带灰岩。在扬子板块的东部和华夏板块部分,则以浅海砂泥质沉积为主。早期和中期均为浅海相灰岩和泥岩建造,晚期为煤系和碳酸盐岩。但江南的这一煤系地层是在海陆交替中形成的,和北方的煤不一样,煤层薄而不稳定。最为突出的是,在这些海相地层中保留着丰富的珊瑚、蜓、菊石和腕足类等海生动物化石,在煤系地层中则是丰富的植物化石。

华南地区二叠纪的一个突显之处是在早二叠世末至晚二叠世早期,在扬子板块的西部边缘的川西地区广为玄武岩覆盖,这期玄武岩通称"峨眉山玄武岩"。它像"夹心饼"似地夹于茅口灰岩和龙潭煤系之间,构成了这里二叠系地层"二分"的特色性。在扬子板块以西的滇、藏地区,二叠纪以发育浅水碳酸盐岩沉积为特征。在扬子板块和藏北陆块北部,则为古特提斯洋的深海域占据,因为地壳不稳定的垂直运动形成了砂泥质复理石相沉积。

2. 煤与煤系

前节谈石炭纪时专门谈了煤,本节专门谈与煤连带的"煤系"。何谓煤系?简言之,煤系又称含煤的沉积岩、含煤地层或含煤建造,即在同一成煤期内所形成的一套含有煤层或煤线的沉积岩系。由于煤系的形成决定于古构造、古地理、古气候条件,因此在地质历史时期中,随着上述条件的具备和变化,所形成的煤系在横向和纵向上也会变为不含煤的沉积岩系,或发生纵向和横向上的迁移,以及在新的地区稍晚的地质时期形成新的煤系沉积。

煤系地层主要由砂岩、粉砂岩、泥质岩、碳质泥岩和煤层、煤线组成,砾岩、黏土岩和石灰岩也比较常见,有时还可见到硅质岩和火山碎屑岩等。煤系中常见的其他岩层有油页岩、铝土矿、耐火黏土、沉积高岭土、菱铁矿、黄铁矿,以及与煤共生的锗、镓、钒、镍等稀有、稀散元素,此外,大部分陶瓷黏土、陶粒原料也源自煤系地层。尤应提出的是,随着近代石油地质工作的不断发展,现发现并探明的一些煤层气(瓦斯)、页岩气(被页岩吸附,保存在地层中的瓦斯)的大气田也多赋存于煤系地层中。

依据古地理类型,可将煤系分为浅海型、近海型、内陆型三类。

(1)浅海型煤系:形成于浅海环境,主要标志是煤系由浅海相石灰岩、钙质泥岩、泥岩及少量滨海相细砂岩、砾屑石英岩组成。所含生物化石主要是腕足、珊瑚、蜓类等多种浅海相动物化石,这类煤层只在短暂的海退期形成,其特点是煤层薄,常夹于两层生物灰岩之间,但煤层在区域上比较稳定。我国北方石炭系本溪组、太原组煤系,南方的龙潭煤系均属这一类型。

(2)近海型含煤岩系:又称海陆交替含煤岩系,形成于海岸线附近。含煤岩系由浅海、过渡相的潟湖、沙洲、沙滩、障壁岛、三角洲、滨海湖泊和陆相河流、沼泽的沉积物组成。岩性以细碎屑岩、粉砂岩、泥岩和石灰岩为主。所形成的煤系分布面积广,沉积旋回清晰,岩性岩相也相对稳定,我国北方二叠纪山西组煤系和石盒子组煤系的一部分属此类型。

(3)内陆型含煤岩系:又称陆相含煤地层,煤系形成于远离海洋的内陆和山间盆地。含煤岩系由山麓相、河流相、湖泊相、沼泽相和泥炭沼泽相沉积物构成,缺少浅海相、滨海相沉积物。煤系厚度、岩性、岩相横向上变化较大,煤层多而分布范围大小不一,常以中、厚煤层为主,但多不稳定。我国二叠系石盒子组及三叠纪、侏罗及白垩纪的煤系均属此类。

按照煤系地层形成的时代,我国具规模的煤田的主要聚煤区有华北石炭—二叠纪聚煤区、东北侏罗—白垩纪聚煤区、西北侏罗纪聚煤区、华南二叠纪聚煤区、台湾第三纪聚煤区和西藏—滇西中新生代6大聚煤区,各聚煤盆地中形成了不同时代的煤系地层。其中华北石炭—二叠纪煤系在河南占了主要地位,但河南的煤系与山西、河北等地即华北陆块内部不同,前者赋煤层位为石炭系本溪组、太原组和二叠系山西组、下石盒子组,主煤层在太原组和山西组;后者赋煤层位靠上,主煤层在山西组,并跨入二叠系上石盒子组,赋煤层位接近我国南方二叠系上统龙潭煤系。所以省内外煤田地质专家对河南的煤系素有"北型南相"和"南华北"之称,显示了河南位处华北陆块南缘,接近扬子陆块,在大地构造演化、沉积建造以及古地理位置、古生物面貌等多方面的特色性。区内煤系地层共含煤一～九组,含煤层15～43层。上节讲石炭系地层时只是介绍了地层中的一煤组,后文还将结合二叠系地层,逐次阐述二～九煤组。

3. 古生物

二叠纪时组成我国版图的各大版块位处赤道附近,优越的气候条件和环境使动植物都得以发展,但由于地壳运动强烈、自然地理条件和生存环境的变化较大,也是又一个生物大变革的时代。植物界除由石炭纪延续下来的石松类、有节类、真蕨类、种子蕨外,二叠纪后期出现了松柏、苏铁等高等植物,已开始显现出中生代的植物面貌。植物的气候分带和地理分带与石炭纪相似,我国、朝鲜、东南亚属华夏生物区,其特点是这里发育了以大羽羊齿为代表的种群。除此之外,和植物生死相依的昆虫类也有了新的发展,但与石炭纪巨大而单纯的昆虫类不同,缺点是形体变小、种类增多。动物界中脊椎动物中的两栖类仍很繁盛,并出现了原始的爬行类。海生无脊椎动物以蜓类、珊瑚、腕足类和菊石类最重要,海百合和苔藓虫十分繁盛,瓣腮类和腹足类也有发展,环节动物中的牙形石分布相当普遍。在我国,由于晚二叠世中朝古陆抬升和中天山隆起对南北的自然隔离,这时的生物基本上被划分为华北和华南两大类生物群,华北属温带生物区,华南属热带、亚热带生物区,但因二叠纪时南半球冈瓦那古陆处于大冰期时代,我国滇藏地区的生物也受到了明显的影响。

河南地区的二叠纪,因为缺失海相地层,生物化石皆为陆生物种,其中的动物化石以介形虫、腕足类、双壳类的部分种属为代表。植物类多为石炭纪种属的延续,最发达的是太原栉羊齿、三角织羊齿、翅羊齿、多脉带羊齿、中国瓣轮叶及部分银杏、松柏等。由这些植物形成的化石,在二叠纪地层划分中有着重要意义(见图 Ⅴ-8)。

二、地层、岩石与煤层

河南的二叠系地层,省内外煤田地质系统研究划分得非常详细,不仅依据古生物地层、地质建造特征,经区域对比,建立了山西组,下、上石盒子组和石千峰组,而且又依据沉积旋回与含煤性,详细划分出各地层组的岩性或含煤段。尤其应提出的是,我们的煤田地质工作者,善于利用各地以地理名称和古今以来采煤矿工以特色性岩石建立起来的标志层,如大占砂岩、砂锅窑砂岩、田家沟砂岩、小紫泥岩等作为煤系划分、煤层对比的标志层,不仅很有地方风味,而且非常利于地质工作者和采矿工人交流,很有实用意义,下面自下而上加以阐述。

1. 下统山西组

底部整合于石炭纪太原组含腕足、蜓类化石的石灰岩或燧石层之上,顶部以称为砂锅窑砂岩之底为界。系一套潮坪、潟湖、泥炭沼泽及三角洲相含煤建造,含煤2～8层,称二煤段,或二煤组,其中二$_1$煤为区内主要煤层,俗称"大煤"。该组自下而上由4个岩性段组成:

(1)二煤段:由深灰色、黑色含菱铁矿结核泥岩、砂质泥岩及条带状砂岩组成。伊川半坡、新安、渑池一带,下部条带状砂岩相变为中粒砂岩(老君堂砂岩),偶夹薄煤线(二$_0$),向上过渡为黑色泥岩和二$_1$～二$_2$煤层,二煤段的二$_1$煤为区内主要煤层,最大厚度省内达37.78 m,一般平均5.35 m。

(2)大占砂岩段:岩性为灰白色细、中粒含云母碎片及岩屑的砂岩,俗称"大占砂岩",为二煤段

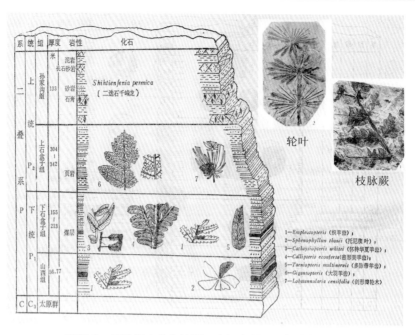

图 V-8　二叠纪古生物地层—山西太原西山综合柱状图

——古生物以蕨类植物的各种羊齿为主，图中相当孙家沟组地层豫西地区为上统石千峰组平顶山砂岩和土门段。

（李尚宽《素描地质学》）（照片组合：姚小东）

的顶板。洛阳一带的渑池、新安、宜洛及新密一带特别发育，厚 14～30 m，宜洛煤田达 40 m，为山西组煤系主要标志层。

（3）香炭砂岩段：上部为灰、深灰色泥岩，砂质泥岩，含菱铁矿假鲕和煤线 1～2 层，下部为灰、深灰色中细粒砂岩，砂质泥岩，泥岩，泥岩中含软质黏土，总厚 20 m 左右。

（4）小紫斑泥岩段：上部为紫斑、暗紫斑泥岩组成；下部为浅灰、暗灰色细—中粒砂岩。上部泥岩因含菱铁质鲕粒，鲕粒氧化后，因呈现云朵状不规则状紫红、灰绿色斑块而得名"小紫斑"。其成分主要为高岭石。

山西组全区总厚 44～123 m，变化较大，一般厚 70～95 m。

所含化石动物方面以双壳类、腕足类为主，植物化石丰富，主要植物组合为三角织羊齿—翅编羊齿—华夏羊齿，其他大部植物种属也在这时出现。

2. 下统下石盒子组

本组以砂锅窑砂岩之底为底界，以田家沟砂岩之底为顶界，含三、四、五、六 4 个煤段，总厚 195～444 m，一般 265 m。每一个含煤段的基本组合为一个由砂岩—砂质泥岩—泥岩—煤层（线）这样的沉积小旋回（简化为泥岩—煤层小旋回）或韵律层组成。每一个煤层段包括了一至数个小旋回或韵律层，其中三煤段含煤 1～2 层，四煤段含煤 0～11 层，五煤段含煤 4～5 层，六煤段含煤 0～5 层。其中除四煤段的四₃煤局部可采，五煤段的五₂煤偶尔可采外，大部煤层不可采。

以上 4 个煤段的底部均以相对稳定的砂岩层为对比标志。三煤段底部砂锅窑砂岩为浅灰—灰白色含砾中粗粒长石英砂岩，局部夹细砾岩薄层。其上为灰紫色铝土质泥岩，灰白色高岭土质泥岩，含豆、鲕状菱铁矿结核，氧化后呈现紫、黄、绿杂色斑块，俗称"大紫泥岩"，其中局部高岭石富集处（如伊川半坡）可形成沉积型高岭土矿，已被地方建厂加工利用，其上的砂岩层中普遍含海绿石和菱铁矿结核，下部三、四煤段含火山凝灰岩屑。

下石盒子组化石丰富，动物化石主要是双壳类和半咸水生动物——腕足类舌形贝。植物化石以三角织羊齿、太原栉羊齿、大羽羊齿、中国瓣轮叶为代表。

3.上统上石盒子组

上以平顶山砂岩之底为界,下以田家沟砂岩之底与下石盒子组呈连续沉积。含七、八、九3个煤段,厚140~300 m,平均240 m。田家沟砂岩为浅灰、灰白色中粗粒长石石英砂岩,常含砾石及海绿石,区域上分布稳定,多以陡壁、陡坎出现,地貌特征明显,区内平均厚8 m左右。

七煤段赋存于田家沟砂岩之上,下部以灰色泥岩及青灰色砂岩互层,产硅化木树干化石。中部以灰色砂质泥岩及细砂岩为主,夹深灰色泥岩,含煤2~7层,仅七$_4$煤在平顶山一带大部可采。上部为灰绿色泥岩、粉砂岩、紫斑泥岩,夹硅质海绵岩,后者单层厚10~30 cm,灰褐、灰黄色,致密坚硬,风化后为叶片状,其在全省普遍分布,为良好标志层。七$_2$煤顶底板也含半咸水动物化石舌形贝。

八煤段底部为粗粒岩屑石英砂岩,泥质、钙质及硅质胶结,具交错层理,也产有硅化木类树干化石,含海绿石颗粒;中、下部含硅质海绵岩3层(单层厚10~50 cm);中部以深灰色泥岩及青灰色细砂岩为主,夹薄煤2层,局部可采;上部杂色泥岩与细砂岩互层,顶部一层矸子状泥岩,可作陶瓷原料开发利用。

九煤段底部为中粗粒砂岩夹粉、细砂岩;上部为灰色泥岩,砂质泥岩,粉、细砂岩互层,砂岩增多、泥岩减少,仅局部泥岩中有薄煤层。九煤段分布在汝州、平顶山以东地区,豫西洛阳一带缺失。

上石盒子组除含大量舌形贝、双壳类及海绵骨针动物化石外,植物化石十分丰富,主要为波缘单网羊齿—剑瓣轮叶—弧束羊齿组合。

4.上统石千峰组

石千峰组为一不含煤层,即煤系地层之外的近海陆缘沉积,下界起于平顶山砂岩之底,顶界止于金斗山砂岩(三叠系)之底,厚160~380 m,一般200~300 m,洛阳各煤田划分为2个岩性段,自下而上为:

1)平顶山砂岩段

灰白色、浅灰黄色厚层—巨厚层中粗粒石英、长石砂岩,局部见底部砾岩薄层,具大型平缓斜层理,层面见对称波痕。发育于平顶山及豫西一带,多形成顶面平缓,边部壁立陡峭的"平顶山"型地貌,厚22~100 m。豫西一带因九煤段缺失,这层砂岩多平行不整合于上石盒子组八煤段之上,成为煤系地层对比和确定下石煤层埋深的重要标志,也是石炭—二叠纪煤系的盖层,中原煤城平顶山市就以此而取名(见照片Ⅴ-10)。

照片Ⅴ-10 鹰城标志——平顶山砂岩地貌

——平顶山砂岩为豫西石炭—二叠纪煤系地层的顶界,亦是地区煤田地质勘探的标志层。

(《资源导刊·地质旅游》2010年第1期)

2)土门段(通称过渡层)

为由温湿气候向干燥气候的过渡期沉积。下部为灰白色中细粒砂岩和紫红色、灰黄、灰绿色泥岩组成,层面多见泥裂;中部为紫红色钙质泥岩,砂质泥岩夹薄层砾屑泥晶灰岩和多层泥灰岩;上部为青灰、灰褐色粉砂岩、细砂岩类泥岩薄层,夹1~5层浅灰色砾屑灰岩(同生角砾岩),其中的石英粉砂岩民间作磨刀石开采。

本组植物化石贫乏,在泥灰岩中发现的动物化石有瓣鳃类、腹足类及腕足类的舌形贝和叶肢介。顶部为三叠系金斗山砂岩(见后)整合覆盖。

三、地质发展演化史

二叠纪时相当于华力西晚期的区域构造运动波及了中国的大部分地区,相对于周边地覆天翻的褶皱、火山喷发和频繁的海陆变迁,中部的华北陆块则是一个相对稳定地区,形成了大大小小的沉积盆地,洛阳位处偃龙小盆地的边缘,西接新渑盆地。在相对稳定中,继续着石炭纪后的煤系地层沉积,其形成时间略晚于华北盆地的北带和中带。随盆地基底持续缓慢沉降的同时,四周河流也不断把陆源碎屑物向盆地搬运进行补偿,只是本区的沉降幅度即沉积物的厚度较豫东、豫北薄些。

1. 早二叠世山西组的沉积

山西组即二煤段的生成时期。自晚石炭世海陆交替、形成本地的一煤段(组)之后,海水逐渐从本区向东南方向撤退,这意味着本区西部的中条山、黛眉山古陆都在升高。源自那里的一些河流挟带着泥沙流向这一残留着咸水的海湾盆地,自北而南形成河控三角洲、潮控三角洲和以潟湖为主的堡岛相煤系地层。

河控三角洲由河口沙坝、分流河道、天然堤和泥炭沼泽几个部分组成,各河道两侧形成障壁沙堤,它们之间分布泥炭沼泽,沼泽中形成了煤。这类环境中形成的二煤层和砂岩盖层厚度较大。河南北部的安阳—鹤壁、焦作、荥阳、新郑和济源—洛阳—登封—伊川暴雨山,新安郁山、偃师邙岭等煤矿区的二$_1$煤都属这一类型。

潮控三角洲分布在河控三角洲的前缘分流河口处,由于潮汐作用,那里的河口处形成了与河流方向一致、近于放射状的潮汐沙坝。河口两侧为成煤沼泽,形成的二$_1$煤层数较多,荥巩、偃龙、新郑煤田属这种类型。

堡岛型的向海一侧为海岸沙坝和由其分隔的潟湖组成。远离海岸一侧为沙坪、泥坪和成煤的泥炭坪,泥炭坪被伸进的三角洲沙坝掩盖后形成二$_1$煤。这里的煤层分布面积广,层位稳定,洛阳一带的陕渑、宜洛、汝州煤田属于此类。

总体上看,山西组的沉积层序代表着一次海退和一次海进:大部分是二$_1$煤在下,大占砂岩在上——层序是粗粒级在上、细粒级在下,代表着海退的沉积。另之大占砂岩层的上部是香炭砂岩,其上又被小紫泥岩覆盖——这个层段的层序是细上、粗下,代表的是一次短暂的海进沉积。另从沉积物成分分析指示当时的水体浑浊,具有一定的深度。所以,在上部砂锅窑砂岩沉积时的又一次海进中,水体不断加深,形成了主要成分为高岭石和其他黏土类的小紫斑泥岩,其中的菱铁矿批示了深水下的缺氧环境。

2. 早二叠世下石盒子组的沉积

下石盒子组包括三、四、五、六4个煤段,沉积厚度自西向东、由北而南不断增大。据煤炭部门提供的古地理资料,这时期的河南境内,除周口、驻马店以南为海湾外,全部为河流三角洲相区,来自北部古陆的几条河流分别由洛阳、郑州东、郑州西和永城向南推进,其中,济源—焦作—新乡—郑州一带为上三角洲平原相区,该相区基本无煤层发育;往南在三门峡—偃师—登封—开封—滑县一带为下三角洲平原相区,煤层开始发育;汝州—漯河—太康—商丘以北为三角洲前缘相区,煤层较发育。洛阳各煤田多处在三角洲前缘相区,各三角洲之间的河道分流间湾中分布着大小不等的聚煤沼泽盆地,形成的煤层较多,但横向相变快,其中四煤段、五煤段均有可采、局部可采或偶尔可采的煤层(见图Ⅴ-9)。

另外,由于地壳有规律的升降或河水的不断泛滥,由砂岩—泥岩—煤层组成的沉积旋回性十分清晰。需要提出的是,下石盒子组地层中发现有半咸水类古生物舌形贝化石,这说明早二叠世晚期

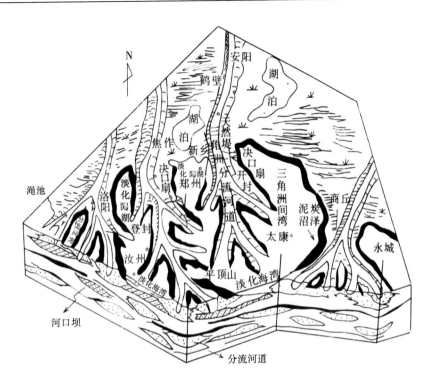

图 V-9　河南省下石盒子组聚煤沉积模式
——图示煤层多、规模小、变化大的形成机制。

(河南煤田地质公司郭熙年等,《河南省晚古生代聚煤规律》,中国地质大学出版社,1991)

邻区的海侵曾一度倒流湖盆,使海水咸化,为之佐证的是下石盒子组的砂岩中还有海绿石矿物出现。

3. 晚二叠世上石盒子组的沉积

上石盒子组包括七、八、九 3 个煤段,其中九煤段仅见于新密、汝州和平顶山煤田,洛阳一带主要是七、八煤段。期内由于西部熊耳古陆和中条古陆的抬升、扩大,上二叠世沉积盆地的地势,仍是西高东低。盆地面积与早二叠世相比,总体上处于萎缩状态,但特殊的是,晚二叠世初期七煤段形成时,豫西地区也曾有一度明显的短暂海侵。致使伸向盆地的一些三角洲的前缘淹没于海水中,形成宜洛、汝州一带高灰分、高硫含量的七煤组,并留下了含有海绵骨针化石的几层硅质海绵岩和因海水咸化生活过的舌形贝。

晚二叠世早期的短暂海侵退却之后,盆地又恢复了河流三角洲相,随西部古陆的抬升,三角洲的前缘已指向平顶山、沈丘一带,三角洲后部间湾的面积不断缩小,因此豫西洛阳一带各煤田的八煤组基本不见煤层,另外由于四周的古陆、高地抬升的幅度较大,地形变陡,河流冲刷能力增强,形成平顶山砂岩的河水,可能将一些煤田中的九煤段和八煤段的一部分剥蚀、冲刷掉了。

4. 晚二叠世晚期石千峰组的沉积

由平顶山砂岩段和土门段组成的石千峰组代表了由温暖潮湿气候转向少雨多风的干燥气候条件下的陆缘近海沉积,由于其中缺乏黑色泥岩、不见煤线,而以砂岩、砂泥岩、泥灰岩和同生角砾岩组成的地层及海陆相混生的动植物化石,标志着煤系地层的沉积结束。平顶山砂岩称为区域内煤系地层的顶板,而上部土门段紫红色泥岩的出现和向上其层数的不断增多说明地表的铁、锰元素不断氧化,湿润温和气候正在被炎热干燥气候取代,所以土门段被称为过渡层。石千峰组地层从西到东、从南到北不断增厚,层序中砂岩类占的比例越来越大,说明该沉积盆地正经历着自西向东、由北而南的萎缩干涸,由边部高地带来的碎屑类沉积物正在填平那些残留的洼地。

关于二叠纪的历史就谈到这里,在结束本节的时候,作者还必须为与该期地史演化有关的一些地质事件补说几句:一是二叠纪时在总体海退的过程中,曾有几次短暂的海侵,其所反映的是地壳在上升过程中包含着短时的下降。二是火山事件,前述地层、岩石部分提到,二叠纪三煤段大紫泥岩、四煤段的四煤底砂岩中,都发现了火山碎屑成分,一种推断它们可能来自遥远的大西北,因为那里这时有多处火山喷发,高空气流将其送到这里。另一种推断它们也可能来自华北陆块内部不远的地方,有资料称河北邯郸紫山就发现了 287 Ma 的碱性火山岩。三是二叠纪末的一次生物大灾难,寒武纪时十分繁盛的三叶虫、奥陶纪的四射珊瑚(皱纹珊瑚)、奥陶—志留纪的笔石、泥盆纪的一些苔藓虫和石炭纪最繁盛的蜓类,在二叠纪末都全部灭绝了。四是在二叠纪上石盒子组和石千峰组地层中都发现了宇宙尘物质(郭熙年等《河南省晚古生代聚煤规律》)而下统的山西组和下石盒子组却未发现。除此之外还包括南半球冈瓦纳大陆的大冰期。以上这一切都说明,在地球历史发展中,二叠纪是由渐变到突变、由量变到质变的突变和质变的地史,是各类地质事件的多发期。从全球构造来说,这个时期也是各个古陆块汇聚、后文将要提到的盘古大陆的形成时期,和传统大地构造学中所称的华力西运动在二叠纪终结可以相互印证,意味着二叠纪末是地质发展史中的一个特殊时期。

第六章　中生代(界)

(250 ~ 65 Ma)

三叠海退地隆升,"盘古大陆"占东瀛,
植物繁茂蕨裸被,恐龙强霸陆海空。
印支裂解动荡启,燕山碰撞褶断生,
岩浆活动成大矿,四海五岳定寰中!

以上这首七言古风基本上概括了中生代的内容要点。包括了该地史时期中国乃至世界的古地理地貌,生物特征,大地构造运动演化特点,岩浆活动与成矿作用,尤其点出了中生代地质运动在塑造今日地质景观方面的"定格"作用! 由此看出中生代地史是内容非常丰富的一章,也是笔者欲要着力之处,希望给读者带来兴味与作者共同探讨。

"中生代"一词最早是由意大利地质学家 Giovanni Arduino 所建立。在希腊文中中生代为"中间的＋生物"之意,即介于古生代和新生代之间"承古启新"的一个地质时代。中生代的时限为距今 25 000 万 ~6 500 万年,跨越地史空间 18 500 万年。按照生物地层和同位素地质年龄,中生代从早到晚划分为三叠纪、侏罗纪和白垩纪三个纪,对应的地层单位为三个系。对此本章将以华北陆块、河南地层区为重点,分节详加阐述。

"盘古大陆"(pangaea)源出希腊语,译音"潘基亚",有全陆地(all earth)之意,由大陆漂移学说的创始人——阿尔弗雷德·魏格纳创名。原意是说地球上现今的 7 块大陆(七大洲)在古生代至中生代早期汇聚在一起形成被称为"超大陆"的那一片陆地,之后这个大陆在距今 180 Ma(早侏罗世末)时开始分裂,分裂的大陆块之间不断碰撞、离散,约在 55 ~ 50 Ma(古近纪古新世)前才基本形成今日的地球陆海格局。

同前面几章的格调一样,为了帮助读者建立完整的地史学概念,加深对每个地质历史时期的理解,编者安排在分述每个宙(宇)、代(界)或纪(系)之前,都先依国内外有关这个地史阶段的地质资料,综合阐述期间的地质特征,进而指出研究或探讨阶段内地质的重要意义,然后依本区的地质成果分纪(系)详述。本章中生代(界)的介绍也将遵循这一原则,但由于中生代越来越接近我们人类,研究程度很高,本章的内容也自然十分丰富(见图Ⅵ-1)。

第一节　中生代的三大特征和研究意义

恐龙兴亡有史考,大陆落成留湖盆。

一、把握特征,深化认识

对中生代这个地质时期的认识,主要是要牢牢把握住生物、大地构造运动和古地理三大特征,这三大特征搞清了,中生代的概念也就一目了然了。

1. 生物特征

古生代二叠纪末,地球上的物种遭到了第三次大毁灭,几乎 85% 的海洋生物和 70% 的陆生植物灭绝了。代之而起的是一些新的物种,生物又进入一个大发展、大繁荣时期。这个时期生物面貌

图Ⅵ-1　四海五岳定寰中——1:15 万洛阳大地构造图

——经过了中生代的地质演化基本上塑造出了今日洛阳的山川地貌,也决定了图中反映的地层、岩浆岩和构造格架。

（编者 2010 年）

可以用以下两点来概括:

1) 植物界仍是裸子植物时代

中生代的植物,除了真蕨类的锥叶蕨、枝脉蕨外,裸子植物类的种子蕨、科达、苏铁、银杏、松柏类最繁盛,因被子植物初始形成,故仍称"裸子植物时代"。这些十分繁茂的植物遗体形成了我国中生代侏罗—白垩纪的煤盆地,它们的叶片、枝干所形成的化石遍布在煤系地层中,成为划分、对比地层的主要标志。到了中生代白垩纪后期因干旱少雨,气温升高,空气干燥,生态环境开始恶化,草本植物的蕨类大量消亡,裸子植物为繁育后代,开始演化为带硬壳的被子植物,到晚白垩世,逐渐取代了一些裸子植物。不过还有一些裸子植物如银杏(见照片Ⅵ-1)、松柏、杉、苏铁和木贼类,却躲过了白垩纪末的第 4 次生命大劫,同被子植物一同生存到现在,所以也称它们为生物中的"孑遗",见证地史的活化石。

2) 动物界是"龙行天下"的时代

中生代的动物是以恐龙为主的爬行动物统治着陆地、天空和海洋。除了大量、高大的食草类恐龙,还有相当凶恶的食肉恐龙,它们的强霸迫使一些早先形成的哺乳动物如二齿兽、穿山甲以及一些脊椎动物如蛇、乌龟、玑珥等只能依靠穴居和身体变异来保护自己。在恐龙类不可一世的霸权之下,也许是食物丰裕,"有肉不吃豆腐"之故,一些小型、低等、带壳的软体动物、节肢动物依旧繁衍生息,其中以海生无脊椎动物的菊石极其繁盛并广泛分布繁衍在我国南方,尤其是特提斯海即古地中海的海域中。与海生无脊椎动物相应,陆生的无脊椎动物也以双壳类的蛤、蚌、蚬,腹足类的各种

照片Ⅵ-1　被称为活化石的银杏林
——银杏与松柏类同属裸子植物,始于古生代末,盛于中生代,种属很多,
现仅存一属一种,且有局限地生活在我国和日本。

(陈山柱《地学漫话》)

螺以及叶肢介、介形虫等带壳类,生存在陆相的淡水盆地中。到三叠纪末,大陆气候已由初期的干燥转向湿润,到侏罗纪时已是河湖遍地,植物繁茂,昆虫、小型爬行类、两栖类动物滋生,大型动物恐龙类因有充足的食物而大量繁育,已达极盛时代。

然而这种生态的旺盛终有竟时,到中生代晚期白垩纪末,随生态环境的急剧恶化,不可一世的恐龙,海生的菊石,包括一些植物等约50%的生物又全部灭绝了,这是地质史中生命的第四次浩劫！大劫之后,那些存活下来的一些生命,只能随环境的变化改变着自身的机体,逐渐适应新的环境,但它们迎来的则是一个更高级的生命时代。

2.构造—岩浆活动特征

在地质历史上,中生代的构造—岩浆活动极其频繁,用"地覆天翻"来形容并不过分。但因其形成了很多人类需求的矿产资源,而且各种构造形态的地质遗迹保存较好,地质界对之研究程度较高。概括中生代的地壳运动,传统的大地构造学家称之为地台活化,现代板块理论称为板块裂解、碰撞、重聚……各种论著甚多。依照中生代的时空进程,构造—岩浆活动也划分为不同阶段——早期称印支运动,中期称燕山运动,晚期称四川运动,三者性质特征各有不同,分别形成各自的构造体系,下面分别述之。

1)早期的印支运动以大陆裂解为主

进入中生代的印支期,在中国主要是二叠纪末形成的欧亚大陆开始新一轮的裂解,在我国所处范围内此时发育的比较有规模的碰撞构造带有4条:即西南部的澜沧江碰撞带,金沙江碰撞带,东南和华南的绍兴—十万大山碰撞带和中部的秦岭—大别碰撞带。其中距洛阳最近,并影响着本区地质发展的是秦岭—大别碰撞带。前已谈及,早在遥远的中元古代,该构造带就可能是熊耳期火山活动沟、弧、盆系的组成部分,早古生代形成了二郎坪裂陷海槽,中、晚古生代成为隆升的华北大陆和华南岛海的分野。在中生代初,发生了相当剧烈的陆内挤压、碰撞活动,一些早期形成的断裂带复活发生形变、走滑、挤压和拉开。在豫西地区,这些构造形变不仅改变了一些老断层带的平面位置,而且由于这时的拉开,形成了一系列夹于断层带中的中生代构造断陷盆地。据549件岩浆岩样品化学成分测算,秦岭—大别构造带的缩短速度每年都在数厘米之间,其中北秦岭每年就缩短了5.4~6.6 cm,由此可以推算整个三叠纪的4 500万年它缩短了多少。

伴随着秦岭—大别带的碰撞挤压,华北陆块南缘和陆块边缘拼贴,其上的元古宙、古生代地层再次受到强烈的应力作用,不仅使其间的马超营、黑沟—栾川、瓦穴子、朱—夏、商—丹等断裂带再次复活,产生走滑,使其边缘形成重叠褶皱,并因断裂的深切,在陆块的南部发生了沿东西向断裂侵入、以正长斑岩类为主体的碱性岩浆活动,形成区内以正长斑岩为代表的碱性岩墙群。

三叠纪末,以上4条碰撞构造带最后完成碰撞、对接,华北陆块和扬子陆块、华夏陆块连在一起,由长江中下游收缩西退的特提斯海向藏北及地中海方向退缩,中国大陆全部隆升,使现在疆域四分之三的面积并入盘古大陆,也宣布了盘古大陆的最后形成和印支构造旋回的结束,有关印支运动的进一步阐述将在后文第二节详述。

2)中期的燕山运动,构造—岩浆活动最强烈

与印支运动时华北大陆受地应力的方向不同,燕山运动主要发生在大陆东部,亦称太平洋运动。由于太平洋中脊形成,洋底分裂扩张加剧,产生了西太平洋板块和欧亚板块的碰撞,中国大陆的东半部受到巨大的冲击和引起陆内的地壳形变,不仅形成了巨厚的侏罗系坳陷沉积,而且产生了一系列轴向(走向)为北北东的褶皱和逆断层,同时发生了广泛的火山活动和花岗岩侵入。

燕山运动形成的褶皱构造最发育。统计资料指出,我国范围内燕山期的大中型褶皱共有背斜1 566个,向斜1 603个。这些褶皱主要发生在中国东部横断山—六盘山以东地区,而越往东越强,褶皱越紧密。褶皱轴线在早侏罗世晚期到晚侏罗世,分别由北东东向转为北东向,最后又转为北北东向,标志由印支期形成的近东西向构造带,在燕山期发生了反时针方向变更,说明中国大陆板块在受到来自太平洋板块的撞击时,因南北受力不均衡,发生了逆时针的偏转。

与燕山期的褶皱相伴,产生了一些规模巨大的北北东、北东向逆断层和逆掩、推覆断层,其中与我们相近的包括太行山东侧、六盘山—贺兰山、沧东—聊城、郯—庐等北北东向逆断层带,与之同时,以秦岭—大别构造带为主,产生了北西西向的武山—宝鸡、洛南—方城和商(县)—丹(凤)等走滑—正断层带,它们大部分是印支期和以前的古断层的复活或转化。

伴随着强烈的构造运动,在我国东部燕山期也是一次强烈的岩浆活动期,岩浆岩分布的面积达22.9万 km^2 以上,占全国岩浆岩出露总面积的1/4,其中火山岩占的比例最大,包括同期的侵入岩,它们几乎覆盖了东北的大部,华北的承德、张家口、太行山北段、北京西山、山东胶东、华东江西、浙江、福建和广东东部,并不同程度波及到大陆内部的河南、湖北、山西等省区。火山岩为玄武岩—粗面岩组合,侵入岩类以中、酸性组合为主,前者具明显的双峰式裂谷型喷发特征,详细情况见本章第三节。

3)晚期的四川运动,以伸展构造为主

四川运动发生在早白垩世,结束于古新世初,以前称燕山运动晚期。影响的重点地区在我国西部,形成一些走向北西西的宽缓褶皱,对我国东部也有一定影响,总体特征是西南强而东北弱,与燕山期有较大差别。形变的动力来源于西南部,与印度板块的快速北移、特提斯洋缩小有关。

与四川期褶皱相伴的断裂,也主要发育在我国的西南部。在中国大陆东部,原由燕山期地应力的强烈挤压转为应力释放阶段的松弛、伸展、拉张,改变了燕山期复活了的北北东向断层带的力学性质。使原来的挤压褶皱和逆断层转化为正断层。例如前面提到的郯庐断裂南段、六盘山—贺兰山、太行山东侧和沧东—聊城几条大断裂在燕山期为逆或逆掩性质,而在四川期则转化为拉张、伸展性的右行走滑—正断层带。与之同时,那些伸向大陆内部(如秦岭—大别构造带)的北西西向断层,也同样改变了性质而具右行走滑特征。

　　四川期的岩浆活动仍比较强烈,火山岩和侵入岩分布的面积达 4 386 km²,相当燕山期的1/5。在中国大陆主要分布在横断山、大兴安岭—太行山、郯城—庐江几条大断裂带和浙江、福建、广东东部沿海及台湾地区,另在昆仑山、秦岭—大别构造带、豫西小秦岭,伏牛山北部、长江中下游等地也有分布。在豫西地区四川期岩浆活动以形成侵入岩为主,火山岩次之(见后)。

　　四川期构造—岩浆活动的结果,初步塑造了中国东部的现代地貌。在这里,由于均衡代偿作用,含中基性古老结晶基底的岩石因比重大而下沉,而新生花岗质岩石基底的岩石因比重小而上升,于是也促使二者所处的两侧陆块发生重力分异,在二者接界处发生构造拆离,形成断陷盆地或盆岭构造,这类盆地在中国东部的分布非常普遍,很多白垩纪的沉积矿产与之有关,详细情况见本章第四节。

3. 古地理特征

　　简而言之,中生代的古地理特征是中国大陆区由海相转为陆相的全过程。其发展演化大体经历了以下三个阶段。

　　1) 三叠纪时的中国地貌是南部海的不断消失与北面陆的不断扩大

　　南部的海相地层多分布在华南、川西、羌塘和冈底斯地块以及地块之间的澜沧江、金沙江和昆仑至西秦岭西段的几个碰撞带。其中华南即扬子板块部分,在早三叠世或中三叠世早期,普遍形成浅海相碳酸盐岩。东部的华夏板块西缘,则以浅海相碎屑岩为主。中三叠世晚期,扬子板块东南部和华夏板块全部抬升,特提斯海沿长江一线向西南退缩。到晚三叠世,西部的扬子板块和东部的华夏板块完成拼合,标志着我国南方大部分地区海相地层沉积已经结束。

　　北部的陆相沉积遍布在各陆相湖盆中,这些湖泊有的所占面积很大,东部湖盆包括了河北、宁夏、陕西、山西的大部及河南中部、北部和山东西部,和下伏二叠系是连续沉积。西北地区的陆相沉积分布在柴达木、塔里木北部和准噶尔等地。另在秦岭—大别构造带,由中、晚三叠纪形成的地层也沉积在被拉开的东西向构造断陷中(见后),到三叠纪末,这些陆相沉积盆地也大部分结束沉积或转化为萎缩盆地沉积。

　　2) 侏罗纪的中国大陆,多陆相火山—沉积和大型内陆煤盆地

　　印支运动之后,我国大陆上除了边缘地带还有一些残留海,其余全部进入陆相沉积时代。同三叠纪的陆相沉积有别,侏罗纪的沉积类型有两类:一类为含火山岩的红色、杂色火山—沉积岩系,它们比较广泛地分布在中国东部的火山岩带中,自北而南包括黑龙江沿岸大兴安岭、小兴安岭,吉林中西部,辽宁北票,内蒙东部,河北承德、蔚县(下花园)、张家口,北京西山,浙江东部、东南部,福建大部及广东东部等地。其中东北和华北北部的这套地层中含有重要的煤炭资源,东南沿海地区火山岩多与花岗岩类相伴。另一类为内陆盆地型,形成了我国一些重要的煤盆地:包括华北地区内蒙古伊克昭盟的东胜特大型煤田,横跨陕西北部、甘肃东部、内蒙南部、山西西北部的鄂尔多斯超大型煤田,包头石拐子煤田,山西的大同煤田,以及河南的义马煤田等,还有新疆地区的北天山准噶尔、西南天山伊霍地区和塔里木三大聚煤区,其中准噶尔聚煤区南部的石盒子煤田,煤系地层厚达 1 503 m,单层煤厚达百米以上。另在青海北部的祁连和柴达木盆地北缘,也形成了重要的煤盆地。我国西部侏罗纪丰富的煤炭资源正在逐步建成我国重要的固体能源矿产基地,它也将成为我国西部大开发和经济发展的重要支撑。

　　3) 白垩纪多为断陷盆地沉积,早期也是重要的成煤时代

　　白垩纪时的陆相沉积范围和侏罗纪大体相似。根据沉积环境也分为两种类型——东部火山活动带和西部的红层盆地。火山活动带以含大量火山岩和杂色沉积岩系为特征,自北而南,分别展布于大、小兴安岭之间,山东胶东郯庐断裂带及浙、闽、粤的北东向断裂带中,形成不少断陷盆地。这类盆地在近东西向的天山—阴山—大兴安岭构造带,昆仑山—祁连山构造带,秦岭—大别构造带中也都断续分布。其中在内蒙古东部的阴山—西拉木伦构造和与大兴安岭东侧构造带的交会部位

的内蒙古东部、黑龙江和辽宁西部也形成了一些聚煤盆地和大煤田;红层盆地类主要分布在我国西部、西北部一些大的褶皱带之间,大都不含火山岩类。以塔里木、柴达木、准噶尔盆地为代表,自下而上由边缘向中心,形成的红色岩系岩性分别为砾岩、砂岩、泥岩、碳质泥岩和煤层。标明湖水不断加深并趋于稳定的沉积环境,红层岩系中还伴有油气资源和油页岩,可能也有页岩气赋存。

应该说明的是,白垩纪形成的这些盆地,都是在北东、北北东向断层带的缩短和近东西向构造带的伸展作用下形成的断陷盆地。这些盆地在我国北方,因受稳固的陆块基底控制,规模较大。在我国南方,因为扬子陆块和华夏陆块古元古代结晶基底比较破碎,陆壳与洋壳碰撞受力较强,近南北向和近东西向两组断裂发育,在白垩纪四川期的构造伸展、松弛阶段,产生的中或小型断陷盆地较多,它们广泛分布在浙、闽、粤沿海一带,其岩相古地理条件也比较复杂。

二、在三大特征基础上需进一步探讨的三个重大问题

当我们展示了中生代的上述几大特征时,一些令人感到惊奇、震撼而又不解的问题也就越来越突出地浮现出来;也许是中生代的时间离我们越来越近,中生代一些生灵的兴衰触动了人们的心弦,也许是中生代的地壳运动,定格了今天人类拥有的土地和山川地貌,人们害怕重演那"地覆天翻"的地壳运动;还可能是中生代时地球恩施给人类赖以生存的丰厚的油气、煤炭、金、银、铜、铁金属、非金属等多种矿产资源,所以愈感了解和研究中生代地质的重要,需要探讨的问题很多,下面择要谈三个问题。

1. 恐龙类的兴盛与绝灭

谈到恐龙,发人联想的是,怎么一个称霸了 1 亿多年的那些庞然大物和其庞大的种群会一旦毁灭,也就是全部死掉了呢? 这个问题一直是科技界探讨的重点。与死对应的是生,其实恐龙的生态也充满着神奇!

最早的恐龙化石发现于南美洲阿根廷的三叠纪地层,定名为始盗龙,后来在同一地层中又发现了埃雷拉龙,在巴西三叠纪地层中发现了南十字龙。这些恐龙的个体相对较小,从它们的年龄和脊椎骨看都是原始的种属。这就是说恐龙最早出现在三叠纪,到侏罗纪时,恐龙的发展已进入极盛时代,种类繁多,有肉食、草食之类,形态大小之别,活动空间之分。小的恐龙小似一只鸽子,大的草食恐龙身高十多米,身长 20~30 m 以上,体重达 50~60 t,似为一列大的火车车皮的吨位,而且形成了陆上走的,天上飞的,水中游的恐龙世界。是什么因素形成了这些庞然大物呢? 我也曾突发奇想,举一个不当比喻——过去农家养一只鸡,半年能成熟,而且体重一般不足 2 000 g,同样喂成一口 150 kg 以上的肥猪至少一年有余。而现在养一只 2 000 kg 肉鸡不到三个月,喂成一头肥猪不到半年,主要原因是饲料,据说是饲料中"激素"起着大作用。以此推理,侏罗纪恐龙的食物链——植物、动物、水、空气,其中是否具有促进这些庞然大物生存、发育、繁衍的"特种元素"? 当然这是猜测而已。然而尽管恐龙处在极盛时代,但仅仅延续了 1 亿年左右,到白垩纪末就全部灭绝了,因此关于恐龙灭绝之谜一直是科学家探索的问题,有很多假说,对此留在后面白垩纪一节再专门阐述。

2. 构造岩浆活动机制与内生矿产

中生代是中国大陆构造—岩浆活动非常发育的时代,早期的印支运动主要发生在中国大陆的腹心地区,基本特征表现为西域特提斯海的打开和南方三叠纪末自东向西的海退封闭。在中国大陆首先形成以陆块裂解、碰撞、挤压为主的印支期构造带,包括期间因应力方向改变形成的走滑拉张沉积盆地和沿拉张断裂侵入的岩浆岩。其构造线在中国大陆东部为北东向,中西部为北西西向,大西南部为南北向,岩浆活动相对较弱;燕山运动时期构造和岩浆活动最强烈,地应力以挤压、剪切为主,主要表现在中国东部及太平洋沿岸,构造线逆时针偏转,由北东东向、北东向转为北北东向;四川期在大陆西南以挤压和剪切走滑为主,褶皱走向近东西,在中国东部是将燕山期的挤压构造带转化为松弛伸展,形成那里的盆岭构造和以高硅富钾岩浆岩的喷出和侵入。很显然,这三个阶段的

构造岩浆活动呈现的地区不同,表现出的特征也不同。

与中生代构造—岩浆活动最切近的问题是成矿预测和指导找矿实践。构造为后来的岩浆活动提供了通道和矿液富集的空间,岩浆岩,岩浆的气体,岩浆期后热液同化收集,带出了地壳深部以及地幔提供的各种有益元素,形成了铁、铜、钼、铅、锌、金、银、硫等金属、非金属等多种矿产资源。各种统计资料指出,燕山—四川期是我国内生金属矿产的重要成矿期,尤其是形成黄金矿产的金元素,因其比重大,在地球形成过程中,原来集中在地核中,后来经长期的核幔对流、壳幔对流,使其部分到达地壳浅部,后经强烈的岩浆和热液活动,在构造带和其他地质体中富集为金矿床。这一点可以从我国一些地区始于新生代砂砾岩地层的古砂矿实例中得到证实。为什么新生代以前的砂砾岩形不成砂金矿呢? 简明的回答就是那时的构造岩浆活动没有中生代强烈,还不能把深部的金元素带上来。由此可以说研究探讨中生代构造岩浆活动的规律性,对寻找这个时期形成的内生矿产是何等重要! 找黄金如此,找其他类内生矿产亦如此。

3. 岩相古地理研究与勘查沉积矿产的关系

在大地构造研究成果的基础上,通过岩相古地理方面的进一步工作,是勘查各类沉积矿产的重要手段。实践证明,中生代形成的构造盆地,尤其一些古老地块区内陆盆地的地质勘查,对煤炭等沉积矿产的勘查具重要意义,例如近十几年来,因为陆续发现了鄂尔多斯、内蒙古、新疆一些侏罗—白垩纪大型、特大型乃至超大型煤田,使我国内蒙古、新疆的煤炭储量一下子超过了长期以来号称"煤老大"的山西,同时也进一步展示了新疆、青海、甘肃等西部地区煤炭资源的巨大潜力,推测我国西部那些浩瀚的沙漠、戈壁和广袤草原之下,可能还蕴藏着包括煤炭在内还未发现的沉积矿产。下面我们再讨论一下盆地中的油气资源问题。

20世纪60年代,我国石油地质勘探部门在大庆取得历史性突破之后,按照新华夏系北北东向新生代断陷盆地中海陆交互相地层控矿的地质理论,自北而南,先后发现并勘探了大港、华北、濮阳、胜利、江汉和南阳等一批油田,并在塔里木盆地南部的庇山、河北任丘等地的古生代储油盆地取得突破,摘掉了我国贫油帽子,今已发展为世界第四大石油生产国。但是随着油气资源的强力开采,大庆、濮阳等一批开采较早油田油气储量的日益减少,而油气消耗日益增大和后备勘查基地严重不足,石油对进口的依赖性逐年增加,并成为世界上最大的油气进口国,因此从可持续发展的观点考虑,我国油气资源的储备和因油气而形成的石油城市的存在和转型,都成为最大的忧患!

可喜的是,这个问题近几年在河南、山东得到了重大突破。石油勘探和开采的历史说明,早在新中国成立前我国就曾在陕北延长开采三叠系延长统的石油,近十几年来,国家又在陇东—陕西勘查发现了庆阳油田,这说明我国的三叠系地层也是油气勘查的重要层位。区域研究成果指出,我国华北陆块中的三叠系是继承二叠系的陆相沉积环境、连续沉积的一套地层,各地沉积特征相似,并广泛被掩于新生代断陷盆地之下。按照这样的推理和陕西延长、甘肃庆阳的经验,2007年濮阳油田在河南、山东境内的东濮凹陷深部的三叠系地层中获得了日产24.4 t的工业油流。接着于2011年10月又在洛阳—伊川—宜阳盆地的三叠系中获得了日产6 600 m³的天然气(此前的钻孔中发现三层油砂)。这意味着我国东部新生代盆地在原来的新生代油层之下又有了新的储油层位,与此同时,近几年来我国在四川盆地重庆、涪陵、云南昭通和鄂尔多斯等地启动的页岩气勘查,发现的很多气藏多与中生代沉积盆地有关,从而也为我国的油气资源给予了重要补充,使我国的油气勘查开发展现出"柳暗花明又一村"的大好形势。

除了煤、油气,与中生代盆地有关的沉积矿产还有油页岩、膨润土、天然碱、白垩、粉石英等,这些也都应引起注意。

第二节　三叠纪(系)

(250~205 Ma)

悉数地层访河洛,惊呼油气问伊川。

前一节可谓中生代的总论,讲的是有关中生代包括三叠系在内的几大特征,其目的是让读者先对这个地质历史阶段有一个概括性的认识,为后面分别介绍各纪(系)地史作个铺垫,意在让读者能站在洛阳这个点上,结合自己看到的中生代地质遗迹,放眼全国,从联系比较中加深认识。下面详细解说三叠纪(系),我们也先从三叠纪的基本特征谈起(见照片Ⅵ-2)。

照片Ⅵ-2　三叠纪地貌生态复原图
——显示地形起伏不大,近于准平原化的三叠纪古地理地貌。陆生植物为苏铁类的蕉羽叶、侧羽叶及高大的原始松杉类,水体中生长着淡水瓣腮类双壳纲——蛤、蚌、蚬、介。

(选自《化石》杂志)

一、三叠纪的几个基本特征

三叠纪是中生代的第一个纪,"三叠纪"一词来自德文"Trias"的日文译音,后为我国地质界沿用。由于德国对这一时代的地层研究得早,那里"一纪三分"的地层特征又很清晰,故定名为"三叠纪",即三部分重叠之意。依据生物地层和稳定同位素测年资料,三叠纪下限为250 Ma,上限为205 Ma,历时45 Ma,按三分方案划分为早、中、晚三个世,对应的地层为下、中、上三个统。我国三叠纪地层,无论南方的海相,还是北方的陆相,下、中、上三个统也发育齐全。为了能让读者加深认识,根据三叠纪的研究成果,将其概括为三大基本特征,下面分别加以介绍。

1. 受不同大地构造背景控制的沉积盆地

前面谈过,三叠纪时中国大陆为南海北陆两相对峙的局面,南部海在退去之后留下的是残留的港湾和潟湖盆地;北部的大陆盆地是二叠纪陆相盆地的继续。这些沉积盆地都严格受大地构造控制,但也因所处的构造背景不同,形成的盆地性质也不同,北方全部形成陆相盆地,南方则为海—陆交互相沉积盆地。

1)北方陆相盆地

北方陆相盆地包括了华北陆块北部继承在二叠系地层之上的三叠纪萎缩式盆地和秦祁昆褶皱带中的小型断陷盆地两大类。位于陆块内部的那些盆地,因受自元古宙以来发育的东西向构造控制,长轴走向皆为近东西向,又因盆地形成于稳固的刚性结晶基底之上,其分布的范围大,地层发育齐全,沉积物分配稳定,多形成具规模的油页岩,油气矿床和煤田。这类盆地在我国的华北、西北地区分布很广,包括了全国最大的鄂尔多斯盆地,沁水盆地,在河南西部主要是义马盆地、洛阳盆地和汝州盆地等。这些盆地下部都保存着三叠纪地层。分布在碰撞褶皱带中的那些盆地,多为被近东西向断裂构造拉开了的断陷盆地,如卢氏的五里川—朱阳关盆地,南召盆地等,这类盆地长轴和断裂带走向一致,规模较小,但沉积厚度大,虽含有煤和油页岩,但因沉积时基底活动性大,成熟度低,一般形不成工业矿床。

2)南方海—陆交互相盆地

南方三叠纪海相地层主要分布在扬子陆块、藏北陆块及其间的澜沧江、金沙江、东昆仑等几个大的碰撞构造带中,因其基底地质构造复杂,海水深度不一,加之地壳的不稳定升降,盆地中多形成海陆交互相地层,厚度、岩相变化较大,另在三叠纪后期地壳上升、海水收缩后,区内也留下不少残海—陆相盆地,在这些盆地中形成了江南的一些煤系地层,如江西、湖南的安源煤盆地,四川的广元煤盆地,云南的一平浪煤盆地等,但都因基底不稳定,成煤时间短,形成的煤层多而不稳定,仅具地方性开采价值。

2. 古生物进化向现代生物群的过渡时期

1)动物方面迎来"恐龙时代的黎明"

首先是海洋无脊椎动物发生了重大变化,主要是能够在海洋和淡水中游泳觅食的瓣腮类双壳纲——蛤、蚌、蚬、贝等取代了固着在水下生活的腕足类并得到大的发展,软体动物中的头足类,在经过二叠纪末的一次生死浩劫后,卷曲着身体生存下来,形成具美丽纹饰壳体的菊石,这是生活在江南海相地层中的主要种群。与之相伴的是能够造礁生长、接受阳光和氧气的六射珊瑚取代了在古生代末同蜓类一起绝迹了的四射珊瑚(见照片Ⅵ-3)。

动物界演化的凸显之处是迎来了"恐龙时代的黎明"。古生代形成的一些原始脊椎动物中的爬行类,在二叠纪末的劫难后,逐渐适应了生存环境而生存了下来,三叠纪末随良好的气候,丰富的食物链等优越的生态环境,一些种群得到了大的发展,爬行纲中类似蜥蜴的蜥臀目演化为早期的恐龙——如发现于云南的禄丰龙和发现于四川的马门溪龙;有角带甲的鸟臀目演化为鹦鹉嘴龙、剑龙和角龙;与恐龙相伴的鸟类、鱼类、龟、蛇及昆虫类等陆生、水生和两栖类也得到发展,它们是恐龙食物链的主要组成部分。

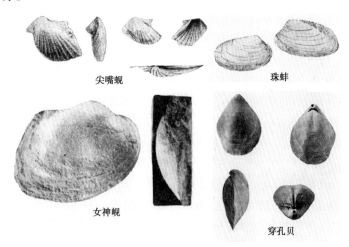

　　尖嘴蚬　　　　　　　　　　　珠蚌

　　女神蚬　　　　　　　　　穿孔贝

照片Ⅵ-3　三叠纪主要淡水生物——瓣腮类双壳纲

（地质出版社《中国标准化石·无脊椎动物》）（照片组合：姚小东）

　　2）植物方面是进入裸子植物时代

　　三叠纪时繁盛于古生代的鳞木、封印木、芦木、科达等高大乔木大都灭绝了，代之而起的是裸子植物的苏铁类——蕉羽叶、侧羽叶，银杏类——拟银杏、裂银杏，线银杏及松柏纲的松杉类，真蕨纲的木贼和有节类的拟木贼等也都大为繁盛，总体进入了裸子植物时代。这些植物不仅组成了草食恐龙类丰盛的食物链，而且也为形成中生代的煤、油气资源提供了丰富的原料。

　　3.古气候与岩相古地理特征

　　决定岩相古地理的因素除了古构造，主要是古气候，而决定古气候的因素除了自然天象主要是古地理的部位。前面谈到，依据古地磁资料，二叠纪末中国大陆（华北、扬子、华夏地块）大致位于赤道和北纬15°的位置，并正在向北移动，三叠纪时可能进入北纬15°～20°一带，相当现在海南岛—缅甸北部的部位。按正常的气候和地貌条件，其所呈现的是四季如春的绿色世界，所形成的应是含有机质较高的沉积物，但这里却并非如此。如分布于广西的罗楼组、贵州关岭的永宁镇组，四川的飞仙关页岩，都是含有丰富化石的早三叠世浅海—潟湖相沉积，在以薄层灰岩为主的海相地层中，常见来自陆源的暗紫、暗红色砂岩、砂质页岩夹层，说明其所处的虽然是气候湿热、氧化条件充足的沉积环境，但气候反常，经常遭干热气浪和风沙袭击，加之可能因构造运动引起的地貌乃至季风等因素，导致海湾阻塞，缺乏淡水补给，使水质咸化、缺氧而促使生物快速死亡（如贵州关岭）。这种情况很类似于今日地中海、里海、黑海沿岸的中东、东非、北非地区。

　　显然，以南方早三叠世一些残海中生物的突然灭绝，海水水质咸化和沉积物中的红色铁、锰氧化物增多来表述那时古气候的干燥、少雨还有些不足的话，那么北方三叠纪初遍布的红层就足可说明，这里全区都处在极端炎热干燥、昼夜温差大、多风沙、少植物的一个恶劣的生态环境。广泛分布在华北各地、甘肃河西走廊和新疆北部旧称"石千峰系"的岩相就是最有力的说明。这套以红色色调为主的岩石，由含十分发育的交错层砂岩和具波痕的黏土岩组成，夹泥灰岩和石膏薄层，其中叶片类化石稀少，但含硅化木较多。自下而上包括了下三叠统和尚沟组、刘家沟组，以及现划归二叠系上统，与其整合的孙家沟组土门段和中三叠统二马营组。就是这套巨厚的红层沉积，中止了二叠纪煤系沉积，全区呈现的是一个风沙、洪水、干旱，并带来一个生命大灾难的时代。对于这个问题，我们还将在下面岩性特征的论述中进一步说明。

二、河南境内的三叠系

1.地层分区

河南境内的三叠系属典型的北方型陆相地层。依据其所处的大地构造部位,岩相古地理特征及沉积地层层序的完整性,分别划分为晋、冀、鲁、豫和秦、祁、昆两个地层分区,区内形成了各自独特的地层系统。

1)晋、冀、鲁、豫地层分区

相当于华北陆块区的范围,区内形成的三叠系萎缩式沉积盆地较多。总的特征表现为在石炭—二叠系基础上,由干燥向温湿气候转化的以红色岩层为主、上下都有过渡层的沉积岩组合,多数上覆侏罗系、白垩系(见后)。这类盆地在河南境内包括济源盆地、洛阳—汝州盆地、义马盆地等。盆地中形成的三叠系地层都相当完整,包括下统刘家沟组、和尚沟组,中统二马营组和上统延长群。延长群因为是含油气地层,研究程度很高,地层划分详细,自下而上划分为油房庄组、椿树腰组和谭庄组。这套地层在北方的广大地区都有分布,研究和认识河南延长群地层的岩性、岩相、成因包括古生物群等特征,对认识我国北方各省的这套地层,促进区内油气资源的地质勘查都非常重要。

2)秦、祁、昆地层分区

相当于秦岭—祁连山—昆仑褶皱带的范围,河南部分位处构造带东段的秦岭—大别带中。三叠纪初随大陆的裂解、碰撞、位移,区内形成一系列与构造带走向一致、大小不一、沉积物厚薄不同的断陷盆地。在河南境内包括了南召留山岩盆地、马市坪盆地和卢氏的五里川—朱阳关盆地等。与北部晋、冀、鲁、豫地层区不同的是,这里的三叠系仅见有上部延长统,底部不整合在元古界宽坪群或陶湾群等不同时代地层之上,顶部缺失或为侏罗系、白垩系不整合。岩性以含薄煤的砂页岩和砾岩为主,厚度达千米以上,普遍叠加了较强的构造形变和轻度的变质作用。对此,后面将以南召盆地为例详加阐述。

2.不同类型盆地的岩石地层

1)晋、冀、鲁、豫地层区洛阳—汝州三叠系盆地

该沉积盆地受华北陆块二级构造单元——渑临断坳控制,夹于北部的中条古陆、黛眉—王屋古陆、嵩—箕古陆和南部的熊耳古陆之间,呈北西西向带状分布,盆地规模较大,西北接义马盆地,北临济源东孟村盆地,分布范围包括了新安东南部、宜阳东部、汝阳北部、伊川、孟津、偃师大部,向东南经汝州延入郏县以远地区。区内地表大部分为新生代第四系、新近系、古近系覆盖,三叠系地层仅局部出露。现据煤田地质勘探资料,自下而上按出露顺序加以简介:

①下三叠统刘家沟组、和尚沟组

刘家沟组下部为紫红色铁质胶结的厚层石英砂岩,洛阳称金斗山砂岩(以新安县正村金斗山取名),整合于二叠系土门段之上;上部为紫红色厚层长石石英砂岩,中夹薄层细砂岩、粉砂岩和黏土岩。和尚沟组下部为夹砾石的钙质黏土岩,中上部为紫红色成对出现的长石石英砂岩和页岩、黏土岩互层为特征,沉积韵律性极强。

刘家沟组、和尚沟组,包括已划为二叠系的孙家沟组(土门段),均为干旱气候条件下的陆相红层盆地沉积。砂岩中普遍发育交错层,层面保留波痕、龟裂和铁、锰质氧化膜,地层中叶片类化石稀少,一些地方发现干枯树干变成的硅化木化石。此外,地层中还经常见到石膏等蒸发岩的薄层和分散的石膏晶体。反映自二叠纪末以来,气候已逐渐恶化,演变为不利于生物生存、干旱多风沙的古地理环境。这套红层的显著标志是刘家沟组以砂岩为主,砂岩与页岩之比大于80%,其底部的厚层长石石英砂岩(金斗山砂岩)因抗风化力强,地表山峰突兀,地貌差异明显,区内皆以其为标志层与下伏二叠系孙家沟组(土门段)分界(见照片Ⅵ-4)。

②中三叠统二马营组

照片 Ⅵ-4　金斗山砂岩地貌
——巩义市以金斗山砂岩为主体的建材石料开采场

（陈山柱《地学漫话》）

中三叠统二马营组与下伏和尚沟组连续沉积。下部为肉红、砖红色夹灰绿色中细粒长石砂岩，局部夹中薄层钙质粉砂岩；上部为黄绿色厚层细粒长石石英砂岩与紫色泥岩互层，顶部为黄绿色厚层、巨厚层状中粗粒长石砂岩、砂质页岩和紫红色泥岩，黄绿色砂岩中含有植物茎叶化石碎片。与下伏刘家沟组、和尚沟组的红色地层不同的是，二马营组由下而上紫红色的砂岩、页岩逐次被黄绿色砂、页岩取代，即反映出岩石中叶绿素成分在增高，标志着这时的地形起伏较大，剥蚀搬运作用增强，气候已由干燥向湿热转化，区内又迎来了一个新的生命繁衍的勃勃生机时代。

③上三叠统延长群

这是一套内陆盆地含油气、油页岩和煤的沉积建造，由黄绿、灰绿、肉红等色调的长石砂岩、细砂岩及砂质页岩、湖相泥灰岩组成。所含植物化石主要为陕西拟托蕨、多实丹尼蕨等。这套地层在豫西地区发育齐全，厚度较大，主要分布在济源县西承留，渑池仁村，义马、登封大金店，伊川、宜阳、偃师、汝阳北部及汝州等地，自下而上划分为油房庄、椿树腰、谭庄三个组，现分述如下：

油房庄组：出露于义马盆地，宜阳丰李西南，伊川江左、白沙，登封大金店和汝州湾子等地。岩性为黄绿、杏黄色长石石英砂岩与灰绿、紫红色黏土岩呈不等厚互层，且以杏黄色长石砂岩居多为特征，下部以灰绿色砂岩为标志，上部以灰紫色黏土岩最醒目。产有丰富的植物化石（有节类和真蕨类），下与二马营组，上与椿树腰组均为整合产出，厚 455～1 300 m。

椿树腰组：出露点同油房庄组。岩性为黄绿色细粒长石砂岩、粉砂岩与灰绿、灰黄、暗紫红色黏土岩、砂质黏土岩互层，夹长石石英砂岩、湖相泥灰岩及煤层（线），下部以长石石英砂岩为标志与油房庄组整合接触，上部以灰绿色黏土岩与谭庄组整合接触。登封、伊川一带砂岩中常见楔形层理，顶部见有油页岩和透镜状泥灰岩，含新芦木化石，厚 816.9 m。

谭庄组：出露于济源鞍腰、马凹、谭庄、张庄，义马董沟，登封宋沟及伊川盆地的钻孔中。岩性以黄绿、紫红、灰绿色长石石英砂岩与页岩互层，夹碳质页岩，泥晶灰岩，煤层（线）及菱铁矿结核。该组自下而上岩石粒度由粗变细，形成多个粗粒在下、细粒在上的正粒级韵律层，上部夹多层煤（线），系典型沼泽—湖泊相沉积，含有丰富的植物和动物化石。植物化石以真蕨类、节蕨类为主，动物化石有双壳类、介形虫、叶肢介、轮藻、鱼类及有孔虫等。

谭庄组在区内厚度变化较大，登封地区全部缺失，义马盆地不完整，顶部为中侏罗统义马组不整合。济源盆地厚 183. 8 m,伊川盆地仅揭穿的厚度就达 527. 78 m(含油三层——见后)。虽然现掌握的资料不多,但总体说明谭庄组的湖相盆地分布有局限性,而且顶部地层受到了不同程度的剥蚀而不完整。

与三叠系中、下统相比较,上统主要以杏黄、黄绿和灰绿色砂页岩为主,并出现了含碳质的黑色泥岩和含沥青质的油页岩,仅在底部油房庄组见有与下伏层一样少量的紫红色泥岩。这说明区内在晚三叠世时已全部由干燥环境转向湿润环境,大地充满无限生机,因动植物十分繁盛,致使地层中的有机质不断积聚,这标志着地史已进入又一个成煤、生油气的时代。

2) 秦岭褶皱带断陷盆地中的三叠系

秦岭褶皱带即秦、祁、昆褶皱带的东段,由数条深大断裂带组成。三叠系地层主要沿朱阳关——夏馆断裂带和商丹断裂呈北西西向分布,形成几处具规模的断陷盆地,其中距洛阳最近的有卢氏五里川——朱阳关盆地和南召的板山坪盆地,后者研究程度高,自下而上由太山庙组和太子山组组成。

①太山庙组

1982 年焦作矿业学院创名于南召太山庙鸭河东岸,下部灰—黑色中厚层状细粒石英砂岩,黑色砂质黏土岩,夹多层煤线,顶部为棕黑色、黑色油页岩,底部含菱铁矿结核;中部以黑色、棕黑色厚层状黏土岩,灰绿色巨厚层状细粒石英砂岩、粉砂岩、夹泥灰岩透镜体和黄褐色细砂岩组成;上部为灰褐色巨厚层状细粒石英砂岩夹黑色页岩。中、下部与煤线、黏土岩伴生,产丰富的植物化石。下部与宽坪群断层接触,顶部与太子山组连续沉积,厚度 657. 1 m。

②太子山组

1975 年河南煤田地质五队创名于南召太子山,主体岩性为灰褐、褐、灰紫及浅肉红色中厚—巨厚层状石英砂岩及长石砂岩组成,铁质含量高,自下而上,以由粗而细的砂岩类组成的韵律层达数十个,砂岩层中多见有斜层理,粉砂岩具纹层构造,属河流—湖泊相沉积。其上地层缺失,并为白垩系不整合,厚 680. 6 m。

秦岭地层区形成的三叠系全为上统地层,代表断陷盆地被拉开的时间较晚,以其所含化石和发育的煤线,说明沉积时的气候条件和北部的延长群相似,所不同的是,北部陆块区形成的是可采煤层,而这里的仅仅是煤线,而且与薄而多层的碳质页岩、砂岩形成相互重叠的韵律层,加之发育的斜层理说明其沉积时大地沉浮,环境极不稳定,虽有丰富的碳素原料,但没有形成工业煤层。另外从地层中大量的菱铁矿结核说明盆地中一些地段积水很深,氧气不足而为还原环境。还有从该地层顶部的层位缺失说明,这里同北部的延长群一样,在三叠纪末都已上升成陆并受到了剥蚀,对此,下面谈印支运动时还要提及。

三、三叠纪的构造运动——印支运动及相关地质问题

印支运动原为法国地质学家创名,原指印度支那半岛晚三叠世瑞替克期和诺利克期(国际上划分的晚三叠世时间单位)地层中的两个不整合,亦称印支褶皱,后为我国大地构造学家沿用。目前认为印支运动代表了整个三叠纪到早侏罗世之前的地壳运动,在更大范围内的标志是古生代末已成形的盘古大陆的组成部分——欧亚大陆发生裂解。由于中国大陆在印支期受力方向上增加了来自西南的侧向挤压,所以形成了前面已提到的澜沧江、金沙江,十万大山—绍兴和秦岭—大别 4 个大的碰撞带,同时伴生了包括峨眉山玄武岩喷发,华夏陆块抬升以及特提斯海向西部收缩等地质事件。除了几个碰撞带中形成的褶皱、断层走向受构造带方向制约,区内形成的褶皱总体为东西向,西部折向北西,东部折向北东,与大陆外部的受力方向一致(见图Ⅵ-2)。通过综合研究印支期的构造形变认为,印支运动的发生应在二叠纪末(257 Ma),结束于早侏罗世(205 Ma)。不能忽视的是,印支运动是中生代大规模构造—岩浆活动和成矿作用的起始点或序幕。洛阳位处印支 4 大碰撞带之一的秦岭—大别构造带北侧,该构造带的发展演化对洛阳地史的发展演化极为重要,其表

现形式有以下几点：

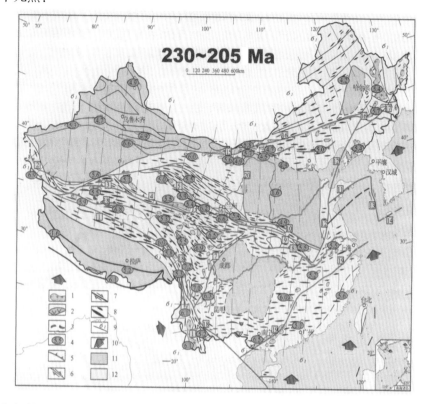

1. 印支期花岗质侵入岩体；2. 印支期火山岩；3. 印支期蛇绿岩与超铁镁质岩；4. 板内变形速度，由岩石化学资料推断，
"－"为扩张速度，其余为缩短速度，单位为 cm/a；5. 板块碰撞带、逆断层带及其编号；6. 正、走滑断层及其
编号；7. 印支期活动性微弱的地块边界或断层（无编号）；8. 褶皱轴迹，仅示背斜；9. 最大主压应力（σ_1）迹线；
10. 板块运动方向；11. 假整合或整合地层接触关系分布区；12. 角度不整合地层接触关系分布区。

图Ⅵ-2　中国大陆印支晚期（230～205 Ma）构造事件略图
——示印支期板块运动应力场特征及形成的主要构造形迹。

（万天丰《中国大地构造学纲要》）

1. 印支期构造控制的三叠纪沉积盆地

印支时期秦岭—大别构造带构造运动的主要表现是那些自元古代开始形成的一系列断裂带的复活，主要标志是扬子板块北移及其与造山带中微陆地体之间的碰撞、俯冲和推覆。期间南北向的挤压应力，对元古代末就开始隆起并不断向南增生的华北陆块南缘，以及豫西地区三叠纪沉积盆地的形成起着制约作用。在这种应力作用下，北部陆块内部在继承了古生代以前的近东西向凹陷的基础上，随陆块南缘地表的区域性缓慢抬升，形成一些分布面积不大、为数不多、走向东西的萎缩式沉积盆地；南部构造带的盆地发育在沿朱夏等断裂带控制的断陷中，这里只有三叠系上统，说明构造拉开的时间在印支后期。因此说这些盆地的形成、发育乃至三叠纪末全部上升成陆的过程，以及沉积物的分配都是受印支期构造和其发育程度控制的。

2. 区内三叠系顶部的不整合代表了印支运动在本区的普遍性

印支运动为豫西地区的一次重要的区域性地壳运动，其主要标志是三叠纪末区内地壳全部上升，三叠系顶部与上覆侏罗系、白垩系、古近系之间的不整合或地层层位的缺失，代表该运动的主构造面，标志着全区隆升后经过了较长时期的风化剥蚀。据不完全资料，义马盆地缺失侏罗系下统，中统义马组和三叠系谭庄组微角度不整合；登封大金店盆地和颖阳盆地缺失谭庄组；伊川盆地谭庄组直接为古近系覆盖，缺失侏罗、白垩系；而秦岭构造带的南召马市坪盆地，卢氏五里川—朱阳关盆地，也都缺失侏罗系，上覆层皆为白垩系的红色砂砾岩。这说明印支运动时期华北陆块南缘和秦岭—大别构造带东段一起上升成陆。说明印支运动对本区的影响具有相当大的区域性。

3.秦岭—大别构造带的活动与陆缘断裂系的产生

古生代末,随着秦岭洋东部全面隆起和南部扬子陆块自东向西的抬升,华北陆块及秦岭构造带同处在南北向的挤压应力场中,陆块边缘除产生东西向的褶皱构造外,还发育了北东、北西向两组共轭断裂,这种构造形迹在栾川、嵩县和汝阳南部相当普遍。在华南地区随三叠纪时特提斯海向西收缩,西昆仑特提斯海北支裂陷槽的形成和产生洋陆对接的碰撞作用,已改变了华北陆块南缘的受力性质,形成了西强东弱的应力场,陆内剪切应力不断加强,从而促进陆缘及拼贴在其上面一些地体之间的断裂带开始复活,并使整个地区的岩层按顺时针方向扭动。原先形成的几条近于平行的东西向深大断裂被改变为西部紧缩、东部撒开的北西西向箒状构造系(见图Ⅵ-3)。其中朱—夏、商—丹等一些断裂被拉开,形成中新生代断陷盆地,这些发育在秦岭—大别构造带内的北西西向区域性大断裂还波及到陆块内部,除了陆缘的黑沟—栾川断裂、马超营断裂,还有五指岭—济源断裂,三门峡—田湖—鲁山断裂,龙潭沟—殷桥—温泉断裂等;与这些断裂发育的同时,原为黑沟—栾川断裂带北部陆缘一侧因与压应力作用产生的两组共轭构造中的北东向断裂也转为北东东向,区内包括了瓦房—木植街断裂,潭头断裂,星星阴—上宫断裂等。这些断裂的多期活动,对后来的成矿作用和近代地貌的形成,起到了重要作用。

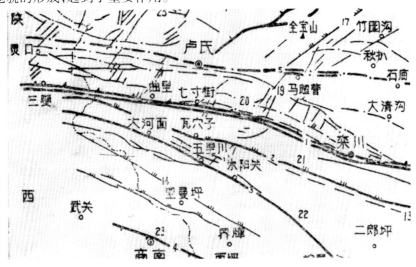

图Ⅵ-3 东秦岭大地构造略图

——原来近于平行的几个断裂带成为西部收敛、东部撒开的箒状断裂系

(19.马超营断裂,20.黑沟—栾川断裂,21.瓦穴子断裂,22.朱夏断裂,23.商丹断裂。)

(石毅等《豫西成矿地质条件分析及主要矿产成矿预测研究》,1991年印刷)

4.华北陆块与秦岭—大别构造带之间的碰撞楔入和岩浆活动

前面提到,据中国地质调查局发展研究中心袁学诚等运用地震测深法,对秦岭陆内造山带岩石圈进行的长剖面系统观测和研究,在2008年发表的一份研究结果指出:黑沟—栾川断裂为华北克拉通和秦岭微陆之间的边界断裂,断裂带浅部倾向北东,倾角80°,深部变为缓倾,成为由北而南的推覆面。断裂带的地震反射图像是在不同的深度上,北倾反射面与南倾反射面交替出现,即华北克拉通与秦岭微陆相遇时,华北陆块的下地壳向南俯冲,插入秦岭微陆之下;上地壳则向秦岭微陆逆冲,盖在秦岭微陆之上,二者之间形成锯齿状"鳄鱼大张嘴"似的楔形构造。这种交替出现的南倾、北倾反射面也说明,栾川断裂带的活动是多期的,主要碰撞则在加里东期,后在印支期再次复活,成为印支碰撞带的组成部分。应进一步研究的是,中朝板块南缘、卢氏北部、栾川南部沿近东西向和北西西、北东东向断裂侵入的歪长正长细晶岩,正长斑岩,石英二长岩体常成组、成带出现,另有一部分小岩体侵入这些构造相交部位,岩性为黑云辉石正长闪长岩。这些岩体仅有少量的时限为

224 Ma(卢氏八宝山正长斑岩)和1.95 Ma(鱼库钾长花岗斑岩)的测年资料,它们与秦岭板块在华北板块之下的俯冲有无关系,是需进一步研究的问题。

5. 区域推覆构造与变质作用

据对秦岭—大别构造带高压—超高压变质岩(含柯石英、微粒金刚石和蓝闪石)的研究资料,该带大致经历了新元古代晋宁期(即扬子陆块的形成)、早古生代末加里东期和中—晚三叠纪印支期三次大的碰撞作用,其中真正使得中朝与扬子两板块对接的碰撞应是最后一次,表现为由南而北的推覆,这次推覆可能波及整个洛阳地区。如卢氏朱阳关—五里川盆地,来自西南一侧的秦岭群推覆在三叠系之上,三叠系呈倒转向斜产出。嵩县南部—南召马市坪一带三叠系断陷盆地可能产生类似的构造形变。在北部华北陆块南缘的三门峡—田湖—鲁山断裂,也是发育在豫西地区最大的一条推覆构造系,其前沿的龙潭沟—殷桥—温泉断裂的石炭—二叠系压盖了三叠系,后腰部的寒武系又压盖了石炭—二叠系煤系地层。区内的郁山煤田、宜洛煤田、焦姑山煤田的煤层都被该构造系破坏得支离破碎,致使煤田勘探时按断块划分的井田很多而面积很小。

综上所述,可以认为印支运动在豫西地区是一次重要的大地构造运动,它不仅仅是后面要讲的燕山运动的序幕,而且"是一次具有划时代意义的构造运动,是地壳构造发展史上一个重要的转折点"(万天丰,2003)。在豫西地区,历经多次活动,在完成扬子、华北两大陆块对接,发育了秦岭—大别碰撞带,并由其形成了系列的沉积盆地,其中的褶皱、断裂和推覆构造对认识期内的构造史都有着特殊意义,不仅关系着后来侏罗、白垩系的分布,尤其关系着岩浆活动和成矿作用,同时也决定着现代地貌尤其古都洛阳周边的地貌雏形。所以有人称印支运动为豫西地区的"定格运动"是很有道理的。

四、关于伊川盆地的油气资源

2011年10月17日、18日,洛阳日报、洛阳晚报接连报导了一则特大喜讯:中石化河南石油勘探局伊川瓦北村屯$_1$井,于井深2 100 m三叠系砂岩层中,经小型压裂试验,获日产天然气6 600～7 200 m^3,经气相光谱分析证明气层烃类组分齐全,甲烷含量80.48%,类似陕西庆阳油田(见照片Ⅵ-5)。以伊川—洛阳盆地三叠系地层分布面积3 000 km^2,天然气储量520亿 m^{3}折算油当量(标准油)资源储量为4.2亿 t!按采储量10%,年开采量100万 t计算,可以不间断的开采40年!伊川盆地油气勘探的突破,填补了洛阳油气资源的空白。

屯$_1$井于2011年4月4日开钻,原设计孔深1 500 m,当钻至635～824 m时,发现油气显示4层,共11 m,其中油迹1层厚3 m、荧光3层厚8 m(地下油气显示由高而低的排序为:富含油—油浸—油斑—油迹—荧光—无显示)。孔深635～1 882 m井段获天然气测试异常26层,其中于145.3 m,744.15～1 749 m井段,按55.16 m筒长取筒样9筒,有7筒见油气显示。据此推断油层下还有气藏可能,遂加深钻至2 100 m。另从揭露油气层的岩性分析所示,含油层以泥岩为主,含气层以砂岩为主,整个含油气层为上油下气结构,与一般油气构造的上气下油不同。应强调说明的是,屯$_1$井在伊川盆地的突破不是偶然的,它意味着我省的石油,也包括煤炭,都是地质部门不断探寻和不断认识自然的过程,下面就是一个很好的例证——

早在20世纪60年代初,随着我国石油地质勘探在东部新生代断陷盆地取得突破,大庆、华北、胜利几个大油田相继开发的大好形势鼓舞下,河南石油局也选择了洛阳—宜阳盆地,运用综合手段开展以古近系为重点的石油普查,在洛东李楼、洛宁分别施洛参1、洛参2两个深孔,但皆因未果而终,可谓"有心栽花花不开";有趣的是"无意栽柳柳成荫"!1991年河南省煤田地质二队在开展高山煤矿外围煤田地质普查时,于伊川城西北瓦西村(屯$_1$井南500 m)施工3001孔,钻孔47.75 m穿过第四纪松散层,384.18 m穿过第三系,终孔911.96 m,揭穿三叠系上统谭庄组,喜于其中发现油页岩和含油地层!现介绍如下:

油嘴喷出的火焰

五层楼高的红色井架

照片Ⅵ-5　伊川瓦北村天然气钻井旁油嘴中喷出的火焰
——天然气为有毒气体,为防止气体泄漏危害环境,油气钻探时都在井架附近架设管道,
燃烧排放出的气体。　　　　　　　　　(原载《洛阳晚报》2011 年 10 月 17 日)

孔深 536.7 m,540.47 m,见两层油页岩,均可燃。

油页岩之下于 711.05～757.47 m,851.54～878.73 m,895.90～911.96 m,分别见到厚 46.36 m,27.19 m,18.06 m 三个含油段、总厚 53.26 m 的含油层。其中第一含油段的生油层为含油砂质泥岩,第二含油段为砂质泥岩夹薄层油页岩,第三含油段为湖相白云岩夹细砂岩(还未打穿生油层)。各生油层采出的岩芯洗净 30 分钟后,表面大部分为油滴覆盖,裂隙面上有油渗出。经测井解释三个油段中见 11 个含油层,皆与钻孔岩芯吻合。

经分别取样化学分析认为该生油段有机质丰度高,属腐植腐泥型,有机质演化已进入成熟阶段,所形成的原油为正常成熟轻质油,油质好。考虑到洛阳地区三叠系的分布情况,煤田二队的这一发现,有力地展示了中州地区的找油远景,从而引起了多方尤其石油部门的重视,并由南阳油田等部门接替作了较多工作,经地震测量,钻探施工,在井深 2 100 m 处的油层中又获取了天然气,比原来煤田二队的钻孔加深了 1 188 m,加上原来 711.05 m 见到含油层的最高层位,整个含油层系已厚近 1 400 m。这说明洛阳—伊川盆地不仅占据了 3 000 km² 的面积,而且在 >1 400 m 的垂直空间中潜伏着生油或储油的空间,由此充分显示了区内三叠系地层的重要性,从而也把对三叠纪的研究推向新的阶段。目前该盆地的石油—天然气地质勘查工作正在系统开展,期待有更多更重大的发现。

第三节　侏罗纪(系)

(205～137 Ma)

恐龙称霸侏罗纪,地壳运动燕山期。

侏罗纪一名源于法国和瑞士交界的侏罗山(今译汝拉山),为法国地质学家 A·布朗尼亚尔 1929 年创名。时限距今 205～137 Ma,跨时 6 800 万年。就全球来说,侏罗纪是地史上海侵比较广泛的一个纪,海平面上升到现今海拔 200 m 的高度,现在的大陆那时大部分都为海水淹没,因此海洋动物非常繁盛,现存化石种类很多,当时全球气候温和湿润,丰富的食物链,使此时的动植物都得以极好的繁衍发展,是个生气盎然的时代(见照片Ⅵ-6)。其中的动物界以恐龙类最繁盛,并由恐龙类的一族进化为最早的鸟类,但植物均一少变,只是裸子植物得到充分发展,被子植物开始出现。动植物的繁盛使一些陆相盆地和浅海沼泽中形成了丰富的煤、油气和石膏等沉积矿产。但中国与世界上其他地区不同,主要发育了陆相盆地,这类盆地在我国中、西部和东北地区广泛分布,规模很大,为我国提供了重要的煤和油气资源。侏罗纪时的大地构造运动是继三叠纪印支期后波及我国中、东部的燕山期大地构造运动,这一运动不仅形成了决定现在地貌形态的我国大地构造格架,而且又发生了大面积的火山喷发和大规模的岩浆侵入活动,随之为我们提供了钼、钨、铅、锌、铜、金、银等重要的内生金属和非金属矿产。对侏罗纪尤其燕山运动的研究,在我国尤其洛阳所在的豫西地区有着重要意义,所以侏罗纪这一节的内容是相当丰富的。

照片Ⅵ-6　侏罗纪生态复原图

——地表山川大体定型,地面生长着由苏铁、银杏和松柏类高大乔木等形成的茂密森林,动物界是弱肉强食的恐龙时代。

（选自《化石》杂志）

一、地层、岩相、古地理

1. 中国大陆的侏罗系

侏罗纪时由于海平面的升高,全球各个大陆都广泛接受了海侵。中国大陆除了湖南、广东中部、塔里木西南部和西藏地区还存在陆表海,雅鲁藏布江流域还被特提斯大洋占据外,其他地区全部上升成陆,陆内分布着很多大型盆地:包括西北地区的准噶尔盆地、吐鲁番—哈密盆地、塔里木盆地、敦煌—阿拉善盆地、柴达木盆地、祁连—民和盆地、鄂尔多斯盆地等;东北地区有黑龙江的漠河盆地、海拉尔—白城盆地、吉林的辽源—平昌盆地;山东的黄河口盆地、淄博盆地;河南的义马盆地,周口南部盆地;华南安徽的合肥盆地(西接河南固始商城盆地);湖北的香溪盆地;西南的四川盆地等。总的特征是,越向西北、东北,盆地的规模越大、越多,越向东南,盆地的规模越少,越小。此外在我国东部地区,还有相当一些侏罗系盆地被断陷后又为新生界覆盖。上述这些盆地中大都蕴藏着丰富的煤炭、油气和金属矿产资源。研究这些盆地的地层系统、岩浆岩活动和后期的构造运动特征,对认识区内煤和油气及金属矿产的地质勘查,特别是燕山运动的各种形变与成矿的关系,都有重大意义。下面着重以河南义马盆地和济源盆地的侏罗系地层为例,结合对区内其他地区侏罗系的地层、岩石加以简述和分析。

2. 义马盆地的侏罗系

义马盆地是在中生代三叠系基础上发育起来的东西走向侏罗系沉积盆地。盆地东西长22 km,南北宽不足6 km,南侧又为三门峡—田湖—鲁山推覆断裂带掩覆。盆地向东经新安铁门"峡道"接洛阳盆地。省内目前发现的侏罗系地层除分布在义马盆地外,还见于济源西承留盆地,南召马市坪盆地及大别山北麓的固始朱集盆地、段集盆地,商城的金刚台盆地等,马市坪、朱集、段集等盆地位于秦岭—大别山褶皱带中,均属断陷盆地类。

义马盆地的侏罗系仅发育侏罗纪中统义马组地层,以义马煤田常村露天矿区出露最完整:下部以灰白色砂砾岩不整合在三叠系上统谭庄组之上,其上依次为浅灰色中厚层状细粒石英砂岩、粉砂岩和煤层(底煤),夹灰褐色黏土岩、砂岩,砂岩层面多含白云母碎片,富含植物化石;中部为土黄色厚层状长石石英砂岩,黑色黏土岩夹煤层(中煤),黏土岩中含植物化石;上部为黑色致密块状黏土岩,灰白、灰绿色及红色黏土岩,黏土岩中含菱铁矿结核,局部有可采煤层(上煤)。产有植物、动物化石,后者主要为瓣鳃类、叶肢介和鱼鳞片,上为白垩系东孟村组平行不整合,总厚119.61 m。义马组1960年由煤田104队定名,原划为早侏罗世,1989年河南地质局划归早—中侏罗世。后经康明、王自强等结合植物种群和孢粉组合研究,认为植物种群大部属中侏罗世,孢粉组合类似陕北中侏罗世延安组,后划归中侏罗世。

3. 济源西承留盆地的侏罗系

济源西承留盆地的侏罗系于1960年由河南石油队划分为下、中、上三个统:下统为鞍腰组,岩性为黄绿色细粒长石石英砂岩,夹黄绿色粉砂质泥岩、页岩,整合于三叠系谭庄组之上,含丰富的动植物化石,动物化石有双壳类和鱼类,上为中统马凹组整合,厚246 m;马凹组底部为砾岩,下部灰白、灰绿色中粗粒长石石英砂岩夹黏土岩;中部杂色黏土岩夹粉—细砂岩;上统杂色黏土岩与灰黄色泥灰岩互层,上为上统韩庄组不整合,厚230.4 m。韩庄组岩性为砖红色长石石英砂岩,紫红色黏土岩夹砂砾岩,该组基本不含化石,厚仅21.1 m,未见上覆层。和义马盆地的侏罗系不同的是,该盆地沉积以碎屑岩为主,反映盆地在近源粗碎屑物的快速堆积中形成,厚度大,但不含煤。

4. 其他地区的侏罗系

这类盆地均属秦岭—大别构造带内的断陷盆地。分布在南召马市坪黄土岭一带的侏罗系主要是一套灰绿、黄绿色泥岩、泥灰岩,称南召组,厚510.4 m。分布在大别山北麓固始县朱集盆地中的朱集组为灰黄色含白云母的长石石英砂岩及紫红色长石石英砂岩,厚2 200 m。分布在固始县段集的段集组为紫红色厚层砾岩及含砾砂岩,系标准的山麓相磨拉石建造,厚791 m;而分布在商城盆地的金刚台组则为一套暗紫、灰绿色厚层辉石安山岩、安山岩、安山玢岩、粗面岩、流纹岩、流纹斑岩夹珍珠岩、凝灰岩的火山—沉积岩系,厚度巨大,总厚达5 239 m,该盆地为安徽合肥盆地的一部分,河南境内近几年来已取得了斑岩钼矿的找矿突破,安徽境内发现了富铁矿床。

由以上几处侏罗系地层实例可以看出,虽同属小盆地的陆相沉积,但沉积厚度、岩性、岩相和古地理条件都有很大差异,其中同属大别山北麓的小型断陷盆地,商城金刚台一带是厚达5 239 m的火山—沉积岩系,而其北固始境内的朱集、段集一带则是以砂岩、砂砾岩、砾岩的山麓相磨拉石建造;而同属华北大陆型的义马盆地和济源西承留盆地,尽管二者相距并不太远,前者形成了义马煤田,有三个可采煤层,而后者仅仅是砂岩、粉砂岩、泥灰岩而无煤层,甚至黑色黏土岩也不多,显然侏罗纪时由于区域性大地构造运动十分剧烈,地壳运动此起彼伏,沉积的古地理环境变化太大所致。当然不排除另外一个因素:河南的侏罗系不仅出露和分布的面积都很小,而且相应的研究工作也是不足的。

二、侏罗纪的古生物

1. 恐龙类的大发展是侏罗纪的标志

几十年来,由于科普教育的成就,几乎连小学生都知道,地球历史上的侏罗纪是"恐龙的天下",美国科幻电影《侏罗纪公园》对此有着精彩的展示:侏罗纪时地上走的、天上飞的、水里游的都是恐龙。据专家们统计,那时恐龙的种类竟有 750 种之多,不仅种类繁多,而且随环境的变化还在进行着优胜劣汰的生存竞争。比如古生代末遗留下的槽齿类和海生的幻龙类,因为身体的结构不适于生物间的生存竞争而消亡了。而恐龙类中的鸟臀目——后足发达前足小,能像鸟一样跳跃的恐龙类,在争夺生存空间中成为首先飞上天空的爬行类,它们是鸟的祖先,后来演化为鸟类,这是动物史上的一次重大变化。另一类即蜥臀类的四足恐龙,包括食肉的肉食龙,食植物的草食龙,还有在水里游以鱼类等水生物为食的鱼龙、蛇颈龙等,都在继续着陆地和水域中弱肉强食的生存竞争,直到最后包括"胜利者"的一起灭亡(见后)。试想恐龙类巨大的身躯和笨重的行动尚能繁衍生息下来,说明了当时有丰富的食物链来促进它们肌体的成长和发育,因此侏罗纪的生态环境研究是极有意义的。

2. 鱼类、菊石等水生动物也相当繁盛

最古老的鱼类起源于晚古生代泥盆纪,保存的化石有头甲鱼、鳍甲鱼、沟鳞鱼、瓣甲鱼等,这些鱼类均属原始的硬骨、带"甲"的鱼。后至石炭—二叠纪,硬骨鱼演化为软骨鱼,特征是体内为软骨组织,体外披有真皮形成的盾鳞,代表性化石有中华旋齿鲨、弓鲛、中华扁体鱼、古鳕、古鲟等。至侏罗纪出现的真骨鱼类是比较高级的鱼类,其体内骨骼全为硬骨,体外披骨质鳞片,上颌骨与颊骨游离,能自如觅食,鳍类的发育更适合游泳,最具代表性的是晚侏罗世出现的狼鳍鱼。鱼类的发展演化是身体的各部位越来越灵活,更加适于水中觅食、防御和生活。

与鱼类伴生的海生无脊椎动物仍为菊石,它们繁衍于三叠纪海退后的侏罗纪残海中。其他还有瓣腮类的蛤和箭石。陆生生物中还有昆虫,淡水或盐水体中的叶肢介、介形虫及淡水软体的蚌、螺、蛤、蚬等。其中叶肢介类的东方叶肢介是上侏罗统的标准化石。由于河南境内没有海相地层,又未发现侏罗纪恐龙类大化石,主要以叶肢介来确定侏罗系和白垩系的界限。其他如陆生昆虫,淡水无脊椎动物及后面将要介绍的植物类化石,对分散于各地的侏罗系地层的划分和对比也最具重要意义。

3. 侏罗纪的植物化石

侏罗纪时期是以恐龙和菊石为代表的动物大发展时期,同时也是植物繁衍的极盛时期。裸子类植物——如苏铁类、银杏类、松柏类等纲目大为繁盛,种群的发展进化十分明显:例如种子蕨纲的羊齿类在二叠、三叠纪时相当繁茂,但在中生代后期逐渐绝灭,侏罗系地层中已难寻觅;科达纲同石松纲的鳞木、封印木都是成煤的高大乔木,它们在中生代初已经绝迹;代之而起的是苏铁纲的苏铁目,地层中常见的化石主要有焦羽叶、侧羽叶,它们和松柏、银杏在中生代三叠—侏罗纪时十分繁盛,也是这时的主要造煤原料。需要说明的是苏铁类的大部分种属在中生代末已经绝灭,现在热带、亚热带森林中见到的铁树只是苏铁目的一种,它们和后面讲的银杏,都属于裸子植物中的"孑遗",又称活化石。其中银杏纲开始出现于晚石炭世,中生代特别发达,尤以侏罗纪及早白垩世最为繁盛。银杏纲的种属很多,分布广,几乎遍及全球,至白垩纪末逐渐衰退,发现的化石有拟银杏、线银杏、裂银杏等,现在仅存一种一属,且仅见于我国和日本,洛阳嵩县白河至今还可见到果实累累的千年银杏树群,然而这仅是银杏纲存活下来的子孙,它们的祖先是什么样呢?据古植物专家王自强、杨景尧对义马盆地的专项调查,发现那里的侏罗纪地层中仍保存着丰富的古银杏纲化石(见照片Ⅵ-7)可以比较。松柏纲是裸子植物纲中耐寒性最强的针叶类,最早也出现于晚石炭世,大盛于侏罗纪和白垩纪,直到第三纪才开始衰退,但至今仍是高纬度区耐寒植物中的重要品种。

照片Ⅵ-7　义马盆地侏罗纪地层中的银杏化石（上图）和
地质人员正在测量的恐龙足印（下图）

（《资源导刊·地质旅游》2011 年第 7 期）

由上面的论述可知,侏罗纪不仅是"龙行天下"的时代,也是植物界的一个生态旺盛时期。这些植物的遗体的腐烂部分形成了煤和碳质成分很高的腐泥岩石——如碳质页岩、碳质黏土岩,其中可能赋存有如陕北延安—安塞那样的油页岩、页岩气;未腐烂部分的叶、茎、根,包括孢子花粉,都保留于侏罗系地层中成为化石,它同动物类化石一样,对划分和对比分散而不连续的侏罗纪地层具重要意义,同时也是煤、油页岩和页岩气的找矿标志。

三、侏罗纪的大地构造运动——燕山运动

大地构造运动是塑造古地理环境、决定地层岩石特征的基本因素。谈及燕山运动及其影响,这可能是涉及面最广,内容最丰富,对我们又是最为重要的一个议题。凡涉足于地质学大门的人,都知道燕山运动,但谁也说不清楚它。原因之一是自 1927 年我国地质界老前辈翁文灏创名、并界定其代表侏罗系和白垩系之间的不整合之后,先后由丁文江、谢家荣、李四光、张文佑、黄汲清、李春昱、赵宗溥等几乎我国所有知名的构造地质学大家对其都有研究和论述。其中最有影响的是黄汲清等,黄先生依据中生代地层中发现的几个不整合面,把燕山运动的时限扩大为整个中生代——包括三叠纪到白垩纪,乃至新生代初的构造运动,并依其发展阶段划分为早(印支运动)、中、晚三个造山幕。其他还有李四光从地质力学的形变特征上创造的新华夏系。原因之二是燕山运动同地层方面的震旦纪一样,是以我国的地名命名的国际性的大地构造运动,在我国东部波及面之广、强度之大,形成的构造形迹之多,尤其导致的岩浆活动之强烈和成矿作用之丰富,又都是从事地质工作

的人们经常见到,需要了解,但又一时谈不清的问题。因此,有关燕山运动的相关知识,也是地质学界,不断地运用新的地质理论和方法手段研究的重点课题。下面也就这个话题结合洛阳一些实际例子,谈谈我们的认识,并以此与读者交流。

1. 燕山运动的新理念和地应力场

受传统的大地构造理论和地质知识所限,豫西地区以往划分的燕山运动在时限方面包括了侏罗纪、白垩纪和属于燕山中期(195 ~ 155 Ma)、燕山晚期(155 ~ 85 Ma)的两个时期的岩浆活动和与之相关的成矿作用。对于燕山期的构造形态,因为认识到来自太平洋板块对大陆板块的挤压,也顺理成章的会在北西西/南东东向为主的压应力场中形成北北东/南南西向的褶皱和断层,包括次一级的北东向断裂带,以及与该期构造有关的其他方向断裂带、断裂面力学性质的改变。但对构造带中与正断层连带存在的北北东向的逆掩、推覆、断裂,尤其对印支期及其以前就活动着的北西西向构造(如秦岭—大别构造带)及其配套的次级构造的叠加和改造则相当模糊。另外因为以前没有四川期的概念,在认识到北北东向挤压应力场中产生的褶皱、逆掩、推覆断层的同时,确也模糊了这个构造带上因四川期的应力释放产生的伸展和拉张性断裂的形成时代。显然这与我们现在的认识、前面第一节已谈到的燕山运动的概念有较大区别。因此,要重新建立燕山运动的理念,并弄清地区的主要应力场,尤其在这一应力场中,燕山期构造对印支期构造的叠加、改造和被四川期继承是十分重要的(见图Ⅵ-4)。

2. 燕山运动在陆块南缘豫西地区的主要表现

燕山运动在豫西的最明显之处是由其形成的北北东向太行山东侧区域性褶断带伸向豫西之后,在西部切断了小秦岭和崤山的联系,后与区内的东西向基底断裂交会,形成灵宝、卢氏之间的棋盘格状分布的小岩体群和内生矿床(见后);在东部形成新安、渑池之间的黛眉山断垒和伸向宜阳、洛宁、嵩县境内的北东、北北东向褶皱和断裂,尤其早期的伊河和洛河的北东向河谷,都是在这些断裂的基础上发育起来的,其中伊河断裂切断了熊耳山和外方山的联系。

展布于熊耳山北缘的花山背斜,为轴向北东、两翼不对称的宽缓背斜,背斜中轴部分出露有李铁沟、花山两大花岗岩侵入体,前者走向北西西,后者走向北东东,李铁沟岩体同位素年龄166 ~ 125.8 Ma,花山岩体150 ~ 105 Ma,同属燕山期形成的巨大岩基,依其形态,分析其侵入时分别是受区内北西和北东两组被改变的共轭断裂控制,因花岗质岩石与围岩岩石质量上的差异,随岩体侵入,受均衡代偿作用,轻者上浮,重者下沉,发生位移,随之拉动了围岩太华群变质岩系和熊耳群火山岩系一道隆起,形成花山背斜。紧随其后,那些切穿背斜的一些断裂,包括控制上宫金矿的星星阴—上宫断裂,其结构面的性质也随岩浆岩的侵入和花山背斜的形成在不断改变,对此后文还要专门探讨。

3. 秦岭—大别构造带燕山期构造的演化

长期以来人们只是注意到由燕山期发育起来的北北东向构造形迹,因此也忽略了这期构造活动对秦岭—大别构造带的影响。秦岭—大别构造带是秦、祁、昆褶皱造山带的组成部分,这是一条横亘中国中部,夹于华北陆块和扬子陆块两大构造单元之间的"天然鸿沟"。该构造带没有太古宙结晶基底,由数条深大断裂带和微陆组成。其形成时间可追溯到早元古代,之后又经过中、晚元古代,古生代几个地质时期的多次活动,不断在华北陆块边缘增生拼贴,在中生代印支期再次活动、碰撞、推覆才完成最后对接,并在南北不均衡的应力场中改变了原来构造线的走向和相互位置(见前图Ⅵ-3)。燕山运动时,随着应力场方向的改变,燕山期前印支期形成的一些北西西向构造——褶皱和断裂,随着挤压应力的释放,松弛和受压力方向的改变,还改变了其构造面的性质和形成新的构造形迹。原来在印支期形成的北西西或近东西向逆断层,此时均表现为走滑正断层性质,即张扭性拉开,沿拉开的断裂带除了形成伏牛山和大别山北麓的侏罗系山间盆地,并导致了大别山北麓商城一带厚达5 239 m的中—酸性火山岩活动。除此而外,豫西乃至河南的大部分地区也随中国东

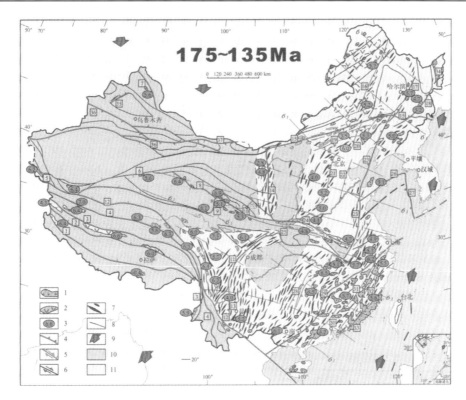

①燕山期花岗质侵入岩体;②燕山期火山岩;③板内变形速度,由岩石化学资料推断,"-"为扩张速度,其余为缩短速度,

单位为 cm/a(数据见附表4-6);④板块碰撞带、逆断层带及其编号;⑤正、走滑断层及其编号;⑥燕山期活动性微弱的地块边界

或断层(无编号);⑦褶皱轴迹,仅示背斜;⑧最大主压应力(σ_1)迹线;⑨板块运动方向;⑩假整合或整合地层接触关系分布区;

⑪角度不整合地层接触关系分布区板块分界线、碰撞带、断层带名称及其编号;㉑太行山东侧逆断层带;㉒沧东-聊城

逆断层带;㉓郯城-庐江逆断层带;㉔宝鸡-洛南-方城左行走滑断层带;㉕商丹左行走滑断层带。

图Ⅵ-4　中国大陆燕山晚期(175~135 Ma)构造事件略图
——示燕山期板块构造运动的应力场特征及其形成的构造形迹。

(万天丰《中国大地构造学纲要》)

部的抬升而隆起,导致区内侏罗系上统发育不全,侏罗系和白垩系之间也因受到侵蚀存在明显的地层缺失或不整合。

4.洛宁上宫断裂带的多期性与中生代的构造运动

上宫断裂带是洛阳地区地质工作者最熟悉的一条断裂构造带,也是洛阳市域最大的金矿床——上宫金矿床的导矿、储矿构造,那里储存着先后探明了约50 t以上的黄金资源,至今仍是深部找矿勘探的主要靶区(见图Ⅵ-5)。由区域地质图上看出,上宫断裂是秦岭—大别构造带北部、华北陆块南缘北西西走向的马超营断裂带北侧的北东向星星阴—七里坪断裂,全长35 km,上宫断裂为其中段组成部分,为熊耳山南坡发育的与金矿有关的控矿断裂。据相关研究成果,该断裂由4~9个近于平行的断裂束组成,每一断裂束又包括几个断裂面,单个断裂束宽4~18 m,最宽37 m,走向50°~60°,倾向312°~321°,倾角50°~83°,目前勘探的深度已达1 200 m以下。组成断裂带的岩石主要是矿化蚀变了的构造角砾岩,杂围岩成分的碎裂岩,与断裂带经过的围岩成分有关、断裂面附近的糜棱岩,及侵入于断裂带北东端并又为断裂破坏的花山花岗岩碎块等。由于上宫金矿床产于该断裂带的蚀变角砾岩和糜棱岩中,通称上宫金矿类型为构造蚀变岩型,与小秦岭等地的石英脉型金矿成矿类型不同。

区域上发育于马超营断裂北侧,与上宫断裂类似的北东向断裂还有元岭—柿树底断裂,潭头初始断裂(后为中新生代四川期构造破坏),瓦房—木植街断裂等。对上宫断裂带多期活动性的研

1. 上宫金矿外景图
2. 深部找矿示意剖面图

图Ⅵ-5　洛宁上宫金矿勘探区及深部找矿剖面图

（汪江河供图）

究,可能有益于增强对这些断裂带,乃至华北陆块南缘豫西地区其他断裂体系发育演化的认识。

多年来经矿床地质工作者现场详细观察研究,发现上宫断裂的活动明显为 3～4 个阶段:第一阶段推断该断裂是三叠纪以前南北向应力场中共轭断裂组的北东45°的一个剪切面,与其形成的机理一样,区内马超营断裂南部的栾川断裂北侧呈45°交角的北西向、北东向剪切断裂都很发育;第二阶段是原来北东向的剪切面,在北北东/南南西向应力场(相当印支期地应力方向)中受到挤压时,发生沿顺时针方向旋转为现在50°～60°走向的位置,断裂性质由压扭性改变为张扭性,其特征是断裂面被拉开为折线状,断裂带内形成断层角砾岩和碎裂岩;第三阶段是在北西西/南东东向(相当燕山期应力场)应力作用下断裂带的左行压扭作用,其特征是在原来张性结构面的基础上,形成舒缓波状的压扭性结构面,原来残存的断层角砾和碎裂岩,经挤压破碎后变为糜棱岩化透镜体;第四阶段是在与第三阶段应力场相反的挤压应力松弛下(相当四川期——见后),断裂面张开,原来由第三阶段开始侵入、携带金等成矿元素的岩浆期后热液进入断裂带中,在糜棱岩透镜体的断裂面的膨胀部位形成上宫构造蚀变岩型金矿。需指出的是,因为成矿后仍有断层将矿体破坏,所以该"毁矿构造"的时代就另当别论了。

很显然,上述由结构面的地质力学性质分析所得出的上宫断裂带发展演化的四个阶段,分别代表了印支前、印支、燕山、四川期四个时期——即中生代大地构造运动的几个主要发展阶段。这个实例也提示,以往认识的有关洛阳地区"燕山期构造"的多种表现形式,实际上是中生代不同时期大地构造活动留下的遗迹,它反映的是区域性构造运动、岩浆活动、成矿作用在地质发展史中互为依存的一个过程。

四、岩浆岩活动及其所形成的矿产

矿产是有益元素的聚集体,这些元素特别是一些重金属元素主要集中在地核和地幔,在地球形成和圈层分异中,逐步转移或分散于地球的各个部位,之后又是靠各类不同的岩浆活动和岩浆的气液将它们带到地表,在不同的构造空间中储存起来形成矿产或矿床。所以,在阐述岩浆活动的时候,不能不谈到它们所形成的各种矿产或矿床,这也是人们最想知道的。下面结合河南实例略加说明。

河南侏罗纪的岩浆活动和我国中东部地区不同,除了大别山北麓商城金刚台有厚达 5 239 m 的中—酸性火山岩系,其他地区皆为以中浅成小斑岩或与之相联系的"超浅成"爆发角砾岩伴生的小斑岩体为主(笔者认为它们可能是被剥蚀后残留的火山茎),较大的侵入体较少。据不完全统计,仅豫西的三门峡、洛阳两地区,已发现的小岩体(其中一部分属白垩纪)竟达数十处,原划为燕山早期,时限195～155 Ma,依其分布、产出特征和所具备的成矿专属性大致可以划分为三种不同类型。

1. 与钼、钨、铅、锌多金属有关的小斑岩类

这类岩体主要分布在黑沟—栾川断裂带以北的华北陆块一侧,主要集中在卢氏北部和栾川南部两个区。

1)卢氏北部、西北部小斑岩

卢氏北部、西北部小斑岩包括形成铁、铜、铅、锌的八宝山、后瑶峪、王家河、柳关、郭家河等小斑岩体,以及与钼、钨、硫、铅、锌有关的夜长坪、银家沟、木桐、圪老湾等小斑岩体。其岩性以钾长石含量较高的二长岩、二长花岗斑岩为主,岩体出露明显受北北东和东西向断裂的交会点控制,形成棋盘格状岩体群,并明显地分为东西两条不同的成矿带,东带以铁、铜、锰、铅、锌为主,西带以钨、铜、硫、铅、锌为主。最为重要的是有相当一部分小斑岩体的侵入通道和顶部都留下了爆发相的角砾岩体和角砾岩带。这是处在地壳内的高温、高压下岩浆骤然与地表常温常压下的大气接触,应力急剧释放的结果,同火山爆发类同。此类岩体有秦池、圪老湾、柳关等。有关的同位素测年资料:银家沟167.9、198.2、172.7 Ma,后瑶峪132、119 Ma,八宝山119.5、122.5 Ma,夜长坪163 Ma。其时限多属燕山期,部分为白垩纪即四川期。

2)栾川南部的小斑岩类

栾川南部的小斑岩类主要有老庙沟钾长花岗斑岩,菠菜沟、上房花岗斑岩,上房—南泥湖斑状二长花岗岩,黄背岭二长花岗斑岩,鱼库钾长花岗斑岩,石宝沟和大坪黑云母二长花岗斑岩等。这些小斑岩类均为栾川钼、钨多金属矿的成矿母岩,其产出的大地构造位置和较高的钾长石含量,与卢灵地区的小斑岩很有相似性,但受两组交会构造控制不明显,岩体也不存在爆发相的角砾岩。已有的同位素年龄资料为:三道庄(马圈)138.3 Ma,鱼库146.5 Ma,南泥湖—上房134～172 Ma,黄背岭132 Ma。石宝沟117 Ma,九丁沟119 Ma,显然后者已超过燕山期的上限年龄,应为四川期,但也有超过燕山期下限,属印支期的年龄,如南泥湖岩体深部的年龄为252 Ma。这说明区内在整个中生代期间都有小斑岩体的活动,燕山期只是其最活跃的时期。

2. 与铁、铜多金属有关的小岩体

这类岩体分布相对分散,岩性以中、酸性为主。包括三门峡大坝附近的石英闪长玢岩,陕县候村、山头村、张茅东庄等地的石英闪长玢岩。这类岩石同豫北安林、河北邯邢铁矿区的岩浆岩属同一类型,且同处于北北东向的太行山构造—岩浆活动带上,围岩地层主要是奥陶纪马家沟统石灰岩。其他地区出露的小岩体还有陕县涧底河、沟南、龙卧沟、白石崖的花岗斑岩,嵩县石门里(同位素年龄174.3 Ma)、洛宁竹园沟、巧女寨的花岗斑岩及洛宁宅延钻孔揭露的隐伏岩体等。这些小岩体虽然也具有不同程度的金属矿化,但因未形成具规模的工业矿床,地质工作程度低,同位素年龄资料也少,仅供参考。

3. 与金属、非金属矿有关的大花岗岩体

豫西地区与金属成矿有关的大花岗岩体较多,依据同位素年龄大部分划归四川期,比较公认的属于燕山期的大花岗岩有位于嵩县西北部的李铁沟—安沟脑黑云母二长花岗岩,同位素年龄分别为166 Ma和125.8 Ma,具钼、金矿化。灵宝文峪黑云母二长花岗岩(179.6～113.4 Ma)、娘娘山黑云二长花岗岩(135.32～102.3 Ma),洛宁上宫金矿花山花岗岩(150～105 Ma),卢氏蟒岭似斑状黑云二长花岗岩(167.9 Ma)等(见照片Ⅵ-8)。

总体而言,燕山期的岩浆活动,就其强度来说是印支期的扩大和发展,就分布范围来说已由古陆块边缘指向内部,就活动规律来说是由中心区的中浅成小斑岩向外部的大岩体扩展,就成矿专属性讲是由高温的钼、钨指向低温的金、银和萤石。其中一些小斑岩体还表现了由深岩茎相—潜岩茎

照片Ⅵ-8　洛宁神灵寨花岗岩石瀑风光
——燕山期形成的花山花岗岩体石瀑上的图纹为长期风化水流的溶蚀沟。

（《资源导刊·地质旅游》2011年第7期）

相—火山口相的不同相变，其产出形态反映了因地面剥蚀而裸露的次火山岩筒的不同部位。此外一些由多个小斑岩侵入体、不同结构岩石和外围组成的"大花岗岩基"复合体特征也大体显示了出来。只是燕山期形成的岩浆岩仅仅是中生代岩浆活动的一个阶段，其形成的全过程，也将在中生代末白垩纪的四川期时才最后完成。所以有关区内小斑岩类的爆发相及一些大面积花岗岩基侵入相的出现，都是白垩纪的产物，而属于岩浆期后热液成矿作用所形成的有关矿产，自然也小于这些岩浆岩形成时的年龄，所以侏罗纪之后的白垩纪，不仅是一个生态变革期、构造运动高峰期，而且也是一个重要的成矿期，对此将在下一节继续阐述。

第四节　白垩纪（系）

（137～65 Ma）

生态恶化恐龙绝，地壳激活矿产丰。

白垩纪之"白垩"指的是一种白色的土状石灰岩类非金属矿物。它在西欧英吉利海峡的中生代末期地层中堆积很厚，故将形成这套地层的时代取名白垩纪。白垩纪历时7 200万年，分为早、晚两个世，对应的地层分下、上两个统。白垩纪时地球上发生了很多大的变化，特别是地史上生物发展演化的第4次大浩劫，而就在这次浩劫中，不可一世的恐龙王国在白垩纪末全部灭绝了，与此同时，陆生植物的被子植物压倒了裸子植物。白垩纪留下来的地层就全球来说以海相为主，但在中国主要是陆相红层或火山盆地。随大地构造运动应力场的改变，中国大陆东部由燕山运动近东西向的挤压转为四川运动近东西向的松驰（见下），随之而来的岩浆活动和成矿作用，形成了我国东部一些大型金、钼等多金属矿床。总之，白垩纪所包含的地质问题非常丰富，很多问题都属大家耳濡目染、深感兴趣的问题，所以要多说几句。

一、大地构造运动属四川运动

1.把四川运动从燕山运动中区分出来

四川运动是1931年谭西畴在研究四川盆地西部红层中的褶皱构造时最先提出的。1943年以来,李春昱在研究川东和秦岭地区的地层、构造、古生物的基础上,扩大了谭西畴等原来的含义,认为四川运动是发生在始新世以前的大地构造运动,在中国中西部形成了秦岭山脉,在中国东南各省,是比加里东运动弱,与燕山运动相当的一期构造运动。黄汲清则称其为"特提斯式"的燕山运动,其形成的褶皱走向和特提斯海(即古地中海)的走向一致(见图Ⅵ-6)。

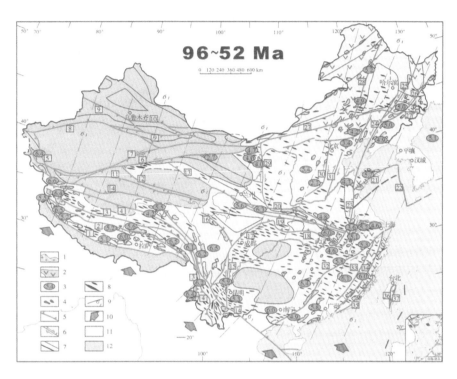

①四川期花岗质侵入岩体;②四川期火山岩;③板内变形速度,由岩石化学资料推断,"－"为扩张速度,其余为缩短速度,
单位为 cm/a;④四川期蛇绿岩与超铁镁质岩;⑤板块碰撞带、逆断层带及其编号;⑥正、走滑断层及其编号;
⑦四川期活动性微弱的地块边界或断层(无编号);⑧褶皱轴迹,仅示背斜;⑨最大主压应力(σ_1)迹线;
⑩板块运动方向;⑪假整合或整合地层接触关系分布区;⑫角度不整合地层接触关系分布区
板块分界线、碰撞带、断层带名称及其编号;⑲商丹－桐柏逆掩断层带;⑳武山－宝鸡－洛南－方城逆断层带;
㉓郯城－庐江南段右行走滑－正断层带;㉚太行山东侧右行走滑－正断层带。
图Ⅵ-6　中国大陆四川期晚期(96～52 Ma)构造事件略图
——示四川期板块构造应力场及其形成的构造形迹。

(万天丰《中国大地构造学纲要》)

长期以来,四川运动被笼统地包含在燕山运动的领域中,或被单独分为燕山运动的最后一幕。因此,一些地质工作者往往把两个不同时期形成的构造形变混淆,出现"关公战秦琼"那样的笑话。这种情况,在以往编制地质图时,都曾为制定侵入图例符号时由于多期次侵入活动"拥挤排序"的麻烦困惑。因此,2001 年地层委员会决定恢复"四川构造事件"和"四川期"的术语,时限为 135～52 Ma,即从早白垩纪中期开始,延续到古近纪古新世的末期止。

构造决定建造,白垩纪的地层分布,岩浆活动以及成矿作用,自然受四川期的构造体系控制,因此深入观察研究白垩纪的地层、古生物、岩浆岩和与之有关的各类矿床,是认识白垩纪地质发展演化史的主要领域,只是以往的地质成果中大都把燕山和四川两个时期的构造形迹混为一谈,以燕山晚期的岩浆活动和成矿作用来取代四川期也习以为常,因此要恢复其本来面目亦非易事,但作者提出的以下三点是必须把握好的。

1）把握并认识四川运动的应力场

四川运动以我国大西南最强烈,但也波及到了大陆的东部。前文已作过阐述,四川运动的应力场为北北东、南南西向,构造形变的特点是西强东弱,均与燕山期相反,而与印支期相似。除四川盆地及其周边形成北西西向的宽缓褶皱外,其余的大部地区只是原来不同方向的断层,因受其叠加后而改变了力学性质。关于这种情况,在前面分析洛宁上宫金矿3～4期结构面的形变时已经谈到了。

2）与燕山期形成的构造进行比较

应力场不同,形成的构造性质和特点也不同。四川期发生在燕山期之后,二者应力场方向相反,因此形成的构造形迹,也将随之改变,前者的压性结构面,后者则使之转向张性,反之则转化为压性。例如,豫西地区常见的北北东向断裂带中多是和褶皱伴生的正断层,这说明在燕山期由于挤压、缩短形成的压性、压扭性构造在四川期则因相反的力学性质,由应力释放的伸展而发育为正断层性的走滑。又如豫西地区的北西西向秦岭—大别构造带,在燕山期的应力场中是以逆时针的左旋走滑为特点,而在四川期则表现为顺时针的推覆和拆离为特点（见后）。

3）用地质力学的方法去识别构造面

无论是对应力场的判断,还是与燕山期的比较,都必须有在野外宏观条件下观测研究、提炼识别构造面力学性质的真功夫。对此,地质力学的构造学说中有着详细的阐述,从事地质工作的同志,都应对各种构造学说的精华兼收并蓄,结合野外实践来综合应用,对此这里也就不必详述了。

2.伸展构造与拆离断层

伸展构造是在水平应力构造体制下形成的一种构造系统。浅部大陆地壳的伸展首先表现为地层厚度的减薄,后在均衡代偿原理下,变薄处发生断陷并使较重的一侧沉降,形成一套以正断层为主体的脆性伸展构造系统;与此同时在地壳深部,伴随地幔物质的上涌,导致地热梯度升高,致使中间韧性流层活动,产生以近水平韧性剪切带为主体,包括滑脱断块、拆离断层在内的伸展构造系统。因此,伸展构造表现的样式很多,并发育有不同特征的地壳结构。

拆离断层是伸展构造的一种表现形式,它可以是在压扭应力作用下形成的低角度滑脱面,也可以是在伸展体制下形成的低角度正断层。前者的断层面往往是切断层理的,而后者往往是沿层理、片理的这些脆弱面产生滑移,故也将拆离断层称滑离断层。这类断层的特点往往成组出现,断层面不宽,常呈拱形或波形,往往使地层缺失而不连续。一些矿区由地质工程揭露所见成组出现的矿脉的形成多与这类构造有关,其主要特点是,它们沿走向的延长,远不如向下延深的深度。

中国东部的大地构造运动,在侏罗纪燕山期的北西、北西西/南东、南东东向应力场中形成的褶皱构造,到白垩纪四川期,随应力场和应力方向的改变,由挤压转为松弛,形成一系列伸展构造,伴之产生拆离断层。以熊耳山中段为例,古生代末,在近东西向的马超营断裂带北缘,形成了北东向和北西向两组共轭断裂。前面谈到,在燕山期时分别有李铁沟斑状黑云二长花岗岩（走向北西）和花山二长花岗岩（走向北东）沿两组断裂交会部位先后侵入,形成巨大的花岗岩基,并在此基础上形成了花山背斜的雏形。到了四川期时,随背斜的连续上隆,加大了背斜的波及面积,使之核部太华群基底大面积出露,除了在太华群和熊耳群的不整合面上发生伸展形成拆离断层,也拉开了熊耳群火山岩的层面和太华群的片理,形成成组的拆离断层。现已证明,区内除了上宫一类断裂带控制金的成矿外,花山背斜南北发育的拆离断层也是区内不可忽视的又一类控矿构造,但这类成矿断裂目前还未引起更多人的重视。

3.熊耳山南北的推覆构造和高角度断层

1）熊耳山南麓的推覆构造

熊耳山南麓的推覆构造主要反映在南天门和马超营两条复活了的断裂带上,前锋波及到黑沟—栾川断裂,形迹表现为地层向北陡倾斜和向南逆冲的特点。由北而南熊耳群和蓟县系不同层位的地层由老压新,形成叠瓦状掩覆,沿断裂带的断层面上留下了成分复杂的糜棱岩,并因由北而南的强力推覆挤压,构造带以南蓟县系官道口群和青白口系栾川群地层,形成一系列平行断层和与断层带走向一致、向北倾斜、向南倒转的褶皱系,并造成一部分地层的重复和断失。对此,原地调一队现地矿一院燕建设、王铭生等已出版有关专著,这里就不多说了。需要补充说明的是,熊耳山南部的推覆构造与前面谈到中国地质调查局发展研究中心袁学成等运用地震测深法对秦岭陆内造山带岩石圈结构研究中提出的黑沟断裂以北地壳浅部的构造形态是一致的。

2)熊耳山北侧的推覆构造

熊耳山北侧的推覆构造是在印支期形成的三门峡—田湖—鲁山断裂带,即在熊耳群的北缘断裂基础上发育起来的推覆构造系。该构造系是由三条主断裂挟带着三个不同时期地层的推覆片体组成的,其前沿为龙潭沟—暖泉沟—殷桥—温泉犁式断裂,由其驮载的前中生代地层,逆冲在中生代三叠系之上。由于受推覆片体的破坏,其驮载的郁山煤田、宜洛煤田、焦姑山煤田的煤层多为不连续的断块,划分的井田规模都不大。其后面的第二个推覆片体,由中晚元古界的蓟县系汝阳群、青白口系洛峪群组成,由于这两套地层的刚性较大,多形成一些断块地形,如宜阳半壁山所见,断块之上还残留着寒武系和石炭系的铝土矿层。第三个犁式断层即三门峡—田湖—鲁山主断裂带,这是该推覆断裂系的主体。由该推覆构造系的规模和涉及的地层系统,推测它的形成与印支期秦岭—大别构造带的碰撞,燕山期熊耳山北缘花山背斜的形成和隆升都有关系,使之早期处在挤压应力不断加强的环境中,后到四川期时转为应力松弛、释放,产生大量高角度正断层,形成规模巨大的山前断裂带和断陷盆地,这些盆地后来接受了中—新生代沉积(见后),在宜阳董王庄—嵩县田湖、饭坡、九店—汝阳柏树、上店一线,由伸展作用拉开的断裂带中,还喷发堆积了早白垩纪的酸性火山凝灰岩系(见后)。

二、古生物

1. 白垩纪早期也是古生物相当繁盛的时代

白垩纪时,中国处在北半球的亚热带和温带气候条件下,由于赤道和两极的位置稳定,海洋和大陆界限分明,加之与现代地貌近似的山脉、平原已大致定型,在各地不同的大气环流作用下,全球气候是温暖、湿润、炎热、干燥多种气候类型都有,适于各种动物、植物生存,因此白垩纪的早期、中期,同侏罗纪一样生物非常繁盛。植物方面,松柏、银杏、蕨类等裸子植物继续存在,但出现了开花结果的桃、李、杏类被子植物,到白垩纪后期,它们压倒了裸子植物,占了统治地位(见照片Ⅵ-9)。动物方面,海生的菊石、箭石,厚壳的瓣鳃类等依然在有海洋的地方生存,其中吸食海水中的钙、形

裸子植物

桦木属 (*Betula* L.)
1.雄花序; 2.雌花序; 3.雄花; 4.小坚果。

被子植物

照片Ⅵ-9　裸子植物和被子植物

(《地球》2013 年第 1 期)(姚小东组合)

成白垩的有孔虫类大量繁殖。陆生无脊椎动物中的淡水瓣腮类、叶肢介、介形虫类进一步发展,它们栖息在遍布的淡水湖泊和河流中。另外号称"森林游客"的昆虫类也十分丰富。

白垩纪早期同侏罗纪一样,仍是脊椎动物中的爬行动物"龙行天下"时代。有关这个时代恐龙的情况,可在下面解说河南恐龙的发现情况时窥见一斑。与恐龙的极盛期相伴,淡水中的全骨鱼类得到发展,真骨鱼类开始繁衍。侏罗纪时出现的原始鸟类演化为真正的鸟类,包括恐龙在内的卵生爬行类中已出现了食虫的胎生物种。总而言之,由隐生宙时的低等生命经过几十亿年的进化—毁灭—再进化的多次反复,到白垩纪时已越来越接近现代生命了。

2. 河南是白垩纪恐龙王国的一隅

这里讲一段洛阳人发现恐龙化石的故事。1972 年,栾川秋扒乡兴修水利时,发现了 5 颗大的动物牙齿和骨骼化石,送北京中国科学院古脊椎动物古人类研究所经专家董枝明鉴定,定名为"栾川霸王龙"。之后于 20 世纪 70 年代中后期,河南地质队员先后在淅川、信阳、内乡、西峡多处发现了恐龙蛋,至 1993 年,仅西峡一个小山坡上就发掘了 3 000 多枚,包括周边 5 km² 范围,前后发掘已达十几万枚,被称为发现秦兵马俑之后的"世界第九大奇迹"。但令人不解的是,这么多的恐龙蛋化石,产蛋的恐龙在哪里呢? 还有栾川已发现了恐龙的牙齿,它的身躯会在哪里呢? 作为科技工作者谁不想弄个究竟,但地质调研和发掘都要经费支撑,经费在哪里呢?

1989 年,汝阳三屯乡下河村一个痴迷中药材、专门收购当地出土的"龙骨"药材、名叫董鸿欣的老人专门给中科院寄去一封信,随信又寄去一块鸡爪状的"龙骨化石"。很巧的是这封信也转到了董枝明专家手中,他即委派他的学生吕君昌来汝阳先后进行过几次调研,每次调研都有收获并发现了恐龙的尾椎化石,只是同样也因经费等因素而搁浅。无奈汝阳三屯、刘店一带的农民,又做起了几角钱一斤的"龙骨"买卖。

2005 年,由河南省政府立项拨款,河南省地质博物馆牵头,专程到北京请了董枝明和吕君昌来汝阳继续原来的工作。与前不同的是,这次是专家、群众和各级政府相结合,当群众了解到原来作为中药材的"龙骨"就是恐龙的化石时,山村沸腾了。经过一年的发掘,第一个战役就发现了完整的"汝阳黄河巨龙"的整体骨骼化石,经整理和体态复原,确定其身长 18 m,肩高 6 m,臀高 5.1 m,体重估计在 60 t。这比以前发现的中国最大的马门溪龙还要大,也是亚洲最大的一头蜥臀类草食恐龙。紧接着是第二战役,在与前者相距 1 000 m 的地方,于 2007 年 12 月至 2008 年末发现的另一条恐龙,经复原后身长超过 30 m,身高 10 m 以上,体重估计超过 100 t,同样也是蜥臀类草食恐龙,因为这头龙比汝阳黄河巨龙还要大,定名为"巨型汝阳龙"(见照片Ⅵ-10)。

由于这两个发掘战役都取得了震惊中外的成果,大大鼓舞了发掘者的信心和继续奋战的精神,至目前为止,仅汝阳刘店乡一带就又发掘了"洛阳中原龙"、"史家沟岘山龙"、"刘店洛阳龙"等 10 个以上恐龙种属。汝阳的成就,再次震动了栾川秋扒乡,在省地质博物馆和中国地质科学院的帮助下,栾川也打响了恐龙发掘工作的战役,仅在栾川秋扒—潭头盆地 10 km² 内确认的化石点就达 20 余处,发现了 4 个化石层,其中在发掘的不足 50 m² 的范围内,已初步发现了小型驰龙类、窃蛋龙类、伤齿龙类化石,其中目前已命名的有全身长有羽毛,能用后腿跳跃行走的"河南栾川盗龙",伴之有至少 4 种不同的恐龙蛋。与此同时,河南西峡等地还发现了"南阳诸葛龙","河南宝天曼龙"。至此,以往"有蛋无龙"、"有龙牙无龙身"的迷团逐渐得到了破解,河南白垩纪恐龙的繁盛已窥见一斑(见照片Ⅵ-11)。

据统计,到 2010 年为止,河南各地发现的恐龙种属至少在 20 种以上,因此河南当与我国几大恐龙化石产区——云南禄丰盆地、四川自贡盆地、辽宁的辽西地区、内蒙古的二连盆地并列,成为我国恐龙王国的一隅。需强调说明的是,河南省的白垩系因为与古近系的红层为连续沉积(见后),在以往的区调工作中,多将这部分地层统统划归不属恐龙时代的新生界(包括洛阳、汝阳、汝州等地),从而造成恐龙遗迹的误区! 因此,河南对恐龙遗迹的勘查和发掘远不能只是这两处,还有更大的领域需进行工作。

2007 年 12 月汝阳刘店乡
洪岭村恐龙发现现场

汝阳黄河巨龙
巨型汝阳龙　复原模型

照片Ⅵ-10　汝阳黄河巨龙发现现场
——2007 年 12 月汝阳刘店乡洪岭村恐龙发现现场
(《资源导刊·地质旅游》2010 年第 2 期)

照片Ⅵ-11　河南栾川盗龙
——属鸟臀目、肉食类的栾川盗龙。
(《资源导刊·地质旅游》2010 年第 2 期)

3. 恐龙绝灭之谜

据有关资料统计,目前全球发现的恐龙化石的标本约 2 200 个,大概有 500 个属,1 000 多个种。其中我国命名的有 129 属,164 种。然而就这样一个包括天上飞的、水中游的、地上走的、一时纵横天下的庞大种群,竟然在白垩纪末的生命大浩劫中全部灭绝了。因此,有关恐龙灭绝之谜,一直是科技界多方面探索的问题,据说各种假说达几十种,其中主要说法有:

1) 天体灾害说

说的是白垩纪末,银河系里有一颗超新星爆发,由其放出的高能宇宙射线破坏了地球的臭氧层,从而使地球上的物种受到太阳紫外线和放射性物质极大的伤害,包括恐龙在内,地球上有一半的物种遭到了毁灭。

2) 星球撞击说

内容是太阳系中距地球最近的一颗小行星在运行中和地球相撞,产生了地震和巨大的热浪,被激活的地壳放射性元素发生蜕变,产生比成倍原子弹威力还要大的大爆炸,造成地球上突发性大灾难,恐龙等一大批生命也在这种灾难中遭到了毁灭。

3) 气候、环境恶化说

由白垩纪末各地广泛发育的动、植物类化石稀少的红层说明,白垩纪末天气大旱,水源短缺,空气干燥,植被稀少,气温不断升高,生态环境严重恶化。恐龙系冷血动物,形体又大,受不了高温气候的折磨,加上食物链的日益匮乏,便逐渐灭亡了。

4) 化学中毒死亡说

有人在研究恐龙的骨骼时,普遍发现"砷"异常,在研究恐龙蛋时发现了"铱"异常。骨头发青是砷中毒的鉴别标志,而铱则是阻止恐龙蛋孵化的杀手(见照片Ⅵ-12)。从而导致了恐龙的灭绝。人们推测白垩纪是火山活动频发的时期,这些有毒的元素可能来自火山喷发,火山灰和火山气体严重地破坏了恐龙的生存环境。

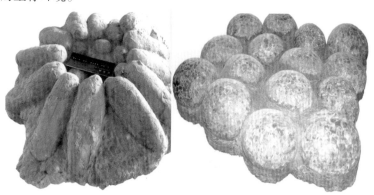

照片Ⅵ-12　恐龙蛋(西峡)

(《资源导刊·地质旅游》2011 年第 7 期)

总而言之,有关恐龙灭绝之谜的探讨,可谓众说纷纭,莫衷一是。但主要是来自宇宙的灾变论和来自环境的恶化论两大类。在科学日益发达、人类不断走向文明的今天,面对着物种毁灭的先例,人类决不会束手待毙;今天不断探索天体的航天事业,也是正在探索、预测、防治天体灾害的行动,而人类日益开展的关爱地球、保护生存环境的各项活动,也正是应对环境恶化,不致重蹈恐龙等种群自我毁灭的积极行为。

三、地层、岩相、古地理

1. 分布和类型划分

中国的白垩系和世界其他地方相比差别较大。全球的白垩纪是中生代时海水淹没范围最大的时期,北半球广泛形成了海相标志的白垩层。但中国自三叠纪以来属于隆升的大陆,大陆上形成很多构造盆地,各构造盆地中发育的是红色的砂页岩层。河南也是构造盆地型红层最发育的典型地区之一,因此这里主要介绍河南,重点是豫西洛阳地区为主的白垩系地层,结合阐明其古地理特征。

1) 分布

河南境内出露和被肯定了的白垩系,主要分布在豫西的洛阳、三门峡和南阳盆地,另有少部分出露在豫东南的大别山北麓信阳光山陈棚一带。所属大地构造位置跨华北陆块南缘和秦岭—大别构造带两个大地构造单元。前者包括渑池—义马盆地,宝丰大营盆地,嵩县田湖、九店—汝阳上店盆地,栾川潭头—嵩县盆地和汝阳三屯—刘店盆地等。后者包括卢氏五里川—朱阳关盆地,南召盆地,西峡—镇平—南阳盆地,淅川—内乡盆地,以及大别山北麓的信阳光山马畈盆地等,总的情况是南部包括南阳盆地在内,盆地的规模较大,北方相对较小,推测东部平原区新生界之下可能还有更大规模的此类盆地。

2)盆地类型

与三叠、侏罗系的萎缩或沉积盆地不同,白垩系盆地全部为不同类型的构造断陷盆地,盆地的形态、规模包括沉积物的厚度,均与区域断裂带的走向、规模,尤其白垩纪时其力学性质的转化有关。不同盆地中白垩系的岩石类型可分为三大类:第一类为河流、湖泊相沉积的红层碎屑岩类,包括渑池—义马盆地、南召马市坪盆地、五里川—朱阳关盆地以及南阳盆地周边的西峡、淅川、镇平诸盆地,这些盆地大都发现了恐龙类的遗迹;第二类盆地为火山盆地,包括九店盆地、汝州和宝丰交界的大营—韩庄盆地和信阳大别山北麓的光山—商城盆地,后者在侏罗纪时就开始了火山活动;第三类盆地是从原划归新生界古近系的红层,因发现了恐龙等白垩纪化石后改划为白垩纪的盆地,其特点是白垩系和古近系是连续沉积的,包括汝阳的三屯—刘店盆地,栾川潭头盆地和灵宝川口—朱阳盆地等,从相关地层对比方面看,这类盆地可能还要增多。

2. 地层与岩石

盆地形成的条件不同,形成的地层与岩石也不同,主要是三种类型:

1)红层沉积型——义马盆地东孟村组

地层以近东西走向分布于渑池东南的东孟村至义马西南一带。下部由暗红色夹灰色的砂岩、疏松页岩(泥岩)夹透镜状砾岩组成,不整合于下伏侏罗系义马组之上;中部为淡灰绿色、厚层钙质胶结的石英砂岩;上部为暗红—淡红砂岩及少量灰绿色泥质粉砂岩组成,反映该盆地在白垩纪时继续较大幅度下沉,接受新一轮沉积。上为新近系砾岩不整合,厚 193.9 m。东孟村组岩性、岩相稳定,属河流—湖泊相沉积。

2)火山岩型——田湖—九店断陷带九店组

九店组分布于三门峡—田湖—鲁山断裂带北缘、大体与该断裂带走向一致的断陷盆地中,西北起自宜阳董王庄,经嵩县田湖、饭坡、九店、汝阳柏树,延至上店以东,长约 50 km,东与三屯—刘店盆地相接。九店组几乎全部为紫红—淡紫红—灰白色酸性晶屑、岩屑凝灰岩为主,底部夹多层暗红色砾岩和凝灰质砾岩组成。砾岩砾石成分主要为下伏层的安山岩、石英砂岩和熔凝灰岩,宜阳董王庄、嵩县饭坡火山岩系底部蒙脱石含量达 40% 以上,局部形成澎润土可采矿层。底部分别不整合于熊耳群、汝阳群和洛峪群之上,顶部为原称古近系的陈宅沟组不整合,总厚 1 806.85 m。

同属白垩系的大营组分布在汝州—宝丰盆地的宝丰大营以西—韩庄煤矿东及鲁山梁洼北东一带。下部为一套紫红、灰绿、深灰色碎屑岩;中、上部为安山玢岩、辉石安山岩组成的火山岩系,同位素年龄 114.0 Ma,122.5 Ma,黑云母单矿物年龄 144.32 Ma,厚 1 108.7 m。

3)白垩纪—古近纪连续沉积型盆地

这类盆地的岩石特征与第一类型相似。岩性主要为河流—湖泊相的棕红、褐红色砂砾岩、黏土岩。典型地层为栾川潭头盆地的秋扒组,灵宝川口—朱阳盆地的南朝组。这两处白垩系地层曾划为新生界古近系,后因发现了恐龙牙齿和恐龙蛋等化石,划归白垩系。因为区内白垩纪和古近系为连续沉积,现未发现有间断,故而白垩系的分布也没有明显的边界。

与上述情况相似的是汝阳—汝州盆地的古近系。该盆地的汝阳三屯—刘店一带发现的恐龙类化石群,保存在原划为古近系下部陈宅沟组棕红、褐红色粉砂岩和砂岩中,后将这部分地层更正为白垩系,区内不整合在九店组火山岩之上。由于洛阳、汝阳、汝州一带的陈宅沟组分布很广(见后），其中哪些属白垩纪？哪些属古近纪？目前并未全面进行调查。同样栾川潭头—秋扒盆地的古近系高峪沟组和其下部发现恐龙化石的白垩系秋扒组之间也存在着类似的问题，都需补做大量的地质工作，所以对从未想过发现恐龙化石、原划归新生代古近系的陈宅沟组地层分布区也应是寻找恐龙化石的主要靶区。

3. 构造演化和盆地地层形成机制

由前面阐述的关于白垩系断陷盆地的分布可以看出，在河南境内，这类盆地分别分布在秦岭—大别构造带和华北陆块南缘两个地区，以秦岭—大别构造带居多。其中南部接近扬子陆块的南阳盆地一带更发育，其形成机制很多学者认为是扬子陆块向北俯冲引起地层推覆后期伸展断陷的结果。

洛阳一带白垩纪地层的形成机制，按盆地断陷性质大致也可分为三种类型：

1）北北东向伸展构造型——灵宝南朝组

南朝组分布在灵宝市东部的川口—朱阳盆地。该盆地是崤山西侧由豫北经三门峡伸向秦岭东西向构造带的北北东—北东向构造断陷盆地，盆地中发育了由白垩纪南朝组垫底的中新生代地层，代表了由燕山期的逆时针左行走滑向四川期顺时针右行松弛的结果。除了南朝一带由新生代划分出的白垩系南朝组，盆地其他部分是否还有白垩纪地层包括可能发现的恐龙遗迹是值得注意的问题。

2）熊耳山前伸展型——潭头秋扒组、嵩县九店组等

前面谈过熊耳山隆起时南北两侧的伸展、推覆构造，与其对应的是南北两侧构造盆地的形成。南侧的潭头盆地是比北侧的嵩县—伊川盆地发育较早的北东东向盆地，其走向与北部的花山背斜、白土—外方山向斜即熊耳山的走向大体一致。由该盆地底部厚大的砾岩层、砂砾岩层及其分布推断，它是在熊耳山整体隆起时，南侧松弛伸展、拉开了的盆地。与潭头盆地对应的是北部由白垩系九店组分布的断陷带，其规模要比潭头盆地大得多，这套火山岩的形成可能是与三门峡—田湖—鲁山推覆断裂带在四川期因应力场改变后应力松弛的结果有关。

分布在渑池—义马盆地的白垩系东孟村组和汝州—宝丰一带的白垩系大营组，虽然二者相距较远，岩石类型不同，但二者的共同点是同处于熊耳山北侧推覆构造的前沿，均属推覆构造系的前陆盆地性质，是推覆片体的前锋在达到动力极限时，应力松弛的结果。至于大营组的中基性火山岩是否与这种构造机制有关，则是进一步探索的问题。

3）北秦岭构造带中的红层盆地——南召马市坪组等

这些盆地包括了沿黑沟—栾川—南召—明港断裂带中南召盆地的马市坪组；沿朱—夏断裂带形成的五里川—朱阳关盆地中的白垩系（和古近系未分）和沿商—丹断裂带分布、产有恐龙蛋的红层和伸向大别山北麓的白垩系陈棚组火山岩等。这些构造盆地中白垩系的最大特点是它们多属下伏侏罗或三叠系的盖层，厚度不大，中间多有明显的沉积间断。

上述这种现象说明，北秦岭—大别构造带自印支期以来就拉开了。初期形成三叠系延长统的沉积，到燕山期因受逆时针方向的挤压，和中国东部的全面抬升，侏罗系的沉积面积大大缩小或者缺失，但到了四川期，随顺时针应力场的形成，在拉张中伸展的应力条件下，盆地再度拉开并不断使沉积的空间加大，又接受了新的红层沉积。这种情况说明，中生代大地构造的每一个阶段都波及到了北秦岭地区。

四、岩浆活动和所形成的矿产

1. 多期、多次、集中分布的岩浆活动系列

由同位素方面提供的数据可知，很多岩体形成的年龄包括了侏罗纪燕山期和白垩纪四川期两个世代。它们在分布上的特点是往往比较集中在一个地区，形成不同形式的岩体群，如卢氏西北部

银家沟—八宝山一带的岩体群呈棋盘格状;洛阳一带则呈现出一个椭圆形的"环状岩体群":该岩体群以北部的花山、李铁沟岩体为准,按逆时针方向,依次分布的是栾川北部红庄隐伏岩体、栾川南部钼矿田的小斑岩类岩体群和最南的老君山岩体;按顺时针方向是斑竹寺岩体、九店组火山岩分布区、汝阳太山庙、嵩县摘星楼和栾川合峪大花岗岩基。包括嵩县西北部、合峪和太山庙岩体外围的一些爆发角砾岩在内,这个椭圆形的直径为 80～90 km,为什么它们这样有规律的分布还不清楚。另从合峪这个大花岗岩岩体分析,它也并非是同一种岩性,只是结构上内外不同、浑然一体的一个大岩基,而是由 7～8 个不同岩性单元(或不同期次),包括粗粒巨斑状黑云二长花岗岩,中粒、细粒二长花岗岩,花岗斑岩以及含钼矿化的杂色爆发角砾岩组成的一个复式岩体。因此,无论从这个环形空间内的岩体组合,还是单一的复式岩体都可以看出,区内由侏罗纪到白垩纪,原是一个多期、多次,由深成侵入、浅成侵入到喷出火山碎屑和次火山侵入爆发管道相的一个多期次、成因、结构构造相当复杂的一个系列性岩体群,或为一个大的岩浆活动系列。

　　这里需要补充说明的是,上述的环形岩体群不仅为古都洛阳带来了钼、钨、铅、锌、金、银、萤石、硫铁矿、钾长石、高岭土、蒙脱石、板材、石材类等多种矿产资源,而且塑造了古都周边气势宏伟的山水地貌。具有特殊魅力的花岗岩地形和经风化了的花岗岩地貌,葱郁的植被和洛阳厚重的历史上依山水自然景观为依托形成的人文景观,使很多花岗岩区成为今日的旅游和休闲度假胜地,如处在花山花岗岩基上的洛宁神灵寨、宜阳花果山、嵩县天池山的三景区鼎立,以老君山花岗岩、老君庙为一体的栾川老君山景区,以太山庙花岗岩、高山杜鹃、野牡丹为一体的汝阳西泰山景区,栾川合峪杨山寨景区和以嵩县白云山、车村摘星楼、龙池嫚花岗岩为依托的休闲度假区等。相信读过本书的人们,一定会在观赏这些景区时,加深对花岗岩地质地貌的印象(见照片Ⅵ-13),并从中真正享受到陶醉于山水美景的滋味。

照片Ⅵ-13　白云山花岗岩地貌景观

(《资源导刊·地质旅游》2011 年第 8 期)

2. 丰富的岩浆活动方式决定于白垩纪应力场的改变

　　前述侏罗纪即燕山期的岩浆活动时总结了两大特点:一是大花岗岩少,二是以小斑岩的侵入为主,爆发相较少。究其原因很简单,在中国东部,燕山期的陆壳是处在逆时针的压扭应力场中,其所形成的北北东向构造,除了与古东西向构造交会处能给岩浆活动留下空间,其他为岩浆活动留下的通道较少。但到了白垩纪即四川期,随应力场的顺时针扭动,原来的压扭性构造转为张性拉开,从而导致地应力释放、伸展,于是那些小斑岩的侵入在接近地表的常温、常压下,岩浆通道中积聚的巨大的内压力在与大气接触后,因其急剧释放而产生爆发效应,多形成角砾岩和喇叭状的火山口构造。需强调的是,这类角砾岩以往资料中多称其为"隐爆角砾岩",试想不和空气接触,地下又无放射性那种自然性引爆机制,"隐爆"一词作何解释? 同一原理,也是在燕山期大陆地壳在强烈构造应力场中受热,重熔的地壳物质和地幔对流形成的地下岩浆,也是在白垩纪四川期的伸展构造活动中减压、应力释放而上侵,形成大花岗岩基。总而言之,白垩纪丰富的多种形式的岩浆活动,均取决于构造应力场的改变,而多种形式的岩浆活动也带给人类丰富的以内生矿产为主的矿产资源。

3. 大花岗岩在找矿中分解,扩大了找矿方向

洛阳一带的大花岗岩包括合峪岩体、太山庙岩体、花山岩体、李铁沟岩体和老君山岩体等。二十几年前,河南地调一队曾运用稳定同位素和地球化学方法,分别对本区的大花岗岩和小斑岩类进行专题研究,在确定它们的形成时限同属中、晚燕山期的基础上,认为与钼、钨矿有直接关系的小斑岩体具幔壳混熔特点,岩浆物质来源以地幔物质为主,但侵位较浅;与成矿有间接关系的大花岗岩体,主要为壳质原地重熔型,属侵位较深的花岗岩。在相当长的一段时间内,因为这种认识,找矿主要集中在小斑岩类侵入岩和爆发角砾岩方面,对大花岗岩的地质工作做的很少,很粗略(见照片Ⅵ-14)。

照片Ⅵ-14　四川期花岗岩景观
——炎、黄二峰:汝阳西泰山花岗岩地貌。

(《资源导刊·地质旅游》2011 年第 8 期)

但随着近些年来地方采矿业的发展,人们在太山庙、合峪这些大花岗岩体中的萤石矿脉中发现了方铅矿,在花岗岩的构造裂隙和其中的一个角砾岩体中发现进而勘探了嵩县鱼池岭、汝阳竹园沟等地的钼矿床,并通过矿区大比例尺地质调查,才发现这些大的花岗岩体原来是在同一个控制岩浆活动机制下形成的一个同源、多期、多相、不同岩石类型的岩浆岩复合体,推测它的成矿作用也可能是由高温的辉钼矿到低温萤石的一个成矿系列。由此,不仅加深了对区域性大花岗岩体的认识,而且又一次拓宽了区内地质找矿的方向和途径。

4. 小斑岩类的侵入和爆发,代表了岩浆不同的就位方式

在研究卢氏—灵宝、栾川南部和嵩县西北部的小岩体群,以及汝阳太山庙、栾川合峪这些大岩体边部和外围的一些小岩体时,人们发现同一个岩体群内有的是以中、浅成相斑岩产出,有的则以爆发相即过去说的"超浅成"相产出,它们所形成的矿产一般的情况是,属中、浅成侵入相产出者以钼、钨、铁、铅、锌等高、中温矿物为主,属爆发相产出者则以金、银、铜、铅、锌等低、中温矿物为主。前者以卢氏八宝山铁矿,栾川南泥湖、上房,汝阳马庙东沟,嵩县雷门沟钼矿床为代表;后者以嵩县西北部祁雨沟金矿为典型。对此,一些矿床学家从岩浆岩的成矿专属性和矿床特征方面总结为"斑岩钼矿"和"爆发角砾岩型金矿"两种矿床类型,但都没有提到形成这两种矿床的岩浆岩是否也有内在联系。

嵩县西北部是爆发角砾岩筒最发育而又最集中的地区,统计中有编号的岩筒达20~30处,它们和已出露在地表的小斑岩类也均按区域构造作有规律的排列。以雷门沟钼矿区出露不足1 km^{2}的硅化钾长花岗斑岩,和相距很近的祁雨沟金矿区的角砾岩筒为例,前者的主要矿物是辉钼矿、黄铁矿,微量矿物中有自然金;后者的主要矿物也是黄铁矿,而自然金、银金矿和白钨矿、辉钼矿同属微量矿物,只是金矿在岩筒的上部居主,钼在岩筒下部居主而已。由此可以说,小斑岩类只是运载有用矿物的母体,形成不同矿物或矿床的条件在于不同矿物的结晶温度和它们到达的部位。这就是岩浆活动中侵入和喷出(爆发)的统一,也是成矿过程(成矿系列)的统一,我们不能人为地把它们割裂开来。

综合上述,白垩纪是地质史中涉及内容最多的一个时代,也是地质学领域中"诸子百家"观察研究最深刻、学术上的争论最剧烈、也是提供地质矿产研究和勘查成果最丰富的领域,因此本节的篇幅虽长,但也难以概括。另外,针对白垩纪一些地质问题,笔者所发表的一些见解,只是抛砖引玉而已。应该强调的一点是,地层是地壳运动,也是地史的真实记录,如洛阳所在的豫西地区内分布的大部分新生代断陷盆地多以发现恐龙化石的白垩纪地层垫底(它们原来大都划归新生界),这说明白垩纪末四川运动还没有结束,要延长一段时间,另外原划归古近系的那些断陷盆地中的红层中是否都有白垩系,这些应属于白垩系的地层中有没有保留恐龙化石?对此都还需在下一章新生代时继续探讨。

第七章　新生代(界)

(65 Ma ~ 现在)

新生代(界),《史话》揭新篇:

古近、新近、第四纪,

仅仅 65 百万年!

说地层,陆生盆地砂泥填;

说构造,板块运动仍频繁:

板缘闹地震,岛弧多火山;

东土褶曲储油气,西域断层升大山;

青藏隆,阶梯现,东海茫茫汇百川。

第四纪,多奇观:

西来风沙积黄土,冰期降临人出现!

说矿产,异于前,砂矿耀眼盐味全,

冷水热水皆矿产,乐为人类供资源;

地球史,未完篇,人文史,新纪元,

两相衔接补新篇,下章见……

　　以上这个小快板,可谓从多方面粗线条地勾划出了新生代这一章将要阐述的主要内容,读后会使人感到新生代(界)不像前面章节那样内容单调,而会觉得很多内容(比如地震、火山、黄土)因与我们贴近颇有兴味,所以我在这里也要多说几句,如不满足的话,后面的第八章接着说。

　　从生物进化角度,新生代是显生宙中古生代、中生代之后的第三个时代。按照这套地层中所含生物化石与现代生物的相似程度,以及期内先后形成的地层、岩石等特征,由老到新将其分为古新世、始新世、渐新世、中新世、上新世、更新世和全新世七个世,三个纪。前面的三个世原称老第三纪,后更名古近纪;后两个世即第四纪的更新世和全新世;中间的中新世、上新世原称新第三纪,后更名新近纪。新生代地史最短,仅 6 500 万年。和地质历史上任何一个地质时代相比,作为“代”一级的地史单元,其时限要比元古代的一个“纪”短得多(如中元古代的蓟县纪为 400 Ma)大体相当于古生代、中生代的一个纪(如寒武纪为 43 Ma,三叠纪为 45 Ma),虽然经历的时间短,但又细分出了三个纪、七个世。这足见其地质依据的充分和专业化研究程度之高,也标志着新生代地质工作的重要性。但从另一个角度看,除了科研、区调、石油等少数部门对这个时期的地质矿产有较系统的研究和熟悉,其他大多数地质部门可谓一知半解,对新生代的各种地质遗迹“似曾相识不相识”,谁也能说上两句,但谁也说不清楚。

　　然而必须让人们明白的是,在人口、资源、环境这三大基本国策中,资源和环境是人类赖以生存的基本要素,而要获得这两大要素的支撑,必须科学地充分利用资源和保护好我们生存的环境。随着人类社会的飞速发展,国家工业化、人居城镇化、生活现代化,都将成为人类的基本需求——安全舒适的各类工作和生活建筑;四通八达的铁路、公路、信息、通信和交通网络;美味而又丰富的多种绿色食品,乃至涉及地质工作领域中的农业科技如土壤改良,农肥和作为重要资源的地表水、地下水利用,以及国民经济所需的水资源、地热、油气、各类盐类、砂矿等的地质勘查、开发,人类生存与生态自然和谐的环境等,可以说涉及国策的人类生存要素都无一例外地要接触新生代地质,尤其是第四纪地质。

不讳言,包括作者在内,我们对新生代这一领域的认识还相当肤浅,尤其人类出现之后的人类文明与地球历史的衔接部分相当陌生,而且资料积累甚少,自然远远满足不了读者的需要。为此,在编写本章时,特意从自我学习、充实自己方面抓起,通过收集、梳理有关资料、文献,大致概括有关新生代的知识领域,并抓住大家比较熟悉的洛阳盆地地质地貌等新生代的基本特征,运用比较法来展示探讨认识其基本要点,其中关于人类文明时期,涉及与古都洛阳形成和变迁有关的地质作用和地质事件还要特别提升出来列入后面第八章专述。以此引导读者开拓思路,延伸地质学领域,构架地质科学和自然地理科学、考古学等学科之间的桥梁,促成地质历史和人文历史的衔接,期望收到好的宣示效果,下面我们仍按先概括后具体的原则,仍从总的方面阐述新生代的概况、特点,然后再按古近纪、新近纪、第四纪分节加以阐述。

第一节　新生代的基本特征和探讨要点

提纲挈领四大领域抓特征,删繁就简五个方面论重点。

一、新生代(界)的四大基本特征

1. 新生代地层由松散岩石组成

这里所指的松散岩石,包括了半成岩和未成岩两大类的沉积物。同其他沉积岩类一样,这类沉积物也都具备粒级、粒序、层序、韵律层等沉积岩的特征,在矿物组合和色彩方面也具有形成环境的明显标志。与其前各地质时代形成的沉积岩相比,主要是没有完成压实、脱水、固结等成岩作用,因此最老的古近纪地层也是半成岩状态,岩石结构较为疏松,而最新的第四系还是由松散的砂砾、黄土和松软的风化残积物堆积而成的。

就我国北方地区来说,古近纪松散层的特点是褶皱比较少见,但和基岩之间往往断裂构造比较发育且多以高角度正断层为主,多形成陡壁悬崖。受此地形控制,断层下盘断崖高地被侵蚀的物质,在雨水冲刷下,容易快速向山前断陷盆地和河谷中堆积,并形成巨厚的松散沉(堆)积层。我们可以从这些松散层的特点看出当时的气候和环境的变化:如新生代初期古近系的陈宅沟组、高峪沟组地层下部,皆同下伏白垩系一样,均为强烈干燥、氧化气候下的山麓相红层堆积(见照片Ⅶ-1),而其上的蟒川组、潭头组的灰、灰黑色地层(有机质含量高)则代表温和湿润气候下的湖相沉积。后来到新生代第四纪时气候因又转向寒冷干燥,来自西伯利亚的寒流挟带着黄土向中原袭来,形成华北广布的黄土地层,标志地史进入了第四纪。

与松散地层相伴的是新生代的火山活动,这也是一个地史时期构造—岩浆活动的显现。新生代的构造—岩浆活动,除藏北、川西有超基性岩、花岗岩活动外,大部分地区是由地表延入深部、达及地幔的大断裂中涌溢出的玄武岩类岩浆,并多呈岩席状覆盖一个地区,因而也被视为地层的一部分和地层对比的标志。在我国的东北、华北、华东、海南和沿海及大陆架等地,这类玄武岩以分布广、期次多为特征,洛阳地区新近纪的大安玄武岩当属其列。由于形成时代距今不远,其火山口等喷发机制和火山岩地貌景观以及原岩冷却后的结构、构造、矿物特征大都保存得十分完好,多处成为今日旅游业开发利用的重要资源。

照片 Ⅶ-1　栾川潭头盆地古近系高峪沟组砾岩

——巨厚的砾岩,呈紫红色半成岩状出露于潭头盆地南部边缘,沟谷切割处形成陡壁悬崖。

（地点:潭头镇东石门村;摄影:王声明）

2. 新生代构造运动的多期性

以板块理论为基础,借助现代科技手段,地质界对新生代大地构造运动的研究成果十分丰富,期次划分得非常详细,除了新生代初四川运动的延续,按先后发生的时间,主要的大地构造运动包括始新世—渐新世的华北运动,中新世—早更新世的喜马拉雅运动和中更新世—现在的新构造运动三期。显然以往的有些资料把整个新生代的构造运动统称为喜马拉雅运动,又把喜马拉雅运动作为新构造运动的同义语是不准确的。

前文多次提到,在中国大陆的一些新生代断陷盆地中,大多是由白垩系红色砂砾岩来垫底的,其上和古近系之间均系连续沉积,直到出现古新统和始新统之间的沉积间断,此即四川运动的顶界面。因此,现划为新生界的古新统应归于四川旋回。在中国东部沿海地区,新生代的构造形迹所表现的是始新世孔店组和沙河街组、沙河街组和渐新世东营组之间的两个不整合,这两个不整合在中国东部几个油田中相当明显,并形成了轻微褶皱形变,此即华北运动(见后)。喜马拉雅运动则以西部的青藏高原和川滇西部三江构造带最剧烈。而第四纪以来的新构造运动,在中国大陆大多是以地震和周期性缓慢的地壳升降形式出现的。

在短短的 6 500 万年中就发生了以上三次不同性质的构造运动,表现了新生代大地构造运动明显的频繁性、多期性,这是特征之一;特征之二是这时期的构造运动除了三江构造带,一般表现为使早先形成的构造复活,并不断改变其结构面的地质力学性质,一般不发生褶皱类塑性形变,运动形式以垂直的震荡为主——这可能是因为中生代及其以前的大规模花岗岩活动,焊接了地壳的基岩裂隙,使之刚性增强了;特征之三是这时的中国大陆东西两侧受力的方向不同,东部受太平洋板块的向西俯冲,应力表现为近东西向挤压和南北向伸展;西部因受印度板块的向北俯冲,应力场表现为南北向挤压和东西向伸展。由于中国大陆东、西方向的受力不同,中国中部在压扭应力场中从东北到西南形成了北东向十分复杂的褶皱带(见后),尤其阶段内随着构造期的频繁更替,应力场向相反的方向不断转化,随之造成一些早先形成的断裂带发生由张性到压性,或由压性到张性力学性质的不断改变,致使一些构造带中的岩石变得松脆,上地壳的结构稳定性随之降低,一些地应力容易集中的断裂带,也就诱发为线性的火山、地震活动带,或形成滑坡、泥石流、堰塞湖等地质灾害的多发区。这是第四纪以来,新构造运动十分活跃的主要原因和留下的特别标记,也是近代大陆内遭受地震的地区和震后不断发生次生地质灾害的根源所在。

3. 新生代的生物特征是越来越"现代化"

回顾新生代的研究史,最早将第三纪划分出始新世、中新世和上新世的 C·莱伊尔就是依据巴黎盆地第三纪地层中软体动物和现代种属相似性的比率中划分的,也就是说,新生代的地层越新,它所含化石的种属和现代生物越接近,所以生物特征上的越来越"现代化",是新生代生物的基本标志。

新生代的植物界以带核的被子植物为主,故称新生代为"被子植物时代"。动物界方面,脊椎动物中爬行动物中的恐龙类已经灭绝,鸟类虽大量繁衍但保存的化石不多,常见的化石多为鸵鸟蛋。胎生哺乳动物的兴起是新生代动物界的一次飞跃,新生代早期,仍生活着古老、原始的哺乳动物,如奇蹄类的雷兽,偶蹄类的双锥兽,戈壁古猪等;中期出现鲸、海豚类;晚期则以猿猴等灵长类在大冰期中"自我改造成人"为特征。另具特征性的生物是奇蹄目的三趾马,一直被认为是新近纪上新世的标志,而猛犸象、披毛犀则认为是第四纪初气候变冷的象征。

除了高等植物和哺乳动物,新生代海洋里还繁育着有孔虫、软体动物、六射珊瑚和轮藻、似轮藻等藻类,在陆相的淡水盆地中繁育着介形类——土星介、真星介、美星介以及瓣腮类、腹足类、斧足类等。由于大化石比较难找,鉴定工作的难度大,多送到中国科学院古脊椎、古人类专业研究所鉴定,一些区调、科研部门多有专业古生物工作者研究鉴定小化石类,它们在划分新生界地层中同样起着重要作用。

4. 新生代提供了独特而重要的矿产资源

新生代期间由于地壳运动频繁,垂直运动的幅度较大,促使了地表沉积环境的多样化。在中国大陆沿海地区(包括现在沉降于海面之下的大陆架)不仅形成了一些山前断陷带的巨厚砂砾岩堆积,而且形成了海相、湖相、河流相、沼泽相以及风成、冰成等不同成因类型的沉积物,这些不同的沉积物中也蕴藏着不同类型的矿产资源,其中特别是重要的油气矿产资源,如中国东部包括松辽平原、华北平原、江汉平原及渤海、黄海、东海和南海的大陆架(大陆伸向海底的缓坡)之下的古近纪孔店组、沙河街组,二者都是重要的生油层和储油层,并已形成了我国大庆、华北、华东、江汉、南海等一批大油气田。除此之外由海水的分选还形成了许多重要的砂矿,例如海南、广东、福建沿海的金红石、独居石、锆英石砂矿等,另外海底的软泥中也可能形成特种类型的金属矿产。

褐煤、泥炭和油页岩是新生代赐予人类的又一项沉积矿产,其形成多与海岸潟湖的发展演化有关,如辽宁抚顺矿城的兴起,是因为抚顺盆地赋存了古近纪的褐煤以及煤层之上的油页岩,二者总厚达 145 m。泥炭主要形成于第四纪,在我国东部以东北居多,西部则相当广泛,红军长征经过的松潘—若尔盖草地,就是一个现在还在进行着成矿作用的泥炭沼泽盆地。

最为人们熟知的非金属中的石膏、岩盐、钾盐、芒硝等盐类矿产,大部产自新生代的内陆蒸发盆地。如湖北应城的石膏,山西运城的池盐,青海大柴旦、新疆罗布泊的钾盐、芒硝,河南吴城的天然碱和叶县的岩盐,也都产于新生代的沉积盆地。有趣的是在我国新疆、青海、西藏的内陆湖中,至今还在进行着这种成矿作用(见照片Ⅶ-2)。

在一般人看来,玄武岩仅是新生代地壳中涌溢出的一类火山岩石或特殊的地层。玄武岩在区内曾被用作铸石、岩棉原料,水泥生料添加剂,其中石质坚硬的橄榄玄武岩,在我省已开发应用为高速公路面层的抗滑石料,尤其运用高科技手段和工艺,国内新近研发、制造的防火材料、防弹衣的玄武丝,正把玄武岩的开发推向国防、军用物资领域,使之成为重要的矿产资源。

尤应强调的是新生代的砂矿资源,包括砂金、金刚石、锆英石、金红石、磁铁矿以及海滨区形成的高纯石英砂等,其中砂金类资源在我国包括豫西岩金矿分布区,不仅形成了具有远景的现代和古砂金矿床,而且可以其为线索,指示了岩金矿的找矿方向。对此后文还将其作为重点阐述。

照片Ⅶ-2　沙漠盐湖——现在正进行着的湖相化学沉积成矿作用

（《资源导刊·地质旅游》2013 年第 4 期）

二、探讨新生代的四大要点

地史学中的新生代是个内容广阔的领域，要探讨的问题很多，而很多问题一时又说不清楚，因此只能舍繁就简，着重以豫西洛阳为主，探讨一下我们工作中曾经遇到的一些主要问题，概括为四大要点。

1. 豫西新生代地层划分和对比

豫西洛阳、三门峡地区的新生代地层发育比较齐全，古近系、新近系和第四系地层广泛分布在卢氏盆地、宜洛盆地（包括洛阳凹陷、宜阳凹陷和洛宁凹陷）、潭头—嵩县盆地、伊川—汝阳—汝州盆地、三门峡盆地（包括灵宝五亩、南朝凹陷，三门峡野鹿凹陷），以及毗邻的襄县—郏县—叶县盆地和江左—颖阳盆地等。由于这些盆地分散而互不连续，专题性地层古生物研究程度很低，给地层对比造成很多困难。为此作者曾查阅有关资料，做过粗略的地层对比，现为本章叙述之方便，特选洛阳及与之毗邻的几处盆地阐述作者的划分对比意见，敬请批评指正（见表Ⅶ-1）。

需要强调说明的是，这些盆地原本地质工作程度不高而问题较多，加之多年来有关工作的不断进展，新的问题又在增多，主要表现在以下 4 个方面：

（1）各盆地地层对比问题

按构造发展演化特点，各个盆地的形成和接纳沉积的时间应有先后，因此盆地的下部地层不一定是同一时期的产物。这些成为"盆底"的地层，西部三门峡盆地、灵宝盆地称项城组，陕县盆地称门里组，卢氏盆地为张家村组，潭头盆地为秋扒组，宜洛、伊川、汝阳、汝州、襄县诸盆地统称陈宅沟组。现已证明潭头盆地的秋扒组、汝阳盆地陈宅沟组下部因含恐龙化石，应为白垩系，其他盆地因没有发现具划时代标志的古生物化石，又无同位素测年资料，暂按原划分方案，但是否都属古近系也很难定论，其中有无白垩系也都应加以研究。

（2）含恐龙化石地层与古近系分界问题

栾川潭头盆地的秋扒组原属古近系高峪沟组的下部岩系，因发现了栾川霸王龙的牙齿，后建秋扒组，归上白垩统。但高峪沟组仍存在，二者的实际界限没有确定，野外工作很难掌握。汝阳恐龙化石群是在汝阳—汝州盆地的汝阳刘店一带原划分的古近系始新统陈宅沟组地层中发现的，自然应属白垩系。毗邻的汝州一带及北部宜洛、伊川等各盆地的下部地层也都定名为陈宅沟组，不能统统划为白垩系（即古近系陈宅沟组还存在），其中哪些属白垩系，哪些属古近系也要区分，只是确定其界限也非易事。同样北秦岭地层区的西峡—南召盆地，卢氏五里川—朱阳关盆地的丹水群也存在上述同样的问题。

表Ⅶ-1　洛阳市新生代盆地地层对比表

地层时代			卢氏盆地(洛河中游)	潭头盆地(伊河中游)	洛阳盆地(洛阳、宜阳、洛宁)	伊川盆地(伊河下游)	汝阳—汝州盆地(汝河上游)	邻省、邻县标准层
第四系(Q)	全新统	上统	现代河床、河漫滩	同左	同左	同左	同左	Qh²
		下统	I级阶地、次生黄土	同左	同左	同左	同左	Qh¹
	更新统	上更新统			马兰黄土			马兰黄土
		中更新统	Qp²		离石黄土	离石黄土	离石黄土	周口店组
		下更新统			午城黄土(三门组)			泥河湾组
新近系(N)	上新统		雪家村组		潞王坟组	大安玄武岩／潞王坟组	同左	明化镇组(含山东)
	中新统				洛阳组	洛阳组	同左	馆陶组、彰武组 汉诺坝玄武岩
古近系(E)	渐新统	上统			石台街组	石台街组	石台街组	(华北运动) 东营组
		中统			蟒川组 蟒一段／蟒二段		蟒川组 蟒一段／蟒二段	
		下统			蟒三段		蟒三段	
	始新统	上统	大峪组		宜阳组 泥灰岩	陈宅沟组 砂砾岩红层	砂砾岩红层段	沙河街组
		中统	锄沟峪组					
		下统	卢氏阶／张家村组					(四川运动) 孔店组
	古新统	上统		大章组、潭头组	陈宅沟组		陈宅沟组	垣曲阶
		中统		高峪沟组				上湖阶
		下统						(玄武岩)
盆地基底地层			中元古界 熊耳群	白垩系 秋扒组／熊耳群	？／三叠系	？／三叠系	恐龙化石段／石炭—三叠系	

编者说明：1. 卢氏盆地，潭头盆地地层层位依据《中国地层指南》修订版(2011)"阶"的说明。

　　　　　2. 洛阳盆地，依据河南石油局原石油会战指挥部洛阳盆地石油普查报告。

　　　　　3. 洛阳、伊川盆地陈宅沟组，因汝阳刘店采到恐龙化石，二者下限待定。

（3）洛宁洛参$_1$钻孔中的白垩纪

据石油地质勘探资料，洛宁洛参$_1$钻孔深1 777 m原划分的古近系之下为1 423 m厚的地层称白垩系，但缺乏岩性描述和生物地层资料。这可能是洛阳、宜阳、洛宁包括伊川盆地、汝州盆地等地提供的唯一白垩系地层，但划分的依据尚不明确。应指出的是，石油部门对中、新生代地层的研究程度较高，早在20世纪70年代就对洛宁盆地新生界的下部地层提出了异议，这意味着洛宁盆地的这段地层今后也有可能像汝阳、栾川一样发现恐龙等白垩纪化石，但至今没有新的地层研究成果。

（4）关于第四纪下更新统

在我国北方的大部分地区，第四纪更新统是由不同类型的黄土组成的。黄土是新生代喜马拉雅运动时期随青藏高原隆起，我国北方气候恶化，由西伯利亚干冷气流搬运，分布在秦岭以北的第四纪的独特沉积物。按生成顺序，早期即下部为午成黄土，中部为离石黄土，上部为马兰黄土。而豫西洛阳地区相当午城黄土层的地层不是黄土,而是由粉砂与黏土组成的湖相地层,仅见于西部洛宁、渑池与三门峡盆地及其相邻的局部地区,此外孟津白鹤黄河南岸也有零星出露,以往称湖相三门系。另因洛阳的大部分地区为新近纪洛阳组、大安玄武岩或中更新统离石黄土覆盖,但大部地区缺失这部分地层,代之产出的为红色、灰白色、杂色泥岩(含蒙脱石的优质砖瓦黏土),部分区段顶部产出白色、灰白色的钙质淋滤层。其与前者是不是一个层位应加以研究,不可混淆。

2. 洛阳山水与构造运动的关系

洛阳盆地"左举成皋,右阻渑池,前向嵩岳,后介大河"(《汉书·翼奉传》),境内五山纵横(嵩山、伏牛山、熊耳山、外方山、崤山),六水竞流(黄河、洛河、伊河、涧河、瀍河、汝河),"河山拱戴形势甲于天下"(《读史方舆纪要》)。前人这些文字所表达的是洛阳能够成为十三朝古都的"帝王之气"!当然这带有风水家的色彩,但从地质学分析,形成洛阳地形地貌的因素则与洛阳一带地质构造运动,尤其中生代、新生代的构造运动有根本联系(见图Ⅶ-1)。

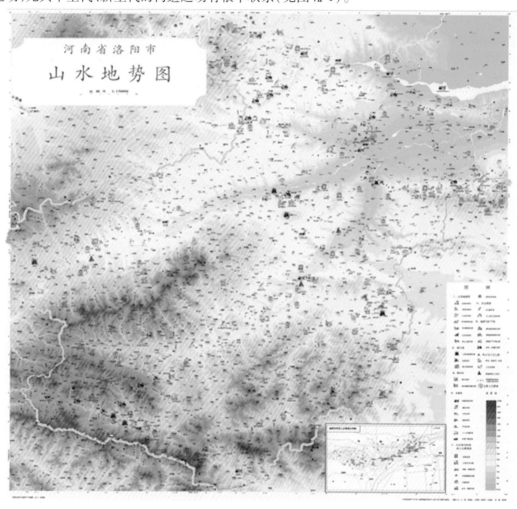

图Ⅶ-1　洛阳山水地势图
——五山纵横,六水竞流的洛阳山水,洛、伊、涧、瀍四水汇聚,形成了河洛盆地。

(制图:赵春和、石毅、张封蕾等)

从地质角度观察山水,大部分山脉的形成和走向包括山间的主要河流都是由构造因素决定的。如前面章节所述豫西地区在中生代以前的构造主压应力场皆为南北向,因此所形成的山脉走向或古构造线(褶皱和主要断裂)方向也是东西向或近东西向的。这种构造机制可溯源到中元古代华北古陆南侧形成的"沟、弧、盆"体系,现在的伏牛山、熊耳山火山岩分布区的东西向山脉隆起和对应的东西向断陷,向前可溯源为那时的东西向碰撞带,向后则一直延续到三叠纪的印支运动,后经印支运动改造而为北西西向的褶裂系(见第六章图Ⅵ-2),因此可以说,区内早期地史上东西向或近东西向的山水地貌是由古构造继承下来的。

燕山运动是发生在中国东部的一次大规模构造运动,由以太平洋板块向大陆板块碰撞的动力机制,形成了与印支期相反的压应力场,产生了北东、北北东向的褶皱和逆掩断裂系,同时发生了大规模的以花岗闪长岩、花岗岩为主的岩浆活动(见第六章图Ⅵ-4)。豫西地区的西部因太行山东侧断层带向南延伸错断了小秦岭和崤山山系的联系;东部形成北东向的花山背斜及与外方山向斜之间的伊河断层,该断层为在北秦岭构造带中沿古构造线向南东东流向的古伊河提供了改道北东向的出路。与此同时,洛河也是在秦岭与伏牛山之间的左冲右突中,在卢氏构造盆地中改变为北东流向。此可谓断裂构造导演的沟谷河流之实例。

燕山运动之后的四川运动,是以印度板块北移向中国大陆西部挤压开始的西强东弱的又一期构造运动(见第六章图Ⅵ-6)。伴随花岗岩活动,伏牛山、熊耳山,乃至豫西的大部分地区都在隆升,大体形成了南高北低的地势,由南而北发育起来的伸展构造日趋活跃,首先是洛水、伊水中上游区断裂带的扩大,形成了以白垩系地层为奠基的新生代盆地,如潭头—旧县—大章盆地、汝阳—汝州盆地和卢氏盆地等。与此同时,随四川期应力松弛,一些燕山期发育的巨型构造带得到伸展,在太行南段,新安龙潭沟—黛眉寨等地形成巨大规模的峡谷、断崖等地貌景观,使之成为国内外知名的旅游胜地。

新生代华北构造期发生的走向近东西或北西西的正断层,加大了沿洛河、伊河和汝河流域内一些新生代断陷盆地的沉降幅度,各盆地都发育了始新统、渐新统的地层。最典型的是形成了北东东向的洛宁山前断裂,该断裂截断了崤山和熊耳山脉的联结,形成崤山、熊耳山两个隆断地块之间的断陷盆地,并使填平了卢氏盆地、故县盆地、下峪—兴华盆地的洛河扩大了下泄的出路,后与伊河、涧河汇流,形成洛阳盆地的下伏层——古近系的沉积。

由新近纪即中新世开始到更新世的喜马拉雅期构造运动,在我国西部是以形成世界第三极的青藏高原为标志,在中国东部则是以南北向张裂、伸展即断裂带的发育为标志。中国大陆在始新世以来形成的黑龙江、黄河、长江、珠江4大汇水盆地基础上,以南北向、北北东向的几条正断层的再次活动形成了我国东低西高的阶梯状地形,从而加速了这些河流东流入海的速度和向源侵蚀作用。其中黄河自西部高原奔腾而来,在境内是在填平了三门峡—陕县—芮城盆地之后,夺路东流,在洛阳东北邙岭的一个缺口处(成皋虎牢关)与洛水、伊水汇合扩大了洛阳盆地,并在冲出虎牢关后,一泻千里,丢下挟带的泥沙黄土形成华北平原。

综上所述,古都洛阳的山川形势基本上是在中元古代以来各地史时期构造演化过程中形成的。其中发展演化的细节,尤其黄河的形成,后文还要进一步阐述。

3. 火山活动

火山活动是地下岩浆涌动的一种地质现象,包括喷发、溢流出熔岩、喷射气体或在地下隐爆等不同形式,和地下的岩浆侵入以及岩浆的成矿作用有着密切的联系。火山或岩浆活动贯穿于整个地球历史或地壳的发展演化过程,对此在前面阐述地史的每一章节都已做了专题论述。只是新生代的火山活动,比较明显地集中在世界上几个火山带(板块缝合线和海底扩张部分)中,大陆部分主要受一些造山带和大陆边缘的深大断裂控制。在中国大陆主要是喷出了玄武岩,喷发时间始于古近纪,新近纪时活动范围扩大,到第四纪时大部分已熄灭为死火山。

火山活动的形成、分布、形态特征与区域构造有密切联系,喷发和溢流所形成的岩石都是地层的一部分,研究火山活动对分析认识区域构造和区域地层划分、对比都有重要意义。豫西地区新生代主要的火山活动为大安玄武岩活动。有关该玄武岩的分布特点,控制玄武岩喷发的构造机制,特别是隐伏火山通道以及有关该玄武岩的形成时代的研究,都有很多问题需要进一步工作。对此后面谈及大安玄武岩时还要作详细介绍。

4. 关于豫西的砂金矿

豫西地区由于山金矿十分丰富,所以砂金矿也有好的潜在远景。目前发现的砂金主要分布在小秦岭、熊耳山、伏牛山等岩金矿周边的新生代沉积盆地及通向一些矿区河谷的现代沉积物中,另在嵩箕的局部地区,也有民间淘金者的收获。目前发现的主要砂金矿点有小秦岭北侧的闵底—灵宝盆地;南侧的灵宝小河—董家埝—朱阳盆地,熊耳山北侧的卢氏范里—故县—洛宁盆地;南侧的潭头—嵩县盆地及盆地边缘的德亭川、左峪川、高都川、伊河、洛河河谷和南部伏牛山的五里川—朱阳关盆地等。

灵宝小河—董家埝—朱阳镇砂金矿主要赋存在现代河床之河漫滩冲积层的砂砾中,另在全新统以前的河流Ⅱ、Ⅲ级阶地及新近纪、古近纪的沉积层中也有砂金赋存,但分布不均,单样1~2粒、十几粒不等,最高达62粒。品位3.3~100余 mg/m³,最高1 704 mg/m³。皆为不同形态,表面有氧化铁污染的自然金。

嵩县高都川砂金由古近系陈宅沟组、新近系洛阳组和第四纪现代河床三个层位组成,上游通向祁雨沟金矿,沿途有诸多金矿点。最下部的含金层在厚0.32~0.45 m处取样,含金0.87~9.68 g/m³。其中现代河谷中的砂金,在20世纪80年代,曾引进俄罗斯淘金船开采。

上述情况说明,豫西地区砂金矿不仅分布广,而且品位不低,并形成一些地区的富矿段。但由于区内岩金矿丰富,砂金矿以往不被重视,因而地质工作程度很低。但不可忽视的是砂金一向都被重视为岩金矿的接替资源,金矿勘查和开发的历史也一向由砂金矿开始。豫西地区不仅砂金矿点较多,并已具备可采品位(0.06~1 g/m³),而且在卢氏范里已经发现重近1 kg的"狗头金"。应提出的是,在一些岩金矿山面临资源枯竭时,砂金矿将突显它的价值。另从砂金矿的含矿层位分析,白垩纪的四川期应是豫西岩金矿的主成矿期,因为只有岩金矿形成之后,才有砂金的来源,这就是豫西砂金矿为什么仅见于白垩纪之后的新生代地层的原因。说到这里,作者不能不发出这样的感慨:近几年来地质界曾花大工本去进行千米以下的黄金找矿,那么又为什么不去关注这些地表或浅层的砂金矿勘查呢? 当然这是题外话。

第二节　古近纪(系)

(65~23.3 Ma)

华北运动成断陷;陆相沉积育洛伊。

一、古近纪研究是个难度较大的问题

1. 难度虽大,研究的进展也大

18世纪的欧洲见证了地质学的萌生时期。当时人们对地层的认识很粗浅,只是根据岩石的变质、成岩程度,把那里(巴黎盆地)的地层分为第一系(变质地层)、第二系(未变质的岩石层)和第三系(松散层)三大部分。后来第一系、第二系因细分而废弃不用,但第三系(纪)被保留了下来。到了19世纪,其上又增加了个第四系(纪),同属新生代(界)。古近纪以距今6 500万年为下限和中生代白垩纪分界。

古近纪中,最早建立的是始新世,其原意为"现代的拂晓",理由是这些地层中现代的物种还很少。但后来的工作发现其下还有含植物化石的地层,依据化石又建立了比始新世更老的地层,称古新世。在没有同位素测年技术的时代,地层的新老次序都是依生物化石和地层层位的新老,参考岩石、构造等因素确定的。到了20世纪的后半叶,由于同位素地质学的发展,在不断丰富的古生物研究成果的基础上,各地新生代地层研究中不断取得碳系、铀系、钾系以及古地磁法测年成果,从而对新生代地层又有了详细划分,并在综合研究的基础上,在始新世地层之上,又划分出了渐新世、中新世、上新世、更新世和全新世,地史划分上有了老第三纪、新第三纪和第四纪。为了便于区别和使用,于2002年10月由地质出版社出版了全国地层委员会编纂的《中国地层指南》修订版(2001)中所附的《中国区域年代地层(地质年代)表》中,分别将老第三纪更名为古近纪(系),新第三纪更名为新近纪(系),二者分界的时限为2 330万年。

2. 特点突出,但研究的难度较大

古近纪的一些特点,包括它的半成岩状态,以断裂为主的构造形变,近代以大化石为主的古生物组合,以砂金、膏盐、油气为主的矿产资源,都已在前面第一节阐述新生代主要特征时有所涉及,这里重述的是,古近纪半成岩的陆相沉积物主要分布在互不连续的断陷构造盆地中,并随这些盆地发展演化不断扩大或缩小沉(堆)积的面积和岩层厚度,依断陷的性质和地壳升降速度形成了时空变化较大的不同岩石类型,加上其中的大化石保存下来的不多,可供测定同位素年龄的特种矿物又很稀少,这和新生代地层的时限划分要求很细自然十分矛盾,所以对古近纪的研究工作增加了很大难度。

以豫西洛阳地区为例,有古近纪地层分布的沉积盆地较多,包括洛阳盆地、汝阳—汝州盆地、伊川—嵩县盆地、三门峡盆地、卢氏盆地、潭头盆地等。但这些盆地又散布在不同地区,其中洛阳盆地、汝阳—汝州盆地、伊川—嵩县盆地的古近系自下而上由陈宅沟组、蟒川组和石台街组组成;三门峡盆地自下而上由门里组、坡底组、小安组和柳林河组组成;卢氏盆地由张家村组、卢氏组和大峪组组成;潭头盆地则由高峪沟组和上覆的潭头组组成。现在的研究程度是除了栾川潭头盆地的高峪沟组被划归古新统外,其他几个盆地的地层多划归始新统和渐新统,其中发现汝阳恐龙化石群的地层原为始新世陈宅沟组;上述各盆地的地层在《中国地层指南》权威性地层文献中有其名的仅有卢氏盆地的卢氏阶(E_2^2)和栾川潭头盆地的高峪沟组(E_1^1),其他相关地层组则"表上无名"。显然豫西古近纪的研究程度较低,大部分缺失古生物化石和同位素测年资料,因此这些盆地古近系地层的对比问题,依然是今后很难说清的。

二、洛阳古近系地层

前面提到,洛阳的古近系主要分布在洛河、伊河、汝河流经和其汇流处的诸多断陷盆地中,以地层对比为目的,结合分析研究这些盆地中古近系的特点和发育情况,对认识区内山川地貌的形成有重要意义,现择潭头—嵩县盆地,卢氏—兴华盆地和洛阳—汝州盆地略作阐述。

1. 潭头—嵩县盆地

潭头盆地为发育在马超营断裂北侧的一处近东西向狭长断陷盆地,东西长约180 km,南北宽约45 km,东接嵩县旧县,西连栾川秋扒,基底岩石为熊耳群火山岩,形成的基底地层为白垩纪秋扒组,上覆古近系高峪沟组、潭头组,三者均为连续沉积。

(1)高峪沟组

高峪沟组分布于栾川潭头乡高峪沟附近,下部为棕红色巨厚层状粉砂质泥岩,夹砾岩、粗砂岩;中部为棕红色、褐灰色泥岩,夹灰黑色钙质粉砂岩;上部为黄褐色、灰绿色钙质粉砂岩、泥岩、泥灰岩。属山麓堆积向湖相沉积的过渡型,代表气候湿热、氧化程度较高、水体较浅的古地理环境(见前面照片Ⅶ-1)。泥岩中含双壳类、腹足类、介形虫及植物花粉类化石,厚535.5 m。高峪沟组和下伏白垩系秋扒组因系连续沉积,二者分界待定。

(2)潭头组

潭头组整合于高峪组之上,自下而上由米黄、灰绿色泥灰岩,钙质泥岩和棕灰、棕黑、灰黑色油页岩和褐灰色、灰黄色泥灰岩互层及薄层沥青煤组成,代表水体较深、有机质含量较高的湖沼相沉积,总厚度584.2 m。地层剖面中可以计入的油页岩层达42层,单层厚0.7~2.97 m,其中符合工业要求的20层,总厚13.52~48.14 m。该区油页岩于1960年由原豫01队提交勘探报告,折算焦油储量663 864 t(见照片Ⅶ-3)。

照片Ⅶ-3　栾川潭头盆地古近系潭头组油页岩

——油页岩呈棕黑色、灰黑色叶片状,含焦油率5.02%~9.83%,平均6%~7%±。向上过渡为泥灰岩。

(地点:潭头镇赵庄村北,摄影:王声明)

依据高峪沟组和下伏含恐龙化石的白垩纪秋扒组的连续沉积关系,参考高峪沟组所含化石,高峪沟组时代确定为古新世,潭头组时代为始新世,但潭头组沉积时的凹陷较深,沉积环境相当稳定,可能波及到北部的嵩县、伊川盆地,因此所含油页岩的找矿远景也有可能扩大。伊川盆地和洛阳盆地相接,但洛阳盆地古近系为陈宅沟组、蟒川组和石台街组。这不同命名的两个盆地地层如何对比,也是一个未解决的问题。

2. 卢氏—兴华盆地

卢氏—兴华盆地属洛河中、上游流经的盆地,为燕山期断裂构造形成的走向北东的断陷盆地,与东部嵩县、伊川盆地的走向大体一致。盆地内形成的地层为张家村组、卢氏组和大峪组。

(1)张家村组

张家村组分布于卢氏盆地的西部和北部,原为卢氏组下段,不整合在熊耳群火山岩之上。下部为棕红色角砾岩、褐红色钙质砾岩、泥岩与粉砂岩互层;中部为含哺乳动物化石的棕红色黏土类砾岩;上部为褐色黏土岩与灰黄、灰白色砾岩互层,总厚1 636.3 m。该组自下而上由砾岩—砂岩—黏土岩组成,沉积韵律性分明,岩性横向变化较快,属山麓堆积—河湖相沉积,时代属早始新世。

(2)卢氏组(阶)

卢氏组底部与张家村组整合接触,下部为灰绿色中厚层泥灰岩夹紫红色钙质黏土岩,中部为棕红、紫红色泥灰岩夹钙质粉砂岩,上部发育灰绿色泥岩和白色泥灰岩(白垩)。该层白垩可以作为卢氏范里盆地和洛宁兴华盆地地层对比的标志,上为大峪组不整合,厚376.4 m。卢氏组因属内陆湖相沉积,含丰富的哺乳动物化石,时代归晚始新世。卢氏组的白垩层位稳定,有一定厚度,质量较好,可以为地方工业开发利用。

(3)大峪组

大峪组整合沉积在卢氏组之上。下部为深灰色厚层砾岩,夹暗紫红色砂质页岩和薄层细砂岩;中部为暗红色砾岩夹砂质页岩、泥岩、泥灰岩;上部为砾岩、页岩、泥灰岩互层,厚495.5 m,属河流—湖泊相沉积。本组化石保存稀少,按层位关系时代归渐新世。

卢氏盆地发育的这三套地层,张家村组代表凹陷形成时的填充型沉积,当时的地形落差大,沉积的速度快,沉积物分选性差。卢氏组则是相对稳定环境之下的披盖式沉积,沉积物分选性好。而大峪组则是凹陷填平之后游曳河流的封闭补偿性沉积,地层分布不稳定。整个沉积阶段的沉积物虽厚度不大,但沉积韵律分明,代表凹陷形成后,洛河河谷在地壳的垂直升降运动中由中、上游向下游对构造断陷盆地的先后填平过程。

3. 洛阳—汝州盆地

该盆地为受洛宁—宜阳山前断裂控制的构造断陷盆地,分布面积较大,西接洛宁、宜阳盆地,南接伊川盆地,北接济源—孟州盆地,东南与汝河中、下游的汝阳盆地、汝州盆地相接。盆地内的古近系自下而上分为陈宅沟组(含宜阳组)、蟒川组和石台街组三部分。

(1)陈宅沟组

1964年河南区测队创建于宜阳陈宅沟。底部不整合在熊耳群火山岩系之上,属山麓堆积的砂砾岩建造。广泛分布在宜阳、伊川、登封、汝阳、汝州等地。下部为淡红色厚层钙质砾岩夹薄层红色砂质黏土岩;中、上部为红色钙质、铁泥质胶结的砂砾岩与红色厚层钙质砾岩互层,厚411.4 m(见照片Ⅶ-4)。

照片Ⅶ-4　伊川盆地古城寨陈宅沟组砾岩

——伊川盆地位于三门峡—田湖断裂带推覆体的前陆区,出露的古近系

陈宅沟组为紫红色砾岩,岩性类似前述潭头盆地的高峪沟组。

(摄影:王声明)

宜阳城东南、陈宅沟组之上有一段湖相沉积的紫色、棕红色泥质岩夹薄层石膏层,厚度310 m,河南石油勘探局创名"宜阳组",代表此处形成陈宅沟组之后的相对稳定期,但并未被沿用。

(2)蟒川组

1964年河南区测队在汝州蟒川乡创蟒川组。据宜阳盆地石油钻探资料,蟒川组和陈宅沟组整合接触,分三个岩性段,均为以淡水湖泊相为主的河流—湖泊相沉积。岩性为棕红色泥岩、钙质砂岩、灰白色泥灰岩夹砂砾岩、碳质页岩,含丰富的轮藻类、介形虫类化石。据钻探资料,洛宁盆地蟒川组厚1 200 m,宜阳盆地厚2 600 m,洛阳盆地厚3 900 m,汝州蟒川乡残留厚635 m(未见顶)。

（3）石台街组

1964 年河南区测队创名于汝州市杨楼乡。分布于宜阳北部、伊川南部、嵩县田湖及汝阳、汝州交界石台街一带。底部整合于蟒川组之上，下部为红色砂质黏土页岩与砂质泥岩互层，夹钙质、铁泥质砾岩；上部为钙质、铁泥质砾岩夹砂岩，厚 848.4 m。砂岩中含哺乳动物化石，时代定渐新世。代表盆地填平后的河流相沉积。

同卢氏盆地的沉积特征一样，洛阳—汝州盆地的古近系三套地层，也标志着它们经历着早期的填充式山麓河流相堆积，中期的披盖式湖泊相扩张和晚期的封闭补偿式河流相淤平过程，但和其他盆地相比，它有以下不同之处：

①凹陷形成早

汝阳陈宅沟组红色地层中发现恐龙化石群的事实证明，该组形成时代应属白垩纪，和南部潭头盆地的秋扒组时代相当。说明在中生代白垩纪四川期时，随熊耳山的再度隆升，其南、北两侧在伸展运动中，分别形成了北东东向的断陷带，并在断陷带中分别形成南部的秋扒组和北部的陈宅沟组，二者形成时代相同。其所揭示的问题是，汝阳—汝州盆地中发现了恐龙化石，含化石段地层时代应更改为白垩纪，其他地区的陈宅沟组有没有恐龙化石？现定为陈宅沟组的地层是否都属古近纪呢？都需要研究。

②沉积厚度大

盆地中巨厚的蟒川组湖相地层，标志着该凹陷下沉的幅度最大，相对稳定沉积的时间长，如洛阳凹陷蟒川组厚达 3 900 m，宜阳凹陷 2 600 m，同时也显示着其边缘和中心地区的差别，如汝州蟒川地区凹陷 635 m，洛宁凹陷 1 200 m。这标志着凹陷两侧的山区在四川期后的华北期仍在继续上升，洛阳盆地继续下沉，并使盆地中的积水，在不断加深中也向其汇流的伊、洛河谷上游倒灌，其沉积物也随之向边部超覆，沉积范围增大。

③地层发育全

洛阳盆地和其他盆地不同之处，是在古近系之上，发育了以洛阳组为代表的新近系。这说明，在古近纪石台街组沉积之后，洛阳盆地周边的其他盆地在华北构造期都先后上升成陆，而唯有洛阳盆地，在其后的喜马拉雅构造期再度下沉并接受新近纪沉积，发育了洛阳组地层。有关新近纪的情况我们将在第三节阐述。

④横向岩性变化大

由于盆地周边地形落差较大和盆地在南北方向较窄，加之地壳升降幅度较大，所以导致盆地沉积物在横向上变化很大，近岸河口处形成以砾岩、砂砾岩为主的冲积扇，远离的深水区形成粉砂岩、泥岩。此外岩性变化还受洪水期和枯水期控制，横向上岩性虽变化不大，但却系同一时代的地层。

三、古近纪华北期大地构造运动

1. 华北期的构造体系

长期以来地质学界都把新生界的构造运动称为喜马拉雅运动或喜山构造期，并把它与欧洲的阿尔卑斯运动相联系，因此讲华北期构造运动大家会感到陌生。据考，华北运动为杨智（1979）创名，他在研究华北平原古近纪构造时发现古近纪始新世孔店组和沙河街组之间存在着明显的不整合，并将其命名为华北运动第一幕，将古近纪末渐新世东营组和新近纪中新世馆陶组之间的不整合称为华北运动第二幕，并注意到这两期构造运动均以伸展构造为主。依据命名优先的原则，万天丰（2004）将杨智所建华北运动的第一幕归并入四川运动，第二幕称华北运动，相应的构造期称华北期。

华北运动代表了古近纪始新世—渐新世（52～23.5 Ma）发生的大地构造运动。相对于其前的四川期和其后的喜山期，华北期是一个相对比较宁静的构造期，期间的主要构造活动是西太平洋构造俯冲带的形成，中国大陆重新接受近东西向的挤压（即东西向的缩短和南北向的伸展），从而导致了近海的河北平原发生坳陷,接受了14 000 m厚的古近系沉积,南部闽浙沿海的断层带也在这个时期复活,并使古近系地层产生了一系列北北东和南北向褶皱,在大庆油田,下辽河—辽东湾,冀中、苏北—南黄海等新生代断陷盆地内,渐新统以前的新生界地层都卷入了这类宽缓的、两翼倾角小于10°的背斜和向斜。伴生褶皱,发育北东向右行走滑、北西向左行走滑断裂以及东西向、北西西向拆离断裂带。这些褶皱和断裂系统,不仅导致了一些地区的玄武岩浆溢出,而且也成为各大油田石油勘探的重要储油构造(见图Ⅶ-2)。

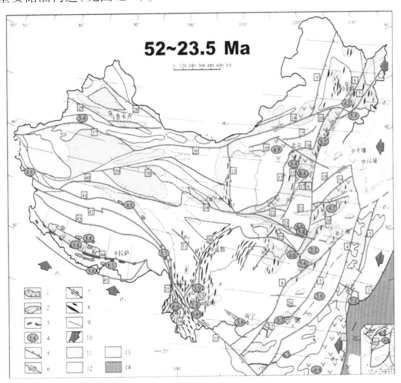

1. 华北期花岗质侵入岩体;2. 华北期火山岩;3. 华北期蛇绿岩与超铁镁质岩;4. 板内变形速度,由岩石化学资料推断,"－"为扩张速度,其余为缩短速度,单位为cm/a;5. 板块碰撞带、逆断层带及其编号;
6. 正、走滑断层及其编号;7. 华北期活动性微弱的地块边界或断层(无编号);8. 褶皱轴迹,仅示背斜;
9. 最大主压应力(σ_1)迹线;10. 板块运动方向;11. 陆相沉积区;12. 陆地,剥蚀区;13. 浅海区;
14. 大洋区板块俯冲带、碰撞带、断层带名称及其编号;⑧郯城－庐江北段(依兰－伊通)右行走滑－
逆断层带;⑫太行山东侧逆断层带;㉒洛宁－洛阳正断层;㉓洛南－方城左行走滑－正断层

图Ⅶ-2　华北期大地构造图
——示华北期板块构造应力场及形成的主要构造形迹。

(万天丰《中国大地构造学纲要》)

中国大陆西南部华北期的构造运动,表现为喜马拉雅地块向北与已拼合到欧亚板块之上的冈底斯地块之间的碰撞,形成了雅鲁藏布江—印度河碰撞带。除了碰撞带本身的强烈形变,还发育了沿雅鲁藏布江分布的蛇绿岩层——超基性岩带,包括同源的基性侵入岩和火山岩。同时随印度板块的北移和其边缘与扬子板块的侧向挤压,在川西、滇西将原来的一些南北向、北东向断裂再次拉开,发生走滑位移,强烈的由挤压动能转化的热能,促使深部部分岩石熔化,形成一些小规模的花岗岩侵入体。

从图Ⅶ-2看出,由于中国大陆东西两侧受地应力的方向不同,华北期的构造体系在中国东部主要是自东北的大、小兴安岭,向南经太行、川北延至滇西三江流域,形成了一系列的褶皱和逆断层带。在东部沿海,伴随褶皱和断裂带的产生,还形成了包括台湾岛、澎湖、琼州、海南岛及南海海域的玄武岩涌溢。总之，华北期构造除了与挤压应力一致，形成的近南北向构造，与挤压应力方向相反的东西方向，则因为伸展拉长，或松弛形成另一种构造形式（见下文）。这种伸展构造对我国大陆现代地貌和各大水系的发育，都产生了重大影响。

2.华北期的伸展构造

在近东西向缩短和近南北向伸展作用影响下，华北期间的中国大陆则发育了一系列走向近东西或北西向的正断层（伸展，拆离）：包括阴山—大青山—燕山南缘正断层带，秦岭—大别山南、北正断层带以及南岭东西向正断层带等东西向构造，并因为这些断层带两侧地层的相对升降，分别形成了中国大陆横亘东西的阴山—燕山、秦岭—大别山和南岭三条大山脉，并在伸展作用下在原来构造带基础上，形成系列东西向山脉和其旁侧的各个断陷盆地，由此塑造了中国大陆山川地貌的基本形态。这三条山脉，就是李四光地质力学所说的"纬向构造系"。凡学过地质力学的人都知道，纬向构造系的形成，来自地球自转的"离极力"，它被板块理论质疑的主要依据是提出纬向系时没有测年的同位素资料，认为"它们未必是地壳物质的水平位移"。而无需争议的问题是近于等间距的这三条大山客观存在，并在古近纪时成为黑龙江、黄河、长江、珠江——中国四大水系的"原始地域分野"。

这里所说的原始地域分野是那时还没有构成像现在这样统一的水系，但已形成一系列湖盆和分别注入这些湖盆的分散水系。以黄河汇水区而言，除了青海境内的湟中等汇水河段，它还包括了宁夏中卫—银川河段，内蒙古河套、包头、清水河—壶口河段，陕豫潼关—三门峡河段，洛阳河段，开封—兰考河段，山东济阳—惠民河段，以及流经的陕西渭河、山西运城、河北南堡、天津岐口等各个大小盆地。从上游、中游到下游（包括黄河下游改道的海河、淮河流域），黄河也是在先后填平向源的那些盆地，一一接纳各支流汇水盆地之后，逐步向下游推进，直到第四纪全新世才东流入海。由于黄河孕育了华夏文明，有关黄河的形成还将在下一章详细阐述。

3.华北构造期对豫西的影响

豫西包括洛阳地区位处秦岭—大别构造带的北部边缘。前已述及，该构造带是印支运动时形成的我国4大碰撞带之一，由一系列北西西向断层带组成，断层间分布着一些古老地体和古生代、中生代地层。由于区内组成岩石圈岩石的密度差较大，在华北期因受近东西向挤压，在南北向伸展、拉张作用下，一些构造带又重新复活，并影响了包括豫西洛阳地区在内的周边地区，主要表现在：

（1）复活了的主要断裂带

首先，这些复活了的断裂具明显的区域性。在豫西地区，不仅是秦岭—大别构造带中的那些发育在缺乏刚性结晶基底的区域性大断裂——包括黑沟—栾川断裂及其以南的瓦穴子断裂、商丹断裂等，还是具有古老结晶基底的陆缘断裂，它们在华北期东西向缩短，南北向拉伸的应力场中又都再次复活，产生新的位移。其次是这些复活了的断裂带产生力学性质的改变，主要表现为断裂带两侧地层的张开和位移，即低密度岩石一侧的山体，在继承四川期上升的基础上继续隆起成山；高密度岩石一侧的山体相对下降，形成断陷盆地，在盆地中发育古近系地层。因此，凡有古近系分布的断陷盆地分布区，几乎都是华北期构造活动所波及的地区。由豫西及洛阳等地古近系地层分布的广度说明，华北期的构造活动在本区是相当强烈的。

（2）各地升降的幅度有别

由各地断陷盆地中古近系沉积特征和沉积物的厚度看，华北期虽产生的断陷较多，但各地地壳升降的幅度有较大的差别。如秦岭—大别构造带内的古近系主要分布在信阳地区大别山北麓及西部淅川一带，连同白垩纪形成的地层，总厚一般不超过千米，其所显示的是在东西向缩短的应力场中，断裂带的张开和填充，相对的升降幅度较小，沉积厚度较薄。北部华北陆块区则不同，相对于南部秦岭—大别构造带的抬升，由南而北各断裂带北侧的沉降幅度都在1 000 m以上，并逐渐加大，尤其熊耳山—外方山北侧形成的洛阳—汝州盆地，以洛宁—洛阳凹陷厚大的古近系地层为证，局部沉降的幅度竟达 2 000 m 左右!

洛宁—洛阳凹陷在黄河汇水盆地的洛阳段,代表的是华北期的板内形变。导致凹陷形成的主要因素是发育在熊耳山北麓的洛宁、宜阳境内的山前断裂。该断裂全长 80 km,平面上呈近东西和北东的折线状,倾向 5°和 330°,倾角 45°~60°。断裂带由多条平行的断裂面组成,属正断层,带内破碎并有方解石脉穿插贯入的后期热液活动。据石油钻孔揭露,断裂带北侧的断陷盆地下部为 1 423 m 的白垩系(包括陈宅沟组),其上为 1 777 m 的古近系(包括蟒川组),653 m 的新近系和 222 m 的第四系。说明该盆地凹陷较深,同南部的潭头盆地、汝阳盆地一样,是在白垩纪就开始接受沉积,并在以后的不同构造活动中阶段性下沉,可能是洛阳一带凹陷最深、经历时间最长的一个盆地。

(3)基本呈现洛阳现代地貌

前面谈到,在华北期南北向伸展的应力场中,我国大陆的三条横亘东西的三大山系,以及被它们分隔的四大汇水盆地已经形成,中国现代地貌的大体轮廓也初步呈现了出来。在豫西洛阳地区,伴随着秦岭—大别山脉的形成,区内的小秦岭、崤山、熊耳山、外方山、伏牛山及雄踞中原的中岳嵩山,在经过华北期以前不同阶段构造运动之后,又经华北期的大地沉浮,也相继成形,山脉之间的断裂和在断裂落差下的水流向源侵蚀作用发育了原始的水系。这些水系在华北期形成的南高北低的地形中开始流向北部山前的断陷盆地,并在填平南部的卢氏—范里、下峪—兴华、潭头—大章等小盆地之后,逐步向北部的洛宁—宜阳—洛阳等盆地转移。由此可以推断,当时的洛阳一带,总体呈现出与现在一样南高北低的地貌形态,只是黄河、洛河、伊河、汝河还没有贯通,区内可能都是间或贯通了的湖泊,湖泊中正接受着古近纪的沉积。

四、古近纪探索中所揭示的几个地质问题

1. 与凹陷对应的熊耳山隆起

自印支期之后,随着区域应力场的改变,区内一些断裂再度复活,从而为岩浆活动打开了通道。熊耳山中段由于燕山期李铁沟和花山两大花岗岩体的侵入,区内产生了花岗岩和含超基性岩带的太古界太华群围岩之间的密度差异,在均衡代偿作用下,轻者上浮,重者下沉,密度小的花岗岩体带动其周边围岩开始隆升,其外围的太华群变质岩地层在燕山期东西向收缩、南北向伸展的应力场中开始伸展拆离,先后形成区内一些北东向断裂(如伊河、洛河中、上游的断裂带)和宽缓褶皱,在花山背斜两侧的断陷盆地也开始发育。进入白垩纪四川期后,南部一些地区相继有大花岗岩体侵入,同时也带动了整个伏牛山、熊耳山区的抬升,在其伸展作用下,两侧的断陷盆地大幅度下沉接受沉积,初步形成了由白垩纪垫底的潭头盆地、汝阳盆地和北部的洛宁—洛阳盆地。与此同时,一些北东向、南北向的次级断裂的发育也为燕山期初步形成的伊河、洛河的中、上游湖泊提供了下泄的出路,其中汜头、嵩县断陷盆地的形成,也标志着熊耳山和外方山的断离和相对隆升。

另从断陷盆地沉积物的特征分析看出,在古近纪的应力场中,不仅加剧了凹陷的下沉速度,而且加大了下沉的幅度。洛宁、宜阳盆地以陈宅沟组为代表的巨厚而又缺乏分选的红色砾岩、砂砾岩层,代表了南部山区快速上升、北部盆地急剧下沉、沉积物来不及分选的快速山麓堆积,同样卢氏盆地张家村组、潭头盆地的高峪沟组也都表现了这种特征。而覆于陈宅沟组之上,厚逾 2 000 m 的蟒川组湖相、弱氧化、弱还原条件下的披盖式沉积,说明的是这时的盆地仍在相对稳定中下沉,且下沉得很深,积水越来越多,湖水还向洛河的中、上游倒灌,并连通了卢氏盆地。令作者注意的是,洛阳盆地周边地区的一些地段陈宅沟砾岩之上缺失蟒川组(如伊川平等、白沙),这是否说明在陈宅沟组形成之后,一些地区局部上升并经受剥蚀? 同样洛宁以西和汝州地区蟒川组也逐次变薄。后在石台街组沉积时,湖水已收缩到汝州盆地一带,成为补偿或充填式沉积。这说明古近纪末,洛宁—洛阳断陷盆地连同伊河、洛河中、上游的大小盆地都在全面的陆壳抬升中成陆,标志华北期构造运动在洛阳一带已经过了高峰期。

综上所述,由北部断陷盆地古近系巨厚的沉积物和其特征推断,此时隆升起的熊耳山已是相当的雄伟了。

2. 与古近纪地层有关的矿产

与古近纪地层有关的矿产很多,据国内外地质找矿成果,现已发现的主要矿产有砂金、石油、天然气、煤、油页岩、石膏、岩盐、硼、钾盐、天然碱、金刚石等。洛阳地区与古近系有关的砂金、油页岩前面已经谈到,其中古近纪的砂金已被认为是各大盆地的可预测矿种,潭头盆地潭头组的油页岩是经过地质勘探、含油率达 5.98% 的优质油页岩矿区,预测的找矿靶区北可达嵩县、伊川盆地,并可与下伏三叠系延长统的油页岩、油气资源同时勘探。另据各盆地古近系岩性分析,洛宁盆地的蟒川组(兴华董寺)、灵宝盆地的项城组也都含有油页岩,亦应引起注意。

中国华东和南华油田的古近纪沙河街组、东营组油气资源的发现,启动了洛阳盆地的石油地质工作。1976～1978 年,国家第四物探大队对洛阳盆地进行了 3 800 km^2 的 1:20 万重力普查,并在洛阳李楼施工 2 853.4 m 的洛 1 孔。1977 年 3 月由河南石油会战指挥部会同国家物探局进一步开展地质勘探,同时在洛宁施 3 201 m 的洛参 1 孔,揭露古近系厚 1 777 m,认为蟒川组可能是生油层,但因其岩石孔隙度差,没有发现油气显示。

1972～1976 年,河南地质局地质十二队、四队,先后对宜洛盆地、潭头盆地、临汝盆地、三门峡盆地(包括潼关、灵宝、五亩、野鹿、淹底 5 个小盆地)进行盐、碱普查,发现盆地中陈宅沟组上段、蟒川组下段都有不同程度的石膏矿化,形成网脉状石膏矿脉,但未形成矿床。在宜阳凹陷宜 2 孔 400～590 m 的蟒川组下段与陈宅沟组的衔接部位发现黄铜矿及孔雀石矿化,铜含量介于 0.01%～0.026%,检块样达 0.034%,含矿围岩为灰色、褐色、杂色粗砂岩,中粒砂岩及细砂岩层,矿化成因还不清楚。除此之外,卢氏—兴华盆地卢氏组含白垩(湖相泥灰岩)一层,区域层位稳定,CaO 含量达 47% 以上,白度较高,可以作为填料矿产利用。

3. 洛阳凹陷与古近纪有关的地热资源

大量资料证实,由临汝盆地、伊川盆地延入洛阳盆地后与磁涧—常袋断裂相交的吕店—西草店断裂、魏湾断裂,是区内主要的两条地热断裂带,沿断裂带及其旁侧的次级断裂分布区均有较高的地热梯度值。近年来煤田地质二队、地调一队(现地矿一院)等单位,先后在西草店伊河滩、龙门粮库、张沟、煤田地质二队院内,地调一队院内和洛阳新区(三山)等地打出地热井,其中煤田地质二队以南龙门山一带的几处地热井 170～1 180 m 终孔在寒武系地层,水温最高达 78 ℃(龙门张沟井口),地调一队热水井深 1 602 m,终孔在三叠系紫红色砂岩中,水温 53 ℃(后报废),新区三山热水井井深 1 520 m,终孔在古近系,水温 61 ℃,但涌水量小。需要提出的是,以上地热梯度带虽然延入洛阳盆地,但近年来在盆地内所布地热井验证的成功率很低,大部分是水温较高,但涌水量很小,原因是洛阳盆地下部缺失陈宅沟组山麓堆积的砂砾层,而蟒川组及其上下厚达 2 000 m 以上的湖相沉积岩石孔隙度小,很难找到理想的含水层,因此专家们总结洛阳盆地找水工程应尊重"地热增温,构造导水"的原则,所布钻井必须在查明构造和地热异常的"双保险"前提下才能提高地热资源的开发成功概率。地热勘查如此,深井水的勘查也应如此。

4. 关于古近纪地层的对比问题

古近纪地层由于分布在互不连接的几个陆相盆地中,不仅岩性、岩相变化很大,而且生物化石又与现代生物接近,所以地层对比的难度较大。豫西及洛阳地区古近系地层的命名和时代划分,大多取自 20 世纪的 50～60 年代所作盐碱类地质勘查和 70 年代的石油地质普查(主要是洛宁—洛阳盆地)。受当时测试手段和技术条件限制,难免存在不足之处。应加说明的是,自此以后的 30 多年基本未投入专题性地层研究工作,原来各盆地的地层划分依然保持当时的认识水平,虽然近年来区内一些地区也已作过 1:5 万区调和地热、地下水以及一些工程地质项目勘查,但由于专业知识所限,加之古生物、同位素、岩石、矿物组合方面的工作又投入很少,因此对各盆地的认识也没有什么进展。但引人注意的是,由于汝阳、栾川等地恐龙化石的发现,原来划归古近纪的陈宅沟组、高峪沟组都将有一部分划归白垩纪,于是有恐龙化石的陈宅沟组和无恐龙化石的陈宅沟组该如何对比成为问题之一;问题之二是邻区灵宝朱阳一带盆地中古近系底部项城组,已证明是古砂金矿的主要赋存层位,砂金来源于小秦岭的原生金矿,同样,洛阳嵩县已发现并曾为俄罗斯开采的高都川砂金矿,也源于嵩县西北部祁雨沟等地的岩金矿。据此推断,洛宁熊耳山区拥有上宫等大型原生金矿,与矿区毗邻的洛阳盆地、潭头盆地古近系底部的陈宅沟组、秋扒组、高峪沟组有没有砂金矿? 这也是大家很感兴趣,需要进一步探索的问题。

第三节　新近纪(系)

(23.3～2.6 Ma)

盆地再陷沉积洛阳组,岩浆上涌形成玄武岩

新近纪(系)即原称的新第三纪或上第三系。自下而上由中新统和上新统组成,对应的时间为中新世和上新世,跨越地史仅2 070万年,是地史上仅比最短的第四纪稍长的一个纪。但因新近纪更接近人类的历史,新近系地层的大部分又是人类活动的依存点和归宿之处,尤其洛阳新近纪地层又是以洛阳冠名的一套地层和承载着一次以玄武岩喷涌出的火山活动,所以对之探讨有特殊意义。

一、新近纪(系)的三大地质特征

1. 生物面貌与现代生物更接近

动物方面,以哺乳类的大型化和特征化为标志,已经形成了以安奇马、巨爪兽、三趾马为代表的奇蹄类,以皇冠鹿、长颈鹿等为代表的偶蹄类和以板齿象、乳齿象为代表的长鼻类。其中的三趾马是比现代马的形体稍小、前后蹄各有三个趾的原始马类,属黄河流域新近纪的标准化石(见照片Ⅶ-5)。

照片Ⅶ-5　三趾马复原图
——我国北方新近纪的标准化石。

(选自《化石》杂志,姚小东供)

与陆上哺乳动物形体增大相反,新近纪的海生无脊椎动物中的大型有孔虫(如货币虫)则向小型化发展,六射珊瑚开始大量繁殖,形成珊瑚礁。在陆地上的淡水水体中,介形虫类化石特别丰富。植物方面,高等植物与现代已无大的区别,低等植物中淡水硅藻比较常见,并在一些地区形成了疏松多孔的硅藻土层,这是重要的环保类矿产资源。植物的分区也大体与现代相同。

2. 岩相古地理特征突出

新近系在我国以陆相地层为主,仅在大陆边缘如台湾、西藏等地有海相沉积。陆相新近系与下伏古近系多呈微角度或平行不整合接触。沉积环境分为两类:一类为内陆盆地型湖泊沉积,岩性以杂色黏土页岩为主,富含哺乳动物和昆虫类化石,以山东临朐盆地山旺统、洛阳盆地的洛阳组(见后)为代表;另一类为土状堆积型,以山西西北保德的三趾马红土(老红土)为代表。此外,在华北、华南和东北等地区,还有大面积玄武岩喷发,本区的玄武岩为大安玄武岩(见后)。

新近系同古近系一样,所形成的岩层仍为半成岩状态,但岩石的胶结、压实程度比前者低,地层的旋律性较明显,下部以厚层砾岩为主,中部以砾、砂、泥岩成分居多,上部以红黏土层为主,层序清晰。更为突出的是其中的砂砾岩分选一般较差,多沿走向延长不远而尖灭,属于典型的河流相特征。上部的红黏土层厚度变化较大,顶部和第四系黄土接触处的上部大多都形成钙质淋滤层(礓石层)。新近纪被地表水系切割后,砂砾层、钙质淋滤层常形成陡坎、悬崖,上部红黏土层和上覆第四系接触处,常有泉水涌出,形成区域性的潜水层或潜水湿地。

另从组成新近系地层的氧化程度、动植物的发育程度分析,中新世早期气候仍温暖潮湿,地层中含铁矿物能充分氧化,形成褐红色砂砾岩和红色黏土岩,但与古近系相比,岩石胶结比较松散,色调也较浅些。另因此时充足的降水量和适宜的温度,促使新近纪的动植物尤其大型比较高等的动植物都得到进一步的发展,岩层中的有机物成分较高。

3. 构造运动比较强烈

新近纪的构造运动为喜马拉雅运动,即以喜马拉雅山的形成为标志的大地构造运动。较之其前的华北期和其后的新构造期,这个阶段的构造运动最强烈。一是这次运动波及的范围大,影响中国大陆各地,在西部因印度板块和欧亚板块的碰撞形成喜马拉雅山及其北部的推覆构造系,促使青藏高原隆升,造成我国的生态环境严重恶化;二是在中东部由其东西向的伸展作用,改变了区内一些大的断裂带性质,形成我国的四大台阶地形,为内陆水系提供了东流入海的出路;三是喜山运动不仅导致了陆块内部的一些大断裂带的复活,形成东西走向的诸大山系和其间的汇水盆地外,而且在藏北、川西、滇西形成大量而幅度较大的背斜、向斜褶皱;并伴随有大规模的岩浆活动,在西部青藏及周边地区,形成以雅鲁藏布江蛇绿岩层为标志的超基性—基性岩带以及一些碰撞型中酸性小岩体。在大陆东部及海南、台湾等地,则发生了大规模的玄武岩类火山喷发活动。

有关新近纪喜马拉雅期的构造运动后面还要进一步阐述。

二、新近纪地层

1. 区域地层分布、特征和对比

(1)分布情况

与古近纪相比,新近纪的地层在我国的分布还要广,除了南方的江汉盆地及四川盆地、南宁盆地有小面积分布,主要分布在华北、西北、东北等地层区,形成阴山、天山、昆仑山、祁连山、秦岭、太行山等一些大山的山麓堆积;在西部见于分布于塔里木、柴达木、准噶尔等盆地的表层;中、东部的阿拉善、鄂尔多斯,华北、华东及东北大兴安岭、小兴安岭两侧也形成了大大小小的新近纪断陷盆地。在河南这些盆地分布在豫北汤阴、三门峡、洛阳、伊川—嵩县、郑州,并大面积分布于被第四纪覆盖的开封、濮阳、周口等大的新生代盆地中,与山东、安徽、江苏的新近系相连。在秦岭地层区分布在卢氏、南阳和李官桥等盆地。这些盆地的形成,主要受喜马拉雅期的断裂构造控制,在豫西地区,主要是受伸向境内的太行山山前断裂、闵底—宫前断裂、洛宁—宜阳山前断裂及马超营断裂旁侧的次级断裂控制。

（2）地层特征

上述新近系的分布,除了西北地区各大盆地边缘受青藏推覆构造系影响,各大山系急剧上升,形成巨厚的磨拉石相山麓堆积,其他主要是河流—湖泊相沉积,并随盆地的规模、深度的不断加大,底部砾岩、砂砾岩之上逐渐为砂岩、细砂岩、粉砂岩和泥岩代替,并由粉砂岩、黏土岩互层转化为较厚的泥灰岩沉积,沉积韵律性较强,均反映了沉积盆地的稳定下沉特征。另外,在内蒙古东部,大、小兴安岭、吉林长白山、河北、山东、广东、海南及南海、河南鹤壁及汝阳、伊川、汝州三县交界处和信阳、嵩县木植街等地,还有大面积喜山期玄武岩活动,形成了中国东部南北向的火山活动带。与火山岩的氧化物有关,一些地方形成了含蒙脱石的杂色黏土沉积。

（3）地层对比

在中国东部的华北平原因为新近系为含油气的古近系盖层,石油地质勘探部门对之研究和划分得比较详细,自下而上划分为馆陶组和明化镇两个组。馆陶组以砂岩、泥岩层夹砾岩,为河流—湖泊相沉积,属中新统,其下与古近系渐新统东营组泥灰岩不整合,这个不整合被称为"馆陶基准面",为新生界地层对比的标志。明化镇组为其上覆的另一套河流—湖泊相地层,属上新统,下与馆陶组平行不整合,上为第四系所覆盖。在河南,这两套地层分布在开封盆地、濮阳盆地和周口盆地,都含有丰富的介形类、轮藻类等微体化石,厚达 1 500 ~ 2 300 m。

河南中、西部断陷盆地的新近系,省区调队和一些专业院校研究部门所做工作较多。豫北地区汤阴盆地自下而上划分为彰武组、鹤壁组,分属中新统,与豫东的馆陶组对比;上新统为潞王坟组的白色泥灰岩和灰白色隐晶质灰岩夹细砂岩,其上为由中基性火山角砾岩成分,时代仍为新近系的庞村组不整合,相当豫东一带的明化镇组。洛阳一带的新近系,下部相当馆陶组的地层为洛阳组,其上部为大安玄武岩,相当豫北的潞王坟组、庞村组,庞村组的玄武岩(鹤壁玄武岩)为爆发相,与大安玄武岩有别。大安玄武岩的同位素年龄(见后)属上新世。除此而外,豫北盆地潞王坟组之上还建有静乐组,孟津、新安洛阳组之上建有棉凹组,区域地层划分比较混乱,地层对比相对困难。对此容我们在详细介绍洛阳盆地的新近系之后再作探讨。

2. 洛阳一带的新近系

洛阳一带的新近系,主体为洛阳组、大安玄武岩,包括与大安玄武岩层位相当的潞王坟组和庞村组。

（1）洛阳组

洛阳组为洛阳、伊川盆地及其周边地区新近系的代表性地层,1964 年由河南省区测队创名于洛阳市东沙坡村,分布范围西自洛宁长水以西、渑池以南,西北至新安五头、孟津,东延偃师西部和登封君召,南与伊川、嵩县盆地相接,北依邙岭为界。广泛出露在新安李村、磁涧,洛阳孙旗屯、辛店,宜阳延秋、丰李,伊川鸦岭、白沙、江左,汝阳内埠、陶营等地,形成洛河、伊河两岸及伊河支流白降河白沙、汝河支流牛汝家河一带的丘陵、洼地和黄河南岸黄土阶地的基底地层,受伊河北东向断裂的控制尤为明显,南延嵩县县城以北陆浑水库两岸。

洛阳组下部为青灰、黄褐、杂色砂砾岩、砾岩,棕黄、棕红色砂岩、粉砂岩,砂质泥岩和薄层泥灰岩互层,其下与古近系平行不整合接触,主要分布在盆地边部。伊川白沙白降河北岸可见到厚大的砾岩层和古近系红层平行不整合接触,砾岩分选性差,含安山岩、片麻岩、石英岩砾石;中部为棕红、橙黄、浅灰绿色砂质泥岩,灰白、灰红色泥灰岩夹棕黄色含泥质砂岩、粉砂岩和透镜状砂砾岩;上部为棕红色砂质泥灰岩与棕红、褐黄色砂岩、泥质砂岩夹灰白色泥灰岩及砂砾岩透镜体,顶部为红色黏土岩。同一剖面中各类岩石厚度变化较大,横向尖灭较快,属河流—湖泊相、以河流相为主的地层。含利齿猪等大型哺乳动物化石(见照片Ⅶ-6)。

照片Ⅶ-6 伊川白沙山神庙洛阳组砂砾岩层
——半成岩状钙质胶结的砂砾岩与黏土质粉砂岩互层,砂砾岩风化后呈蜂窝状。

(编者)

据区域调研发现,洛阳组在分布区内各地岩性、厚度和岩相变化较大,大部分地区仅见不稳定的砾岩、砂砾岩,多为上部淋滤的钙质胶结,砂岩呈似层状,大部含黏土,质纯者少,多呈砂窝状。顶部与黏土岩、粉砂岩混生为钙质胶结的似层状砂砾岩,相对稳定,其上为厚度不稳定和局部地区分布的红黏土层。洛阳组孙旗屯东沙坡剖面厚 38.9 m(未见底),李楼洛 1 孔厚 315 m,济源南凹厚 120 m,洛宁洛参 1 孔厚 653 m,义马庙沟—杜树沟的巨厚层砾岩夹砂岩厚 468~500 m,各地厚度变化较大。总体为底面不平、补给物充足、地层相对稳定并在下沉条件下,由原始的伊河、洛河、涧河及其支流形成的披盖式沉积。洛阳组顶部地层缺失较多,可能经受相当时间的剥蚀,后为大安玄武岩或第四纪中更新统离石黄土平行不整合覆盖。

(2)大安组(大安玄武岩)

大安组于 1962 年由河南地质研究所创名汝阳县大安乡,时代定为早更新世。后为河南地矿局(1989)沿用,时代归上新世。主体分布在汝阳北部、伊川东南部、汝州西北部的三县(市)交界处,零星见于嵩县木植街一带。岩性为橄榄玄武岩、辉石橄榄玄武岩,多呈层状、盾状、柱状(局部)产出,主体为厚层状、气孔—杏仁状构造,绳状,包卷状层面构造不发育,斑状、间架状结构。边缘部分可见由玄武质浮石岩、熔岩角砾组成的火山口(伊川酒后南王、汝阳柿园南山、汝州临汝桂张等地),熔岩内部未见火山弹、火山灰等火山碎屑岩,汝阳马坡、杜康祠一带在上、下两层熔岩层间有 3~4 m 厚的红土夹层,临汝镇以东被后期沉积掩埋于松散层之下。

依据岩性,气孔层和红顶氧化面,在北部大安—蔡店一带划分为 5 个喷发旋回,以红层为界,下层包括大安、内埠、双泉 3 个旋回;上层包括马坡、吴起岭 2 个旋回,后者二氧化硅含量较高,硬度大,可用于高速公路路面优质抗滑石料,已为我省开—洛、洛—界等高速公路开发应用。区内经 6 个钻孔揭露,玄武岩层厚 29~31 m(大安虎掌凹钻孔揭露厚 81 m)。底部平行不整合于洛阳组不同层位之上,边部覆于被烘烤为砖红色、具垂直节理、含有钙质结核的红土层之上,其中钙质结核被烧成石灰,红土层位与周边的第四纪中更新统相连(见照片Ⅶ-7)。

2. 玄武岩盖在第四系离石黄土上,
接触面黄土被烘烤成砖红色
(汝阳上岗底)

1. 玄武岩地貌—吴起
石(汝阳何村)

照片Ⅶ-7 新近纪大安玄武岩
——玄武岩边部盖在离石黄土上,接触带黄土被烘烤成砖红色,其中的料礓石被烧成疏松的石灰。

(编者)

据此原河南地矿局第一地质调查队认为,该玄武岩的喷发始于上新世,结束于中更新世。已有同位素年龄分别为 10.0 Ma、7.9 Ma、6.0 Ma,亦属上新世。

需要提出的是,玄武岩的周边地区——伊川、汝阳交界和汝阳北部玄武岩的南界,普遍发育一层含蒙脱石很高的灰白、灰褐、杂色黏土岩的湖相地层(白土、白泥),因其黏度大和特殊的化学成分,自古到今,都成为当地烧制砖瓦的优质原料,砖瓦窑遍布,在该地具标志层性。该黏土层是玄武岩喷发前洛阳组顶部的残留?还是随玄武岩喷发时形成、后被水流搬运到岩流边部洼地沉积下来的黏土?尚需进一步研究。

3. 潞王坟组

1974 年由山西区测队创名,剖面测制于新乡潞王坟采石场,1989 年为河南省地质矿产局沿用。省内分布于豫北鹤壁盆地,郑州以西及洛阳、平顶山地区。下部为紫红、红色黏土岩与白色中厚层状泥灰岩互层,夹褐黄色细砂岩;中部为白、灰白色厚层状泥灰岩,隐晶质灰岩夹钙质砂岩、泥岩、砂砾岩;上部为灰白色中—厚层泥灰岩、灰绿色泥质砂岩,夹红色黏土岩。下部以细砂岩或中—厚层状泥灰岩的出现分别与鹤壁盆地的鹤壁组、洛阳盆地的洛阳组整合、平行不整合相接,上与庞村组(鹤壁玄武岩)平行不整合,接触区域厚度变化比较大,鹤壁盆地厚 263 m,豫西洛阳地区厚几十米至上百米不等。中部"泥灰岩"中产哺乳动物化石,多数为三趾马动物群的主要种属,时代归早上新世。

由潞王坟组建组处仅厚 26.3 m 的地层剖面分析,其下部为厚达 6 m 的含灰褐色石灰岩角砾的灰白色泥灰岩,角砾成分为下伏奥陶系马家沟组灰岩,中部为厚 3 m 的淡棕色斑状角砾岩与角砾状灰白色隐晶质灰岩,上部又为滚圆度很好的泥灰岩、泥质灰岩砾石层,该砾石层又夹于白色、灰白色泥灰岩和隐晶质灰岩之间。很显然作为潞王坟组建组处的地层为一套很特殊的地层,其自身的岩石组合和含化石的围岩都不成体统,与区域地层有别,其成因应另当别论。但由于这套地层主要成分为泥灰岩和黏土一白一红的特殊色调,多使很多地质人员都无一例外地将其划归潞王坟组,但它们大多是孤立的一些残块。现发现的几处分别见于龙门西山公路旁侧、宜阳董王庄栗封、伊川常川高桥、新安五头和汝阳汝安路畔陶营一带,其下多为洛阳组地层。

　　从岩石学的常识可知,泥灰岩是界于碳酸盐岩和黏土岩的过渡类型,常分布在石灰岩和黏土岩之间的过渡地带,或夹于石灰岩和黏土岩之中,呈薄层状或透镜状产出,主要分布在海相和湖相地层区,并多有暗色泥质残余物和色纹组成的层理,显微镜下呈微粒或隐晶泥状结构,可看到碳酸盐和黏土矿物组成的质点。但在洛阳一带前人划入潞王坟组的这类地层多不显层理,横向上岩性变化较大,碳酸钙成分含量不均,内部含多种成分砾石或砂屑,主要为土黄色砂礓状物,与通常看到其他时代地层中的泥灰岩差别较大,尤其其中还发现有大型哺乳动物化石,为什么这些陆生动物群会死亡在湖相沉积环境中呢?

　　区域调查发现,现划为潞王坟组的地层,主要分布在鹤壁玄武岩和大安玄武岩的外围。洛阳一带大部位于洛阳组红色黏土层之上,推测这些红黏土与玄武岩应为同质异相产物。即在该期玄武岩喷溢时,地区气温偏高,湿热多雨,火山喷出的气体、火山灰(鹤壁)也在改变着大气和地表水体的成分,增加了水的溶解度,促使了玄武岩和区内石灰岩等地层的红土化作用,生成含铁锰质较高的蒙脱石、伊利石黏土——这可能是原来划归洛阳组,现划入潞王坟组、平行不整合在洛阳组顶部那层填充型沉积的红、灰白色黏土层。之后,随水体中黏土类的沉淀,水质变清,但含的碳酸钙成分较高,并因蒸发而浓度加大,逐渐达到饱和度,进而就在远离火山岩地区的洼地或湖盆中,以化学沉淀方式,形成类似水垢一样的钙结岩,或为淋滤碳酸钙,后者胶结了原地的砂砾层或下部风化壳的岩石碎块。由于这部分地层形成晚,成岩差又暴露在地表,经风化和雨水冲刷而分离,很多地方的岩石变为一团团的白色石粉,并多成为孤零残缺的断块,容易被误认为泥灰岩或灰岩的风化物,但仔细观察多不显沉积层理,往往含有砂岩等角砾,碳酸钙的淋滤特征十分明显。因此提醒野外工作的同志,在遇到这类岩石时,一定要仔细观察研究,不能草率了事(见照片Ⅶ-8)。

照片Ⅶ-8　新近系顶部白色钙质淋滤层
——零星分布于洛阳盆地,以往称此为湖相泥灰岩,属潞王坟组,但不显沉积层理而呈现钙质淋滤特征
(位置:龙门山南坡老公路旁;编者)

4. 庞村组

　　1979 年河南省区测队于鹤壁市庞村镇创名庞村组。该组属火山岩建造,又称鹤壁玄武岩。区内呈北西/南东向带状分布于鹤壁黑山、庞村镇及浮山一带,零星见于淇河两岸,形成大小孤立的一些山包,出露厚不足 15 m,钻孔中厚达 310 m。岩性为深褐、浅褐、暗绿色复成分中基性火山角砾岩,夹泥灰岩及泥岩,上部为具气孔、杏仁构造的橄榄玄武岩,局部见火山弹。主体呈层状、岩管、岩墙状产出。下部以含玄武岩砾石的砂砾层平行不整合在潞王坟组之上。本组下部产哺乳动物化石,K—Ar 同位素年龄值 10.3 Ma,时代归上新世。依据同位素测年资料,庞村组的鹤壁玄武岩与前述大安玄武岩为同一时代的异地喷发产物,后者可能稍晚些。二者不同的是,庞村组玄武岩为爆发相,横向上仅为孤立的小山包(火山锥?),可以看到似火山茎的岩管,周围有火山角砾和火山弹。

而大安玄武岩为溢流相,横向分布的面积较大,厚度小,没有火山碎屑岩,在熔岩区边部的火山口处出露,含沸石的浮石岩。

另就区域地层对比方面,豫北鹤壁盆地庞村组玄武岩平行不整合于潞王坟组之上,其喷发时间应在潞王坟组形成之后或交替过渡。洛阳一带的潞王坟组和大安玄武岩,都在洛阳组沉积之后,二者又为同期异地形成的不同地层,因此以这两地的潞王坟组为对比标志,洛阳地区的大安玄武岩应比鹤壁盆地的鹤壁玄武岩形成的时间稍晚,这和二者的同位素测年资料也是吻合的。

三、新近纪的构造运动

新近纪的构造运动为喜马拉雅运动,其主要特征在前面已有简述,这里着重介绍该期构造运动的两大主要标志。

1.青藏高原在喜山期开始隆升

前面已经谈过,早在四川期末,由于印度板块的快速北移,北部欧亚大陆受印度板块离散的冈底斯—保山地块的碰撞,已经在大陆西南部形成东西向褶皱和岩浆活动,但此时的青藏高原仍为特提斯海所淹没,那里仍为海相沉积。后来到了古近纪的华北期,印度板块继续北移,并与欧亚大陆板块开始对接碰撞,形成了印度河—雅鲁藏布江碰撞带和雅鲁藏布江蛇绿岩套(因其中的硅质层内有渐新世的放射虫,推断其碰撞的时间应在古近纪末),但这时还未形成青藏高原。

大致在新近纪中新世开始,印度板块继续向北俯冲,并插入欧亚大陆地壳之下,这时印度板块边部形成喜马拉雅山褶皱带——即喜马拉雅山形成,其前锋已达藏北改则—安多—丁青一线,形成系列逆掩断片带。这些断片带上的各条主断层的断层面都以中、低角度向北倾斜,它们构成了一个叠瓦式的逆掩断层系,并伴生形成了一系列中、低级的动力变质带,该逆掩断层系又称"薄皮构造体系"。其形成不仅导致了青藏高原的隆起,而且波及到整个西北地区,使祁连山、阿尔金山、昆仑山、天山等随之上升,山前山后(各大盆地边缘)都堆积了巨厚的砾石层。该构造系对我国西部地质、地貌的演化及一些盆地中沉积矿产的形成有重要意义。另外有关青藏高原植被演化和高原高程变化史的研究认为,从古近纪以来,高原区由热带低地森林脉动式地演变为亚热带山地森林,标志高原呈阶段性地不断上升,到新近纪晚期,其海拔高度已隆升为 2 000 m 了。

2.中国地形大台阶的形成

在我国西南部受到强大的南北向挤压应力作用下,我国大陆则处在东西向的应力松弛中,因此在喜马拉雅山脉的形成和青藏高原隆升的同时,中国大陆的东部也发生着微弱的板内变形,主要表现在使先前华北期形成的近南北向断层发生张裂,产生近东西向伸展,相继发育了大兴安岭东侧、太行山东侧及沧东—聊城的正断层、郯城—庐江左行走滑正断层、六盘山—贺兰山正断层、汾河地堑带和黄海东缘右行走滑断层等。进而在中国大陆东部自西向东,由低而高,形成了 4 个台阶,并明显形成了不同的重力梯度带,大致的位置是:

第一台阶:浅海大陆架(水下 50~200 m),地壳厚 28~24 km。

第二台阶:东部沿海平原、丘陵和低山(平均海拔 1 000 m~水下 50 m),地壳厚 30~36 km。

在第一、二台阶处,因断层切割达及地幔,局部地段有玄武岩喷溢。

第三台阶:西北—内蒙古—黄土高原、云贵高原(平均海拔 2 000 m),地壳厚 40~48 km。

第四台阶:青藏高原(平均海拔 4 000 m),地壳厚 60~74 km(见图Ⅶ-3)。

以上四大台阶的地壳厚度向西不断增大,青藏高原区最大。四大台阶的第一台阶地壳较薄,但这里蕴藏着丰富的油气资源,也是海防战略要地;第二、三台阶是人类文化的发祥地,也是我国重要的经济区;第四台阶不仅矿产资源丰富,而且是制约中国大陆生态环境的关键地区。应该指出的是,这四大台阶内部都还包括着由规模较小断裂带形成的次级台阶。具特征性的是,每一台阶的尽

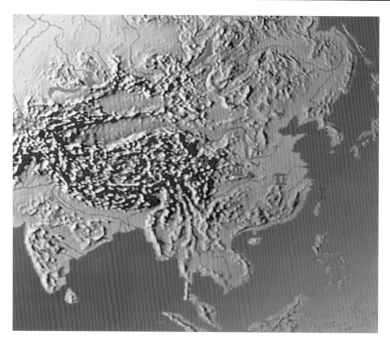

图Ⅶ-3　我国疆域的四大台阶地形
——Ⅰ级台阶为我国沿海大陆架。

(《资源导刊·地球科技》)

头都是以形成大、中城市为标志的经济、文化、交通最发达的地区。河南省大体以京广线为界,跨越二、三两大台阶,形成了中原城市群,其中郑州、安阳、焦作、新乡、许昌、漯河、驻马店、信阳位处第二台阶的内缘,洛阳、焦作、南阳、三门峡处于二、三台阶的交接地带。优越的地理条件,为这些城市的发展增添了活力。

如上所述,青藏高原的隆升和中国四大台阶地形的形成,是喜山运动的主要标志,它促使在华北期形成的四大汇水盆地基础上,提供了"水向东流"的基本条件,并因有利的地形,使这些水系都拥有较大的动力资源。也因青藏高原的隆起阻挡了印度洋吹向中国大陆的暖湿气流,来自西伯利亚的寒流,因得不到这一暖湿气流的配合,变得干燥凛冽,其所挟带的尘沙在第三台阶处沉降,日积月累,逐渐形成了后来的黄土高原。随之气候、生态环境也逐渐恶化,并导致一些原来有基岩分布的山区逐渐石漠(戈壁)化、河湖湿地盐渍化、平原沃野沙漠化及由其产生的沙尘暴不断袭击内陆的各种自然灾害,这也是形成前面第一章所谈形成我国生态恶化的根本原因。

四、新近纪洛阳地区古地理浅析

1. 水面高于龙门山的伊川湖

新近纪开始,南部的熊耳山区再度上升,盆地再度下沉而且面积不断扩大,在古近系之上形成了披盖式沉积的新近系洛阳组地层。这套地层主要分布在洛河,伊河以及涧河的中、下游河段。沿涧河可达渑池、义马和新安南部,沿洛河可追索到洛宁长水以西和洛河流域的卢氏—范里盆地,故县—兴华盆地可能也有残留。东部的伊河流域沉降的幅度较大,湖水汇入伊川盆地。该盆地规模南延嵩县县城附近,东南达汝阳北部的陶营、内埠、蔡店的淮河水系牛汝家河(汝河支流)一线,东沿伊河支流白降河延入登封西部的颍阳、君召的颍河上游。向北可达孟津常袋和新安五头一带,东延偃师伊洛河汇流处。由洛阳组的岩相特征分析,其下部的砾岩、砂砾岩,砾石成分复杂,滚圆度较好,分选性差,单层厚度不大等特征说明,其沉积时地形起伏不大,水体不深,而且是以长距离的河流搬运、沿河道沉积为特征;中、上部地层的沉积大致是按砾岩—砂砾岩—砂岩—泥岩—泥灰岩的沉积韵律组合。说明洛阳盆地是在缓慢的下沉中逐渐接受沉积的,这里大部分地区顶部出现的红色黏土层和砂礓(料礓)层,可能是前面谈到的潞王坟组的一部分或洛阳组的顶界。

因为洛阳组地层没有褶皱,区内断层也很少见,我们可以从其顶部地层的海拔标高来大致判断当时湖水水面的相对高度。一些地层高程点的比较使我们惊奇地发现,当时伊川湖的水面比现在的龙门西山、东山都要高:如

龙门西山	268 m(海拔,下同)	龙门东山	303 m
彭婆苗沟	323 m	伊川白沙南	320 m
龙门毕沟	305 m	汝阳内埠	330 m
孙旗屯东沙坡	330 m……		

由以上各测点比较,可能当时龙门山的龙门段时常被水淹没,在龙门南形成一泓湖水,雨季时湖水泛滥,时而越过黄淮水系的大安—杜康分水岭沿汝河夺道流入淮河,北面在郭寨、魏湾、漫流一带流入洛河下游洛宁—洛阳盆地。我们今天还可以看到那里半山坡上透镜状的沙窝、砂砾层和冲积扇状的层理。由南面伊川湖的演变可以推断龙门口的形成,经实地的多次地质观测,龙门西山和东山的地层层位对应,由此排除了断层的存在。形成阙口的主要因素是寒武系石灰岩类化学性质活泼,在当时的水面下容易发生溶蚀,形成溶洞,加之岩石本身具有节理、裂隙,在长期水流的侵蚀下切作用下,逐渐扩大而导致伊川湖水急剧由此下泄,补给洛阳盆地后而最后干涸。另从龙门东山残留的次生黄土形成的阶地分析,伊川湖的消失应在晚更新世末,距今大约 1 万年。所以洛阳一带关于龙门的传说中有"打开龙门口,旱干汝颍江"的典故和"放牛娃赚开龙门口"的神话,可能由此衍生,只是那时并没有人类,也没有龙门石窟。

2. 大安玄武岩活动与红黏土层的形成

以大安玄武岩为代表的火山活动,为中国东部新生代的第二期基性火山活动,标志着我国东部形成台阶状地形的断裂带切割地壳的深度较深。与华北期北西向构造控制的火山带不同,本期火山活动受北北东向大断裂和与其相交的北西西向断裂的交汇处控制,形成中国东部几大南北向火山带,我省的鹤壁玄武岩、大安玄武岩均系靠近内陆一侧火山带的一部分。可以设想,那时这些火山带上的火山可能就像今天环太平洋的火山—地震带一样,火山活动此起彼伏,沿火山带烟尘四起……

沿大安火山岩的边部追索,多处可以见到在岩层覆盖下的离石黄土有 30 ~ 40 cm 的烘烤层,其中的钙质结核被烧成松软的石灰,推测当时熔岩的温度至少在 600 ~ 700 ℃ 以上。另从岩层内部单层岩石的层面上,普遍见伴有气孔层的红色氧化面,说明熔岩在溢流地表时表面和太阳、水、大气接触,发生了氧化,也说明当时的气温较高,空气湿润,有利于熔岩和火山碎屑中铁镁矿物、硅铝质矿物的分解,前者产生三价铁、二价铁,后者形成蒙脱石、伊利石。这些元素和矿物被地表水带入它周边的洼地,自然而然形成了含蒙脱石的红色黏土,但在以往的资料中,多把这类红黏土层划归洛阳组的上段,但经横向追索,这些红黏土层在大部分地段呈漏斗状或连生漏斗状充填在被冲刷后顶面层位残缺的洛阳组砂砾岩的洼地中,横向上多不连续,属平行不整合接触,可能是比洛阳组稍晚时期,玄武岩遭轻微红土化的产物。已如前述,这些红黏土层应属潞王坟组地层的一部分。另外,由于火山喷发时,二氧化碳、二氧化硫一类的气体注入地表水中形成酸性水体,从而也加大了地表水的溶解度使寒武—奥陶系等碳酸盐类地层中的钙溶入水中,经蒸发饱和而再度沉淀,这可能是新近系地层顶部淋滤碳酸钙——钙结岩非常普遍的主要原因,对此在前述潞王坟组时已经提到了。

区内与新近系地层有关的矿产主要是含伊利石、蒙脱石的砖瓦黏土和可作为白色填料、饲料添加剂的淋滤碳酸钙。而该期形成的玄武岩,浮石岩,除了以往用作铸石、岩棉、水泥添加料和高速公路路面抗滑剂,现已开发为玄武丝类军工产品。此外新发现的含于火山口中的含沸石的浮石岩,有可能成为农用和环保型的一类重要资源。

第四节　第四纪(系)

(2.6 Ma ~ 现在)

先将黄土论华夏,再以人类说古今。

一、地质史上最新的纪

1. 第四纪的创名和研究意义

公元 18 世纪,一个叫德斯诺伊尔斯的法国地质学家在研究巴黎盆地时,将第三纪(古近纪、新近纪)之上的松散沉积物单独划分出来,命名为第四纪。后人又将其细分为更新世和全新世,对应的地层单位为更新统和全新统,其中更新统又划分为下、中、上三部分(组)。这是地球上时代最新、历时最短,但也是划分得最详细、内容非常丰富的一个纪。

关于第四纪的下限,国际上一直存在着争议,过去曾认为距今 100 万年,后又改为 200 万年或 300 万年。随着古人类学研究的逐渐深入,与人类进化有关的地质遗迹被不断发现,尤其测年科学的不断发展,大量数据使人们更多倾向于距今 260 万年为第四纪的下限,这也是黄土开始形成的年龄。标志着青藏高原继续隆升,中国阶梯状地形的最后形成及由其导致的古气候、古地理条件的变异和地球上最大、最后一个冰期——第四纪冰期的形成,以及由此导致的由猿到人的生物界大变异。这些都可以成为第四纪下限的主要标志。

正是地球上出现了人类,第四纪地史上的很多地质事件因为都与人类生存、人类文明的发展息息相关,人类对这些事件的观察也最入微,认识也最深刻,保存和有关文字的记录也最详细,人们也从这些事件中发现它对人类进化、人类社会发展有着重大影响,所以也发展为一个新的地质学领域——第四纪地质学。这是地质学的一个分科,是专门研究第四纪时期地质发展历史的科学。学科内容涉及的都是人类如何适应自然、战胜自然而求生存的一些基础地质问题,因而也是一门重要的学科(见后)。另一方面,第四纪经历的地质作用又是正在给人们诠释着地质学中"以今证古"的法则,第四纪研究的地学理论价值很高。洛阳第四纪地层分布广泛,组成第四系的基本成分是不同时期、不同类型的黄土。这些黄土有规律地分布在黄河流经的地区,黄土中埋藏着不同人文时期的文化层。因此,研究第四纪也是对黄土、黄土文化层和黄河文化的探讨,尤其是地质历史和人文历史的衔接,自然有着更重要的地质科普价值(见照片Ⅶ-9)。

2. 第四纪地质的基本特点

在阐述本节的内容之前,首先应了解的是第四纪地质的几大特点,概括而言有以下五个方面:

(1)经历的时间短。对于地球史来说,260 万年只是短短的一瞬,但就在这短短的时期中,我国的自然地理、气候条件却发生了很大的变化。例如,同人类初期生长在中原的大象、河狸、竹鼠类亚热带动物现已消失;1 000 年前汉、唐时期繁华的西域丝绸之路,今日已成为荒凉的沙漠戈壁,丝绸之路上昔日繁华、东西方文明交会的高昌古城、楼兰古国,以及干涸了的罗布泊湖、久已断流的孔雀河,和将要被沙漠吞噬的敦煌石窟都见证了这个时期生态环境急剧恶化的历史。

(2)第四纪研究的内容与人类的关系最密切。人类出现、人类的发展进化——在不足 300 万年中从古猿—猿人—能人—今人的变化史,这是比地史上任何哺乳动物都发展得快的物种。因此,对人类发展演化的研究——如环境变化引起的体形变化、手脚分工、大脑发育和学会使用工具、进行劳动创造财富等的研究,都是比其他古生物要复杂得多的工作。

照片Ⅶ-9　黄土
——我国北方第四纪的主要标志。

(《资源导刊·地质旅游》2011 年第 7 期)

　　(3)第四纪研究的地层特殊。因为它们不是各类岩石,而是堆积在地表的风化残积、坡积、洪积、风积、冰碛、火山、生物、人类活动等各种成因,又广泛分布在地球极地到赤道的山岳、高原、平原、河流、湖沼、海洋、沙漠、溶洞等不同环境下形成的松散堆(沉)积物,还包括其中死亡的动、植物遗体(大化石),这是一个内容非常丰富的学科领域(见后)。

　　(4)大地构造运动属新构造运动。和其前的喜马拉雅运动、华北运动及四川运动表现的特征不同,主要表现形式是地壳缓慢的升降及主要构造带上的火山活动和地震。新构造研究的重点是这些构造运动及由其诱发的各种地质灾害对人类生存环境的破坏和人类对其的预防等。因而也是最引人重视、最令人关切的研究领域和复杂课题。

　　(5)形成的矿产特殊。这些矿产中除了与火山岩有关的自然硫、沸石、浮石、玄武岩等内生非金属矿产,主要是外生矿产:包括内陆盆地、沿海一带形成的化学、胶体化学沉积的盐类矿产;以滨海、滨湖、河道机械沉积的各类砂矿;与温湿气候水生动物有关的各类黏土、硅藻土;与基岩性质有关的各类风化壳型矿床以及与鸟类栖息地有关的鸟粪层磷矿等。

3. 第四纪研究的内容和方法

　　专门研究第四纪地质的学科称为第四纪地质学。其主要任务是研究第四纪期间发生的各种地质事件及其时间、空间方面的分布规律。内容包括第四纪年代学、第四纪沉积物、地层、新构造运动、火山活动、古地理、古气候以及有关的矿产等。这是一个很宽的学科领域,并与古生物学、古脊椎动物与古人类学、古土壤学、古地球物理学、沉积岩石学、地貌学等学科有密切联系。

　　由于第四纪地质学的领域宽广,涉及的学科较多,自然要求的研究方法和手段也比较复杂独特,除了常规的野外地质勘查,观察描述,测制剖面,室内影相解译,编制各种图件等传统方法外,还包括同位素年代测定法、古生物地层法、岩石地层法、古人类与考古法、地貌法、古土壤法、有机地球化学法、古地磁地层法、氨基酸地球化学法、沉降核类法、热发光法、含氟量测定法、氦气测量法等。总之第四纪研究的方法手段很多,其中不少属于尖端科学。可见对第四纪研究要求的专业性很强,一般地质部门难以实施,而仰赖于专门机构,而这类机构我国又很少,因而也可反映出我国第四纪地质研究程度仍然较低,发展不平衡。因此,在第四纪地层,乃至与第四纪相近的新生代地层划分和对比中产生一些分歧和争议也是正常的。

二、地层与黄土

　　同地质历史上任何地质时期形成的沉积地层一样,第四纪形成的地层也分为海相、陆相两大部分,并可按这两大部分的不同环境分出不同的亚相。我国大陆的第四纪为陆相沉积,在北方的黄河流域的西北、华北地区,第四系主要是由各类黄土组成的更新统和由河流、湖泊现代沉积的全新统地层。

1. 更新统——黄土地层

更新统——黄土地层广布于我国西北、华北,以黄土高原为核心的更新统黄土地层,是由喜马拉雅造山期青藏高原隆起,阻断了来自印度洋的暖湿气流,我国季风气候改变、环境不断恶化的条件下,来自中亚和西伯利亚的高寒区由风力搬运的沙尘不断沉落形成的产物。应指出的是,由于早更新世时,秦岭—大别山脉在新近纪喜山期构造格局的基础上继续隆升,隔断了黄土的吹扬,因此秦岭—大别山系成了北方第四系黄土和南方第四系各类红土分布区的天然界限(见图Ⅶ-4)。

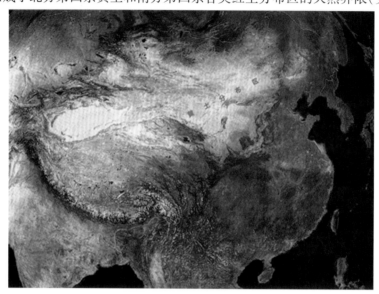

图Ⅶ-4　我国大陆黄土分布图
——东为太行阻挡,南以秦岭为界,显示明显受区域地形制约的风成特色。

（《地球》杂志载资源三号卫片）

黄土由粒径0.01~0.1 mm的粉砂组成,原是被风和水流搬运磨砺后的砂砾,因其形成于干冷气候,内部的铁锰类矿物得不到充分氧化,故呈灰黄、红黄及棕黄色色调,富含易溶盐类,后经地表水淋滤形成钙质结核。黄土中占近70%的成分为石英、长石、云母、角闪石、辉石、电气石;其他为近30%的黏土类和5%~9%的重矿物,以其含量的不同确定了黄土的不同种类,一般是时代老的黄土黏土类含量高、色调暗,时代较新的黄土与之相反。黄土类总的特点是质地疏松,具大孔隙度,不具层理,柱状节理发育,干燥时坚实,遇水崩解、沉陷。典型的黄土又称原生黄土,属风积成因,经水流等因素搬运再沉积的黄土属次生黄土,后者具层理或含薄的砂、砾黏土夹层。含砂砾多者称砂黄土,含黏土多者称黏黄土。在黄土类的地层剖面中,常可看到菌丝体,植物根茎碎片和不具柱状节理的古土壤夹层,它们代表着黄土形成时的间断,也可称其为黄土层中的"风化壳",其内所含的植物和孢子、花粉分子对黄土地层划分、对比十分重要。

卫星图片显示,全球表面的黄土呈断续条带状分布在南半球、北半球的中纬度地带,但在我国北方分布最广、厚度最大,类型也最复杂,面积达60万 km^2,最厚处可达300 m。黄土不仅是形成第四纪地层的主要成分,而且孕育了丰富的黄土文化,保留了人类的黄土文化层,在黄土层形成的过程中形成了哺育中华民族和炎黄子孙的母亲河——黄河。不同类型的黄土组成了第四系更新统的主体,自下而上分别形成了午城黄土、离石黄土、马兰黄土,形成时代分属早、中、晚更新世。

(1)早更新世午城黄土

早更新世午城黄土创名于山西隰县午城镇,颜色呈灰黄色,夹褐红色古土壤和黏土多层,粒度、成分以粉砂为主,质地比较均匀,结构紧密而坚实,大孔隙少。含中国三趾马、三门马,中国貉等哺乳动物化石,可与河北阳原泥河湾组对比。底界年龄 1.75～2.6 Ma。晋、豫、陕交界一带的这套地层为湖相地层,原称三门系,岩性为砂砾、粉砂、黏土夹薄层泥灰岩组成,粒度由古三门湖的边部向中心变细,并有明显的沉积层理、交错层和沉积韵律。此外还有属于由风成和被水流搬运至三门湖的含黏土和砂砾夹层的次生黄土,后者分布在三门湖外围的一些地区。洛阳一带相当午城黄土的地层,位于原划分的三门系上部,现称三门组,分布在渑池、洛宁与三门峡交界一带,在孟津南的邙岭山麓也有出露,代表湖水满溢时冲出岸边的局部沉积。在山西芮城,这套地层中发现有冰碛层和冰川漂砾,说明第四纪冰川在临近的中条山区已经形成,对此将在后文专题叙述。

（2）中更新世离石黄土

中更新世离石黄土广泛分布于我国的西北、华北地区,命名地在山西隰县午城镇以北的离石县。相当北京的周口店阶,底界年龄 0.73～0.78 Ma。这类黄土在洛阳和三门峡地区分布较广,组成大部分黄土塬的下部地层。由于午城黄土在洛阳地区分布局限,离石黄土多直接不整合于新近系洛阳组之上,局部地区为大安玄武岩掩盖。其厚薄不均,色调呈浅红、灰黄色,以粉砂质亚黏土为主,不具层理,略具垂直节理,夹红褐色古土壤多层,以普遍含钙质结核(料礓石)为特征,最下部和新近系交界处往往形成层状钙结岩。该类钙结岩在洛阳、伊川、宜阳、孟津、汝阳北部分布较广,形成丘陵地形,组成区内大部农田的栗色耕植土。特点是吸水后黏度大,干结后为硬块,稳固性差。离石黄土属于干冷气候条件下,比重较大、含铁镁矿物较多而又氧化不彻底的风成黄土。多含大型哺乳动物化石,洛宁采有中国鬣狗,宜阳还发现有鹿类化石。离石黄土上覆马兰黄土,中夹相当黄土风化壳的古土壤多层(见照片Ⅶ-10)。

2. 黄土地层剖面（邙岭西段）

1. 被水流切割的黄土地貌（邙岭东段）

照片Ⅶ-10　黄土地貌与黄土剖面

（《资源导刊·地质旅游》2010 年第 1 期）

（3）晚更新世马兰黄土

晚更新世马兰黄土标准剖面建于北京西山门头沟马兰河畔,底界年龄 0.14 Ma,顶界年龄 0.01 Ma,上覆全新世地层。区内在灵宝、陕县、洛宁、渑池及洛阳孟津、巩义等地广泛分布,前者以风积即原生黄土为主,后者以次生黄土为主,分别组成黄河、洛河的Ⅱ、Ⅲ级阶地,洛阳一带称邙岭黄土,巩义一带称宋陵黄土。马兰黄土由松散的亚砂土组成,呈淡灰黄色,疏松无层理,垂直节理发育,稳固性强,夹多层古土壤,很少钙质结核,一些地方可见到砂砾夹层,粒度级别以粉砂为主。其色调比离石黄土浅,黏土含量也较离石黄土少。巩县黄土中采有斑鹿、野猪、原始牛化石,洛阳西工洛河Ⅱ级阶地采有猛犸象、披毛犀类化石。由于马兰黄土的稳固性强,其中不仅保存着远古人类活动的遗迹、封建王朝时代的古墓群,也是近代人类的穴居(土窑洞)处,蕴含着由人类生存活动形成的多种文化层。

2. 全新统——现代河、湖沉积

全新统的地层主要是指距今1万年以来并正在进行着的河、湖、海底沉积,在洛阳一带,全新统的地层大都分布在黄河、洛河、伊河、汝河等河流两岸的Ⅰ级阶地和河床、河漫滩部分,也包括山区基岩松散的风化壳和一些地方如栾川鸡冠洞的洞穴沉积。同任何地质时代形成的沉积岩一样,这些松散层也有其先后堆积的层序:先期的阶地部分,下部主要为砂砾层、砂层、细—粉砂层夹亚砂土层,上部主要为亚砂土、亚黏土层,局部夹透镜状砂砾层、砂层和细、粉砂层,主要为冲积—湖积,山前阶地部分可能有冰水沉积;后期主要是砂砾、砂、细砂相混的河漫滩沉积,一些河流两侧决口扇处可能有粉砂、亚砂土层,其他山前地带往往见到泥石流类堆积。陆地上全新统地层大部分为森林和农田植被覆盖,或为城镇、工矿区和道路占据。这里分布着人类赖以生存的土地、森林、牧场和水域资源。

在阐述过第四纪的黄土地层之后,有必要对第四纪的红土地层也做个交代。前已谈过,当上新世末西伯利亚的黄土(沙尘暴)随着凛冽的寒风吹来的时候,由于再度隆升的秦岭山脉的阻挡,从而它也就成了我国北方黄土、南方红土的天然分带。红土与黄土都是第四纪形成的松散地层,红土是热带、亚热带地区一种富含铝铁的赤色红黏土、粉砂质黏土或玄武岩、石灰岩的风化壳,是由富含铝铁硅酸盐矿物的岩石在湿热气候条件下经强烈的化学风化形成的,主要由三水铝石、一水铝石、褐铁矿和针铁矿的含水氧化物组成,但不同基岩的风化壳不同。除此之外,还有石灰质红土(钙质红土),黏土岩网纹红土等不同类型。

在我国北方,红土类层位多在黄土之下,组成各地黄土层之基底,其最大特点是经水解后黏度变大。这类红土与古近纪、新近纪的红土容易混淆。在洛阳地区,新近纪洛阳组之上部有一层比较稳定的红色黏土层,这层黏土和下伏的透镜状砂砾层之间,有个崎岖不平的侵蚀面,红黏土就残留在这个崎岖不平的洼地中,由其半成岩的胶结程度和不太清晰的层理和钙结层判断,应属新近系上部的潞王坟组,其上为中更新统的离石黄土覆盖。这里的离石黄土因掺杂了下伏红黏土的风化残积成分,色调较深,黏度较大,它与下伏的新近系的分界,表现为接触界面处形成了密集的料礓层,这些料礓层保留了沿离石黄土的垂直节理下渗凝结的轨迹,因此有些资料把这部分呈棕褐色的亚黏土类离石黄土划归新近纪是不妥的。

三、第四纪冰期

1. 冰期、冰川的有关知识

在地球发展的整个历史中,地球上的气候曾有大幅度的冷热变化。当气候趋向寒冷,在两极和高纬度地带以及中、低纬度的高原和山地,广泛发育了冰盖或山岳冰川,这样的地质时期称为大冰期。它包括了若干个时间较短的冰期和间冰期。这种全球性有规律的气候变化,是地球处于不停运动中的一种反映。根据地质考察和有关冰川地质研究成果,地球历史上曾经在元古宙末的震旦纪、石炭—二叠纪和第四纪有过三次大的冰期活动,其中的前两次在前面的章节中都已提到了,这里我们将专门谈第四纪冰期。

冰期为气候地层(以冰碛物为标志的地层单位)划分的第一级单位。在冰期最盛阶段,冰川推进的距离最大,气候极湿冷,海面下降,冰川边缘受寒冷风化作用,产生大量碎屑堆积物,沙漠扩大,风积黄土发育。和冰期对应的地层单位为两个冰期之间的间冰期,这时气候变暖,冰雪消融,气候转为湿热,化学风化取代物理风化,形成巨厚的风化壳,因而植物繁茂、动物复苏、海面上升,形成冰水沉积。一个冰期和一个间冰期构成一个完整的古气候周期。

冰期的标志是冰川（河），它是由冰和雪组成并在运动着的冰体。借助现代媒体的传播，我们在电视屏幕上可以看到北极、南极的冰盖、冰山和喜马拉雅山、玉龙雪山的现代冰川，从而使人们有了冰川的概念，人们据此以"以今证古"的法则，结合古冰川的地貌遗迹去认识推想地球历史上的冰川，尤其距我们最近的第四纪冰川。这类地貌遗迹包括冰斗、冰窖、鱼脊峰、U形谷、悬谷等冰蚀地形；冰川消融后留下的冰碛物有泥砾、条痕石、冰溜面、羊背石、漂砾以及马鞍形、猴子脸形一类特征性砾石和基岩上留下的钉头鼠尾形擦痕。以上这些冰碛物有规律地堆积在冰川的两侧（侧碛）和比较多的堆积在冰川消融的前缘（前碛），最后还可形成冰川堰塞湖。冰川时期形成的地层很特别，这类地层多为没有氧化的岩石和土块的混杂堆积，砾块既无分选也无磨圆度，更无沉积岩类的层理，很像我们见过的泥石流类堆积。本书前面第四章中阐述的震旦纪冰期罗圈组冰碛层（见照片Ⅳ-18）和陶湾群三岔口砾岩（见照片Ⅳ-20）都显现了这一特征。

2. 第四纪冰期

第四纪冰期又称第四纪大冰期。新近纪末气候转冷，更新世初期，寒冷气候带向中低纬度迁移，在高纬度带的高原和山地广泛发育了冰盖和冰川。时限大体在距今 2~3 Ma 的上新世末开始，结束于距今 1 万~2 万年（相当晚更新世马兰黄土时期）。这次冰期的规模很大，波及欧、亚和北美，在欧洲冰盖南缘可达北纬 50° 附近，南极的冰盖也比现在大得多，即使赤道附近，雪线也下降到最低的位置！在我国其影响的范围不仅包括东北、西北、西藏和西南等地的山地和高原，而且也波及到了东部的山区和平原。19 世纪 20 年代由李四光先生最早发现并首先投入研究工作的庐山冰期，就是在海拔 800 m 左右高度的地区进行的。

1947 年，时任北京地质调查所所长的李四光发表了《冰期之庐山》一书，书中详细介绍了他开始对庐山冰期的调查研究成果，并由此带动了新中国成立后全面启动的第四纪冰期调研工作。此后李四光在庐山冰期调研的基础上，经与世界冰川研究成果对比先后建立了早于该冰期的鄱阳冰期、大沽冰期和晚于庐山冰期的大理冰期，划分了上述 4 个冰期和其间的 3 个间冰期。从诸多冰川研究成果中所知，在第四纪最大的一次冰期中，世界上有 32% 的面积被冰雪覆盖，因冰期时大量的水分停滞在大陆上，海洋得不到补给，致使海平面下降了 130 m，沿海的大陆架包括台湾海峡、琼州海峡及香港的维多利亚港湾等大部分海底露出了水面，全球气温比现在下降了 3~7 ℃。

1952 年，著名地质学家，时任水电部工程师的李捷在勘察永定河引水隧道时，首先发现了北京模式口冰川擦痕遗迹，后经李四光和苏联专家鉴定确认（见照片Ⅶ-11）。这一发现的重大意义是推翻了西方地质学家认为的"中国低海拔地区未发生大冰期"的定论。为此，经国务院批准，为保护这一重要遗迹，永定河引水渠向南侧改道 60 m，并于 1957 年 10 月将这一冰川遗迹公布为第一批"北京市重点文物保护单位"。1989 年为纪念李四光诞辰 100 周年，在模式口冰川擦痕原地建立了"中国第四纪冰川遗迹陈列馆"，并以此为课堂开展多项科普活动，同时也展示出我国地质学家在冰川地质学研究领域中取得的丰硕成果。

3. 第四纪冰川支持了"由猿到人"唯物论

对第四纪冰川的研究为第四纪地层划分，确定更新统上下限，对现代冰川的研究，气候环境变异和冰碛型成因砂金矿的找矿勘探都具有重要意义，同时也有力地支持了恩格斯的"由猿到人"的人类进化理论——更新世初期，当高纬度和极地的高寒气流袭来的时候，生态环境也随之改变：森林退缩，陆生阔叶植物大量消失，河流湖泊水量也不断减少，继而森林为草原荒漠取代，食物逐渐匮乏，大群动物开始大迁徙。原来群居原始森林的古猿类，不得不由树上转入陆地、山洞，在适应新的生存环境中由肢体变化而学会直立行走，在攫取食物的劳动中手脚分工，在学会利用和制造工具中发育了大脑，在群居和狩猎、劳动等群体活动中有了语言，在驯化野生动物、学会种植作物和用火方面，获得了新的食物链，可谓劳动创造了人类，劳动改变了肢体形态，发育了大脑，从而也使人类脱离了动物界,并成为第四纪动物群中进化最快的"高级动物"。

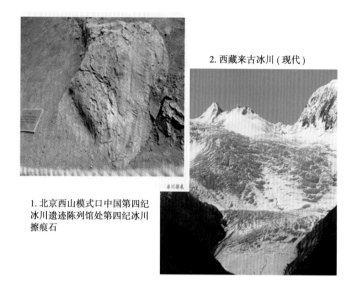

2. 西藏来古冰川（现代）

1. 北京西山模式口中国第四纪冰川遗迹陈列馆处第四纪冰川擦痕石

照片Ⅶ-11　第四纪冰川擦痕及现代末古冰川

（选自《地球》杂志,总189～190期）

四、第四纪的生物

1. 动物和植物都与现在接近,基本特征是有了人类

第四纪虽然包括了现在人们感知的生物变化,但这种变化仍是物种生态的本质,变(进)化的表现主要是种属,而不是类别的更新。如更新世早期的哺乳类仍以偶蹄类、长鼻类与新食肉类等的繁盛和发展为特征,与古近纪、新近纪的区别在于出现了真象、真牛、真马。到了更新世晚期、即大冰期之后,哺乳类的一些种属如三趾马、纳玛象等也相继死亡和灭绝,直到全新世哺乳动物的面貌才和现在基本一致。第四纪的海生无脊椎动物仍以双壳类、腹足类、小型有孔虫、六射珊瑚占主要地位,陆生无脊椎动物仍以双壳类、腹足类、介形虫类为主,其他脊椎动物中的鸟类、真骨鱼类继续繁盛,两栖类、爬行类变化不大。

第四纪高等陆生植物面貌在中期以后与现在基本一致,但由于冰期和间冰期的交替,植物由极地到赤道逐渐形成寒带、温带、亚热带和热带不同的植物群,并随气候和地形高差而变化,随冰期而南移,随间冰期而北进。植物群的变化在地层中的反映,也是研究古地理生态环境的主要标志。如前面讲到的青藏高原生物群的研究证明,高原是阶梯性脉动式上升的。

第四纪生物发展的最主要标志是有了人类。从猿类到人类仅仅几百万年,灵长目中的森林古猿就演化成了拉玛古猿、南方古猿、猿人、能人、智人到现代人的多个阶段。人类不仅战胜了恶劣的自然环境,改造了自身结构,发育了大脑,形成了语言文字,同时也创造了人类社会的文明。这是第四纪生物中最为繁盛也最具标志性的种属变化(见照片Ⅶ-12)。

2. 动物群的研究和划分仍是第四系对比的标志

同新生代古近系、新近系一样,第四系地层也是分布在互不连接的陆相盆地中。盆地中各自繁衍着接近现代的水生生物,一些大型哺乳动物和鸟类、昆虫活动于各盆地之间,它们和人类构成了地球史上最庞大的生物圈,也留下了十分丰富的化石。但其中最具地层对比意义的应是原始人生活的洞穴、部落,和随古人类的生活、狩猎和养殖活动留下的工具和动物遗骸。因此,研究和总结这些不同地点、不同环境、不同时期古人类活动遗迹,可以从人类和动物遗骸中,反映出当时动物群的特征,是第四纪地层划分、对比和了解当时生态环境的重要标志。

原上猿　　腊玛古猿　　南方古猿　　直立猿人　尼安德特人　克罗马农人

照片Ⅶ-12　古人类演化图

——仅仅不到 200 万年,人类的祖先就有古猿—猿人—能人—智人—
今人的变化,成为哺乳动物界进化最快的物种。

(原载《地球》杂志,总 189~190 期)

经几十年来地层古生物工作者的努力,依据各地的研究成果,我国已经建立了河北阳原泥河湾、北京、周口店、内蒙古莎拉乌苏及其他省市的山顶洞人柳城人、元谋人,以及猛犸象、披毛犀、大熊猫—剑齿象、大熊猫—四不像、鹿等不同的动物群,确定了每一动物群形成的时代和代表种属,对上述赋存生物群的地层剖面特征、岩性、底界年龄和同期岩石地层单位都进行了详细归纳,并以"阶"一级地层单位列入《中国区域年代地层表》,以其作为区域第四纪地层对比的依据。

对照表中各动物群特征,区内三门组的中上部、午城黄土、离石黄土中下部的生物群相当河北阳原的泥河湾阶,主要生物化石为长鼻三趾马—真马动物群;离石黄土的上部、属周口店阶,所含哺乳动物化石十分丰富,主要有中国鬣狗、洞熊、纳玛象、剑齿虎等,当时气候冷热变化大,岩石冻裂,以产于中更新统的元谋猿人、蓝田猿人、北京猿人为标志(近来在栾川孙家洞发现的栾川人牙齿也产于中更新统,生成时间 >50 万年,相当周口店阶);马兰黄土和丁村组属莎拉乌苏阶,生物以纳玛象—晚期鬣狗动物群为标志,以其生物特征结合测年资料,推断其生成年龄在 10 万~15 万年左右,相当上更新统早期(见照片Ⅶ-13)。

照片Ⅶ-13　高寒气候下的动物群

(原载《地球》杂志,2012 年第 1~2 期)

五、构造运动

1. 第四纪的大地构造运动属新构造运动

"新构造"一词最早由苏联地质学家、风成黄土成因论的创始人奥布鲁契夫提出,原意为"造成现代地形的构造运动"。他的学生尼古拉耶夫认为新构造运动的起始时间为中新世或渐新世,与喜马拉雅运动的主幕(新近纪中新世)相当,所以之后的地质界大都把新构造运动误解为新生代喜马拉雅期以来的地壳运动。

近30年来,随着大型工程地质的开展,人们对地震地质学和环境地质学的重视,国际上愈来愈多的学者使用的"新构造"一词成为"最新时期的构造或活动构造"的同义词。我国地质学家丁国瑜根据中国大陆下更新统(相当午城黄土)和中更新统(相当离石黄土)之间普遍存在的不整合,以及早更新世和中更新世之间构造应力场的显著变化和中国大陆大地构造演化的特点,把中更新世以来的构造运动重新定义为新构造运动,时限为78万年到现在。

新构造运动在中国大陆的应力场在东部表现为近东西向挤压缩短和近南北向伸展拉长;在大陆西部表现为南北向挤压缩短和东西向伸展拉长。构造形变以垂直运动为主,除了青藏高原、三江构造带、郯庐断裂等主要构造带发生的断裂位移并伴生地震和火山活动外,一般是区域性的地壳上隆和下沉,形成宽缓的地垒和地堑,但较之地质历史上的断裂弱,断距一般较小(见照片Ⅶ-14)。

照片Ⅶ-14　伊川白沙南姜公庙东公路旁洛阳组中的小断层

(编者)

由于新构造运动是人类出现后发生、发展起来的大地构造运动,所以它对人类生存的环境变化、地质灾害的发生、地表资源的寻找都起着明显的控制作用。新构造运动的结果直接影响着现代地貌的发育过程和呈现的形态特征,影响现代地壳的稳定性与活动性,所以研究新构造运动的发生和发展,对火山、地震、滑坡、泥石流等地灾预报,农田水利工程建设,城镇交通设施建设等都具有重要意义。

2. 地震是新构造运动的主要表现形式

这里所说的地震指的是天然地震。在地壳演化的历史中,这类地震是经常发生的,今天我们在野外看到不同时代地层中的一些断层带,火山机构旁侧那些碎裂但无位移的角砾可能都是地震的记录,不过那个时期没有人类,只是一种地质作用。而新构造时期的地震则直接威胁着人类的生存,是一种主要地质灾害,因此人类对其研究和记录得很详细,国家设有专门检测机构,并编有《地震年表》。地震是我国新构造运动的主要表现形式之一,它们主要集中在现代地壳板块构造的缝合带上,由板块运动碰撞、俯冲的能量释放产生,是一种正常的地壳运动,或谓地质作用。对近几年来世界上发生的大地震,我们在第一章"地质学延伸的三大领域"一开头讲地质灾害时就谈到了。

地震科学研究的成果告诉我们,地球作为运动着的物体,地震是经常发生的,据现代地震仪测定,全世界每年发生的天然地震,人们能感觉到的就有5万多次,其中烈度大、能造成自然灾害的不下10次。据国家《地震年表》所载,1970~1980年4级以上地震和1900~1980年7级以上地震资料统计,中国大陆6级以上地震及强震后的震源深度都在10~20 km,属壳内地震或浅源地震,主要集中在尚未愈合的中地壳低速高导层以及地壳下部的莫霍面以上,这说明中国大陆内部与板块俯冲有关的深源地震在中国东部已经结束。现代中国所发生的地震的震中区自 1900 年以来主要集中在青藏高原的薄皮构造系和台湾地区，其中 4.7 级以上的地震，青藏高原及其边缘（如四川汶川、芦山地震）占了 47% ,台湾地区约占 1/3 ,华北地区的地震仅在河北平原区,波及我国大陆中部者较少而又主要在较大且不断活动的构造带中。如四川的两次地震都集中在四川西北的龙门山断裂带。但地震活动并不是完全在主压应力场沿走向分布,而是发生在垂直于主压应力场方向的拉张带上,如青藏高原区的地震主要发生在横断山脉的三江构造带;华北地区的地震发生在郯—庐断裂河北一侧的东西向构造带上(如唐山地震),有关地震包括由地震祸及人类的水、旱等次生灾害我们在后面的第八章中还要继续阐述。

第八章　第四纪人类文明时期

不尽黄河向东流

漫漫地史未断头,人类时代继后。

问山河大地,地质运动几时休?

板块碰撞,青藏隆升积黄土;

冰期来临,由猿到人非野兽!

河洛地,生态优,人烟稠,

氏族联合成部落,部落兼并建帝都!

三千年,十三代,已坟丘!

一部古都兴废史,不尽黄河向东流……

　　以上这段文字基本上可以概括本章要说的内容:一是前面阐述新近纪在写到第四纪地史时,虽然谈了黄土、第四纪冰期、古人类、新构造运动这些基础性地质问题,但仍有很多与之相关的地质问题如黄河、黄河的成因、次生黄土、黄土阶地、黄土文化层等都没有来得及阐述;二是将人类文明史的上限提到人类脱离动物界,学会制造工具进行生存斗争的石器时代,并以此作为地史学中第四纪地质史向人类文明史的延续衔接部分,探讨地质学中一些边缘性问题。应该特别说明的是,人类文明史的时限划分,乃是社会科学中人类学、考古学家们研究的课题,这里只是以此为界,探讨地质史中第四纪地质史和人类史之间的关系,使人们认识到即使在人类文明时期地质运动也未停息,地球史和人文史应该相互衔接、自然科学和社会科学应互相渗透,学会应用人类学、考古学的研究成果,丰富地质学的理论和工作方法,与本书开篇洛阳追梦诗中的探索洛阳定位相呼应,进一步探讨古都的形成和与古都兴废有关的古都城址的变迁问题,由此也大体确定了本章欲要阐述的两节内容。

第一节　与第四纪地质相关的两个问题

地质史话史未尽,古都文明文有源

　　黄土、冰期、古人类和新构造运动,这是第四纪地质学中要探讨的四个基本领域,每一领域都有丰富的内容,对此,前一章在第四纪这一节中已谈了个梗概。也许是这些内容与读者更加贴近,话匣一开,"追尾式"的提问也一连串地摆将出来,以第四纪黄土为例,一谈起来,就涉及黄土是风成的还是水成的? 什么是原生黄土? 什么是次生黄土? 它们都有哪些特点? 野外工作中如何鉴别等等,会提出一连串问题。而一谈及风成黄土,就涉及喜马拉雅期大地构造运动和气候环境的变异恶化;一谈及水成黄土,就连带了黄河、黄河的形成和次生黄土;一谈次生黄土,就不能不谈黄土阶地,不能不谈及阶地上分布的黄土文化层;而一谈阶地和文化层又涉及新构造运动以及新构造运动导致的地震、洪水等一类地质灾害和地质灾害可能造成的古都城址变迁……由此说来,这一节的内容也难安排,好在前面的第七章中有些问题已经谈过,本节仅择黄河、黄河的形成,次生黄土、黄土阶地、黄土文化层的问题加以阐述,也为下一节古都的形成和变迁的阐述作个铺垫。

一、黄河、黄河的形成

黄河象征着伟大的中华民族,是哺育炎黄子孙成长壮大的母亲河。展开中国的版图你会发现,黄河像一条多曲的折线,源头处沿巴颜喀拉山北麓流向东南,至四川西北受川西北高原的北东向山脉所阻,好似被揪住尾巴的大蟒似的,河水在若尔盖草原绕了几个弯后,又沿阿尼玛卿山与祁连山之间折向西北,至青海东部注入西宁—湟水盆地,之后指向北东,穿越祁连山间的兰州、皋兰盆地,经宁夏中卫沿贺兰山东麓折向北北东流过银川、临河后在大青山南进入河套平原,向东至内蒙古清水河口,又沿吕梁山西侧的秦晋交界南流至秦岭北侧三门峡盆地并与河洛盆地汇合,出虎牢关经郑州、开封、兰考段后折向北东,在山东泰山隆起以西沿北东方向流入渤海(见图Ⅷ-1)。

图Ⅷ-1 黄河流域展布图

——绿色块为洛阳黄河石分布区。

(郭继明《中华奇石赏析》)

对照区域地质和区域大地构造资料分析所知,黄河河道的折线主要受这些山区地层走向及其旁侧的断裂构造和薄弱的地层控制,其所经过的一些盆地,主要是新生代形成的基岩断陷盆地,和经后期演化萎缩了的中、晚更新世黄土盆地,黄河的形成大体可以分为以下三个阶段。

1. 原始黄河——内陆汇水盆地阶段

古近纪华北期时,中国大陆内部主要受东西向压缩、南北向伸展的地应力作用控制,自北向南形成了阴山—大青山,昆仑山—祁连山—秦岭—大别山和南岭三个横亘东西的巨大山系(此即李四光地质力学中的三大纬向构造系),其山前、山后和山脉之间也都因为地壳的垂直运动和伸展作用,形成一些大大小小的断陷盆地。原始的"黄河"(包括黄河的主要支流)处在阴山—大青山和秦、祁、昆两大山系之间,主要是以短道河流注入这些断陷盆地,形成全国各地比较多见的内陆湖相沉积。区内较大的内陆湖在青海境内主要是祁连山南侧的湟水—西宁盆地,祁连山南山和北山之间的兰州、皋兰盆地,内蒙古大青山南侧广袤的河套盆地,跨陕、晋、豫三省的三门峡盆地,华夏中心腹地的洛阳盆地(含孟州盆地)及东部黄淮凹陷等。这些盆地的基底大都被古近系—新近系地层充填,部分延至第四纪初的湖相沉积。据区域地质资料,从古近纪末断陷盆地形成到新近纪末,整个区域都处在一个地形起伏不大的准平原化阶段,说明这些盆地形成之后,区域大地构造只是相对稳定的升降,湖水面积随地壳升降或缩小或扩大,盆地与盆地之间还没有相互贯通。

2.幼年黄河——内陆河湖阶段

新近纪的喜马拉雅运动,随着印度板块向北部欧亚板块下的俯冲,青藏高原由南而北开始隆升,青海东部和兰州一带地形抬高,青海湟水和兰州盆地的河水在填平盆地之后,又在出口处侵蚀下切新近系地层,在黄河岸边形成陡峻的侵蚀阶地(见照片Ⅷ-1)。

照片Ⅷ-1　兰州黄河
——被河水切割的新近系,形成陡峻的河岸阶地。

(载《资源导刊·旅游地质》,2011 年第 1 期)

随着南部地区的继续隆升,河水向北穿过祁连山之间的龙羊峡、刘家峡,进入宁夏后又穿过青铜峡,沿贺兰山东麓北流,经银川进入河套盆地,形成下部含芒硝,上部为黑色灰泥、粉砂的湖相地层(内蒙古称河套组,时代为上新统—下更新统)。据孢粉类微古化石分析,这里当时已进入树木稀少的干冷草原气候带,标志第四纪冰期将要开始,河套盆地也处于萎缩沉积阶段。

与黄河在填平河套盆地的同时,南部晋、陕、豫之间的三角地带发育着另一处受秦岭山前断裂控制的断陷盆地——三门峡盆地,该盆地西达陕西关中,北接汾水下游,东临崤山,南接秦岭,规模较大。中更新世的中晚期,随着我国阶梯状地形的发育,位处我国中部Ⅲ级台阶上的河套盆地抬升,包括可能的间冰期、冰后期因素,导致河套盆地东部清水河段的湖水、沿吕梁山西侧三叠系薄弱地层同吕梁山东侧的汾河盆地的湖水同时南泄,泄出的水流出禹门口经壶口瀑布跌入三门湖并导致湖水暴涨、水面升高、湖水溢出,但因其东部有崤山隔挡,西部的汾渭地堑断陷较深,所以在这个阶段,黄河可能一度是向西流的。

三门峡盆地发育了完整的新生代地层,地层组合和洛阳盆地大体一致:下部相当古近系的为门里组、坡底组、大安组和柳林河组,岩性可与洛阳盆地的古近系对比,柳林河组之上也为洛阳组,在洛阳组之上相当上新统和下更新统的地层称三门组,这是一套由砾岩—砾岩夹砂质黏土、亚黏土、亚黏土组成的湖沼相地层。由该处发现的冰川漂砾(原岩来自中条山)说明其形成时间和内蒙古河套盆地的河套组稍后一些,都说明沉积时已转入冰期,湖水已经萎缩、干涸,湖盆以外的地方沉积了午城黄土。

由三门系顶部发现的冰川漂砾说明,下更新世之末有一个间冰期,山区的洪水挟带着泥沙、砾石冲向三门湖也越过崤山的低山处,曾到达洛宁西北部、渑池西部和孟津的南部,在那里留下了三门组的沉积,由其组成了洛阳盆地西部第四纪的基底地层,只是这时的黄河还处在内陆河阶段。

3. 三门湖消失、黄河东流去

古近纪末,与洛宁—宜阳山前断裂的复活同时,新安西北部和渑池交界处的黛眉古陆再次隆升,北部形成柏帝庙—后教—孟良寨一带的东西走向大断裂。早更新世三门湖溢出的洪流,部分沿断裂带谷地东流,其挟带的泥沙填平一些山间低洼地段至孟良寨断裂带向北东的折转处,冲刷开其南侧的羽裂带,形成号称"黄河三峡"的八里胡同河段(见照片Ⅷ-2)。由于该处河谷地形落差大,三门湖水经此向小浪底以远的孟津、孟州境内急剧下泄,西部三门湖也随之消失,东部形成冲积平原,后在邙岭一个缺口处(巩义康店)接纳南部洛伊河之汇流,使孟州盆地和河洛盆地连在一起。由小浪底西部八里胡同口处黄河切割的由次生黄土形成的几处Ⅰ级阶地(见后)判断,黄河"出山"的时间应该在晚更新世之末,时间应在1万年左右。

照片Ⅷ-2 新安黄河八里胡同河段
——两岸地层均为寒武—奥陶系石灰岩。

(《资源导刊·地质旅游》,2010年第4期)

应强调说明的是,包括巩义宋陵、郑州广武城、荥阳虎牢关在内的邙岭东段,位处我国的4大台阶地形中的Ⅰ、Ⅱ级台阶接合部的Ⅱ级台阶边缘,由于台阶前的断裂带继续活动,在地形上有了较大的落差,黄河在台阶之下的郑州以东又再次形成巨大的冲积扇,河水沿冲积扇坡度倾泄而下,不时向冀、鲁、皖、苏方向夺河出海,河道也善淤多决,时常泛滥成灾。据张克伟(1998年)文载:"有史以来孟津以下黄河决溢1593次,改道26次,因泛滥而形成的冲积平原达25万 km²。"被黄河袭夺的河道北有海河,南有淮河,还有抗日战争时国民党炸开郑州花园口淹没的贾鲁河,直到新中国成立后伟大的治淮工程经多年治理,黄河才恢复到现在的河道。

二、次生黄土、黄土阶地、黄土文化层

1. 次生黄土

次生黄土和原生黄土相对,原生黄土即我们前面谈的风成黄土(如午城黄土、离石黄土和马兰黄土)。次生黄土指的是原生黄土又经水流冲刷、搬运再沉积的黄土,故又称水成黄土。原生黄土多分布在山冈高地,颜色浅、疏松具大空隙度,垂直节理发育,夹古土壤层而无层理;次生黄土因经水流搬运再沉积,颜色较深,结构比较致密,人称黄土状土或黄土状岩石,它和原生黄土最大的区别是垂直节理发育较差,但具有沉积岩一样的层理,含有较多的砂、砾石薄层,并可形成由粗而细的沉积韵律层。

次生黄土多分布于黄土分布区的低洼处,形成一些小盆地,或分布于河谷两岸,组成河谷Ⅰ、Ⅱ级阶地,多见于低一级水系向高一级水系汇入的冲积扇处,或见于由基岩分布区的山间盆地中,由其成因决定,次生黄土的年龄都比其周边的黄土要晚,所以有人把次生黄土的形成时间均划归全新世。洛阳一带的次生黄土主要分布在黄河、洛河、伊河、涧河、瀍河和汝河的冲积盆地中,因为区内的大部分地区下更新统相当午城黄土的地层缺失,主要黄土地层为离石黄土和马兰黄土,所以区内的次生黄土地层,一般为分布在离石黄土区的比离石黄土新,分布在马兰黄土区的要比马兰黄土新,都需认真观察,以区分它们之间的差别,划清二者的界限。

2. 黄土阶地

阶地为地貌术语,指的是沿河(海、湖)岸分布的由河流堆积作用与侵蚀作用交替进行而形成的高出河床的阶梯状地形,黄土阶地主要由黄土类物质组成,在我国北方非常普遍(见图Ⅷ-2)。

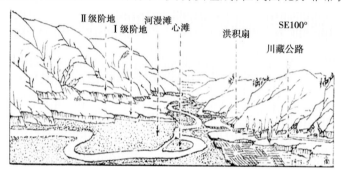

图Ⅷ-2 河流阶地素描图
——河谷两岸形成Ⅰ、Ⅱ级阶地,常出现于河流的中下游、下部开阔的河谷处,
凸岸边滩扩展增高成为河漫滩,枯水期水流集中于低槽中。

(引自李尚宽《素描地质学》)

阶地形成的最初阶段是河流形成的宽广谷地,在谷地上有水流占据的河床、沙洲、洪水期冲积的河漫滩等现代河谷的或厚或薄的沉积物;而后由于地壳上升,河床坡度加大,或因气候变异,水流冲刷作用增强,加剧了水流的侵蚀下切作用,老河床谷底的抬升部分就形成了Ⅰ级阶地,而后经一个阶段地壳运动的宁静之后,地壳再度上升,河水再度下切,原来的谷底部分变为Ⅰ级阶地,原来的Ⅰ级阶地升为Ⅱ级阶地,之后,如地壳再继续上升,便可形成Ⅲ、Ⅳ级阶地。根据河流阶地的成因、组成阶地的物质和结构,阶地可分为侵蚀阶地、堆积阶地,基座阶地、上叠阶地、内叠阶地和埋藏阶地等多种类型,其中侵蚀阶地、堆积阶地、上叠和内叠阶地等均为地壳的阶段性上升时形成的阶地,只是沉积物的分配不同。而埋藏阶地是在地壳下降中,河流的冲积物掩埋早期形成的阶地,与前者相反,这类阶地判定沉积物的先后时代比较复杂。仅就地壳上升的侵蚀类阶地而言,一般是越靠下的阶地时代越新,反之越老。

由此说来,阶地的形成主要因素是地壳运动和河流的侵蚀、冲刷、沉积作用,也是内营力和外营力下两种地质作用对立统一运动的结果。只是地壳运动不是直线的上升和下降,而是脉动式的升降,所以阶地形成后也会被掩埋。现保留的高出河道的阶地,只是总趋势的抬升,而现没有阶地的河道,也只是总趋势的下降,它的下面可能掩埋了早期的阶地。为什么会有这种情况,原来地壳运动在一个区域内是不均衡的,有的地段在抬升,有的地方可能在下降。因此,也就有了一个判断河谷处地壳运动的标志:凡是河流有固定的河道,河道两侧同时期或时代相近的地层有明显的阶地,尤其在注入支流处的冲积扇遭到明显的侵蚀下切,这个地区、这个时期内的地壳是在稳定的上升时期;相反,河谷两岸阶地和河谷中的冲积物时代相距较远,河水没有固定的河道,而是在河床上不定的滚动,洪水期时常溃堤成灾,这说明地壳是在下降中。

应该说因地壳运动而在河谷两岸形成不同类型的阶地,在地质历史中是此起彼伏,时时都在发生的地质现象。但那时没有人类,只有留下的地层和保留的地貌在默默记下这一运动的过程。不同的是现在有了人类,人们不仅看到并认识到这种地壳运动的现象,还会运用"以今证古"的法则,从河谷留下的地质遗迹和岩性中,再去对比认识地球历史中的构造运动形迹,所以有关河流阶地的观察研究是地质学家十分重视的。

3. 黄土文化层

黄土文化层指的是分布在由黄土组成的河流阶地上的古人类和现代人的活动遗迹。由于黄土(尤其是马兰黄土)垂直节理发育及其具备的稳固性,在洛阳一带还包括以邙岭为主的古墓群和近代人穴居的黄土窑洞。古人类活动遗迹指的是距今 2~3 Ma 之前,人类脱离了属于动物范畴的南方古猿时代之后,学会利用经过打击、磨制的石块而制成的石器工具与恶劣的自然界斗争,以求生存的那个时代留下的活动遗迹(见照片Ⅷ-3)。考古学家把人类这个历史阶段称之为"石器时代",并根据石器制作的粗细程度分出旧、中、新三个阶段。考古学家还根据人类发展过程中大脑皮层的厚度、脑容量和智力发育程度及肢体发育情况,把人类进化分为猿人、古人、新人、现代人 4 个阶段。同古生物中生物的进化史一样,这个过程经历了 2~3 Ma,而这个过程中的各种遗迹、遗骸也同生物地层中的化石一样保存在黄土地层中,并因新构造运动黄土地层抬升和河水的侵蚀作用被暴露出来供人们观察研究,因此黄土阶地文化层是研究石器文化、探讨初期人类文明的重要目标。

照片Ⅷ-3　为求生存而严酷斗争的原始人类

(《地球》2012 年第 12 期)

(1)旧石器文化层

迄今为止,我国发现的年代最早属于旧石器时代的文化层,相当于直立人种属早期猿人的是云南的元谋人(男性门齿),地质时代为早更新世,距今 150 万~180 万年;次第发掘的是属于晚期猿人、相当中更新世早期的蓝田猿人(中年妇女头盖骨),距今 78 万~85 万年和比蓝田人稍晚、距今57 万年的北京猿人(牙齿、头盖骨)遗址和洛阳栾川 2012 年新发现、距今约 50 万年的孙家洞古人类遗址(见后);属于新石器文化层的有早期智人(古人),有距今 10 万年的山西襄汾丁村人(牙齿、头骨碎片);广东韶关的马坝人(头骨)和周口店第四地点的龙骨山人,湖北长阳的长阳人等;属于晚期智人(新人)的有内蒙古的河套人、北京的山顶洞人、广西的柳江人、四川的资阳人等,时代均在 1 万年前的晚更新世末。

旧石器文化中的石器多是就地取材未加工的坚硬岩石,如蓝田人使用的刮削器、砍砸器、尖状器等都是石英岩、脉石英、石英砂岩等,丁村人使用的是变质的角页岩。旧石器的文化遗址,除部分位于近水的河流阶地和岗埠外,大部分是天然溶洞,而且多是被地壳运动抬高,近水、背风、朝阳的石灰岩溶洞。从洞中被人类吃剩的动物骨骼显示,从最早的元谋人到晚期的山顶洞人、资阳人阶段,动物也经历了由湿热—寒冷干燥—湿热等不同的变化,显示出与第四纪冰期的对应性。尤其令人眼前一亮的是 50 万年前的北京猿人已学会了用火,文化层中发现了火的灰烬,说明人类已脱离了茹毛饮血的生食时代有了熟食,所以火的发明是人类社会进入早期狩猎文明时期的特征,到了旧石器晚期,已经出现了器形较小的小石器、细石器类,代表了旧石器已向新石器时代演变的过渡时期,这类文化层在我国内蒙古、东北分布较广。

从旧石器文化遗址的分布也可看出,随着第四纪间冰期的延长和气候带的北移,早期人类也留下了由南而北迁移的足迹,古人类遗址也多向黄河中下游(包括海河流域)迁移,并逐渐形成中心地带,据统计这里发现的遗址占了全国近 70% 以上。

(2)新石器文化层

新石器文化层指的是原始公社时期的人类部落和村庄的遗址。包括西安半坡、郑州裴李岗、洛阳仰韶(大洛阳境内)、山东大汶口、龙山等新石器文化遗址,可谓遍布华夏各地,全国已发现 6 000 ~ 7 000 处,也代表人类社会已由初期的狩猎文明时期,进入了比较繁荣的农耕文明时期。为适应人类生存的多种需要。新石器时期使用的石器大都是经过抛磨打制、具一定形状和使用性能的工具、用具和装饰品。这个时代的显著标志是石器和陶器并用,说明人类除了利用坚硬而细韧的岩石制造工具,而且会使用黏土矿烧制陶器,并发现了光泽美丽、质地坚韧,适于观赏把玩的宝玉石和贝壳类作为爱美的饰品。新石器文化的另一个重要特点是农业的种植和野生动物驯化的家畜业快速发展,房屋的大量建筑,陶器的多样性和不同墓葬群的出现,并发明了瓮葬、缸葬(如伊川缸)的特殊葬具。依据新石器文化的特点,人类学家将其分为初期(1 万年左右)、早期(7 000 ~ 9 000 年)、中期(7 000 ~ 6 000 年)和晚期(4 000 ~ 3 600 年),并且上叠夏、商、周文化层。新石器文化层以黄河中、下游地区最密集,包括豫东北、鲁西济水两岸平原等。其中关于伊洛平原的新石器文化层,包括与其形成有关的旧石器文化层,我们将在下一节系统阐述。

说到这里,笔者需强调指出的是,在对第四纪黄土进行生成时代判定的时候,还必须学会应用人类学研究的成果,像地质上运用标准化石鉴定地层时代一样,将埋藏旧石器文化层的黄土划归更新世,将埋藏新石器文化层的黄土划归全新世,并依此来判定相关河谷阶地、冲积平原形成的相对年龄,区分是早期更新世风成的马兰黄土,还是全新世水成的次生黄土。这也是我们地质人员和考古学者交流时,对作者的一个大的启示,提醒我们可依此来检查一下以往划分的黄土地层时代是否有误。对此本章下一节中还会提及。

第二节　古都兴废与城址变迁

古都兴废百家谈,城址变迁地学说。

这一节专门谈古都洛阳的兴废问题。提起这个问题,人们不仅要问,为什么历史上 13 个王朝会选洛阳建立国都? 从公元前 2070 年二里头夏王朝始到最后一个王朝后唐灭亡(公元 936 年)的断续 3 000 年,为什么各朝在此建都又历时这么久? 从有实物可参考或文字记载中的夏、商王朝到汉、魏、隋、唐几代都城多因水患而迁徙重建又都说明什么? 对此不同专业的学者都会有自家的见解,我们也愿从地质学、地理学的地学角度结合占有的资料,大胆地谈一点认识,仅供参考。下面先谈第一个问题。

一、关于古都的形成

古都是历史上我们国家的首都。国家是人类社会发展到一定阶段的产物,在上古时期都城就是国家,其所占有的领地和人口都很少,和我们现在的国家不同,对此得先从人口的起源说起。

距今200万年之前,当第四纪冰期到来的时候,由于气候变异、植被萎缩、森林消亡,生活在热带雨林中的南方古猿,不得不从树上栖息转向地面,同其他动物生活在一起。只是它们的下肢不太发育,奔跑速度慢,口形小难吞咽大块食物,爪和牙齿不太发育,与敌搏斗无力,所以是个弱势群体,为求生存必须互相仰赖,利用比其他野兽发达的大脑,学会打砸天然坚硬岩石制造简单的工具(石器)来抵御侵犯,猎取食物,并利用天然岩洞穴居,进行生存竞争。人类学家称此谓旧石器时代的母系氏族社会,这个时代经历了200多万年。

随着人口的不断繁衍,冰期生态环境恶化和食物逐渐匮乏,氏族间、人与野兽之间的争夺也日益激烈,氏族内部也有了男女分工,母系氏族社会逐渐为父系氏族社会取代。依据石器的种类、加工磨制的程度,人类学家将旧石器时代又分为早、中、晚的不同时期。到了旧石器时代晚期(距今1万~2万年),由于火的发现和利用,发明了用黏土类烧制的陶器,和经过打磨的石器并用,人类社会进入新石器时代(时限距今小于1万年),继而因生存竞争的需要,具有血缘关系相近的家族、氏族结合为较大的部落,部落中产生了首领(酋长),进而部落与部落之间联合、兼并形成了国家。洛阳历史上最早的都城——夏都斟鄩(二里头文化遗址)就是石器文化后期,人类在洛阳地域内建立的第一个国都宣布了原始公社时代的结束、我国历史上第一个奴隶主国家的建立。现在我们再回过头来回答本节一开头提的为什么中国历史上13个王朝专选洛阳建都的那一连串问题。笔者认为,主要取决于地质、生态环境和人类社会的自然演变三大因素。

1. 地质因素——稳定的地壳上升时期

前文在阐述洛阳区域地质时说过,洛阳的地质结构奠基于中元古代中岳运动打就的结晶基底和沉积(包括火山堆积)盖层的"双重结构"。洛阳由地质构造决定的山水地貌,定格于中生代的印支运动、燕山运动和四川运动;而洛阳由山川湖盆造成的地形落差,主要是新生代华北运动期在东西向挤压,南北向伸展运动中南部秦岭东段伏牛山、熊耳山、外方山抬升,山前或山间断陷盆地的形成,并造成较大的地形落差,从而导致黄河汇水盆地河南部分北流水系(洛水、伊水、汝河上游)的形成,并在喜山运动形成的阶梯地形制约下,使黄河的各个支流水系(包括淮河、长江上游支流水系)同黄河干流一道东泄,同时造就了沿水系河道分布的一些大小沉积盆地。这些盆地中的古近纪、新近纪时的沉积,已在前面的第七章阐述,在洛阳境内总体表现为由西到东,由南而北的填平、抬升,显示南边的伏牛山、熊耳山都是在不断的升高并经受侵蚀的过程。

从区域上第四纪地层的分布看出,属于下更新统、相当午城黄土层位的湖相地层分布的范围有限,说明早更新世末,洛阳整个区域在上升,留下的沉积物很少。相当离石黄土的地层主要分布在北部洛阳盆地边缘的丘陵区,依其产出形态,风成水成(局部)兼而有之,而依其土质,含有明显的基岩风化壳成分,代表了冰期氧化不均匀、钙镁质矿物缺乏冲刷淋滤等特征。其上与马兰黄土同时或稍晚的黄土类地层,则组成了黄河、洛河、伊河、汝河、涧河流域的很多被侵蚀破坏的小盆地(坝子)。这些黄土类地层,有的分布在河谷加宽变缓的小盆地区,有的见于低级水系汇入较高水系主河道的冲积扇处,今日多成为这些河谷残留的Ⅰ级或Ⅱ级阶地(台地),其特点是坝子处的台阶顶面大体在一个水平高度,冲积扇处的顶面向主河道缓缓倾斜。组成阶地的黄土色调较深,具有层理和不大发育的垂直节理,内有很多虫洞或植物枯根,在现在一些居民区附近,多有穴居窑洞和废止的砖瓦窑场,依据其中分布的新石器时期文化层(见后),说明其形成时代应在1万年之后,属于全新世,由其形成的阶地说明,其位处地壳稳定的抬升期,而这些文化层的多层、多期性或被不同时期文化层的叠加情况说明,显示其在地形上升侵蚀的同时也有短时的下降。

由这些山间小盆地的分布和高程看出,由南而北分布的这些盆地中的黄土层,分别处在不同的标高上,由河流下游到上游形成了明显的阶梯状台地。依据地貌形态,这些接受黄土沉积台地的基岩是否像我国大西南的高山冰蚀地形中的"冰斗"?"盘谷"?只能经专题性冰川遗迹调研后下结论。依伊河河段为例,从近源头的栾川陶湾盆地(海拔标高886~900 m,下同),途经栾川盆地(748~

786 m）、旧县—大章盆地（431～505 m）、嵩县城关—田湖盆地（317～347 m）、鸣皋—伊川盆地（206～214 m）到达洛阳盆地（121～124 m）。由上游到下游明显地呈现 6 个盆地，6 个台阶，除旧县—大章盆地因位处马超营大断裂带旁侧，有 200 m 以上落差外，其他盆地间的落差大都在 100 m 左右，由南而北、由高而低，伊河水挟带的泥沙也可能是在地壳下降中一处处沉积填平，随后又在地壳上升中一处处侵蚀，从而形成了今天的阶地，从阶地保留的新石器时代文化层、文化层的厚度及土层特征而言，在第四纪全新世时期，这里的地壳总体处于长期而又相对稳定的上升时期，其间包括短时期的下降，总体上是缓慢升降的稳定区。

2. 生态因素——有利的气候条件

洛阳地区第四纪古气候生态环境的变异，是古都形成要考虑的另一重要因素。更新世的大冰期促使了由猿到人的演变，冰期时代的恶劣生存环境，考验了早期人类的生存能力，主要表现为石器种类的多样化，石器制作的精细化，除了石器，还增加了骨器和贝器，学会了用骨针缝制兽皮御寒和用火取暖，标志着原始人已能手脑并用，不断提高与寒冷气候抗争的本领。也可能是洛阳一带在这个阶段地壳相对稳定，使人类没有遭受地震、洪水、干旱一类自然灾害的威胁，能够把为数不多，生活在冰期时代的种群保存下来，到了大冰期过后气候转暖时代的冰后期，随生态条件的好转，也就带来了人类的大量繁衍，人口不断增多的发展时期。

冰后期已进入新石器时代，在洛阳一带主要是仰韶期（距今 5 000～7 000 年）、龙山期（4 000～4 500 年）和之后的夏、商、周文化期的繁荣。与石器一起出土的动物化石是判别古气候特征的主要标志。距今 50 多万年属于旧石器中期的北京猿人洞穴中出土的洞熊、洞穴鬣狗、德氏水牛、大熊猫等，代表当时的生态环境高温而且干燥。到了旧石器时代晚期，相当山顶洞人、河套人、丁村人的时期，出土的动物化石主要有洞熊、斑鬣狗、虎、象、鸵鸟等，这些动物群的特征很像现在的非洲。另在河套人居住的地区，还出土了披毛犀一类高寒区出现的动物，代表了大冰期将要降临，气候开始转冷。只是当时高纬度区和低纬度区的动物群有较大的差异。另据陈安泽（1991）资料，新石器时代的仰韶—龙山期，整个黄河流域又出现了温暖湿润的亚热带气候，例如属于仰韶文化期的西安半坡遗址中出土了獐、竹鼠、貂等野生动物骨骼。獐现在分布在长江流域的沼泽地带，竹鼠是专吃竹笋、竹根的动物，现在生活在秦岭以南。这些出土的动物化石说明，新石器的仰韶文化期的黄河流域就像今日的江南一样，河湖相连、水网纵横、水草丰美、竹林葱郁、一派生机。以洛阳盆地为中心的河洛大地，以黄河、洛河、伊河等主要河道为干线，向四面八方联通的那些串珠状盆地，包括盆地周边低缓丘陵的肥田沃野，自然就成为人类繁衍、文化发展、物阜民丰、孕育古都的宝地。

3. 人气因素——人类社会的演变

在本章的第一节谈及黄土文化层时，专门谈了人类社会第一阶段原始公社石器文化时期，旧石器文化和新石器文化的不同特点，特别强调了新、旧石器文化层在第四纪地层划分上的意义，这里着重讲的是以洛阳地区石器文化的特点为依据，看一看人气因素即人类社会是怎样演变，古都又是在什么样的情况下出现的（见图Ⅷ-3）。

图Ⅷ-3 是依据《洛阳市志》十四卷和洛阳各县县志提供的文化层资料编制的有关洛阳地区古人类石器文化层的分布图，由图可以看出以下几个特点：

（1）分布上的辐射性、选择性

不同时期的文化层由洛、伊、涧河下游的洛阳盆地为中心，分别向中、上游和其支流区辐射，明显地受第四纪全新世的串珠状黄土盆地、洼地控制，其中以涧河下游与洛水交汇处，伊川盆地的两岸Ⅱ级阶地，洛宁—宜阳盆地及洛阳—偃师盆地的洛河两岸Ⅱ级阶地的密集度最高，次为嵩县盆地、太章—旧县盆地、栾川盆地。尤其引人注意的是这种辐射区还包括主河道旁侧支流水系源头丘陵地带的一些小小盆地，如伊河支流白降河源头的江左小盆地，伊河支流明白河上游的合峪小盆地，汝河上游的汝阳小盆地等。说明人类聚居对地形、水源、气候、风向、交通、邻居和土地、林木资

图Ⅷ-3　洛阳市古人类石器文化层分布图

源等明显的依赖性和选择性,此也可称之为"人气"标志。

(2)旧石器的文化层少,主要是新石器文化层

洛阳境内发现且公布的旧石器文化遗址,只有洛阳西工区凯旋路、伊川穆店、宜阳董王庄及2012年最新发掘的栾川孙家洞4处。被称为栾川人之家的栾川孙家洞遗址是一处非常重要的旧石器时代洞穴文化遗址(见照片Ⅷ-4),该遗址出土了人类牙齿、石器和动物化石等文物,"栾川人"是河南省首次发现的中更新世时期的直立人种。

洞穴处在伊河南岸陡峭的山崖上,洞壁上凝结着白色的石灰华。专家们认为,"栾川人"的发现为华夏地区人类的起源和发展演化提供了一批重要的新材料,也指出栾川小盆地是当时一个人类活动中心,对该盆地古文化层的全面发掘和研究,也将为人类早期社会的研究提供重要参证。经孙家洞文化层的研究和对比,可以把洛阳地区古人类活动的历史上溯到距今50万年,相当北京猿人活动的旧石器时代中期。

其他旧石器文化层包括洛阳市西工区凯旋路南洛河Ⅱ级阶地地下埋深10 m处的遗址。该遗址为文革后期挖防空地道时发现出土了大量旧石器文物,其中具标志意义的是晚更新世末期纳玛象象牙的发现,说明大冰期将要过去,洛阳地区已冰化雪消、水草丰美了。除此之外,伊川鸣皋穆店发现有未经打磨的旧石器,宜阳董王庄出土有头盖骨很厚的人类化石(资料不全)。以上这些文化层主要分布在几个盆地的边缘,和山西境内分布在三门峡盆地边缘的匼河人、丁村人,分布在内蒙古河套盆地边缘的河套人很有相似之处,为什么洛阳地区的旧石器文化层这么少,又为什么仅见于盆地边缘? 很可能是沿黄河水系迁徙而来,但这是需要进一步研究的问题。

由图Ⅷ-3看出,新石器时代的仰韶文化层、龙山文化层占了文化层的绝大部分,几乎是主河道

照片Ⅷ-4　栾川孙家洞遗址——"栾川人"的家

两岸,包括主河道经过的一些小平原,支流河道上游丘陵区的小洼地,都有人类定居的遗迹。从遗址中发掘到的很多粮食遗物说明,进入新石器时代之后,因人类崇尚土地,学会了利用肥沃土壤种植粮食作物的农耕技术。此外,由偃师灰嘴遗址中出土的大量用贝壳制成的劳动工具、防御武器、饰品和野兽骨骼说明,生活在这里的先民依然还过着渔猎生活(见照片Ⅷ-5)。标志着在古人类聚居之处不仅有肥沃的土地,还有充足的水源,周边还分布着原始森林,从而也为生活在这里的远古居民培育农作物、驯化野生动物提供了优越条件。

照片Ⅷ-5　新石器时代古人类生活部分复原图

(《地球》2012.01~2012,02月刊)

　　(3)文化层的重叠和向下游迁移特征

　　文化层的重叠出现是洛阳新石器时代的又一特点。即在同一处文化点,早期的文化层被后期的文化层压盖。一是龙山文化层压仰韶期文化层,这种现象在洛宁—宜阳盆地、汝阳盆地最明显;二是夏、商、周文化层压盖龙山和仰韶文化层,这在伊洛河下游最发育,如孙旗屯遗址,下面为仰韶文化层,上为由仰韶文化向龙山文化过渡的过渡层,上叠商文化,同处于洛河Ⅱ级阶地之上的锉李、东马沟有相似的重叠情况。偃师伊河阶地上的灰嘴遗址、高崖遗址,下面是龙山文化层和仰韶文化层的重叠,上面是夏、商文化和龙山文化的重叠。这种文化层的重叠好比现代一些地方的千年古镇、古村落。标志着其所在的地段的地壳相当稳定,生态环境好,从而保证了人类的安居乐业,休养生息,这和前面讲的地质条件是一致的。

洛阳新石器时代文化层的另一特征是随着历史的更新,晚期的文化层——龙山文化层,夏、商、周文化层在伊河、洛河下游地区越来越多,分布越来越密集,尤其重叠在早期文化层之上的二里头文化、商文化(见前),说明越向下游地区生态易居的条件越好,如同今日的沿海地带。所以我国历史上建都最早的夏王朝(二里头)、商王朝(西亳)首先在这里建都都是势所必然的。

二、古都形成后的城址变迁

从仰韶文化时期到夏、商时期的文化层上下叠压看出,洛阳一带这几千年间的地质环境,由地质环境决定的生态环境是相当稳定的,结合有文化层赋存,发育在区内主要河谷两侧的Ⅱ级阶地,反映从新石器时代开始,洛阳一带的地壳总体处在新构造运动相对稳定的上升时期;但到了夏王朝建都之后的每个王朝的都城,大都历时不长而迁移(见后),主要原因是地壳相对稳定地下沉时地震和因地震诱发的洪水、干旱的威胁,其中有关近几年来发生的地震、干旱、洪水在前面第一章的一开头谈自然灾害时就谈到了,这里主要谈历史上的地震和洪水。

1.历史上记载的地震和洪水

地震指的是大地发生的突然震动。地震有天然地震和人工地震之分,一般指天然地震,发生的原因很多,主要是地球岩石圈的岩石在受力作用下发生破裂、释放出能量(应变能),这种动能以地震波的形式在地球内传播,传到哪里就使哪里的地壳震动起来形成地质灾害,地震时距震源越近灾害越重,越远时较轻。地震是地壳构造运动的一种标志性反应,在地史上因为地质构造运动频繁,地震是时常发生的,只是那时没有人类,构不成灾害,但作为一种构造运动的标志和遗留的痕迹,地震是构造地质领域观察研究的主要内容,尤其地震对人类的危害,地球历史进入新生代以来,随着地壳发展演化的日趋稳固,地震和火山活动虽然大都集中在地球的主要板块缝合线和主要的区域断裂带上,但仍波及到相当大的区域。

地震和火山是新构造运动(见前)时期构造运动的主要表现形式。由于地震时由地下动能转化的热能,地震波转化的空气波都很容易改变大气环流的状态,常常出现异常天气、干旱和洪水,祸及人类,加之地震对地表岩石的破坏,洪水期很容易诱发滑坡、塌方、泥石流、堰塞湖等地质灾害,所以地震已成为对人类生存的极大威胁。为了帮助人们认识二者的关系,我们依据洛阳地震年表和市志、县志中记载的自西汉末年到现在,洛阳历史上2 000年来发生的洪水、地震,编制了频谱图(见图Ⅷ-4)。

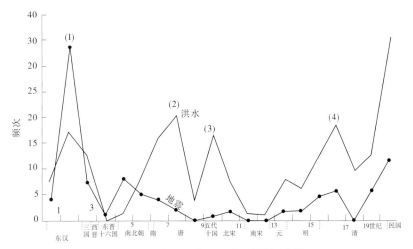

图Ⅷ-4 洛阳历史上洪水、地震频谱图

(编者)

图中反映的以地震为代表的新构造运动和伊、洛河的洪水灾害具有大体一致的同步正相关关系,明显的有4个高峰期和4个低谷期:第一个高峰期起始于西汉末年以东汉为主,东晋时进入低谷,期内有记载的地震接近10次,主要发生在洛阳东北和偃师缑氏,最强的一次发生在公元前70年,殃及洛阳东北大部分地区,有"山崩泉出、宗庙坠落"的描述,后一直延至公元165年,有"缑氏山崩地裂,伊水、洛水断流"的记载,推测这次地震与五指岭断裂的多次活动有关而波及洛阳地区。第二、第三个高峰期接踵出现,自南北朝延至南宋初年,只是所指的是洛阳有震感的地震,但震中在哪里,地震的级别没有记载,所以也不知与哪个构造带有关。元、明以来是洛阳一带地震的又一个高峰期,1522年河南鄢陵7级地震,波及洛阳,有"声如雷鸣"的记载。1555年陕西华县8级地震,洛阳震感强烈,上清宫铁瓦寺和佛塔被毁,这次地震的余震一直延续了十几年。1564年洛宁也发生地震,有"房屋倒塌,人畜死亡"的记载,到了明末崇祯年间(1640年),洛阳西北方发生地震,波及洛阳地区,有"卧者坠、立者仆、房屋不坚固者损坏、椽退瓦颓"的记述。

由地震资料的分析看出,历史上洛阳周边几处大构造断裂带的活动是形成洛阳地震的主要原因,但地震造成的地面建筑物的破坏性,给人类造成大的地质灾害者一般较小,这种情况可能与洛阳所处稳固的结晶基底和后期岩浆活动焊接了地下大的断裂带有关。据1960年3月到1976年17年中统计的豫西三门峡、洛阳及登封的36次震中记录显示,期间最强的地震为3.7级(1972年11月17日渑池),由此也说明前面的推断——洛阳市处在一块比较稳定的有结晶基底保护的小地块上,又离太平洋西岸板块对接带较远,因此只要掌握地震知识、做好地震防护、地震监测和地震预报,即使发生地震也是不可怕的。

2. 新构造运动导致的古都城址变迁

洛阳有历史记载的地震有14次,大的洪灾不下30次,地震可以引发暴雨、霪雨和洪水,二者具同步正相关关系,但洪灾不一定来自地震。据史料记载,洛阳自夏都斟鄩(二里头文化)的建立开始,几代都城都遭遇了洪水的威胁,而诱发洪水的基本因素是区域性构造运动引起的地壳下沉,伊、洛河没有固定的河道,常年在不断淤积的河床上滚动,一遇洪水来临,便冲出河道形成灾害。这个时期在河道附近居住的人类,自然遭遇了洪水之灾,也自然感受到附近的都城城址的变迁。

(1)夏都斟鄩(二里头文化)

现位于洛河南岸的Ⅰ级阶地上,公元前2070~1600年我国历史上的第一个王朝先后在登封鄩城和此地建都,历6帝。推断当时的洛河不会在这个位置,现在的都城遗址又在洛河的淤积层之下,可能是因为洪水泛滥威胁王都而迁移了。这种自然因素与传说的"夏禹治水"似乎有些联系,是否如此这是历史学家考证的事。需补充说明的是,史料中有"伊洛竭而夏亡"的记载,说的是因伊、洛二水干涸,夏都断了水源而亡。但伊、洛河为什么干涸是有原因的。对此《偃师县志》有"夏桀末年,县南地震,社庙墙壁震裂,伊、洛河水枯竭"的记载。说明夏亡的主要原因同洪水一样,也是由地震诱发的自然灾害引起的。

(2)商都西亳城(偃师尸乡沟)

公元前1600年,奴隶出身的伊尹助汤灭夏在偃师西亳建立了汤王朝,现址位于洛河北岸、洛河Ⅰ级阶地的后部。也可能因夏都洪水或干旱之灾,商都在后退6 km处定都此地。伊尹辅佐商朝4帝时,也因洛水之灾,后至第4帝伸丁王朝迁入郑州附近,原商都西亳城也被掩埋于洛河的洪水淤泥层下。

(3)西周城与东周城

公元前1046年武王伐纣在陕西建都,当时实行两京制在洛建成周王城,后于公元前770年周平王东迁建东周王城(现王城公园一带)。二城的城址选的都是涧河注入洛河处的冲积扇前缘,现在洛河的Ⅱ级阶地上。周王城虽然避开了洛河洪水之灾,但因地壳下降,涧河也只能在其冲积扇上游动,终于在公元前550年遭到了"谷洛斗、将毁王宫"的洪水之灾。今据钻探资料,王城附近古涧河游荡的古河道就不下10处！残破的东周王城遗址,记录了从春秋到战国(公元前770～前256年)500多年25个皇帝的历史(见图Ⅷ-5)。

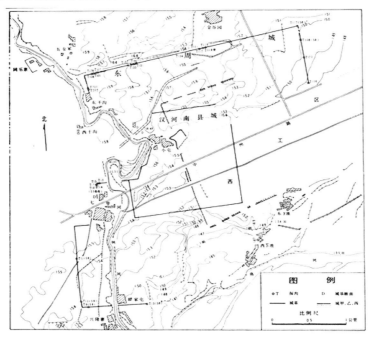

图Ⅷ-5　东周王城遗址实测图

(据《洛阳市志》十四卷)

（4）汉魏古城

公元25年东汉光武帝刘秀在洛初建的汉魏都城选的是洛河北岸另一处Ⅱ级阶地的前缘,这里没有洛河支流。当时在城南洛河上建有永桥,永桥之南是伊河。永桥和城南门之间有太学、灵台、明堂、辟雍以及军、政官署等建筑和部门。当时洛河的位置应在东石桥、大郊寨一带,那时的夏都二里头也在洛河北岸,还有西晋时曹子建写《洛都赋》时描述的洛水可能还要靠南。但东汉是地震和洪水多发的时代(见前),公元115～165年期间缑氏的几次地震,不仅使洪水流入城中,而且把都城的南城墙都摧毁了(见图Ⅷ-6)。

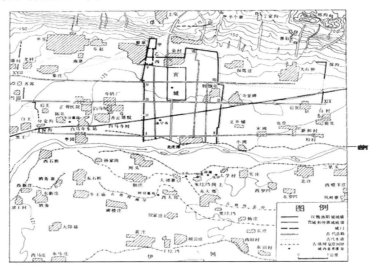

图Ⅷ-6　汉魏古城地形图

(据《洛阳市志》十四卷)

（5）隋唐古城

与前面几处古城址不一样的是,隋大业元年(605年)隋炀帝兴建的东都洛阳城选的却是洛河Ⅰ级阶地和Ⅱ级阶地的结合部,并按"洛水贯都"的理念,城区跨在洛河的南北两岸(见图Ⅷ-7)。据史料记载,当时人们在城中遥望洛河(那时没有像现在那样高大建筑物的阻挡)西来的船队时是"只见桅顶,不见船身",说明洛水下切河床形成了固定的河谷,当时河上架有石桥名曰天津桥,"天津晓月"指的就是当时洛阳繁华的情况。伊河龙门段的情况也如此,年老退休隐居在香山的白居易在《开龙门八节滩诗两首》中有"竹篙桂楫飞如箭,百筏千艘鱼贯来"两句。诗前的序文中有"东都龙门潭之南有八节滩、九峭石,船伐过此易反(翻)破伤人……"的说明。从地质上解释是这里的河水冲刷侵蚀已使河床的基岩参差不齐地露了出来,河水的南北落差很大,在这里狭窄而又矗立着多处峭石的河段,水流湍急。同洛河有固定下切的河床一样,标志区内地壳上升,河水冲刷侵蚀作用加剧了。

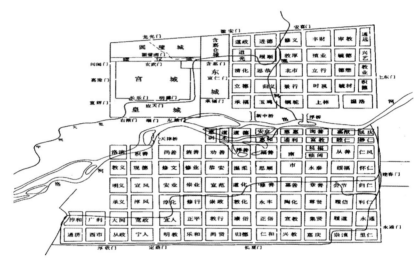

图Ⅷ-7　隋唐洛阳城遗址复原图

（据《洛阳市志》十四卷）

但是隋唐时期洛阳一带地壳的上升是短暂的,宋代之后到现在洛阳一带的地壳又趋于缓慢的下降中。洛阳盆地继续接受周边高地的沉积物,淤积量不断加大,河床不断抬高,唐时龙门河段的龙门潭被埋于地下,八节滩、九峭石也已消失。同时随着古都洛阳在五代十国期间的战乱破坏,公元936年后晋石敬塘灭后唐、在洛阳短时建都(后迁开封)后,洛阳十三朝古都的地位已在我国的版图上永远的消失了。"欲问古都兴废事,请君只看洛阳城",这是北宋史学家司马光的名句,他总结的是历史的轨迹,也隐含着他对历史无情的哀叹! 那么除此之外,古都的东迁还有其他原因么?如前所述,我们只是从地质方面的新构造运动及由其导致的地震、洪水、干旱等自然因素方面,结合洛阳五大都城的兴废,进行了粗浅的探索。事实上这种生存环境的恶化早在人类产生时就开始了——从青藏高原的隆升,我国大气环流的改变,黄土和黄土高原的形成,境内自西向东水源的匮乏,植被的退化……很自然地影响到人类社会政治经济的衰退和迁移,所以一部人类都城兴废史,自然也是一部地质发展史,懂得科学的现代人,就用不着像古人那样的哀叹,而只是顺其自然,从容应对而已。

写到这里,作为《洛阳地质史话》的"话"也算说完了。我所强调一点的是,在以往地质界谈及地史时,都是从太古宙谈到新生代第四纪,本书不同的是前面追溯的是地史的"史前"孕育地球的天文时期,后面又续接了"人类文明时期",同时为了渲染本书的科普性,作为专业学科领域的切入点,在第一章就打开了地质灾害、旅游地质、观赏石这通向地质殿堂的三个门户。本书之所以如此安排,是强调了现代科学中不同学科之间需要沟通、结合、发展、形成诸多边缘学科的这个总趋势,因为只有联系群众、接近实际,科学才能有无限生命力,才有发展和创新,地质学如此,人类学、考古学也都如此,都要相互接触、互为渗透,都要承前启后地发展。

最后作者还要呼吁的是,凡参观过西安半坡人类博物馆的人都深刻体会到中华民族的伟大,感慨西安何以成为历史文化古都! 对比我们洛阳,我们现在的发掘只是以五大都城遗址为主的历史文物,一些博物馆的展品也不过是少量,而大量的文物还埋在地下,史料也只藏在书本文字中尘封起来。所以作者借本书问世之机,借阐述地壳运动、地质作用的同时,着意增加了黄土、黄河、黄土阶地、黄河文化层的内容,重点阐述了黄土文化层的形成、发展和古都形成的"天、地、人"等诸多因素,倍感建立洛阳人类起源文化馆的必要性。希望以此提议与本书的读者求得共识。

后　记

——敬告读者，并介绍本书的四个特性

笔欲停，
《史话》初编成。
期望读书能破卷，
"四性"自分明。

科学性——
地学成分浓，
洛阳地史编科普，
真实亦系统。

特色性——
洛阳因素浓，
独特地质出独见，
观点也鲜明。

通俗性——
命题已点明，
"以今证古"是法则，
陶冶山水中。

趣味性——
一点灵犀通，
地质世界解百象，
尽在《史话》中。

　　历时三年有余，《洛阳地质史话》——简称《史话》(下同)，在各级领导关怀和同志们的协助下，终于和读者见面了。通过编书，使作者有了和大家更广、更多的沟通机会，集思广益，增加了很多知识，这是应加庆幸的。本书全文除引言、后记部分外共 8 章、31 节，共计 45 万字。另外，附有图片 37 幅、附表 6 张，照片 89 张。这是洛阳市国土资源局和河南省地质矿产勘查开发局第一地质矿产调查院合力推出的一部大型地质科普专著。

　　本书前面的"引言"部分讲的是编写本专著的背景、选题动议、目的任务以及内容方面近于浪漫的构想；后面的章节全是对引言部分的呼应，主要是专业内容的系统阐述。这里特别要说明的是，作为"史话"这种体裁，是我们初步的尝试，怎样才能较好地表达本书的目的与任务，又以什么样的作品奉献给读者？一开始就是我们思考和探索的问题并贯穿于全部编写过程中。为了帮助大家读好这本书，特在这一部分补说一下我们对这个问题的处理，着重于本书命题的理解和完成这一命题的编写要求和实施情况。

　　"史话"一词有两种含义："史"即历史，指过去发生的事，有家史、国史、中国史、世界史，专业领

域有地质史、冶金史、金融史等,这部书属于地质史,泛指地球的历史。洛阳地质史则是以洛阳所在的地球部位或缩小范围的地球史。"话"是用语言或文字表达思想或解说事物的一种方式。在这里是借用曲艺中"评书"、"平话"、"话本"中"话"的含义,即用通俗的语言来表达出洛阳地质史的这一主题内容。由此也就首先给编写本书提出了必须具备的"科学性"、"通俗性"这两项基本要求。这里的科学性表达的是地质科学,又专指洛阳地质,即引用的是洛阳的地质史料,阐明的是洛阳一带的地史变迁,其中相当一部分是洛阳的地质工作者对洛阳一些地质问题独到的见解,于是本书在表达科学性上,又衍生出一个"特色性"。另外,因为地质学涉及的面广,专业性强,内容深奥,要求在通俗性的前提下,尽量选用接近生活的语言,还要有生动的比喻和联系实际的借鉴来吸引读者,因此在表达的内容和形式方面还必须增加"趣味性"的成分。

综上所述,概括而言,科学性、特色性、通俗性和趣味性是将本书列为科普读物编书时的四大基本要求,因此也是尽力按这四大特性来编好本书,奉献读者。当然在书中所体现的每一特性都有实实在在的内容。为了让读者检查其是否到位并得以回应,下面特将这四大特性作进一步说明。

一、科学性——地质科学风味

《史话》讲的不是一般历史故事,而是地球科学。同史学家研究历史尊重"史料"、"史实"一样,《史话》的编写也同样取材于实际,不过地质上的史料的第一性史实是我们在野外看到的那些地层、岩石,组成岩石的矿物和地球上有生命以来,随生命的演化发展,保留在当时地层中的化石。此外还有地质历史上诸如大地构造运动、岩浆喷发—侵入活动、变质作用、成矿作用、宇宙天体等地质事件等保留在不同时代地层或地体中的各种地质遗迹。地质科技工作者正是在勘查、研究这些遗迹中,破解地质之谜,编写出属于第二性的地质资料、地质书籍和地质文献,进而把人类的知识向前穿越到那没有人类的地质时代。这就是地质科学的功能,也是地质科学的魅力。

在这里最能反映地质科学性的内容有两个:一是洛阳所在的大地构造部位,有利的大地构造部位,使区内发育了各地质时代的地层,地层中保留了非常丰富的各类地质遗迹,这是我省的其他地区不能比拟的;二是地质研究程度很高,不仅积累了丰富、系统的地质资料,而且培养了实力雄厚的专家队伍。因此我们在编写本书时,能够按照《中国区域年代地层(地质年代)表》的地史划分标准,对比洛阳及相邻地区出露的地层、古生物、岩石、大地构造运动等地质史迹,参照相关地质研究成果和地质文献,将本书按地史发展程序编为8大章,每章又按纪——次级的地质时代单位划分为节,每一节进一步划分到世,介绍的地层系统详细到群、组或岩性段。故而能从时间和空间两个方面表述了洛阳地质发展史及每一地质时期的地质面貌,让读者在了解洛阳地史时,有一个系统、完整的时空概念。

不仅如此,本书除了体现这门学科的系统性,还尽量突出该学科的完整性,除了按宙和代分章、按代或纪分节严格的章、节编排,对每一章、每一节都把各地史阶段内的地层、古生物、岩浆岩以及期间形成、改造、重塑地质形态的大地构造运动等地质内容加以详细交代,以便读者从分析这些史迹、史料中系统完整的增长地质知识,尤其涉及洛阳地质的基础理论,了解地质学的奥秘,并从相关问题的分析中达到作者和读者取得共识的效果。

科学性的另一含义是,它不是单一的讲述地层构造和地史,也不仅限于洛阳这个小天地。因为地史学是奠基于古生物学、地层学、地质年代学、古地理学、大地构造学、区域地质学等专业学科之上的一门综合学科,其中涉及冥古、太古宙时段的内容又必须联系到宇宙地质学、行星地质学、地球物理学、地球化学、生物化学等学科领域。涉及中、新生代时段的内容,又不能不涉及地理学、地貌学、第四纪地质学和古人类学、考古学知识,由此可见本书名谓《洛阳地质史话》,实际乃是一部以地质学为主的综合科学知识丛书。当然在涉及上述学科领域时,还必须建立洛阳地质和周边区域,包括与国内外的联系,增加区域地质、大地构造学的内容,使人们在掌握一种知识时,有一个全面、系统、完整的概念。

基于上述原则，书中在介绍每一个宙、代或纪时，都要求真实、系统地列举各地史阶段的地层、岩石、古生物、大地构造以及矿产等方面的基础地质资料，并依据相关资料分别编有洛阳地区的太古宙、元古宙、新生代区域地层对比表，洛阳地层和观赏石产出地层对比表等表格。这些资料大都取材于区域和国内的相关地质工作成果，有很重要的实用性和参考性。为准确收集、整理这些资料，在编书过程中自然也花去大量时间和精力。应说明一点，该书虽不同于编写地质报告和专业论著那样论证严谨，引用资料那样详细充分，但为保持其科学性，达到真实系统，地质科学成分必然占了较大篇幅，未免使之科学性太强，专业味太重，期望具备一定地质专业知识的朋友读后提出修改意见。

二、特色性——本书的精髓

《洛阳地质史话》的"洛阳"二字，所含的是地方属性，自然就是特色性。洛阳之所以成为历史上十三个王朝建都之地，主要取之于优越的地理位置和山水地貌，而形成洛阳山水地貌和优越的地理尤其经济地理条件，自然与地质因素有关——洛阳跨越华北陆块和秦岭造山带（洋板块）两个一级大地构造单元，随着地史上两个不同性质构造单元的形成和形成后的对接、碰撞，使区内各个时代地层发育齐全，并具备各种类型的地质建造和岩性组合，其中陆块部分可代表华北地区，秦岭造山带即秦岭—大别构造带，后者还包括被推覆构造送来的部分扬子陆块的地层。另外，因受两大板块的对接碰撞，洛阳地区自中元古代、尤其中生代以来，阶段性的构造运动剧烈，岩浆活动频繁，形成了区域丰富的矿产资源，此为特色性之一。

特色性之二是书中多处融入了以作者为代表的洛阳一批地质工作者对洛阳一些地质问题的独到见解：例如登封群、太华群的对比和洛阳太古宙演化的四个阶段（见第三章第四节）；古元古代铁铜沟组岩性对比及其形成时的古地理环境（第四章第二节）；熊耳群火山活动机制及沟、弧、盆构造系（第四章第三节）；洛阳震旦纪古地理及陶湾群问题（第四章第六节）；华北地区南部、早寒武纪海侵与辛集组、朱砂洞组形成时的古地理（第五章第二节）；奥陶纪秦岭北缘二郎坪海相火山带活动与华北奥陶海问题（第五章第三节）；豫西地区的印支运动与推覆构造系（第六章第二节）；从上宫断裂发育的多期性来认识中生代的构造运动（第六章第三节）；四川期构造—岩浆活动和豫西的主成矿期（第六章第四节）；古都洛阳的山水地貌与构造运动的关系（第七章第一节）；关于大安玄武岩的时代（第七章第三节）；水面高于现在龙门山的伊川湖（第七章第三节）及黄河的形成（第八章第一节）等。这些独到见解，无疑是探讨和认识豫西基础地质问题的精华部分。

特色性之三是本书首次以新构造运动为主线，以十三朝古都的兴废为内容，将人类上下五千年文明史和地球的 46 亿年的地质史很自然地联接了起来，体现了自然科学和社会科学的嫁接，大胆地闯入了地质勘探部门过去不曾涉及的一些领域，探讨了社会科学部门很感兴趣的黄土、黄河、黄土阶地、黄土文化层方面的地质内容，并结合洛阳辄近时期大地构造运动、地质作用的特点和参考第四纪冰期、古地理、古气候的变化特点，从人类历史的发展演化方面，提示了十三朝古都形成的必然性，最后还提出了对建立洛阳古人类博物馆的建议。

特色性之四是本书吸收了章回话本的编写方式，章首附有不同体裁的诗词，节前各作有对联一副。诗词与对联均提纲挈领地反映章、节的内容要点，便于吟咏回味，不仅具导读性，也是一种文学特色的包装。既体现了这部著作的特色性，也体现了研究地质科学的趣味性。但限于专业内容的约束，难免显出这些诗词、对联的形式和表达不够严谨之处，但这类地质科普性诗词在现今的文坛上还很难看到，也是编者对地矿文学的创意之处，诚望读者斧正。

除了上述这几方面的特色性，书中的内容尤其所附的一些彩照、图片除地质内容外，大部都与古都洛阳的山水地貌景观、人文遗迹、旅游景点、旅游文化产品（如观赏石）相结合，可谓集自然与人文遗迹于一体,既显示了古都历史文化的丰富、灿烂,又透射出这些历史文化遗产的厚重与珍贵。

三、通俗性——本书追求的格调

前面谈到,"史话"二字本身已确定了本书通俗性的格调。第一要求是以口语化朴实无华的文字,像给学生讲普通地质课一样,通过形象的比喻,借鉴相关的野外地质照片、素描和图件,像指导学生从事地质教学实习那样,向读者解读深奥的地质学理论,传授地质学知识。地质学界的人士大都知道,在国内的很多知名院校,新生接受的第一堂专业课就是普通地质学,学校担任这门课的老师都是具有扎实的理论功底和实践经验,而且口才好,具有丰富教学经验者,正因如此,一下子就能把学生引入地质科学的殿堂。这种风格也正可为科普作品的作者借鉴效仿。

尤应提出的是,以往院校的地质教学非常注重书本知识和野外实践相结合的教学效果,专门设有教学实习和生产实习课程及相应的野外实习基地。本书在编写时,考虑到面向社会广大地质科学的爱好者和具有一些地质知识群体的需要,在进入系统地史知识的阐述之前,专门以"地质科学延入的三大领域"为题,写了第一章中的自然灾害、地质旅游和观赏石。在自然灾害一节,突出了地质灾害,在地质旅游一节介绍了洛阳的主要旅游资源和分类,在观赏石一节附了洛阳地层和洛阳观赏石对照表。由于前面比较完整地勾画了三大领域的知识,使读者很自然地从现在的地质灾害联想到地质历史上的大地构造演化,从观赏石的彩照标本上了解到相应地质时代的岩石特征,从各地质旅游景点引入的一些照片中给人如临其境,像进行"教学实习"一样的效果。又如在介绍冥古宙、太古宙一章时,一开始就讲了嵩山世界地质公园,由此引入太古宙、早元古宙地层、变质岩和嵩阳运动等地质术语,并解释了相关的一些地质知识;在讲中元古界汝阳群时,列举了新安黛眉大峡谷、偃师五佛山、伊川九皋山、汝阳岘山等一批旅游地质资源;在介绍寒武系地层时,选择了龙门山地质剖面,以石窟名称为标志,详细介绍了寒武系不同层位的地质现象、岩性特征和分层标志,对认识石窟区的地质构造、地灾防治有重要意义;在介绍中生代燕山期的花岗岩活动时,分别联系到了洛宁神灵寨、宜阳花果山、嵩县天池山、白云山,汝阳西泰山(泰山庙)、栾川老君山、平顶山市尧山等一批以花岗岩为依托的山水景区,人们可以从这些景区的地貌景观方面认识到什么叫花岗岩,以及花岗岩形成的山水对人为什么有那样的吸引力!

像一场大戏的"垫场"一样,以上这三个切入点的选择,不仅增强了后文洛阳地质系统阐述的效果,也宣传了洛阳的旅游地质和观赏石这两大宝贵资源。

四、趣味性——本书活的灵魂

编写这部地质科普书籍的目的,就是在现有地质素材的基础上,通过特定的格调和文字,开启读者的心扉,达到普及地质知识,增加学习地质知识的兴趣,开拓地质学领域,扩大学习地质人群,同心同德协助地质部门专业人员,共同负起地质科学承担的任务。但地质学毕竟专业性太强、理论性太深,如何能讲活那些生涩的地质知识,自然必须增加趣味性成分,为本书注入的趣味性,主要表现在以下几个方面:

首先是在构思上,本书在引言部分阐述了编写本书的政治背景、动议和目的要求之后,不是按一般地质报告或地质专著那样开门见山直接讲洛阳的地质背景,而是用"地质学延入的三大领域"为题作为第一章,意在用大家最关心、生活中接触较多、比较熟悉而又贴近地质科学的自然灾害,特别是地质灾害、地质旅游和观赏石三大领域,并以此作为切入点向社会群体普及相关的地质知识。然后按由浅入深的原则,借用历史学中"史前"一词,将地球历史引入孕育地球的源头阶段写了第二章"探索宇宙空间",然后从第三章开始系统进行地质史的阐述,并在最后的第八章"第四纪人类文明时期"实现了和社会科学的嫁接。这种环环紧扣、首尾相接、具逻辑性的构思不仅体现了趣味性,也体现了本书的开拓性和创新性。

　　其次是着重于从地学理论方面,深入浅出地介绍对各种地质素材的分析判断方法。例如从一个时代沉积岩的厚度、岩性组合、色调、层面标志以及所含生物化石的种类、组合和形态特征等方面,怎样判断出那个时代的古地理环境,包括海洋和陆地的位置,乃至海陆变迁、古气候条件等方面的论述;从沉积岩中不同岩石的地层组合、层序变化来判断当时地壳构造运动特征的论述;从岩浆岩的产出形态、结晶程度、结构构造和周边其他岩石的关系方面,对岩浆活动时的地质环境和就位方式进行判断;从沉积岩的沉积特征和内部构造方面,对当时的古地理环境和成因——比如北方寒武—奥陶纪石灰岩层中的角砾岩,就有岩溶成因、风暴成因、地震海啸成因、海底火山成因、洋底流成因、构造成因等多种情况的分析判断等。由这些分析判断,可以看出地质学的奥妙和弄懂一种地质现象的情趣。类似这样的地质分析方法,在书中处处皆是,关键是能否使读者读出味来,这如同看京剧,会看者看门道,不会看者看热闹,希望读者能从中找到地质科学的门道,并从中得到乐趣。

　　第三是书的内容和我们生活的联系,和古都历史文化的联系。本书讲解的每一个地质时代,都专辟一栏介绍这个时期洛阳地区形成的矿产资源,并浓墨重彩地阐述了区域主要成矿期——中生代的大地构造运动、岩浆活动与区内(尤其熊耳山区)内生金属矿产的成生关系,这对于矿业界人士和喜欢矿业的人自然是感兴趣的事;另一方面,对于"传承华夏文化龙图腾"的中国人来说,凡是涉龙的故事都爱听,书中的中生代一章,在谈及"龙行天下"的中生代生物群时,我们用了较大篇幅介绍了河南西峡恐龙蛋、栾川龙、汝阳龙的发现过程和恐龙的形成、种类以及恐龙灭绝的问题,给人讲述了恐龙由发现到灭绝的全部知识,让人们从恐龙这一真实物种那里对自己崇拜的"龙"有个正确的鉴别;还有一个有趣的命题是在本书一开头的引言部分就提出了人文历史和地球历史衔接的意向,由此也埋下了伏笔,也是在人们不置可否的议论中,本书专门写了第八章,并以"古都兴废和城址变迁"为题作为本书的最后一章来收尾,用人们亲眼见到的事实来描述正在进行着的地球新构造运动特征,让人们在惋惜十三朝古都的湮灭中知道地球大自然演化的无情和负起关爱地球、保护生态环境、保护十三朝古都史迹和各种地质遗迹的重要职责,从而画龙点睛地点出了本书编写的主要目的。

　　说到这里,可以说《洛阳地质史话》一书的几个特性前面都基本讲到了。但需特别说明的是,在前面的特殊性一节的介绍中,列举了作者对洛阳地史中很多地质问题的新见解,只是本书的体裁是平话,不同于地质论文需引经据典,严密论证,但表达的却是一种观点,或未正式发表的学术成果。也许是"说者无心,听者有意",希望有意者继续探讨或发表正确的意见。另之就文字的通俗性方面,受地质专业理论和专业术语的限制,很难做到通俗化、口语化,即使有意润色一些词句,也往往出现"洋腔土调"的现象,倒不如如实抄录下来,再加解释。为解决这个问题,本书拟在目录编排上详细一些,好让读者能选择性地查到自己需要知道的内容,也希望读者与作者共同研究。

　　最后再说一点,本书名为《洛阳地质史话》,但涉及的不单单是洛阳、豫西,还包括国内乃至国外一些地区的地质情况;本书主题是讲地质史,但却包括了环境地质、宇宙天体地质、大地构造、地层、古生物、岩石、矿床、古地理、古地貌、地理、历史以及哲学、文学等多种学科的内容,可谓一项以洛阳地史为纲的综合性科技成果。此外书中结合地史的发展演化,还探讨、回答了洛阳地质工作中经常遇到的诸多问题,对于我们新一代的地质工作者来说,这确是一部全面、系统,内容丰富而又生动的通俗教材,不可不读。

　　不可回避的是,限于作者的水平,又是第一次担纲这一命题和这类体裁,错误和不足之处在所难免,诚望读者多加指正。

编　者
2014 年 10 月 28 日